AF550093

9. Auflage

Das Wissen für eine erfolgreiche Karriere

PROJEKTMANAGEMENT

vdf Hochschulverlag
AG an der ETH Zürich

9. Auflage

Das Wissen für eine erfolgreiche Karriere

PROJEKTMANAGEMENT

BRUNO JENNY

Bibliografische Information Der Deutschen Nationalbibliothek

Die Deutsche Nationalbibliothek verzeichnet diese Publikation in der Deutschen Nationalbibliografie; detaillierte bibliografische Daten sind im Internet über http://dnb.dnb.de abrufbar.

ISBN 978-3-7281-4158-3
Auch als E-Book erhältlich (www.vdf.ch):
ISBN 978-3-7281-4159-0 / DOI 10.3218/4159-0

1. Auflage 2003
2., durchgesehene Auflage 2005
3., überarbeitete und aktualisierte Auflage 2009
4., vollständig überarbeitete und aktualisierte Auflage 2014
5., überarbeitete und aktualisierte Auflage 2016
6., überarbeitete und aktualisierte Auflage 2017
7., überarbeitete und aktualisierte Auflage 2020
8., überarbeitete und aktualisierte Auflage 2021
9., überarbeitete und aktualisierte Auflage 2023

Vorwort

Karikaturen verzerren und übertreiben die Realität – und machen sie gerade dadurch kenntlich. Lassen Sie mich dieses Vorwort daher mit vier Szenen eines absurden Theaters beginnen.

Erste Szene: Die QuixAir rekrutiert ihre Piloten, indem sie besonders tüchtige oder karrierewillige Mitarbeiterinnen und Mitarbeiter des Boden- und Kabinenpersonals zu Piloten ernennt und diese ohne besondere Ausbildung oder bestenfalls nach ein paar Tagen Schulung ins Cockpit lässt. Fritz Schnell-Bleicher, Chef der QuixAir, begründet dieses Vorgehen damit, dass die zu Piloten beförderten Leute in ihrer bisherigen Tätigkeit ja schon intensiv mit Piloten hätten zusammenarbeiten müssen, dass sie ihre neue Aufgabe daher schon bestens kennen würden und dass das „Training on the job" ohnehin die beste Ausbildung sei.

Zweite Szene: Peter Wunsch-Denk besucht einen wichtigen Kunden. Am Flughafen besteigt er ein Taxi, nennt sein Fahrtziel und sagt zur Taxifahrerin: „Ich muss in einer halben Stunde dort sein. Schaffen Sie das?" „Unmöglich. Im Morgenverkehr dauert dies mindestens eine Stunde", antwortet die Taxifahrerin. „Sie müssen das einfach schaffen, der Termin ist dringend. Nun machen Sie schon; als gute Fahrerin können Sie das doch. Fahren Sie schneller und kümmern Sie sich nicht um den Morgenverkehr!", drängt Herr Wunsch-Denk.

Dritte Szene: Bergführer Hans Gut-Wetter gerät mit einer Touristengruppe in ein schweres Gewitter, weil er unterwegs kein einziges Mal zum Himmel schaute und stattdessen der Wettervorhersage, die ein stabiles Hoch gemeldet hat, vertraute.

Vierte Szene: Sisyphos ist von den Göttern des alten Griechenlands damit bestraft worden, einen schweren Stein einen Berg hinaufwälzen zu müssen. Bei jedem Versuch entgleitet ihm jedoch der Stein kurz bevor er den Gipfel erreicht, so dass er von neuem beginnen muss. Rund dreitausend Jahre, nachdem die Götter ihn so bestraft haben, ersucht er um Erlass der Reststrafe. Die Antwort der Götter vermag Sisyphos nicht ganz zu befriedigen: Sie teilen ihm nämlich mit, sein Gesuch müsse leider abgelehnt werden. Man sei aber bereit, mit der Zeit zu gehen und seine Strafe zu modernisieren. Ab sofort dürfe er einen Anzug tragen und sich Projektleiter nennen.

Was hier so absurd erscheint, ist im Projektmanagement vielfach traurige, tägliche Realität. Fähige und/oder ehrgeizige Entwickler, Sachbearbeiterinnen oder Ingenieure werden zu Projektleitern gemacht und führen Projekte, ohne dass sie jemals dafür ausgebildet worden sind. Und weil sie es nie gelernt haben und es auch alle anderen falsch machen, planen sie ihre Projekte nicht realistisch oder gar nicht. Und wenn sie wenigstens geplant haben, erkennen und steuern sie ihre Risiken nicht, worauf der schöne Plan rasch nur noch Makulatur ist. „Rollende Planung" und „Prototyping" nennt man das dann. Und wenn sie nicht gestorben sind, so „wursteln" sie noch heute.

Sie, liebe Leserinnen, liebe Leser, welche dieses Buch zur Hand nehmen und lesen wollen, haben sich entschieden, dem „Wursteln" ein Ende zu bereiten oder erst gar nicht damit anzufangen. Ich bin überzeugt, dass Ihnen die Lektüre bei diesem Vorhaben in verschiedenster Weise Hilfestellung geben wird.

Wie im Sport ist jedoch alle Hilfestellung nutzlos ohne eigene Anstrengung und Leistung der oder des Sport Treibenden. Lesen und Erkennen genügt nicht. Erst die Umsetzung der Erkenntnis bewegt die Dinge zum Besseren. In diesem Sinne wünsche ich Ihnen Musse zur Lektüre, Mut zur Veränderung und Erfolg bei der Umsetzung des Gelesenen und Gelernten.

Zum Abschluss möchte ich Ihnen noch einen Leitsatz mitgeben. Er eignet sich gleichermassen für das Poesiealbum wie auch zum Einrahmen und Aufhängen:

„Plane dein Projekt, führe es nach Plan und handle bei Abweichungen."

Prof. Dr. Martin Glinz

Department of Information Technology, Universität Zürich

Dank

Offen gesagt, wenn ich nicht so qualifizierte Helfer gehabt hätte, wäre das Buch schon sechs Monate früher auf den Markt gekommen. Ich hätte eine Pendenz mehr erledigt und hätte wieder einmal ein Wochenende frei gehabt. Da zerlegt ein Peter U. Meier mein fantastisches Grundkonzept, da hinterfragt ein Stefan Burch, dieser junge, interessierte Student, meine Aussagen und da bringt ein Daniel Blaser oder ein Peter Teuscher neue Aspekte ein, die mich dazu bringen, noch weitere Punkte aufzunehmen, um das ganze Thema vollständig abzurunden. Ich wollte ja eigentlich nur ein kleines Buch schreiben!

Oh, haben die mich mit ihren Ansprüchen gefordert! Haben die mich mit ihrer Pingeligkeit gefoltert! Haben die mich mit ihrer Kompetenz dazu gebracht, das eine oder andere Thema nochmals und nochmals zu beschreiben.

Was herausgekommen ist, das haben Sie in der Hand. Für mich in vieler Hinsicht das absolut Beste, was unter den gegebenen Umständen herauskommen konnte. Ein Buch, das – da bin ich sicher – vielen Spass machen wird, sich mit dem interessanten Thema „Projektmanagement" auseinanderzusetzen.

Wem ich das zu verdanken habe, ist klar. Angefangen bei meinen Schülern, unseren Kunden und meinen Arbeitskollegen, die gewährleisten, dass ich im evolutionären Prozess stetig weiterkomme. Den aus verschiedenen Branchen kommenden Experten B. Schulthess, R. Heini, R. Grau, J. Felchlin und G. Gassmann, die wichtige Inputs und Impulse gaben und die am Ende dieses Buches kurz aufführen, was für sie das Wichtigste im Bereich des Projektmanagements ist. Bis hin zu den Mitarbeitern vom vdf-Verlag, die uns in jeder Hinsicht die Freiheit der Darstellung sowie die entsprechende Unterstützung gaben. Speziellen Dank möchte ich jedoch Herrn Stefan Burch aussprechen, der mit grossem Einsatz und akribisch genauem Umsetzen massgeblich zum guten Gelingen dieses Buches beigetragen hat. Nicht zuletzt einen unheimlichen Dank meiner Frau, die mir den Freiraum gab, damit ich dieses Buch schreiben konnte.

Bruno Jenny

Inhaltsübersicht

Inhaltsverzeichnis

3 Projektportfoliomanagement 117

4 Projektführung 133

10 Changemanagement 335

11 Konfigurationsmanagement 353

Anhang 365

Einleitung

Situation

Freiwillige oder unfreiwillige Veränderungen gehören heutzutage forciert in unserer Umwelt zur Normalität – sei dies ganz privat, im Verein oder in einer Unternehmung. Was auch immer den Anstoss zu einer Veränderung respektive zu einer Wandlung des persönlichen Ichs, einer Struktur, eines Produkts oder einer Unternehmung gibt, der daraus resultierende Prozess sollte effizient und effektiv angegangen werden.

Um Veränderungen in den Unternehmungen erfolgreich bewältigen zu können, benötigt man ein Instrument, das sich auf diese dynamischen Entwicklungen schnell einstellen kann. Starre Linienorganisationen sind nicht selten zu träge und werden deshalb von flexibleren Projektorganisationen konkurrenziert. Diese sind eher in der Lage, den Wandel eines Unternehmens auch tatsächlich zu ermöglichen. Was das bedeutet, ist klar: Projekte sind „in"! Alle arbeiten an Projekten, viele sprechen über Projekte und jeder besitzt eine andere Vorstellung davon, was Projektmanagement überhaupt ist.

Dieses Buch zeigt auf, dass Projektarbeit wesentlich mehr ist als „trendy", und vermittelt echtes Wissen zum Thema Projektmanagement – gleich welcher Fachrichtung. Es wird im Detail erläutert, dass Projektmanagement nicht nur eine Aufgabe ist, die sich mit Phasenmodellen von der Initialisierungsphase bis zur Einführungsphase beschäftigt. Modernes Projektmanagement in unserer globalisierten Welt besteht aus dem Beherrschen von mehreren Disziplinen, die ein komplexes System bilden. Man kann heute Spezialist sein, man kann der Beste seines Fachbereichs sein, doch wer sein Wissen nicht mit dem umfassenden Know-how des modernen Projektmanagements zu verknüpfen weiss, wird in seiner beruflichen Laufbahn Probleme bekunden und nicht mehr die gewünschten Fortschritte erzielen.

Dieses Buch ermöglicht einerseits, mit gezielten Lerninstrumenten das Wissen vom modernen Projektmanagement auf eine einfache Art und Weise im Selbststudium zu erlernen. Andererseits wird es aufgrund der Strukturierung, der Aufdeckung von Zusammenhängen und der Skizzierung von Lösungsansätzen die Handlungskompetenz von erfahrenen Projektleitern erhöhen. Das Buch soll neben der notwendigen Sachkompetenz auch den Mut und die Freude geben, eine Herausforderung anzugehen, denn ein wirklich guter Projektleiter ist derjenige, der nach dem Umfallen einmal mehr aufsteht! Viel Erfolg!

Buchaufbau

Dieses Buch ist so konzipiert, dass es im Selbststudium von Beginn bis zum Schluss in Etappen durchgelesen respektive durchgearbeitet werden kann. Um das zu Lesende möglichst übersichtlich zu gestalten, wurde das Buch in vier abgeschlossene Teile gegliedert. Dieser strukturierte Aufbau wird im Folgenden kurz beschrieben; er ist aber auch anhand der Inhaltsübersicht leicht erkennbar.

Teil I: Einleitung

Das Ziel dieses ersten Teils ist es, alle notwendigen Grundlagen bzw. Voraussetzungen für ein optimales Durchlesen zu schaffen.

Teil II: Die Projektabwicklung ausführlich erklärt

Im zweiten Teil werden die Projektabwicklung allgemein, die Projektinstitution, das Projektportfoliomanagement sowie die zwei Kernelemente des Projektmanagementsystems, „Projektführung" und „Projektdurchführung", detailliert erläutert. (Kapitel 1 bis 5)

Dabei gilt es zu erwähnen, dass das Kapitel „Projektportfoliomanagement" – wie die Abbildung 0.01 zeigt – ein ergänzendes Element des Projektmanagementsystems darstellt, das die verschiedenen Subelemente umschliesst.

Teil III: Weitere Projektmanagement-Elemente

Wurde im zweiten Teil gemäss Abbildung 0.01 insbesondere auf die „inneren" Elemente des PM-Systems eingegangen, so werden im dritten Teil die Elemente der „äusseren" Kreise diskutiert. (Kapitel 6 bis 11). Die in Kapitel 6 bis 11 aufgeführten Themen sind als Subelemente des PM-Systems zu verstehen.

Teil IV: Anhang

Neben den buchtechnischen Komponenten wie dem Definitionsverzeichnis, dem Literaturnachweis etc. zeigt der vierte Teil den Praxisnachweis bezüglich der Wichtigkeit des modernen Projektmanagements auf.

Thematische Gliederung

Damit ein Unternehmen seinen Wandlungsbedarf erfolgreich umsetzen kann, ist es unabdingbar, dass alle Projekte im Grundsatz systematisch geführt (sprich „gemanagt") werden. Denn einerseits sind die heutigen komplexen Anforderungen einer Veränderung von Produkten, Strukturen, Dienstleistungen, Computersystemen etc. ohne ein systematisches Vorgehen kaum noch zu realisieren, andererseits wird die Diskrepanz von Geschwindigkeit, Standards, Art der Zielverfolgung, Arbeitskultur etc. zwischen Linienstellen und Projektorganisationen immer grösser. Insbesondere diesem zweiten Aspekt wurde in der Vergangenheit zu wenig Beachtung geschenkt. So kam es nicht selten vor, dass ein Projekt und das Unternehmen nicht in die gleiche Richtung „liefen" und in Folge das Unterfangen, trotz beiderseitiger guter Absichten, scheiterte. Das heisst, dass der kleine Schritt der Wandlung, die das Unternehmen mit diesem Vorhaben machen wollte, nicht gemacht werden konnte. Dadurch vergrössert sich natürlich der Wandlungsbedarf wieder, da die Konkurrenz, die Technologie, ja die gesamte Evolution nicht angehalten respektive auf das Unternehmen gewartet hat.

Linie vs. Projekt

Wandlungsbedarf

Zur Behebung dieser Problematik wird heute ein sogenanntes Projektmanagementsystem benötigt. Das Wort „System" wird hier im organisatorischen Sinn gesehen.

PM-System

Das Projektmanagementsystem (PMS) ist ein System von Richtlinien, organisatorischen Strukturen, Prozessen und Methoden zur Planung, Überwachung und Steuerung von Projekten [DIN 69901-5:2007].

Wandlungsfähigkeit

Die Chancen eines modernen, in das Unternehmen integrierten Projektmanagementsystems liegen nicht nur im Bewältigen des Wandels an sich, sondern auch im Agieren als Wandlungspromotor. Das heisst, dass das Unternehmensmanagement mit einem solchen System nicht nur auf die Wandlung gut reagiert, sondern die Wandlung des Marktes in Bezug zur Unternehmensgrösse mitgestalten kann.

Die Integration eines solchen umfassenden PM-Systems ist aufgrund der Komplexität nicht ganz einfach und benötigt eine kulturelle Veränderung des gesamten Unternehmens (Changemanagement).

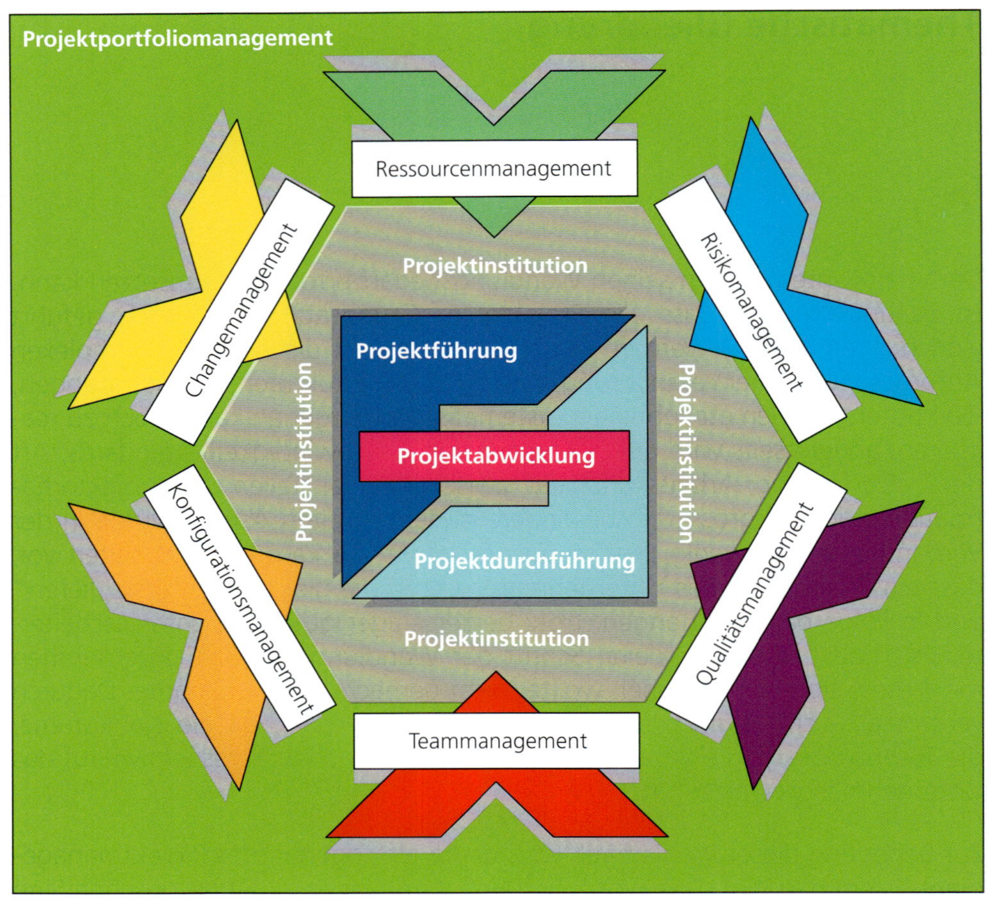

Abb. 0.01: Das Projektmanagementsystem im Überblick

Wie Abbildung 0.01 aufzeigt, besteht das Projektmanagementsystem aus den zwei PM-Kernelementen Projektführung und Projektdurchführung, die zusammengefasst die Projektabwicklung bilden. Dieser PM-Systemkern sowie die Projektinstitution, auf welcher das gesamte PM-System aufbaut, wird im zweiten Teil des Buches, „Die Projektabwicklung ausführlich erklärt", besprochen. Alle weiteren PM-Systemelemente, die den Projekterfolg aus Unternehmenssicht ebenfalls massiv beeinflussen, werden im dritten Teil des Buches erläutert.

PM-Systemelemente

Projektmanagement-Systemelemente sind einzelne Disziplinen, die in einem Projekt von den jeweiligen Rollen berücksichtigt und beherrscht werden müssen.

Die einzelnen PM-Systemelemente werden auf den folgenden Seiten kurz beschrieben, sodass ein Überblick über das ganze System gegeben wird, bevor in den jeweiligen Kapiteln die Einzelheiten erläutert werden.

Kapitel 1 „Die Projektabwicklung"

Projektabwicklung

Die Projektabwicklung ist im eigentlichen Sinne der Überbegriff der Kernelemente Projektführung und Projektdurchführung und beinhaltet wichtige Grundwerte dieser Elemente. Anders gesagt: Um ein Projekt abwickeln zu können, muss es einerseits gemanagt und andererseits die Lösung konkret erarbeitet werden.

Kapitel 2 „Die Projektinstitution"

Jedes Projekt benötigt projekteigene Führungsstrukturen. Dabei bildet die Projektinstitution den sogenannten flexiblen und effizienten Ordnungsrahmen, der alle Elemente des PM-System betrifft bzw. verbindet. Die Projektinstitution bildet somit die institutionelle Basis, um ein Projekt effizient und geordnet abwickeln zu können.

Kapitel 3 „Das Projektportfoliomanagement"

Um in einem Unternehmen oder in einer grösseren Abteilung alle Projekte aus einer Gesamtsicht zu managen, wird das sogenannte Projektportfoliomanagement eingesetzt. Ohne diesen über alle Projekte erstellten Überbau besteht die Gefahr, dass zwar jedes einzelne Projekt in sich seinen Wert erfüllt, sich aber nicht die gewünschte unternehmensweite Wirkung entfaltet. Das Projektportfoliomanagement ist das Gaspedal und die Bremse des Projektmanagementsystems und gilt heute als strategisches Führungselement.

Kapitel 4 „Die Projektführung"

„Projekt starten", „Projekt planen", „Projekt steuern", „Projekt kontrollieren" und „Projekt abschliessen" gehören zur Projektführung. Insbesondere das Planen der Aufgaben sowie das Steuern und das Kontrollieren müssen bis zum Projektabschluss je nach Projektumfang periodisch oder fortlaufend gemacht werden und stellen somit keine einmaligen Tätigkeiten dar. Es ist vorwiegend der Projektleiter, der diese Projektführungs- respektive die Managementtätigkeiten wahrnimmt. Das Element Projektführung hat das Ziel, dass ein Projekt durchdacht und kontrolliert durchgeführt wird.

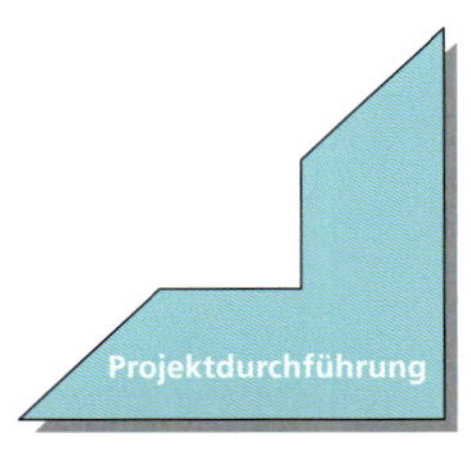

Kapitel 5 „Die Projektdurchführung"

Die Projektdurchführung hat die Aufgabe, das Projekt konkret umzusetzen, und beginnt (wie die Projektführung) beim Projektstart. Das heisst, einerseits ist der Projektstart sehr stark von Führungsaufgaben geprägt, andererseits müssen aber bereits dort schon konkrete Durchführungsaufgaben von den Projektmitarbeitern bearbeitet werden. Dieses Zusammenspiel von Projektführung und Projektdurchführung erstreckt sich über die ganze Projektabwicklung. Um das Zusammenwirken zu unterstützen, sind die Projektarbeiten methodisch gestützt und in Phasen gruppiert.

Kapitel 6 „Das Teammanagement"

Erfolgreiches Arbeiten in Teams benötigt auf der psychologischen und der soziologischen Ebene ein professionelles Handeln. So erfordern der Aufbau und die Führung von Teams respektive von Projektmitarbeitern personenbezogenes Geschick. Ein Projektleiter muss unter anderem die Fähigkeit besitzen, die Stärken des Teams und der einzelnen Teammitglieder zu erkennen und gezielt einzusetzen. Dieses gezielte, teamfördernde Arbeiten mit den Mitarbeitern, Beteiligten und Betroffenen wird als Teammanagement bezeichnet.

Kapitel 7 „Das Qualitätsmanagement"

Das Qualitätsmanagement ist ein verbindendes Element im Projektmanagementsystem. Das heisst, dass das PM-System in all seinen Elementen einzelne (zum Teil sehr kleine) Qualitätswerte enthält. Werden nur diese Werte betrachtet, sieht man die Projektabwicklung durch die „QM-Brille". Das Ziel des Qualitätsmanagements ist es einerseits, alles daranzusetzen, dass möglichst keine Fehlleistungen erfolgen, andererseits, jede Qualitätsabweichung in einem Projekt rasch zu erkennen und durch geeignete Massnahmen zu beseitigen.

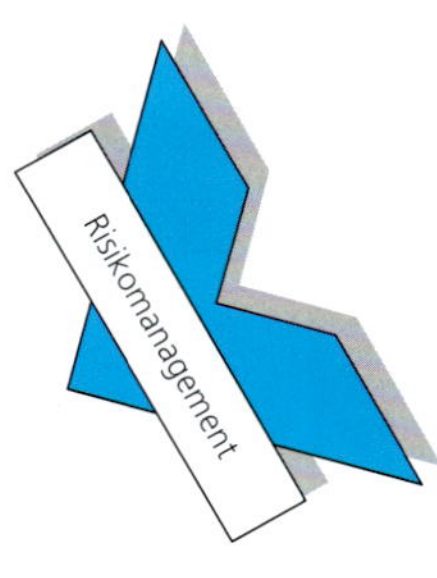

Kapitel 8 „Das Risikomanagement"

Das Risikomanagement gilt im Projektmanagementsystem als eigenständiges Element, da es eine separate Disziplin ist, die Risiken für ein Vorhaben vor und während des Projekts zu qualifizieren. Ziel des Risikomanagements ist es, neben dem Identifizieren, Analysieren und Beseitigen von möglichen Gefahren auch die Faktoren für den Projekterfolg sicherzustellen.

Kapitel 9 „Das Ressourcenmanagement"

In diesem Kapitel wird kurz das Managen der Einsatzmittel (Personal- und Betriebsmittel) und der Finanzmittel erläutert. Diese Thematik wird, je geringer die Gewinnmargen der Unternehmen werden, mehr und mehr zum absoluten Erfolgsfaktor jeden Projekts. Die richtige Menge und die benötigte Fähigkeit von Personalmitteln stehen dabei immer mehr im Vordergrund.

Kapitel 10 „Das Changemanagement"

Das Changemanagement befasst sich mit den Veränderungsprozessen, welche eine Firma, eine Abteilung oder auch nur einzelne Personen aufgrund des Projekts durchlaufen müssen. Mittels der Projektabwicklung (Projektführung und Projektdurchführung) wird primär nur die funktionale Veränderung bewirkt. Qualifiziert eingesetztes Changemanagement dagegen bewirkt, dass die betroffenen Personen sich von den alten Prozessen, Strukturen oder Produkten lösen und sich in die neuen Gegebenheiten gut integrieren respektive das Neue adaptieren können.

Kapitel 11 „Das Konfigurationsmanagement"

Ein weiteres, nicht zu unterschätzendes Element ist das Konfigurationsmanagement. Das Ziel des Konfigurationsmanagements ist es, einerseits alle in einem Projekt benötigten und zu erstellenden Lieferobjekte zu erfassen und zu ordnen und andererseits die Möglichkeit zu geben, alle Änderungen dieser Lieferobjekte stets kontrollieren zu können. Es bildet somit die Grundlage der Projektfortschrittsbewertung.

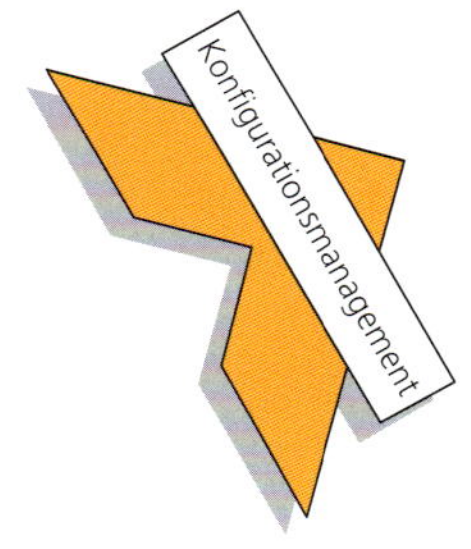

Anhang PM-Verhaltenskompetenzen

Damit ein Projektleiter besser planen, kontrollieren und steuern kann – darauf wird in diesem Buch sehr viel Wert gelegt –, ist es wichtig, dass er neben den „harten" Führungskompetenzen auch die „weichen" sozialen Kompetenzen trainiert. IPMA hat in dieser Hinsicht die PM-Verhaltenskompetenzen ausgearbeitet; diese sind im Anhang komprimiert aufgeführt. Pro Kompetenz sind wichtige Handlungen aufgeführt, die ein Projektleiter aktiv verfolgen respektive umsetzen sollte.

Fallbeispiel

Um das Gelesene leichter verstehen zu können, wird man von der Familie Gloor durch das ganze Buch begleitet. Als aufschlussreiches Fallbeispiel entwickelt, sind alle darin vorkommenden Personen und Handlungen frei erfunden. Einleitend wird die Familie kurz vorgestellt.

Herr und Frau Gloor sind seit über 25 Jahren verheiratet. Zusammen mit ihren drei Kindern leben sie in einem schönen Haus direkt am See.

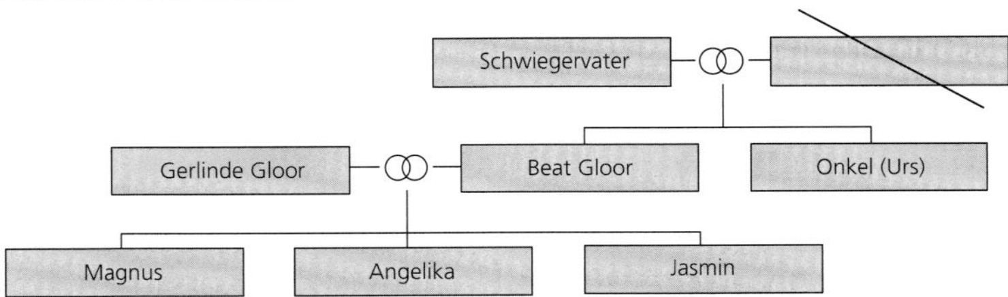

Ihr ältester Sohn Magnus hat dieses Frühjahr sein Grundstudium in Wirtschaftswissenschaften abgeschlossen und jobbt seither abends als Barkeeper in der nahen Disco. Seine beiden jüngeren Schwestern, Angelika und Jasmin, gehen noch zur Schule. Besonders zur Älteren, Angelika, hat Magnus ein gutes Verhältnis. Manchmal lässt er sie, obwohl sie erst sechzehn Jahre alt ist, am Samstag bis 23 Uhr gratis in die Disco. Dies gefällt zwar der Mutter Gerlinde überhaupt nicht, doch so weiss sie wenigstens, wo sich ihre Tochter befindet. Aber nicht nur mit Angelika hat sie momentan Schwierigkeiten zu kommunizieren. Nein, auch mit ihrem Mann Beat gibt es seit längerem Differenzen, die immer öfter in Streit ausarten. Eigentlich streiten sie sich immer wegen desselben Themas: Es geht um Beats Arbeit. Gerlinde liebt ihren Mann, doch sie meint, dass seine Arbeit ihn immer weiter von ihr entferne. Zum Glück hat sie einen verständnisvollen Schwiegervater, der immer ein offenes Ohr hat, seitdem er pensioniert ist. Herr Gloor senior (schon seit einigen Jahren Witwer) verbringt die meiste Zeit mit seinen Vereinskollegen in der alten Krone, ihrem Stammlokal.

Nun ja, da gibt es noch Vargas, den Hund der Familie. Er hält sich meist aus allem raus und geniesst die Nähe der aktiven Jasmin. Bloss mit Beats Bruder, Onkel Urs, hat er so seine Unstimmigkeiten, seit ihm dieser vergangenen Sommer unabsichtlich auf den Schwanz getreten ist ...

Wissenswertes kurzgefasst

Farbcode

Um die Vernetztheit des Projektmanagementsystems aufzuzeigen, wurde ein klar definierter Farbcode aufgebaut, der sich über das ganze Buch erstreckt. So wurde jedem Element des PM-Systems bzw. jedem Kapitel eine eigene Farbe zugeordnet (siehe Abbildung 0.01). Wird in einer Abbildung eine andere Farbe als die Kapitelfarbe verwendet, so ist diese kapitelverknüpfend, im Konsens des gesamten Projektmanagementsystems, zu verstehen.

Nachweisbarkeit

In Projekten ist es zum Teil aufgrund der Gesetzeslage oder der Beweisführung der Prozesseinhaltung wichtig, ganz bestimmte Sachverhalte schriftlich festzuhalten, so z.B. Sitzungsentscheide, Veränderung der Anforderungen oder der Nachweis, dass die Tests durchgeführt wurden. Um diesen wichtigen Aspekt der Beweisführung besonders herauszuheben, wird an den entsprechenden Stellen mit dem nebenstehenden Icon darauf hingewiesen.

Merksätze von Experten

Das nebenstehende Icon weist darauf hin, dass es sich an diesen Stellen in der Marginalspalte um Aussagen von Experten im Projektmanagement handelt, die auf wichtige Punkte der jeweils beschriebenen Thematik hinweisen. Diese erfahrenen Fachleute erhielten im Anhang die Möglichkeit zu ergänzen, was ihnen am Projektmanagement besonders wichtig erscheint oder was sie ihre Erfahrung gelehrt hat.

Lernziele

Vor jedem Hauptkapitel werden Lernziele aufgeführt, die kurz angeben, was man bei sorgfältigem Durcharbeiten des Kapitels lernen kann. Sie sollen eine kleine Hilfestellung geben, auf welche Punkte besonderes Augenmerk gerichtet werden sollte. Ausserdem sind bei jedem Lernziel die dazugehörigen ICB-Nummern zu finden.

ICB-Nummern ICB4

Die ICB4-Kriterien stellen den Lernenden, der neu ins Projektmanagement einsteigen möchte, nicht gerade vor die einfachsten Herausforderungen, da sie sehr umfassend sind. Anstatt den verschiedenen Projektleiter-Levels (Four-Level-Certification-[4-L-C]-System) klar abgrenzende Themen zuzuweisen, muss gemäss der definierten Anforderungsrichtlinien [ICB 2016] auch der unterste Level fast alles wissen – aber eben von allem nur ein wenig!

Gemäss den Ausführungen gibt es drei Kompetenzenbereiche (People, Perspective, Practice) mit 29 Kompetenzen. Eine Definition dieser Kompetenzen gemäss der Veröffentlichung „Swiss.ICB4" [ICB 2016], ergänzt mit verkürzten Erläuterungen, befindet sich im Anhang D.

Diese 29 Kompetenzen wurden um KCI (Key Competence Indicators) ergänzt, die genau beschreiben, welche messbaren Ergebnisse als Belege für die jeweilige Kompetenz vorhanden sein müssten [ICB 2016]. Die KCI sind übersichtsmässig auch im Anhang D aufgeführt.

Internetunterstützung

Den Stoff zu lesen, ist das eine; ihn anwenden zu können, das andere. Deshalb wird zu diesem Buch ein Lerninstrument zur Verfügung gestellt, mit welchem das neu erarbeitete Wissen trainiert werden kann. Um die Aufgaben und Lösungen immer auf dem neuesten Stand zu halten und laufend ausbauen zu können, befindet sich dieses Lerninstrument auf der Homepage der SPOL AG unter https://www.spol.ch/akademie/weitere-angebote/elearning/.

Checklisten

An einigen Stellen weist das nebenstehende Icon darauf hin, dass zu diesem Thema im Internet (https://light.profipm.ch/) eine Checkliste existiert. Diese Checklisten dienen einerseits als Gedächtnisstütze und erinnern daran, was konkret bei der entsprechenden Thematik in einem realen Projekt gemacht werden muss, andererseits können sie bei der Kontrolle von Lieferobjekten eingesetzt werden.

Die Projektabwicklung ausführlich erklärt

Lernziele des Kapitels „Projektabwicklung"

Sie können ...

- die Zusammenhänge zwischen den Kernelementen des Projektmanagements begründen.
- erläutern, was der Begriff „Projekt" umfasst und wie die einzelnen Bestandteile zu verstehen sind.
- verschiedene Projektarten und ein homogenes Phasenmodell über alle Projektarten definieren.
- vier Kriterien begründet aufführen, die ein Projekt klassifizieren.
- je drei Rahmenbedingungen und Restriktionen eines Projekts erläutern.
- ein Projekt aus der Perspektive der Projektführung und der Projektdurchführung beschreiben.
- das Gestaltungsprinzip „Top Down" der Projektdurchführung demonstrieren.
- die Struktur der Projektziele anhand eines Beispiels erläutern.
- vier Gründe aufführen, wieso ein Phasenmodell in einem Projekt eingesetzt werden soll.
- die wesentlichen Merkmale der vier Vorgehensmodelle anhand eines Beispiels aufzeigen.
- das agile Vorgehen und dessen Vorteile erläutern.
- die Projektabwicklung anhand eines Regelkreises ausführlich erläutern.
- das 80/20-Prinzip erklären und in der Systemabgrenzung berücksichtigen.
- die Struktur der in einem Projekt anzuwendenden Techniken aufzeichnen.

In diesem Kapitel werden insbesondere die ICB-Kompetenzen 1.02, 1.03, 2.08, 3.01, 3.02, 3.03, 3.04 und 3.10 verfolgt (siehe Anhang D).

Projektabwicklung

Die Projektabwicklung ist der eigentliche Hauptteil des Projektmanagementsystems. Umgesetzt in einen qualifizierten Prozess, werden dadurch die anstehenden Probleme, Ideen, Sachzwänge etc. in einer professionellen Art und Weise gelöst. Die zwei Kernelemente „Projektführung" und „Durchführung" der Projektabwicklung beruhen auf sogenannten Basiskomponenten oder Grundwerten, die bezüglich des Projekterfolgs einen massgebenden Einfluss haben. So ist schon alleine die richtige Definition von „Projekt" ein entscheidender Erfolgsfaktor.

Projektabwicklung

Mit Projektabwicklung wird das prozessorientierte Projektvorhaben bezeichnet, das in Projektdurchführung und Projektführung unterteilt ist. Es bezieht sich auf den gesamten Aufgabenbereich vom Start bis zum Abschluss eines Projekts.

Um die Basis für ein optimales Durchlesen zu schaffen, sind in diesem ersten Kapitel neben den zwei Kernelementen die wichtigsten Komponenten der Projektabwicklung kurz aufgeführt.

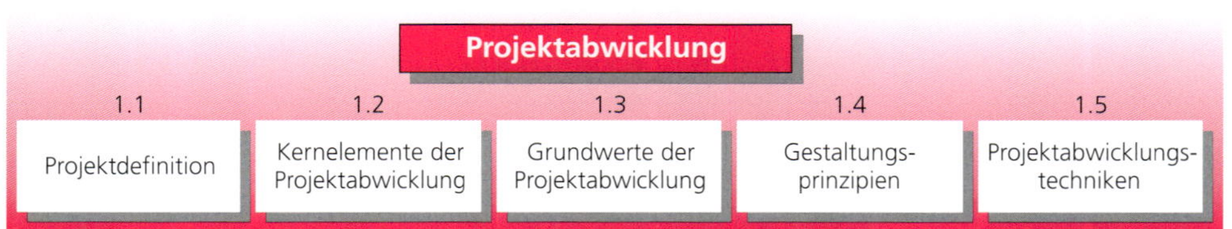

Abb. 1.01: Projektabwicklungskomponenten

1.1 Die Projektdefinition

Um die umfassende Thematik des Projektmanagementsystems überhaupt verstehen zu können, ist zuerst der Begriff „Projekt" bzw. sind die Projektabwicklungsmerkmale genau zu erläutern. Dazu vorweg drei Definitionen von Schmidt [Sch 1994b], welche für die Abgrenzung hilfreich sind:

- Aufgaben sind dauerhaft wirksame Aufforderungen, um Verrichtungen an Objekten zur Erreichung von Zielen durchzuführen.
- Aufträge sind einmalige Aufforderungen, um Verrichtungen an Objekten zur Erreichung von Zielen durchzuführen.
- Arbeit ist die Erfüllung von Aufgaben und Aufträgen.

Abb. 1.02: Projektdefinition in Abgrenzung zu Aufgaben, Aufträgen und Agil Release Train (ART)

Projekt

> *Projekte sind in sich abgegrenzte, komplexe und/oder komplizierte Vorhaben, deren Erfüllung eine Organisation bedingt, die für die Umsetzung der Tätigkeiten eine Projektmethode anwendet, mit der alle anfallenden Arbeiten geplant, gesteuert, durchgeführt und kontrolliert werden können.*

Abgegrenzt

Jedes Projekt hat immer einen definierten Start- und einen definierten Abschlusszeitpunkt. Die Projektarbeiten sind somit gegenüber der Umwelt zeitlich abgrenzbar.

Komplexität/ Kompliziertheit

Projekte werden gestartet, um bestehende IST-Zustände in gewünschte SOLL-Zustände zu überführen oder aber ganz neue Produkte, Dienstleistungen etc. zu entwickeln. Dies erfordert eine interdisziplinäre (komplexe) Zusammenarbeit mehrerer Verantwortungsbereiche eines Unternehmens. Über diese Betrachtung hinaus ist auch die (komplizierte) Beziehung der einzeln zu erstellenden Komponenten zu berücksichtigen.

Programm

Ein Programm ist ein grosses, zeitlich begrenztes Vorhaben, um eine strategische Aufgabe zu erfüllen. Diese wird erfüllt, indem mehrere Projekte, die durch gemeinsame Hauptziele eng miteinander gekoppelt sind, ins Leben gerufen und durch eine vernetzte Planung, organisatorische Regeln, eine gemeinsame Kultur und eine abgestimmte Kommunikation koordiniert werden.

Komplexer Auftrag

Im Vergleich zur alltäglichen Arbeitsaufgabe ist die Projektarbeit ein einmalig zu verrichtender komplexer und/oder komplizierter Auftrag. Diese Einmaligkeit macht das Projekt sowohl interessant als auch „riskant", denn viele projektspezifische Erfahrungen können meistens erst während der Projektarbeit gesammelt werden.

Organisation

Um diese Herausforderungen sowohl fachlich als auch sozial professionell lösen zu können, bedarf es einer gut funktionierenden Projektorganisation, die sich an verändernde Einflussgrössen optimal anpassen kann.

Methode

Um Komplexität, Dynamik, Risiken etc. meistern zu können, bedarf es eines methodischen Projektvorgehens respektive Handelns. Das heisst, jedes Projekt läuft stets nach einer allgemein gültigen, pro Projektart abgestützten Methode ab. Sie ist für die Effizienz der Projektabwicklung und somit für den Projekterfolg entscheidend. Jede Methode beinhaltet neben einem Führungsaspekt (Planung, Steuerung, Kontrolle) auch einen Durchführungsaspekt (Art und Weise der Projektumsetzung). Ist eines dieser Elemente nicht gegeben, so kann man nicht von einem methodischen Vorgehen sprechen.

Herr Gloor ist ausgelaugt. Die 20 Jahre harter Arbeit und die stetige Weiterbildung (zur Zeit macht er ein MBA-Studium) zehren an der Substanz; sie brachten aber auch den gewünschten Erfolg. Doch jetzt ist Schluss. Herr Gloor braucht mal Zeit: Freizeit. Mutig ist Herr Gloor entschlossen, seine Arbeit ein Jahr zu unterbrechen. Am liebsten möchte er diese Zeit zusammen mit seiner Familie verbringen. Und der Zeitpunkt ist günstig. Alle Kinder befinden sich an einer Wegscheide ihres Werdeganges. Magnus weiss noch nicht, ob er weiter studieren soll, Angelika wird die dritte Oberstufe im Sommer beenden (ohne Lehrstelle) und Jasmin wechselt Ende des Semesters ans Gymnasium. So möchte Herr Gloor diese günstige Gelegenheit nutzen, um gemeinsam mit seiner Familie auf eine einjährige Weltreise zu gehen. (Wie man zu diesem Entschluss gekommen ist, wird zu einem späteren Zeitpunkt methodisch erläutert.)

H. Felchlin:
„Man darf von Projektleitungen auch unternehmerisches Handeln erwarten!"

Doch um eine solche Weltreise auch in vollen Zügen geniessen zu können, braucht es eine gute (komplexe) Vorbereitung. Bis zum gewünschten Abreisezeitpunkt bleiben acht Monate Zeit. Start und Abschluss der Vorbereitungszeit bzw. des Projekts sind also grob definiert.

1.2 Die Kernelemente der Projektabwicklung

Die Elemente Projektführung (im engl. Project Management) und Projektdurchführung (im engl. Project Execution) bilden zusammen den Kern des Projektmanagementsystems.

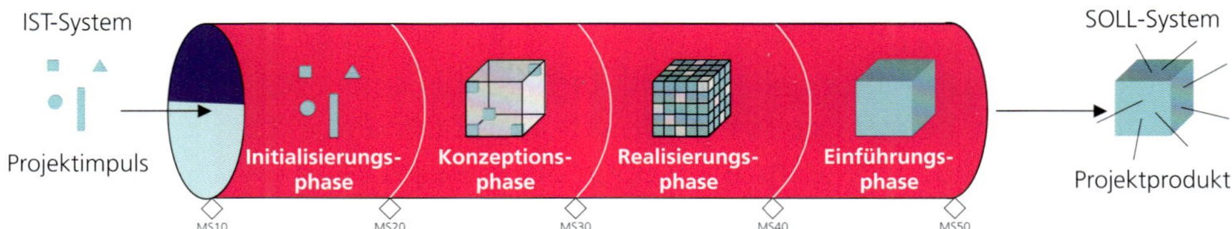

Abb. 1.03: Die Entwicklungspipeline bzw. Projektabwicklung

Die Projektabwicklung ist grundsätzlich nichts anderes als eine methodisch ausgerichtete Pipeline zwischen einem IST-Zustand (IST-System) und einem SOLL-Zustand (SOLL-System). Das Wort System ist dabei als Neutrum zu betrachten.

Wie schon einleitend beschrieben, umfasst die Projektführung alle funktionellen Führungsaufgaben (Planen, Steuern, Kontrollieren) eines Projekts, die vom Projektstart bis zum Projektabschluss wahrgenommen werden müssen. Demgegenüber beinhaltet die Projektdurchführung alle Umsetzungsaufgaben (Erheben, Analysieren, Konzipieren, Realisieren etc.) vom Projektstart bis zum Projektabschluss.

Abb. 1.04: Die Kernelemente der Projektabwicklung

Um den Zusammenhang dieser zwei Elemente zu verdeutlichen, wird das Zusammenspiel dieser Elemente im Folgenden anhand eines Regelkreises kurz erläutert. Die explizite, vertiefte Beschreibung dieser Elemente findet aber erst später in den Kapiteln 4 und 5 statt.

1.2.1 Regelkreis der Projektabwicklung

Für eine optimale Projektabwicklung müssen die Projektführung und die Projektdurchführung als harmonische, dynamische Zusammenspieler gesehen werden.

Harmonisches Zusammenspiel der Kernelemente

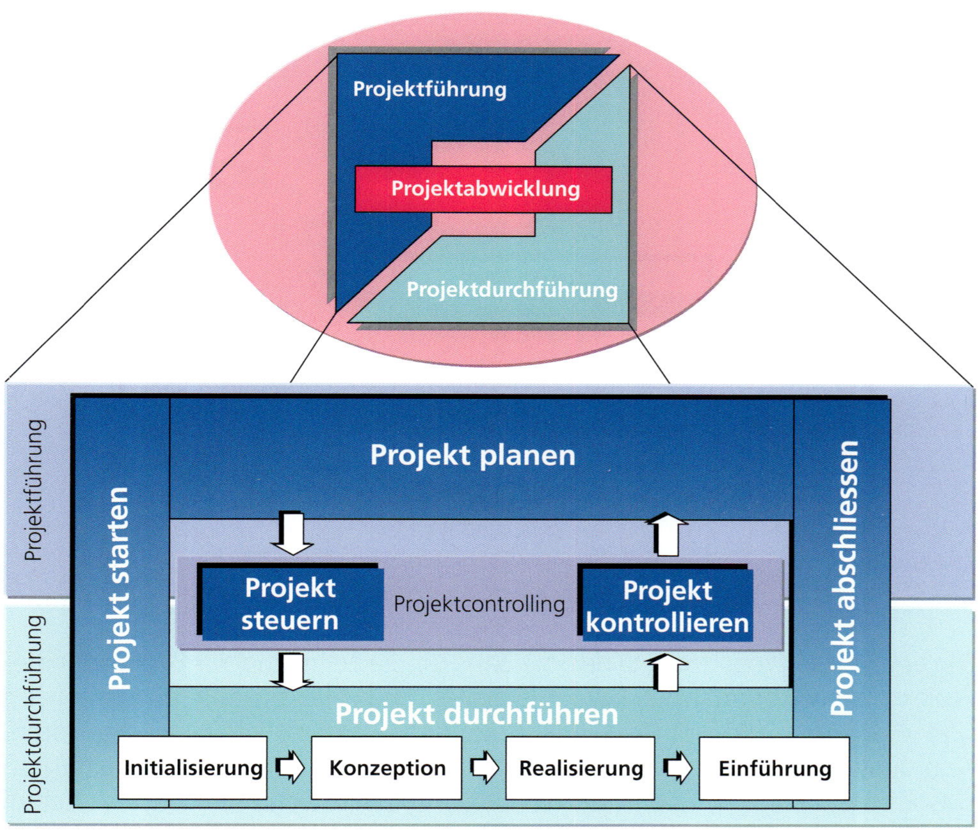

Abb. 1.05: Metamodell der Projektabwicklung

Das in Abbildung 1.05 dargestellte Metamodell der Projektabwicklung vereint die Projektdurchführung über ein Vier-Phasenmodell (Initialisierung, Konzeption, Realisierung, Einführung) mit dem Projektmanagementzyklus. Dieser Zyklus umfasst alle Hauptkomponenten der Projektführung. Bis auf die Komponenten „Projekt starten" und „Projekt abschliessen" laufen alle Komponenten (Planen, Steuern, Kontrollieren) in Verbindung mit der Projektdurchführung intervallmässig während des ganzen Projekts ab.

Projektmanagement-zyklus

Vereinfacht kann man sagen, dass die Projektführung in allen Projektarten die gleichen Aufgaben in unterschiedlicher Ausprägung umfasst. Demgegenüber ist die Projektdurchführung je nach Projektart ab einem gewissen Grad sehr spezifisch (unterschiedliche Vorgehensmodelle, Standards sowie Lieferobjekte).

Wie in der Abbildung 0.01 aufgeführt, werden diese zwei Kernelemente natürlich von anderen PM-Systemelementen unterstützt, was schliesslich als „gesamtes" Projektmanagement angesehen werden kann.

Um das dynamische Zusammenspiel der beiden Kernelemente Projektführung und -durchführung aufzuzeigen, macht es an dieser Stelle Sinn, vom Metamodell (Abbildung 1.05) abgeleitet den Regelkreis der Projektabwicklung kurz zu erläutern.

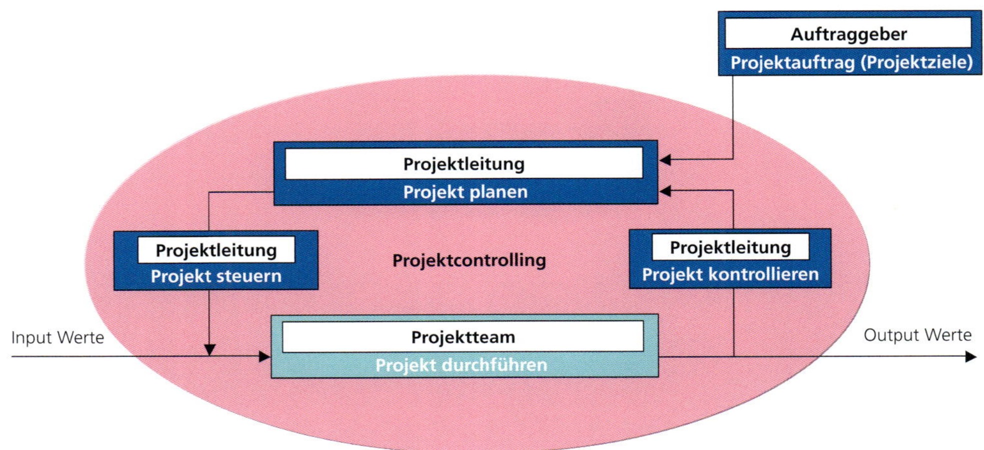

Abb. 1.06: Regelkreis der Projektabwicklung

Führen der Arbeiten

Umsetzen der Arbeiten

Die definierten Projektziele bilden die Basis für die Erstellung der Planung. In der Projektplanung befasst sich der Projektleiter mit projektbezogenen Ereignissen und Aufgaben, die er über die Steuerung in Form von Arbeitspaketen, Koordinationsanweisungen und Massnahmen an das Projektteam weitergibt. Das Projektteam bzw. die einzelnen Projektmitarbeiter führen diese Arbeiten aus. Die entstehenden Ergebnisse, sprich Lieferobjekte, werden über die Projektkontrolle mit den Planwerten respektive den vorgegebenen Zielen verglichen (SOLL/IST-Vergleich).

Lieferobjekt

Als Lieferobjekt werden alle Ergebnisse bezeichnet, die im Verlauf der Projektabwicklung entstehen.

Entsprechende Erkenntnisse der Kontrolle fliessen dann wiederum in die Planung ein. So wird der Prozess bis zum Projektabschluss dauernd durchlaufen. Diese enge Verbindung zwischen Projektführung und -durchführung sollte aufgrund von Standards und abgestimmten Methoden möglichst harmonisch sein. Nur so erreicht man die gewünschte Projekteffizienz.

1.3 Die Basiselemente der Projektabwicklung

Ein Projekt ist, abstrakt gesehen, ein in sich geschlossenes System, wie es ein Motor, ein Haus, ein Produkt oder sogar ein Mensch ist. Dieses System, das (wie in der Einleitung beschrieben) aus Elementen besteht, hat in sich gewisse wichtige Basiselemente. Bei diesen Basiselementen geht es um ein bewusstes oder unbewusstes „Einzäunen" und „Strukturieren" (sprich „Ordnen") der Projektabwicklung. Nachfolgend werden die Basiselemente der Projektabwicklung (Projektführung und Projektdurchführung) kurz als benötigtes Basiswissen isoliert beschrieben. Die einzelnen Themen werden in späteren Kapiteln nochmals aufgenommen und vertieft.

Ordnen der Projektarbeiten

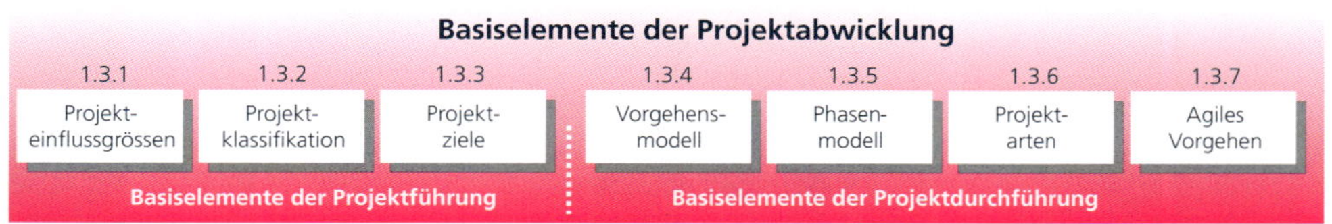

Abb. 1.07: Basiselemente der Projektabwicklung

1.3.1 Projekteinflussgrössen

Obwohl ein Projekt von den meisten allgemeinen Unternehmensnormen losgelöst ist, bleibt es dennoch gewissen Einflussgrössen ausgesetzt. Diese werden zum einen extern (Gesetze, Gesellschaftsnormen etc.), zum anderen aber auch intern, von der Unternehmung selber, vorgegeben. Solche Einflussgrössen (auch Randbedingungen genannt) „zwingen" den Projektleiter, sich an unveränderbare Vorgaben zu halten. Diese „Herausforderungen" gestalten zwar das Projekt interessanter, können den Projektleiter aber auch vor grosse Probleme stellen. Die Einflussgrössen lassen sich unterteilen in

- Rahmenbedingungen und
- Restriktionen.

R. Heini:
„Kennt der Projektleiter die wichtigsten Einflussgrössen des Projekts nicht, so dürfte er es schwer haben, eine vernünftige Planung zu erstellen."

Abb. 1.08: Einflussgrössen eines Projekts

1.3.1.1 Rahmenbedingungen

Relevante Sachverhalte

Die Rahmenbedingungen können mit der Topographie einer Landschaft für eine Strasse verglichen werden. Sie geben der Lösung, dem Vorhaben eine bestimmte Richtung oder bedingte Voraussetzungen, ohne diese jedoch konkret festzulegen. Der Projektleiter muss die Rahmenbedingungen bezüglich seines Projekts sehr gut kennen. Berücksichtigt er sie nicht, muss er mit unliebsamen Erfahrungen rechnen.

Rahmenbedingungen

Rahmenbedingungen sind für das Projekt relevante Sachverhalte, die durch das Projekt nicht unmittelbar verändert werden können [Sch 2009a].

Die Rahmenbedingungen eines Projekts lassen sich in fünf Gebiete unterteilen:

- Entwicklungsbezogene Rahmenbedingungen
  (z.B. Häufigkeit von Änderungen)
- Firmenbezogene Rahmenbedingungen
  (z.B. Strategie, die es zu verfolgen gilt)

- Personalbezogene Rahmenbedingungen
  (z.B. Mitarbeitermentalität, kulturelle Einflüsse)
- Projektbezogene Rahmenbedingungen
  (z.B. Zeitrahmen, der zur Verfügung steht)
- Produktbezogene Rahmenbedingungen
  (z.B. Qualitätsnormen, Kundensegment)

1.3.1.2 Restriktionen

Verbindliche Vorgaben

Restriktionen sind Einschränkungen (z.B. interne Weisungen) und Begrenzungen (z.B. Gesetze und Vorschriften) bezüglich der Aufgabenerfüllung, die innerhalb des Projekts zu berücksichtigen sind. Nimmt man wieder die Strasse als Beispiel, so wären die Gewichtsbeschränkungen auf der Strasse eine Restriktion. Restriktionen zeigen dem Projektleiter ganz klare Grenzen auf. Er ist dazu verpflichtet, diese zu beachten, da sie für ihn „Gesetze" sind. Die Schwierigkeit für den Projektleiter besteht darin, nur die „echten" Restriktionen zu berücksichtigen.

Restriktionen

Restriktionen sind verbindliche Vorgaben, die zwingend eingehalten werden müssen [Sch 2009a].

Die Restriktionen eines Projekts lassen sich in vier Gebiete unterteilen:
- Umweltbezogene Restriktionen
  (z.B. Umweltverordnungen, Topographie, Klima)
- Firmenbezogene Restriktionen
  (z.B. Präsenzzeitregelung, Sicherheitsbestimmungen)
- Risikobezogene Restriktionen
  (z.B. Geldwäschereigesetz, Unfallversicherungsverordnung)
- Systembezogene Restriktionen
  (z.B. 24 Std. pro Tag im Einsatz, Sicherheitsvorschriften)

Auch das Projekt der Familie Gloor unterliegt gewissen Einflussgrössen (bzw. Rahmenbedingungen und Restriktionen). So sind z.B. die Einhaltung der Reisedauer von einem Jahr sowie die Mitnahme aller Kinder klare Rahmenbedingungen, die das Projekt einschränken. Als Restriktion gilt die Tatsache, dass alle nur mit gültigen Reisepässen und entsprechenden Visa die Reise in Angriff nehmen dürfen. Zudem sind die vorbeugenden Schutzimpfungen eine weitere Restriktion, da dies die Gesetzgebung von gewissen Ländern erfordert.

1.3.2 Projektklassifikation

Baut man einen Stausee – Kostenpunkt mehrere Milliarden Franken – spricht man von einem Projekt. Aber auch eine Hochzeitsvorbereitung kann, obwohl bloss ein Fest für einen Tag organisiert werden muss, ein Projekt sein. Die Vorbereitung für diesen speziellen Tag erreicht schnell eine Komplexität, die ohne ein methodisches Vorgehen kaum bestellt werden kann. So erfüllt auch dieses „kleine" Vorhaben alle Punkte der Projektdefinition (siehe Kapitel 1.1). Es ist aber offensichtlich, dass die beiden Projekte ganz andere Dimensionen haben. Natürlich muss dies auch bei der Projektabwicklung berücksichtigt werden. Deshalb wird jedes Projekt in sogenannte Klassen eingestuft. Diese Einstufung hängt von verschiedenen Kriterien ab.

Kriterien für die Projekteinstufung

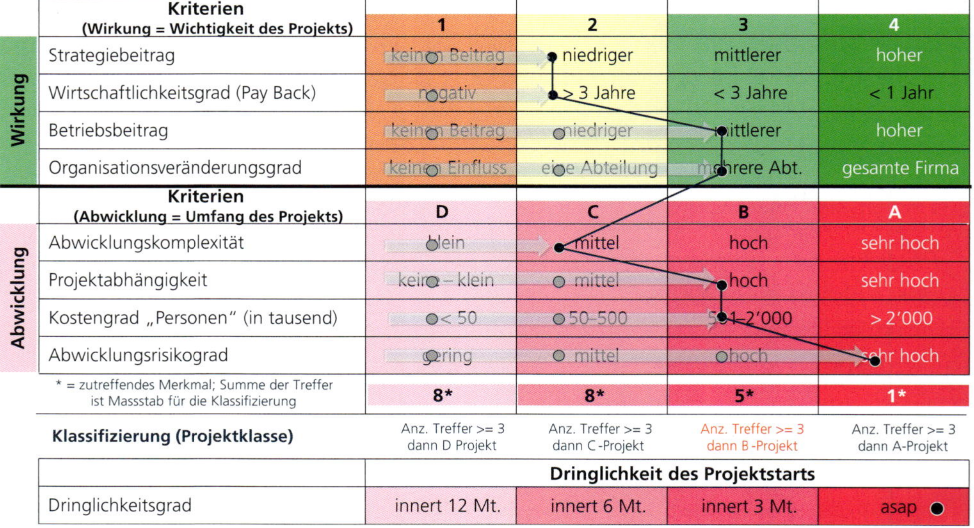

	Kriterien (Wirkung = Wichtigkeit des Projekts)	1	2	3	4
Wirkung	Strategiebeitrag	keinen Beitrag	niedriger	mittlerer	hoher
	Wirtschaftlichkeitsgrad (Pay Back)	negativ	> 3 Jahre	< 3 Jahre	< 1 Jahr
	Betriebsbeitrag	keinen Beitrag	niedriger	mittlerer	hoher
	Organisationsveränderungsgrad	keinen Einfluss	eine Abteilung	mehrere Abt.	gesamte Firma
	Kriterien (Abwicklung = Umfang des Projekts)	**D**	**C**	**B**	**A**
Abwicklung	Abwicklungskomplexität	klein	mittel	hoch	sehr hoch
	Projektabhängigkeit	keine – klein	mittel	hoch	sehr hoch
	Kostengrad „Personen" (in tausend)	< 50	50–500	501–2'000	> 2'000
	Abwicklungsrisikograd	gering	mittel	hoch	sehr hoch
	* = zutreffendes Merkmal; Summe der Treffer ist Massstab für die Klassifizierung	8*	8*	5*	1*
	Klassifizierung (Projektklasse)	Anz. Treffer >= 3 dann D Projekt	Anz. Treffer >= 3 dann C-Projekt	Anz. Treffer >= 3 dann B-Projekt	Anz. Treffer >= 3 dann A-Projekt
		Dringlichkeit des Projektstarts			
	Dringlichkeitsgrad	innert 12 Mt.	innert 6 Mt.	innert 3 Mt.	asap

Abb. 1.09: Mögliche Darstellungsform einer Projekteinstufung in Klassen

R. Grau:

„Ob agiles, konventionelles, hybrides oder bimodales Projektmanagement: ohne Herzblut für die Sache ist man lediglich Verwalter und nicht Gestalter."

Für die Skalierung der Kriterienachsen können je nach Projekt entweder konkrete Zahlenwerte oder eine verbale Gewichtung (z.B. hoch/mittel/tief) zu Hilfe genommen werden. Wie man sich vorstellen kann, ist die Einstufung mittels verbaler Gewichtung nicht ganz unproblematisch. Aber auch bei der Abstützung auf konkrete Zahlenwerte gilt es, einiges zu bedenken. Beim Kriterium Wirtschaftlichkeitsgrad beispielsweise könnte die Zeitspanne des Pay Back berechnet werden, was allerdings bei einem Versuchsprojekt nur schwer errechenbar ist, da auch ein misslungener Versuch Erfolg bedeuten kann. Leider zeigt die Praxis, dass bei gewissen Firmen alles über die ultimative Rentabilitätsformel läuft. Das heisst: Kann nicht nachgewiesen werden, dass sich die Projektinvestition innerhalb der nächsten drei Jahre bezahlt gemacht hat, wird nicht gestartet. Das führt oftmals soweit, dass solche Firmen schon bald keine guten Produkte mehr haben.

Einstufung in Projektklassen

Die Einstufung in Projektklassen (z.B. Wichtigkeit bezüglich Wirkung) ist bloss eine Dimension der Projektklassifikation. Um eine vollständige (Gesamt-) Projekteinstufung zu erhalten, muss jedes Projekt zusätzlich noch mit der Klassifikation der Projektabwicklung bewertet werden.

Geht es darum, welches Projekt wann gestartet werden soll, so kann der Projektwirkung die zeitliche Dimension der Dringlichkeit gegenübergestellt werden. Dabei kann die Zeitachse z.B. von „über 12 Monaten" bis „asap" (as soon as possible) eingeteilt werden.

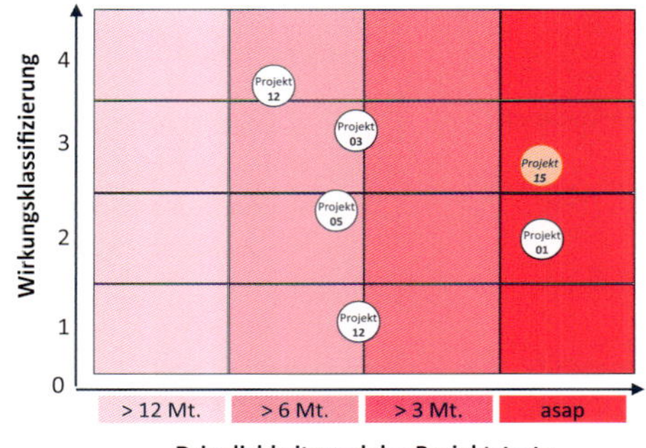

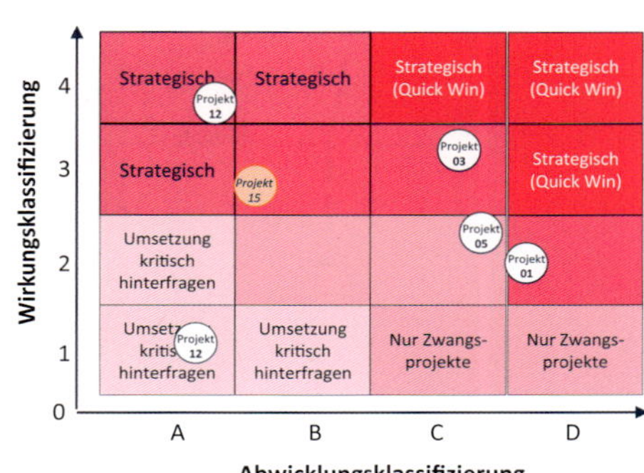

Abb. 1.10: Die verschiedenen Projektgesamtklassifikationen

Solche (Gesamt-)Projektklassifikationen können sehr einfach, aber auch umfassend erstellt werden. Was sinnvoll ist, muss das Portfoliomanagement-Office (PMO) bzw. der Projektportfolio-Controller entscheiden, weil diese Instanzen mit einer Klassifikation richtig umgehen müssen.

Anpassung an das Unternehmen

Ferner ist bei der Projekteinstufung zu beachten, dass dies bloss ein unternehmungsinternes Ranking ist. Denn ein Projekt (Investition 2 Mio. Franken), das in einem Konzern in die Klasse B eingestuft würde, würde bei einer kleineren Unternehmung mit Sicherheit als ein A-Projekt klassifiziert werden. Die Projekteinstufung schafft eine Transparenz über alle Projekte (siehe Kapitel 3 „Projektportfoliomanagement"), welche alle Entscheidungsträger unterstützt. Neben dieser Entscheidungshilfe hat die Klassifizierung auch eine ganz klare Wirkung auf wichtige Projektkomponenten. So müssen beispielsweise für ein Projekt der Klasse D nicht alle Projektführungs- und Projektdurchführungs-Lieferobjekte (siehe Abbildung 2.14) erstellt werden. Wichtig ist es daher, jeweils die entsprechende Projektklasse zu erwähnen, wenn man von einem Projekt spricht. So bekommt das „Wort" Projekt im jeweiligen Kontext die richtige Bedeutung.

Bedeutung der Kleinprojekte

Die Klassifizierungswerte geben einem leicht den Eindruck, dass D-Projekte nichts Bedeutendes sind. Betrachtet man jedoch die Sache etwas näher, so gibt es auch in grossen Firmen viele „kleine" Projekte, die für eine Abteilungs- oder Ressortstufe enorm wichtig sind. Daher müssen auch diese Projekte möglichst konform abgewickelt werden.

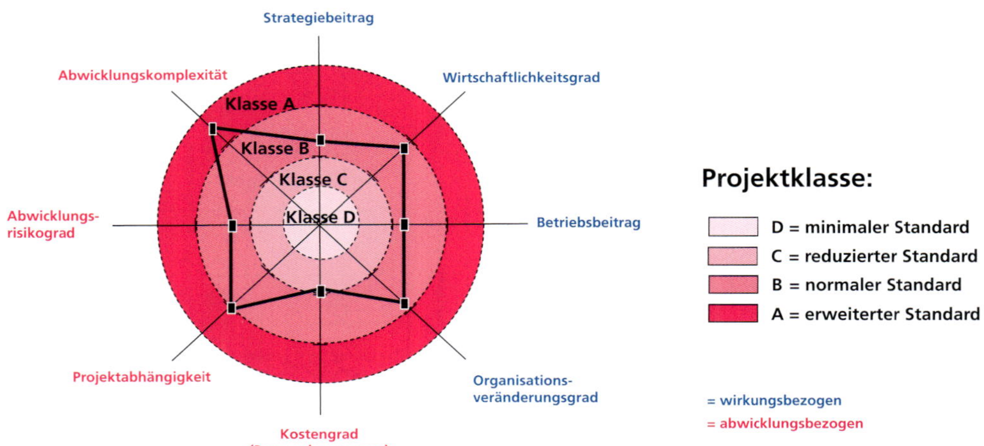

Abb. 1.11: Projektklassifikation anhand eines Kiviat-Diagramms

Management entscheidet über spezielle Massnahmen

Wie Abbildung 1.11 aufzeigt, kann anhand eines Kiviat-Diagramms die Projektklassifikation auch anders veranschaulicht werden. Solch eine Darstellung zeigt auf eine gute Art und Weise den „Charakter" eines Projekts. Darauf basierend kann das Management z.B. entscheiden, mit welcher Intensität die Standards und Richtlinien angewendet werden müssen.

Im Zuge der Entwicklung des gesamten Projektmanagements mit den entsprechenden Modellen und vorgeschriebenen Prozessen entwickelten sich vermehrt die Anzeichen zweier „Grundcharaktere" von Projekten, die es zu berücksichtigen gilt. Das heisst, etwas vereinfacht ausgedrückt, „alle" Projekte dieser Welt können unabhängig von der Projektklasse bezüglich ihrer „Intelligenz" und „sozialen Komplexität" eingestuft werden.

Ist die soziale Komplexität (einfache Wirkungszusammenhänge bis hin zu interdisziplinären) relativ einfach verständlich, bedarf es für die Intelligenz eine gewisse Erläuterung. Einfach gesagt, hat jedes Projekt wie ein Mensch eine existenzielle Intelligenz, sprich einen IQ-Wert. Gemäss diesem Ansatz von Catell [Cat 1965], der ein Gruppenfaktorenmodell für das Messen von Intelligenz entwarf, kann man die Intelligenz in fluid und kristallin einteilen.

Kristalline und fluide Projekte

Ohne nun wissenschaftlich zu werden, können Projekte auch plakativ in „kristalline " und „fluide" Projekte auf- respektive zugeteilt werden. Gemäss diesem Charakterisierungsansatz gibt es Branchen, deren Projekte eher einen fluiden Charakter haben, und Branchen, deren Projekte eher einen kristallinen Charakter aufweisen. Sind beim „kristallinen" Projekt die Ziele, die Anforderungen und insbesondere der Lösungsweg klar, sind es beim „fluiden" Projekt oftmals nur die Ziele, welche eindeutig definierbar sind. Ein kristallines Projekt ist meistens in sich geschlossen klar abgrenzbar und hat eine relativ transparente Komplexität, z.B. wie ein bereits mehrmals durchgeführtes Roll-Out-Projekt oder ein Wartungsprojekt.

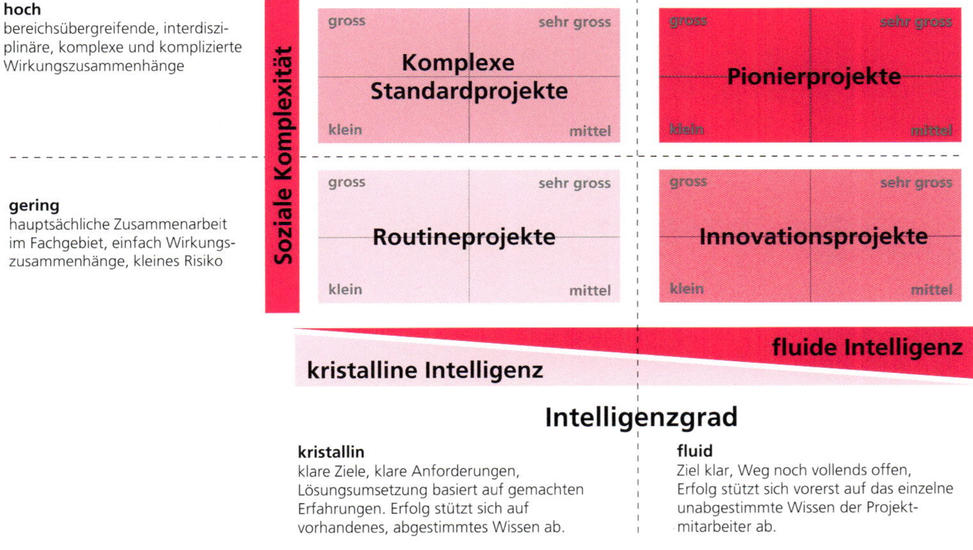

Abb. 1.12: Projektcharakterisierung basierend auf Intelligenz und sozialer Komplexität

Diese Aufteilung, zusammen mit der sozialen Komplexität, hat eine grosse Wirkung auf verschiedene Aspekte der Projektabwicklung bzw. auf das gesamte Vorgehen.

Typisierung der Projektcharaktere

Bei der Gegenüberstellung der beiden Dimensionen resultiert eine Typisierung der Projektcharaktere:

- Routineprojekte können als Projekte bezeichnet werden, denen ein hoher Grad an Erfahrung zugutekommt und die demzufolge standardisiert und einfach abgewickelt werden können. Eine Kostenabweichung von 5% könnte bei solchen Projekten schon „die rote Projektampel" bedeuten.
- Komplexe Standardprojekte sind Vorhaben mit klar umrissenen Aufgabenstellungen, bei denen Methoden und Hilfsmittel aufgrund bisheriger Erfahrungen bis zu einem gewissen Grad formalisiert und standardisiert sind. Die fachlichen und sozialen Vernetzungen sind aber sehr vielfältig.

- Innovationsprojekte sind Vorhaben mit offenen Fragestellungen; sie benötigen eine Intelligenz, die allenfalls in den Köpfen einzelner Personen, die aufgrund ihres Expertenwissens die Methode des Vorgehens problembezogen umsetzen können, vorhanden ist.
- Pionierprojekte sind oft folgenreiche Eingriffe in die Organisation und bereichsübergreifend. Sie haben hohen Neuigkeitsgehalt und sind risikoreich, da allenfalls das Faktenwissen bei einzelnen Experten vorhanden ist, diese jedoch selbst noch kein gesichertes Handlungswissen aufgebaut haben. Daher ist der Aufgabenumfang schwer abzuschätzen. Eine Kostenabweichung von 10% würde bei einem solchen Projekt in der Phase Konzeption allenfalls die Farbe Gelb auslösen.

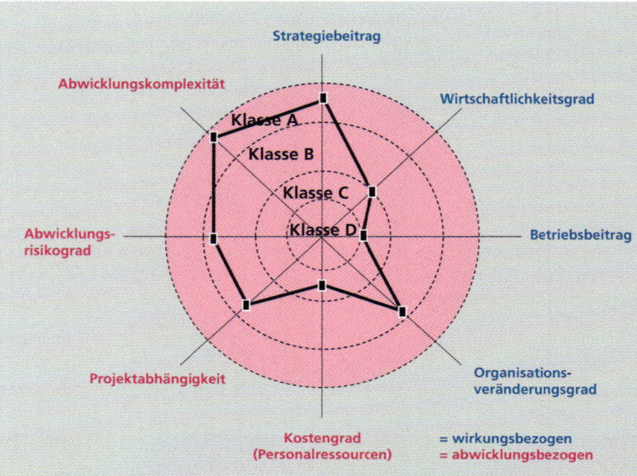

Eine Weltreise für eine ganze Familie zu organisieren, ist in Bezug auf das Ressourcenvolumen respektive auf die Kosten relativ gering – aber insgesamt sehr komplex! Und da diese Weltreise das kommende Leben der ganzen Familie stark beeinflussen wird (hoher Strategieeinflussgrad), ist es richtig, dass das Projekt in die Klasse A eingestuft wird. Zusätzlich wird das Projekt mit dem Dringlichkeitsgrad „as soon as possible" (asap) bemessen, da die Zeit bis zum idealen Abreisezeitpunkt ziemlich kurz ist. Dies erhöht die Komplexität und natürlich das Risiko, dass etwas schiefgehen kann. Zum täglichen Betrieb bringt dieses Projekt nicht viel Nutzen, ausser dass die Kinder dadurch sicher ein Stück selbstständiger werden.

Bezüglich der Charakterisierung wird das Projekt in die Klasse Innovationsprojekt eingestuft, weil dies für die Familie Gloor das erste Mal ist, dass sie eine Reise in diesem Ausmass machen. Sicher, sie können davon profitieren, dass sie schon manchmal Ferien organisiert haben, aber bei dieser Weltreise gibt es schon einige unbekannte Elemente, die für die gesamte Familie, aus ihrer Sicht, Innovationscharakter beinhalten.

1.3.3 Projektziele

Spricht man von Projektzielen, so wird oftmals angenommen, dass dies Ziele auf der Systemseite sind. Das ist jedoch falsch. Das Wort Projektziel umfasst die Abwicklungs- wie auch die Systemziele. Wird daher von Projektzielen gesprochen, muss jeweils geprüft werden, ob es Ziele für den Bereich Produkt (Systemziele) oder für den Bereich Projektprozess (Abwicklungsziele) sind. Diese gedankliche Trennung der Projektziele ist wichtig, da ein genaues, gegenseitiges Analysieren der System- und Abwicklungsziele einen weiteren Punkt des Erfolgs darstellt: Diese zwei Zielbereiche können sich gegenseitig behindern. So wird z.B. auf der Seite der Abwicklungsziele vom Auftraggeber ein Zwischentermin (Meilensteine; siehe Kapitel 1.3.5.1) gewünscht, der aufgrund langer Lieferzeiten oder hoher Qualitätsansprüche auf der Systemzielseite nicht erreichbar ist.

R. Heini:

„Die Ziele setzen die Rechtfertigung für das Projekt dar. Verändert sich solch ein Ziel oder fällt eines weg, muss der Business Case für das Projekt überprüft werden."

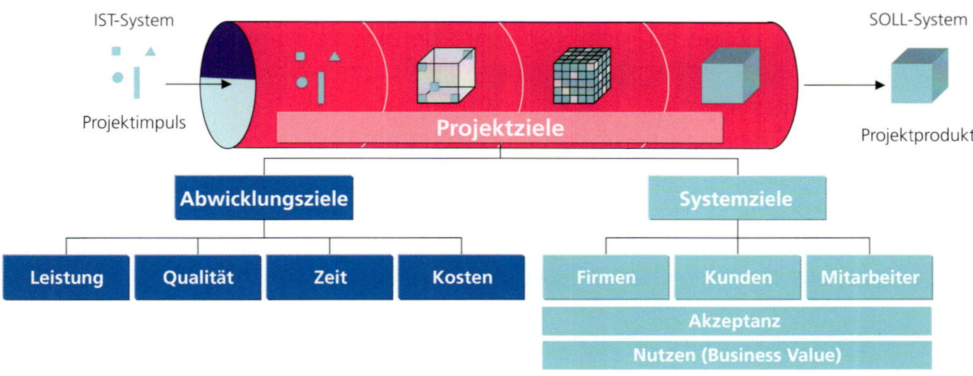

Abb. 1.13: Struktur der Projektziele

Wird dieser Zielkonflikt im Vorfeld nicht aufgedeckt, hat der Projektleiter ein Problem: Er hat den Projektauftrag mit den entsprechenden Zielen unterschrieben und steht somit in der Pflicht der Erfüllung.

Projektziele

> *Die Projektziele sind die Gesamtheit von Einzelzielen, die durch das Projekt erreicht werden sollen, bezogen auf Projektgegenstand (Ergebnis) und Projektablauf (Abwicklung) [DIN 69905].*

Aufgrund der beschriebenen Problematik einerseits und da alle Beteiligten wissen, was in einem Projekt erreicht werden muss, sollten die Systemziele in der Initialisierungsphase über den Zielfindungsprozess (Kapitel 5.2.2) so detailliert wie möglich erstellt werden. Die Abwicklungsziele werden im Rahmen der Projektplanung (siehe Kapitel 4.2.1 „Abwicklungszielplan") und natürlich auch beim Projektstart bis ins kleinste Detail bestimmt.

Werden die Inhalte der Abwicklungsziele mit dem Projekterfolg gemäss Kapitel 8.3 in Verbindung gebracht, so ist leicht zu erkennen, dass diese Abwicklungsziele benötigt werden, um den Erfolg auf der Abwicklungsseite nachzuweisen. Das bedeutet, dass klar definierte Abwicklungsziele massgeblich zum Projektabwicklungserfolg beitragen. Genau so bedeutend wie die Projektabwicklungsziele sind die Systemziele für den Projekterfolg. Während die Abwicklungsziele zu erreichende Zielbojen auf dem Projektabwicklungsprozess sind, sind die Systemziele Ergebniswerte, welche nach dem Projektabschluss sofort oder innert einer bestimmten Frist, mit der Wirkung der geleisteten Projektergebnisse, erreicht werden sollten.

Operationalisieren der Systemziele

Bei den Systemzielen kommt es häufig vor, dass am Anfang eines Projekts nicht alle Ziele umfassend definiert oder sogar operationalisiert werden können. Wie Abbildung 1.14 aufzeigt, stellt die Formulierung der Systemziele einen Prozess dar, der auf Erkenntnissen aus der Projektdurchführung aufbaut und somit bis zur Realisierungsphase in Form von Anforderungen immer detaillierter wird. (Während der Realisierungsphase dürfen sie nicht mehr verändert werden.). Systemziele sollten gemäss SMART formuliert sein und den Nutzen (Mehrwert) aufzeigen. Die Systemziele werden eingesetzt als

- Führungsmittel, um nach Vorgaben arbeiten zu können;
- Kontrollgrössen, um eine Beurteilung der Lösung vornehmen zu können;
- Kommunikationsmittel, damit sich alle Beteiligten im Hinblick auf den SOLL-Zustand auf dem gleichen Wissensstand befinden.

Kann man beim Projektstart die zwei Zielbereiche geistig klar trennen, nähern sie sich während des Projektabwicklungsprozesses an und „verschmelzen" schliesslich beim Projektabschluss zu allgemeinen Messwerten, die erreicht werden müssen.

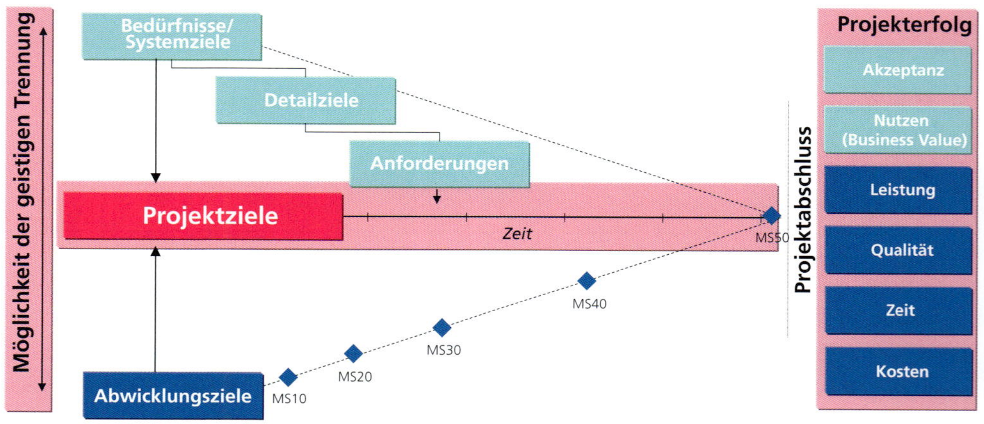

Abb. 1.14: Projektziele prozessmässig aufgeteilt in System- und Abwicklungsziele

1.3.4 Vorgehensmodelle

1.3.4.1 Klärung der Entwicklungsebenen

Agiles und konventionelles Projektmanagement

Bezüglich der Begriffe agiles und konventionelles Projektmanagement sind einleitend einige Klärungen notwendig. Grundsätzlich ist der Ausdruck „agiles Projektmanagement" für eine neue Form der Projektführung in jeglicher Hinsicht falsch, da bekanntlich Projekte nie „stabil" geführt werden können. Ein Projektleiter, der sein Projekt nicht agil managen kann, gehört nicht auf die Projektbühne.

Was jedoch bei einigen Projektarten optimiert werden muss, ist die agile Entwicklung (Durchführungsebene). Bei Softwareentwicklungsprojekten macht es beispielsweise aus technologischen oder marktmässigen Aspekten in vielen Fällen keinen Sinn, dass monatelang zuerst konzipiert und dann programmiert wird. Hier ist mehr Agilität nicht nur empfehlenswert, sondern in der schnelllebigen Zeit sogar zwingend. Ein Grossteil der Personen, die den Begriff „agiles PM" verwenden, meint dabei jedoch sicher nicht den Teil Projektführung, sondern die agile Art, wie schlussendlich ein Projektprodukt (Haus, Software, Maschine) im Teil Projektausführung erstellt respektive entwickelt wird.

Drei Ebenen

Wie in der Abbildung 1.15 aufgeführt, gilt es, die Abwicklung eines Projektes „architektonisch" in drei Ebenen zu unterteilen.

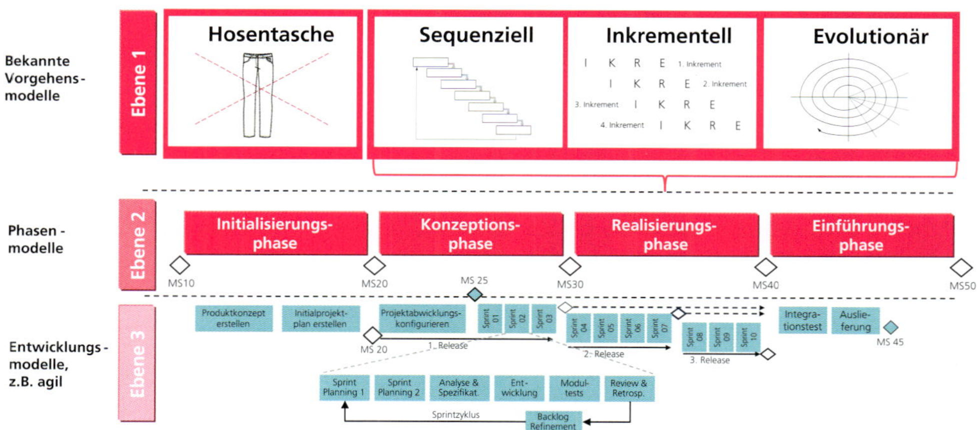

Abb. 1.15: Mögliche Vorgehensmodelle im Kontext von Phasen- und Entwicklungsmodellen

Die oberste Stufe ist die normative Ebene. Sie beschäftigt sich mit den generellen Vorgehensweisen, wie man ein Endergebnis erreichen will. Also mit Prinzipien, Normen und Spielregeln, die darauf ausgerichtet sind, die idealste Abwicklungsform für eine Projektherausforderung zu schaffen.

Ist die erste Ebene – die Frage des Vorgehensmodells – geklärt, so gilt es, die Phasenmodellebene zu bestimmen. Jedes Vorgehensmodell kann mit unterschiedlichen Phasenmodellen umgesetzt werden. Es existieren x verschiedene Phasenmodelle, von 3-Phasen-Modellen mit oder ohne Rückkoppelungsschlaufen bis hin zu einem 7-Phasen-Modell mit abgestimmtem Produktionsprozess etc. Phasenmodelle helfen „nur", einen vorbestimmten Weg in überschaubare und nachvollziehbare Teilschritte zu unterteilen.

Dritte Ebene: Entwicklungsebene

Die dritte Ebene, also diejenige, mit der wahrscheinlich die meisten den Begriff „agiles Projektmanagement" in Verbindung bringen, ist die Entwicklungsebene. In jedem Phasenmodell wird irgendwann nach dem „Denkprozess" – sprich Konzipieren (was wollen wir überhaupt?) – etwas Konkretes entwickelt. Somit heisst die Ebene, auf der ein Projektprodukt schliesslich konkret erstellt wird, Entwicklungsebene. Die Entwicklung eines Produktes kann nun alles auf einmal, mit einem sehr langen Spezifizierungs- und Realisierungsprozess oder basierend auf den laufenden Erfahrungen und sich ändernden Anforderungen in kurzen Intervallen, getaktet, sehr agil erfolgen. Es ist ein hoch industrialisierter Prozess und hat vordergründig nichts mit Managen, sondern vor allem mit dem möglichst professionellen Entwickeln eines Objekts zu tun. Das vielerorts diskutierte agile Modell Scrum beispielsweise ist kein Vorgehens- und auch kein Phasenmodell, sondern ein Entwicklungsmodell. Daher wird es im Kapitel 5 „Projektdurchführung" unter 5.4.2 in der Projektdurchführung aufgeführt.

Nach der Einleitung gilt es, den Begriff Vorgehensmodell zu vertiefen. Grundsätzlich ist für jedes Projekt als Erstes zu entscheiden, nach welchem Vorgehen (Vorgehensmodell) es abgewickelt werden muss.

Vorgehensmodell

Unter Vorgehensmodell wird eine projektübergreifende Vorgehensmethode oder Regelung verstanden, wie die Aktivitäten und Ergebnisse eines Vorhabens aus Sicht des gesamten Lebenszyklus umgesetzt respektive bearbeitet werden können.

Je nach Sichtweise kann man in den Grundzügen von vier unterschiedlichen Vorgehensmodellen sprechen.

1.3.4.2 Hosentasche-Vorgehensmodell

Intransparentes Vorgehen

Wir machen es so, wie wir Lust haben. Manchmal können wir auch zaubern! Dieses Modell ist nicht zu empfehlen, da es meist zum Absturz führt. Leider glauben nach wie vor viele an ihre virtuosen Fähigkeiten, indem sie meinen, alles zu jedem beliebigen Zeitpunkt „aus der Hosentasche zaubern" zu können. Da ein solches Vorgehen in der Praxis noch allzu oft vorkommt, muss es leider auch als gängiges Modell aufgeführt werden. Im Vergleich zu den anderen ist es das einzige, das nicht nach einem klar ersichtlichen Phasenmodell abläuft.

1.3.4.3 Sequenzielles Vorgehensmodell

Konstruktivistisches Vorgehen

Das sequenzielle (oder konstruktivistische) Vorgehensmodell verfolgt das Prinzip, dass die Erarbeitung einer Lösung „vom Groben ins Detail" linear vor sich gehen muss. Dass heisst, man analysiert, strukturiert und definiert eine Lösung zuerst auf der obersten Ebene. Entscheidet man sich für das weitere Vorgehen, so tut man dies auf der nächsttieferen Ebene und wiederholt es bis zur vollständigen Realisierung. Dieses Vorgehen hat den klaren Vorteil, dass in einem ganzheitlichen Denkansatz gezielt zur Lösung hingearbeitet wird. Es hat jedoch auch den Nachteil, dass spätere, auf einer tieferen Ebene gewonnene Erkenntnisse strukturell nicht ohne grösseren Aufwand berücksichtigt werden können. In diesem Modell wird nicht in Etappen gearbeitet. So bekommt der Auftraggeber die gesamte Lösung in einem Projektdurchlauf. Bei einem grossen Überbauungsprojekt z.B. würde zuerst alles bis ins Detail geplant, dann alle Häuser gebaut und schliesslich würden alle miteinander freigegeben.

1.3.4.4 Inkrementelles Vorgehensmodell

Etappenweises Vorgehen

Bei umfangreicheren Vorhaben muss der Auftraggeber zum Teil Jahre warten, bis er ein konkretes Ergebnis seiner Investition sieht. In der heutigen schnelllebigen Zeit ist dies zum Teil aufgrund des Marktdrucks gar nicht mehr machbar. Deshalb wird mit dem inkrementellen Vorgehen eine Gesamtlösung in in sich geschlossene, eigenständige Etappen aufgeteilt und nacheinander, oder sogar zeitlich versetzt, überlappend abgewickelt, ohne dass die vereinbarte Zielgrösse massgeblich abgeändert wird. Bei einer Grossüberbauung hiesse dies vereinfacht dargestellt: Es wird ein detailliertes Gesamtkonzept erstellt. Das erste Haus wird gebaut, und wenn es fertig erstellt ist, kann eingezogen werden. Das erste Haus muss jedoch nicht vollständig erstellt sein, um mit dem Bau des zweiten Hauses beginnen zu können. Neben der schnelleren Freigabe einzelner Teile hat dieses Vorgehen den Vorteil, dass die gewonnenen Erkenntnisse einer Etappe in die weiteren Etappen gewinnbringend einfliessen.

1.3.4.5 Evolutionäres Vorgehensmodell

Zielanpassendes und etappenweises Vorgehen

Um den stets schneller werdenden Veränderungen unserer Zeit (Evolution) und den daraus resultierenden, wechselnden Projektanforderungen Rechnung tragen zu können, werden heute die gewünschten Projekte bzw. Produkte mit einem „neuen" Denk- und Lösungsansatz erstellt. Dieses Vorgehensmodell beruht grundsätzlich auf den Überlegungen, dass zwar am Anfang ein Gesamtkonzept gemacht wird, jedoch mit dem Ziel, möglichst schnell eine Etappe des Gesamten zu realisieren. Nach der ersten Etappe werden die Ziele auf die in der Zwischenzeit veränderten Bedürfnisse angepasst. Das Gesamtkonzept wird dementsprechend modifiziert und die zweite zu realisierende Etappe anschliessend umgesetzt – usw. Dies soll nicht ein wahlloses Hin und Her werden, sondern entspricht einem gezielten und transparenten Anpassen an die sich laufend ändernden Anforderungen. Beim Überbauungsprojekt hiesse dies, dass zuerst ein Gesamtkonzept erstellt, das erste Haus gebaut und freigegeben wird. Die Erkenntnisse, welche beim Bauen des ersten Hauses gemacht wurden, inkl. neue Anforderungen oder neue Technologien, werden bei der Detailplanung des zweiten Hauses einfliessen. Das zweite Haus wird gebaut und freigegeben etc. Gegenüber dem inkrementellen Modell wird bewusst der laufenden inneren und äusseren Evolution Rechnung getragen.

Bei der Vorbereitung der Weltreise ist es sinnvoll, ein sequenzielles Vorgehensmodell zu wählen, da das Projekt in einem Top-down-Prinzip (vom Groben ins Detail) umgesetzt wird. Ein inkrementelles oder gar ein evolutionäres Vorgehensmodell würde z.B. dann Sinn machen, wenn die Familie beschliessen würde, die Weltreise entsprechend den Erdteilen, in fünf Etappen unterteilt, zu planen. Dabei würden die gesammelten Reiseerfahrungen in die jeweils neu zu erstellende Planung für jeden weiteren Kontinent (respektive jedes weitere Teilprojekt) einfliessen.

1.3.5 Phasenmodell

Es ist grundsätzlich logisch, dass, wenn man eine komplexe Arbeit startet, nicht einfach so dahin arbeitet, da ein etwas geordnetes Vorgehen nicht nur einem selbst hilft, sondern auch allen daran betroffenen und beteiligten Personen. Mit der Anwendung eines Phasenmodells wird die Projektabwicklung in einzelne, überschaubare Phasen unterteilt, die logisch und zeitlich voneinander getrennt werden können. Daraus ergeben sich folgende Vorteile:

- Ein phasenweises Vorgehen hilft, den Überblick zu behalten und die Zusammenhänge im Projekt sicherzustellen.

- Das Risiko einer Produktfehlentwicklung wird durch phasenweises Vorgehen verringert, da nach jeder Phase eine Vernehmlassung (eine Stellungnahme) stattfindet.
- Ein phasenweises Vorgehen zwingt das Projektteam bzw. den Projektleiter zu einer periodischen Stellungnahme.
- Das Ende einer Phase und deren Lieferobjekte sind bekannt bzw. oft als Meilenstein definiert.
- Die Lieferobjekte können mittels Checklisten auf Vollständigkeit geprüft werden.
- Das Erreichen von Zwischenzielen motiviert alle.

Projektphase

> *Eine Projektphase ist ein zeitlicher Abschnitt in einem Projektablauf, der sachlich von anderen Abschnitten getrennt abläuft. Die Projektphase wird durch eine Vernehmlassung (Stellungnahme) offiziell abgeschlossen [DIN 69901].*

Die Anzahl der Projektphasen und auch der Formalismus, mit dem sie abgewickelt werden, sind ohne Zweifel von Art, Umfang und Bedeutung eines Projekts abhängig [Bec 2002]. Grundsätzlich könnten kleinere Projekte in der Regel auf die eine oder andere Phase verzichten, da die darin vorgesehenen Aufgaben nicht gemacht werden müssen oder phasenverdichtet zusammengelegt werden können. Es ist jedoch anzustreben, dass nicht für jede Art oder für jeden Umfang ein Phasenmodell entsteht.

Die Namensgebung einer Phase ist von sekundärer Bedeutung

Die Bezeichnung der einzelnen Phasen ist im Übrigen von sekundärer Bedeutung, da sie unter anderem von der Branche, der Aufgabenstellung, den in einer Firma verwendeten Begriffen beeinflusst wird. Es muss jedoch, wie noch später erläutert wird, mit Blick auf die Verständlichkeit auf eine einheitliche Bezeichnung in einem Unternehmen oder Konzern sehr viel Wert gelegt werden.

Ein heute weit verbreitetes Phasenmodell beschränkt sich hauptsächlich auf vier Projektphasen.

Phasenmodell

> *Ein Phasenmodell ist ein Modell, das den Projektablauf in eine sequenzielle Reihenfolge von Phasen und Entscheidungen einteilt, welche die Führungs- und Entscheidungsprozesse synchronisieren. [Her 2013].*

Die Vorphase „Projektimpuls“ sowie die Nachphase „Nutzung“ sind keine eigentlichen Projektphasen. Allerdings sind sie im Kontext einer Unternehmensführung nicht zu vernachlässigen.

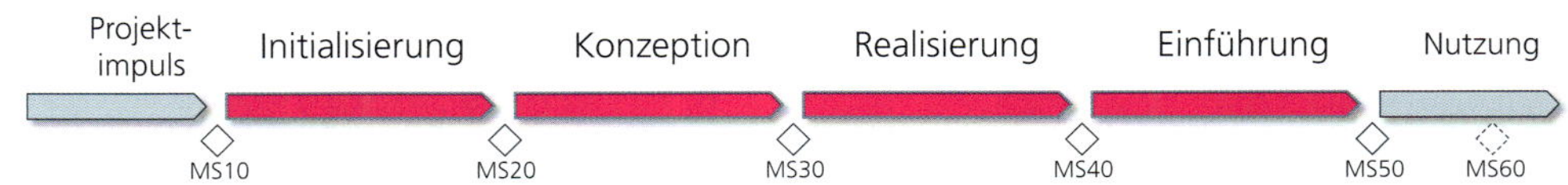

Abb. 1.16: Ein Vier-Phasenmodell

- Initialisierungsphase
  Der Zweck der Initialisierungsphase besteht darin, die Anforderung des Auftraggebers formal festzuhalten, um den konkreten, offiziellen Projektauftrag (Projektvertrag) zu erhalten. Im Weiteren gilt es in dieser Phase festzustellen, ob der Impuls wirklich zu einem Projekt reicht, ob das Bedürfnis über die normale Linie abgehandelt werden kann oder ob in der Betrachtung des Projektportfoliomanagements das Projekt überhaupt Sinn macht.
  Entscheidung (MS20): Was wollen wir tun?

- Konzeptionsphase
  Der Sinn dieser Phase ist es, die im Projektauftrag formulierten Anforderungen zu ausführungsreifen Lösungsideen auszuformulieren und festzuhalten. Eigentlich könnte man diese Phase auch „Denkphase" nennen. Hier wird konkret ausgedacht, wie die Lösung aussehen sollte. Der Wert dieses Denkens wird in unterschiedlichen Detailplänen festgehalten. Wenn man dieser „Denkphase" zu wenig Bedeutung zumisst, kann man davon ausgehen, dass man sich in der Komplexität des Projekts verirren wird.
  Entscheidung (MS30): Wie wollen wir es tun?

- Realisierungsphase
  In dieser Phase werden die konzeptionellen Vorbereitungsarbeiten (Detailpläne) aus der Konzeptionsphase in die Tat umgesetzt respektive realisiert. Das heisst, bei einem Bauprojekt wird gemäss den Plänen gebaut, bei einem Informatikprojekt wird gemäss Spezifikation programmiert etc.
  Entscheidung (MS40): Wollen wir das Umgesetzte so einführen?

- Einführungsphase
  Mit der Einführung wird das neu erstellte Produkt (Projektprodukt) für den Gebrauch, Verkauf etc. freigegeben. Neben dieser Einführungstätigkeit gehört auch die Projektauflösung in diese Phase. Diese Tätigkeit bestimmt den Projektabschluss respektive schliesst die Projektlebensdauer ab. Ein Projekt kann erst dann aufgelöst werden, wenn alle für den Systemunterhalt erforderlichen Grundlagen erstellt wurden respektive wenn der Auftraggeber das Projekt offiziell für abgeschlossen erklärt.
  Entscheidung (MS50): Hat das Projekt den Leistungsauftrag erfüllt?

1.3.5.1 Meilensteine

Abwicklungsziele bilden einen wichtigen Bestandteil des Projektauftrags und müssen daher bis zum offiziellen Projektstart definiert werden (siehe Kapitel 1.3.3 „Projektziele").

Durch eine Bündelung der Projektabwicklungsziele zu Meilensteinen ergeben sich Etappenziele, die jeweils die vier Werte Leistung, Qualität, Zeit und Kosten aufweisen müssen (siehe Kapitel 4.2.1 „Abwicklungszielplan"). Meilensteine werden oft als Endpunkte einer Projektphase gesetzt, was aber nicht zwingend sein muss. Es ist auch sinnvoll, einen Meilenstein oder ein einzelnes Abwicklungsziel mitten in eine Projektphase zu setzen, um das Projekt sicherer durch eine kritische Phase steuern zu können.

Meilensteine und Etappenziele

Ein Meilenstein beschreibt einen Zustand einer Leistung bzw. ein oder mehrere entscheidende Lieferobjekte, die in der definierten Qualität bis zu einem bestimmten Zeitpunkt mit den entsprechenden Kosten erstellt werden müssen.

Bei jedem Erreichen eines Meilensteins wird das Projekt kurz „angehalten" und überprüft, ob die Resultate den gewünschten Werten entsprechen. Dieses Stoppen und Prüfen bedeutet in der Regel eine Vernehmlassung seitens der Projektträgerinstanzen. Meilensteine bzw. die einzelnen Abwicklungsziele sind somit auch Motivatoren. Es sind klar zu erreichende Etappenziele auf dem langen Weg der Projektabwicklung. Alle projektexternen Stakeholder sowie das ganze Projektteam können sich auf diese Zwischenerfolge ausrichten.

Zeitpunkt	Stand des Wissens	Beispiele der Entscheide
Meilenstein 10	Am Ende der Vorphase Projektimpuls wissen alle Verantwortlichen, ob sie etwas tun wollen.	Ist die Initialisierungsphase freizugeben.
Meilenstein 20	Am Ende der Initialisierungsphase wissen alle Verantwortlichen, was sie tun wollen.	Das Projekt redimensionieren, stoppen, zurückstellen, in die Konzeptionsphase freigeben.
Meilenstein 30	Am Ende der Konzeptionsphase wissen alle Verantwortlichen, wie sie es tun wollen bzw. welche SOLL-Vorschläge zur Lösung eines Problems ausgearbeitet werden sollen.	Die Konzeption noch einmal überarbeiten, das Projekt redimensionieren, stoppen, sich für eine Variante entscheiden und in die Realisierungsphase freigeben.
Meilenstein 40	Am Ende der Realisierungsphase wissen alle Verantwortlichen, ob sie das Projektprodukt so einführen wollen.	Teile der Lösung nochmals überarbeiten, das Projekt in die Abschlussphase freigeben.
Meilenstein 50	Am Ende der Einführungsphase wissen alle Verantwortlichen, dass der Projektauftrag erfüllt wurde und das Projekt damit abgeschlossen ist.	Müssen noch offene Arbeiten abgeschlossen werden? Projekt als beendet erklären.
Meilenstein 60	Bei diesem Meilenstein wissen alle Verantwortlichen, inwieweit der angestrebte und im Projektauftrag definierte Nutzen (Mehrwert/Business Value) erreicht wurde.	Korrekturmassnahmen freigeben, Projekt als definitiv erfolgreich erklären.

Abb. 1.17: Abwicklungsziele zu Meilensteinen gebündelt

1.3.6 Die Projektarten

Unterschiede der Projektabwicklung

Jeder Sektor der Volkswirtschaft beinhaltet sowohl in organisatorischer wie auch in entwicklungstechnischer Hinsicht unterschiedliche Anforderungen an die Abwicklung von Projekten. So sind z.B. – historisch bedingt – die Terminologien unterschiedlich und im Speziellen die eingesetzten Techniken. Beispielsweise benötigt das Verrichten eines Reorganisationsprojekts keine Schaufeln und Pickel wie ein Bauprojekt, obwohl auch dort alte Strukturen eingerissen und neue Prozesse aufgebaut werden müssen. Zusammen mit der Charakteristik der umzusetzenden Idee ergeben sich u.a. folgende unterschiedliche Projektarten:

- Sanierungsprojekte
- Entwicklungsprojekte
- Wartungsprojekte
- Organisationsprojekte
- Informatikprojekte
- Marketingprojekte
- Veranstaltungsprojekte
- Integrationsprojekte
- Bauprojekte
- Unterstützungsprojekte
- Ausführungsprojekte
- Ausbildungsprojekte
- Infrastrukturprojekte
- Forschungsprojekte

Da in der heutigen Geschäftswelt selten nur eine Projektart in einem Unternehmen oder sogar in einem umfangreichen Projekt vertreten ist, ist es enorm wichtig, über alle Projektarten hinweg die gleiche Terminologie und eine einheitliche (homogene) Projektabwicklung zu verwenden.

Unternehmensweite gleichartige Terminologie

Mit dem Schaffen einer unternehmensweiten homogenen Projektterminologie wird einerseits erreicht, dass alle Beteiligten (egal welcher Fachrichtung) sich leichter miteinander verständigen können. Ein einfaches Beispiel: Nennt man ein „Konzept" nun Hauptstudie, Grobkonzept, Detailkonzept, Marktanalyse oder sogar Voranalyse? Das Beispiel zeigt auf, dass diesbezüglich auf der Ebene der Terminologie meistens einiges in einem Unternehmen gemacht werden kann, und insbesondere auch auf der Ebene des jeweiligen Inhalts. So ist es an dieser Stelle wichtig zu erwähnen, dass in diesem „branchenunabhängigen" Buch das „Endergebnis" eines Projekts (sei es ein verbessertes System, eine erweiterte Dienstleistung, ein neuer Sortimentsartikel, ein neues Haus etc.) ganz allgemein als ein Projektprodukt bezeichnet wird.

Projektprodukt

Ein Projektprodukt ist ein in sich abgeschlossenes, für den Auftraggeber bestimmtes Ergebnis (Haus, Informatiksystem, neue Unternehmensorganisation, Marketingaktion etc.) eines erfolgreich durchgeführten Projekts.

Andererseits ist es in einem Unternehmen entsprechend wichtig, dass bezüglich der Projektabwicklung, sprich dem Vorgehen über alle Projekte hinweg, weitgehend Homogenität herrscht. So muss davon ausgegangen werden, dass unabhängig vom Vorgehensmodell (über alle Projektarten hinweg) ein gleichartiges Phasenmodell zugrunde liegt. Das heisst also, dass verschiedene Projektarten nach ein und demselben Phasenmodell abgewickelt werden sollen (siehe Abbildung 1.18). Dabei weisen die einzelnen Phasen (Bearbeitungsschritte) je nach Projektart eine andere Charakteristik auf.

Unternehmensweit gleichartiges Phasenmodell

1

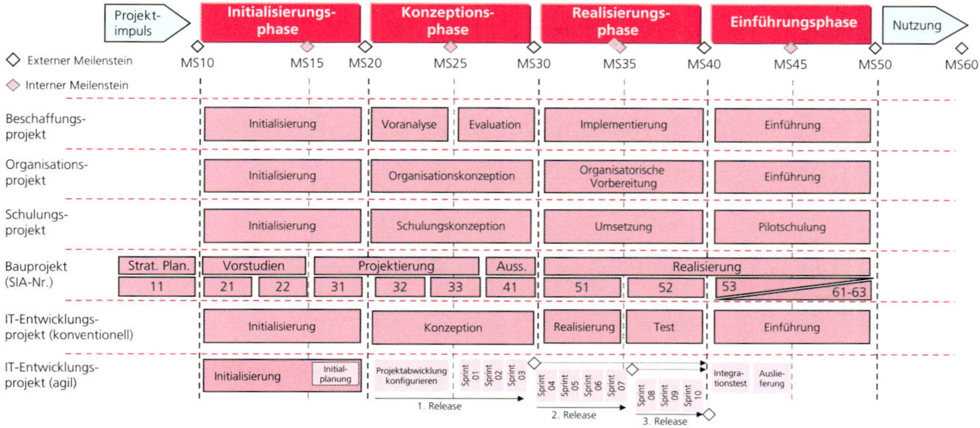

Abb. 1.18: Gliederung verschiedener Projektarten in ein Vier-Phasenmodell

Demzufolge gibt es zwischen den Projektarten auf tieferen Ebenen der Projektabwicklung (innerhalb der Phasen) klare Unterschiede, respektive es muss sie geben. Daher ist es wichtig, die charakteristischen Eigenschaften eines jeden Projekts bezüglich Projektorganisation, Lieferobjekten, Kontrolle etc. in dem Masse aufrecht zu erhalten, dass die Besonderheiten entsprechend berücksichtigt werden können. Es ist z.B. bei einem Bauprojekt sinnvoll, schon zu Beginn des Projekts eine klare Wirtschaftlichkeitsberechnung zu verlangen. Macht dies Sinn bei einem Versuchsprojekt? Sicher nicht. Hier gilt es höchstens, den Versuch wirtschaftlich durchzuführen.

Charakteristische Eigenschaften berücksichtigen

Herr Gloor hat bereits erkannt, dass es sich bei ihrem Projekt um ein Organisationsprojekt handelt. Denn die Vorbereitung einer Weltreise fällt ganz klar unter Organisation. Natürlich bedarf es zum Teil auch technischer Sachmittel wie Handy, Notebook mit entsprechender Software etc. Aber das sind nur Nebenaspekte, die allenfalls ein Teilprojekt bezüglich der Beschaffung ergeben könnten.

1.3.7 Agiles Vorgehen

1.3.7.1 Ein kurzer Blick zurück

Das agile Vorgehen ist eine berechtigte Reaktion auf die oftmals zu grossen und zu komplexen Software-Entwicklungsprojekte, die zum Teil dogmatisch und „stur" gemäss allgemein definiertem Vorgehen abgewickelt wurden – dies mit dem Effekt, dass die einmal definierten Anforderungen nur noch teilweise Gültigkeit hatten, nachdem sich die Welt zwischenzeitlich mehrmals gedreht hatte. Aufgrund dessen gab es bezüglich agiler Softwareentwicklung mehrere Lösungsansätze, welche sich über die Jahre entwickelten und in der Literatur von entsprechenden Exponenten veröffentlicht wurden. So z.B.:

- 1991 Crystal Family of methodologies (Cockburn 1998–2004) [Coc 2004]
- 1993 Scrum Development Prozess [Sch 2001]
- 1993 Dynamic System Development Method (DSDM) [Col 1998]
- 1997 Feature Driven Development (FDD) (Palmer & Felsing 2002) [Pal 2002]
- 1998 Extreme Programming (xP) (Beck 1999) [Bec 2000]

Agile Werte als Fundament

Das Fundament dieses Vorgehens bilden die agilen Werte. 17 Erstunterzeichner haben diese Werte im Februar 2001 als Agiles Manifest formuliert [Sch 2001]:

„Wir erschliessen bessere Wege, Software zu entwickeln, indem wir es selbst tun und anderen dabei helfen. Durch diese Tätigkeit haben wir diese Werte zu schätzen gelernt:

- *Individuen und Interaktionen* stehen über Prozessen und Werkzeugen
- *Funktionierende Software* steht über einer umfassenden Dokumentation
- *Zusammenarbeit mit dem Kunden* steht über der Vertragsverhandlung
- *Reagieren auf Veränderung* steht über dem Befolgen eines Plans

Das heisst, obwohl wir die Werte auf der rechten Seite wichtig finden, schätzen wir die Werte auf der linken Seite höher ein."

H. Felchlin:
„Agilität kann nicht aufoktroyiert werden!"

Mit diesen Werten trat das agile Vorgehen weltweit den Siegeszug in der Softwareentwicklung an. Die Charakteristiken dieses Produktentwicklungvorgehens sind [Wir 2017]:

- Es gibt keine spezifisch vorgeschriebene absolute Entwicklungsmethode.
- In den Product Backlogs sind die Anforderungen als Listeneinträge festgehalten.
- Das Projektprodukt wird in Abschnitten von vierzehntäglichen oder monatlichen Sprints vorangetrieben.
- Das Produkt wird während des Sprints entworfen, codiert und getestet.
- Das Team organisiert sich in den Sprint Meetings und den Daily Scrum Meetings selbst.

Scrum hat sich vielerorts dank seiner Einfachheit in der Umsetzung etabliert. Ken Schwaber und Mike Beedle schrieben mit „Agile Software Development with Scrum" das erste Buch über Scrum [Sch 2001].

Scrum dank einfacher Umsetzung etabliert

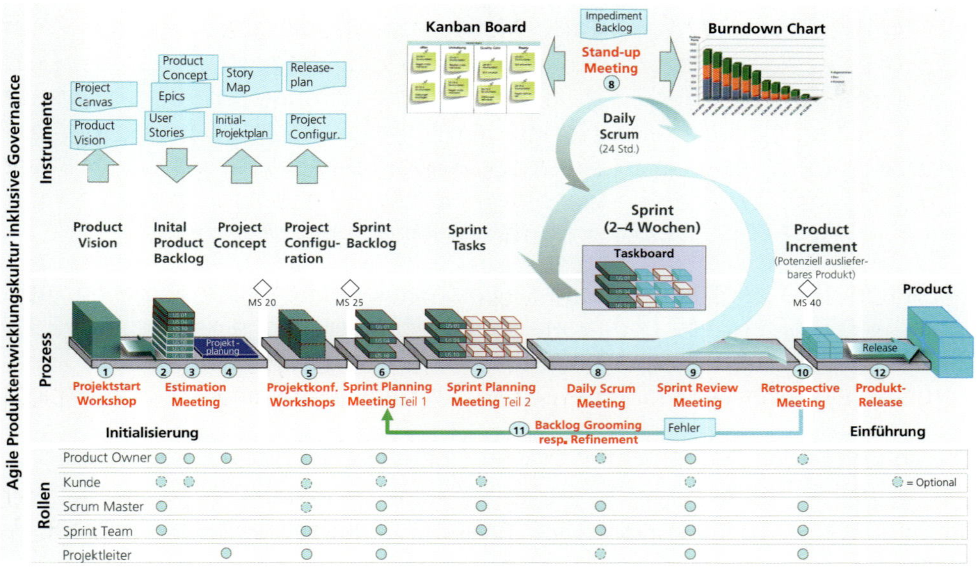

Abb. 1.19: Scrum-Entwicklungsvorgehen, dargestellt nach M. Cohen [Coh 2005]

Die Basiselemente nach Schwaber sind [Sch 2001]:

- Scrum-Prozessschritte: Sprint, Sprint Planning, Daily Scrum, Sprint Review und Sprint-Retrospektive
- Scrum-Rollen: Product Owner, Entwickler und Scrum Master
- Scrum-Artefakte: Product Backlog, Sprint Backlog, Product Increment

Das rein agile Vorgehen gemäss Scrum kann sehr erfolgreich angewendet werden, wenn durch die Rahmenbedingungen eine isolierte und empirische Entwicklung möglich ist, etwa bei der Erstellung einer organisationsunabhängigen Applikation wie z.B. Weblösungen.

H. Felchlin:

„Agilität in Projekten und in Teams ist eine Denkweise, welche kulturell verankert werden muss."

Diese agilen Werte und Charakteristiken werden zwischenzeitlich nicht nur in der agilen Softwareentwicklung, sondern auch in vielen anderen Projektarten eingesetzt. Scrum hat sich in seiner ursprünglichen, auch in diesem Buch gezeigten Version weiterentwickelt. So gesehen darf es nicht mehr Scrum-Vorgehen genannt werden. Vielerorts wird es als agiles Projektmanagement bezeichnet.

Das heisst: Egal in welcher Art z.B. weitere Prozessschritte, Artefakte oder ein Vorhaben abgewickelt werden, wenn dabei die agilen Werte Prinzipien, Praktiken und Methoden konsequent angewendet werden, handelt es sich um ein agil geführtes Vorhaben, sei es in Form eines Releases oder Projekts.

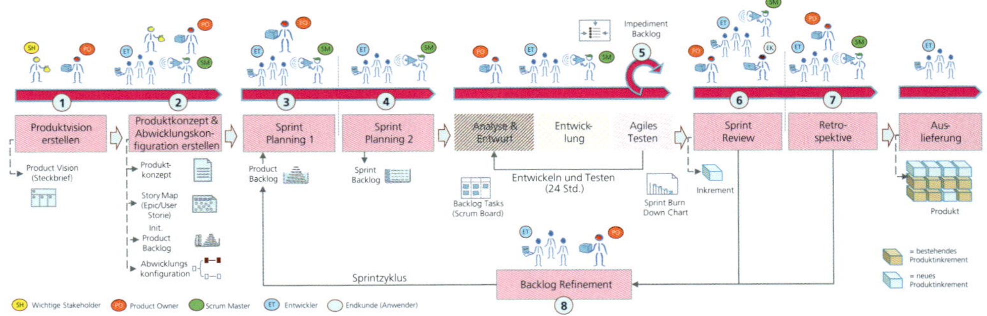

Abb. 1.20: Scrum-Vorgehen, etwas detaillierter dargestellt und ergänzt

Abbildung 1.20 zeigt ein einfaches, etwas detaillierteres agiles Vorgehen. Ausführliche Rollen-, Prozess- und Artefaktbeschreibungen sind in den Kapiteln 2.2.9 und 5.4.2 aufgeführt. Wie in obiger Abbildung dargestellt, gibt es beim agilen Vorgehen ein klares und effizientes Sitzungskonzept [in Anlehnung Wir 2017].

Die angegebenen Zeiten richten sich an einem vierwöchigen Sprint aus:

1 **Start-Workshop**	– Ziel und Zweck (Vision), Vorhabensgegenstand, Rahmenbedingungen, Kosten- und Ressourcenaufwände etc. festlegen – Ergebnis: Produktvision oder Project Canvas (Steckbrief) – Teilnehmende: gesamtes Team (Product Owner, wichtige Stakeholder, allenfalls Entwickler) – Zeit: ca. 4 Stunden
2 **Produkte-konzept-Workshop**	– Erstellen eines Produkterahmens, sodass das Produktbild im Sinne des Scopes etwas geklärt wird. Dieses wird in Kombination mit einer Story Map (Inital Prdouct Baklog) erstellt. – Ergebnis: einfaches Produktekonzept und ein Initial Product Backlog – Teilnehmende: gesamtes Team und wichtige Stakeholder – Zeit: ca. 4 Stunden
3 **Sprint Planning Meeting** (Teil 1)	**Sprint-Planung, Teil 1: Priorisierung** – User Story mit Priorität 1: User Stories vorstellen, Ziel und Inhalt des Sprints definieren – Ergebnis: im Product Backlog für den anstehenden Sprint selektierte Product Backlog Items – Teilnehmende: gesamtes Team, also inklusive Product Owner! – Zeit: ca. 3 bis 4 Stunden (für einen vierwöchigen Sprint)

4 **Sprint Planning Meeting** (Teil 2)	**Sprint-Planung, Teil 2:** – Entscheiden, mit welchen Tasks man das Sprintziel erreichen kann (Design), auch allenfalls mit Erstellen der Architektur. Sprint Backlog (Tasks) aus Product Backlog Items (User Stories/Features) erstellen. – Ergebnis: Backlog Task – Teilnehmende: Entwickler und Scrum Master – Zeit: ca. 3 bis 4 Stunden
5 **Daily Scrum Meeting (Stand-Up)**	– Was habe ich gestern getan? Was erledige ich heute? Was hat mich behindert? – Ergebnis: nachgeführtes Kanban Board / Taskboard, Burndown Charts und Impediment Backlog – Teilnehmende: prinzipiell nur Entwickler und Scrum Master – Zeit: täglich 15 Minuten
6 **Sprint Review Meeting**	– Das Team präsentiert, was es während eines Sprints erreicht hat; typischerweise in Form einer Demo der neuen Features oder der zugrundeliegenden Architektur – Ergebnis: nachgeführtes Impediment Backlog, Sprint Burn Down Chart – Teilnehmende: das gesamte Team und die Stakeholder – Zeit: ca. zwei Stunden (keine Folien!)
7 **Sprint-Retrospektiven**	– Nach jedem Sprint prüfen: was ist gut (keep) / Ideen, die einmal ausprobiert werden sollten (try) / was hat nicht gefallen (drop) – Was haben wir gelernt, was lässt sich verbessern? – Ergebnis: umzusetzende Optimierungen (Impediment Backlog) – Teilnehmende: gesamtes Team (Scrum Master, Produkt Owner, Entwickler), evtl. auch Endkunden (aber Vorsicht!) – Zeit: 15 bis 30 Minuten
8 **Backlog Refinement**	– Regelmässiges Treffen während und zwischen den Sprints. Darin werden die Product Backlog Items (Epics, User Stories) diskutiert und das nächste Sprint Planning wird vorbereitet. – Verfeinern und Schätzen der User Stories wo möglich, Einstufen der Epics nach Grösse – Teilnehmende: Product Owner mit den Entwicklern – Ergebnis: qualifiziert geschätzter Product Backlog – Zeit: ca. 30–60 Minuten

Weitere Ausführungen bezüglich agilem Vorgehen werden im Kapitel 5.4.2 ausgeführt.

1.3.7.2 Konventionell versus agile Entwicklung

Im Kontext des in diesem Buch verwendeten Phasenmodells setzt die rein agile Produktentwicklung ungefähr Mitte Konzeption (MS25) auf und kann, je nach Ansatz, bis Ende Realisierungs- oder sogar bis Mitte Einführungsphase (MS45) dauern. Die Scrum-Iterationen werden, wie in Abbildung 1.21 aufzeigt, mehrmals durchlaufen.

H. Felchlin:
„Nur soviel Projektgovernance wie nötig, jene aber durchsetzen. Reduce to the max!"

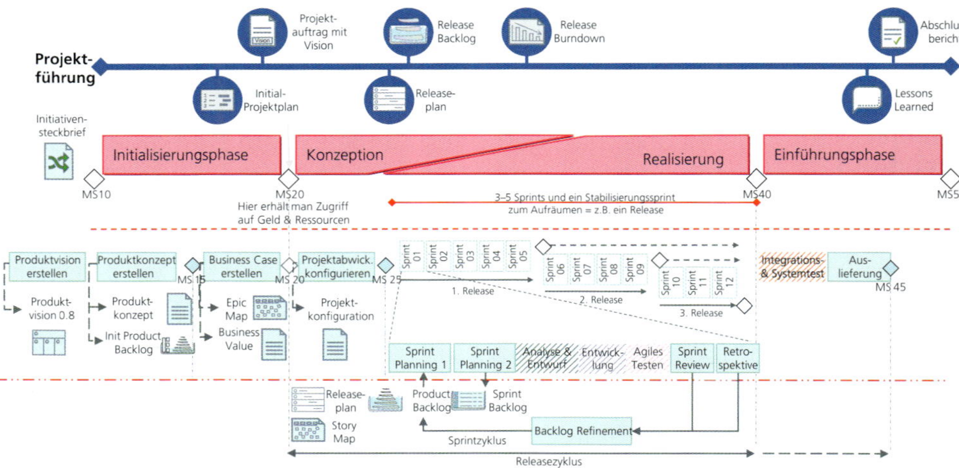

Abb. 1.21: Scrum-Entwicklungsvorgehen mit den speziellen Führungslieferobjekten, in das Vier-Phasenmodell eingebettet

Agile Entwicklungsmethoden bei Softwareentwicklungen

Wie in Kapitel 1.3.4 erläutert, ist das agile Modell im theoretischen Sinne kein Vorgehens-, sondern nur ein Entwicklungsmodell. Will man erfolgreich eine agile Entwicklungsmethode bei Softwareentwicklungen einsetzen, so gilt es Folgendes zu berücksichtigen:

- Vor dem ersten Sprint respektive der ersten Iteration – und auch dann, wenn neue Produkte entwickelt werden – sollte eine „Vorplanungsphase" stattfinden. Ziel: ein qualifiziertes Businesskonzept → Initial Product Backlog in Form einer Story Map.
- Alles, was sich nicht oder nur sehr schwer ändern lässt, wie z.B. die Basisarchitektur, sollte ebenfalls in einer Vorphase umgesetzt werden (Projektabwicklungskonfiguration).
- Es ist zwar möglich, die Anzahl Iterationen im Voraus festzulegen, aber man hat dieselben Unsicherheiten bei der Gesamtschätzung und -planung wie bei konventionellen Projekten.
- Auch agile Projekte kommen nicht ganz ohne dokumentierte Grundlagen aus. Daher wird empfohlen, die wesentlichsten Punkte aus fachlicher, technischer und organisatorischer Sicht in der sog. Projektkonfiguration festzuhalten. Dieses Dokument darf im Lauf des Projekts verändert werden, es ist aber die gemeinsam verabschiedete Richtschnur, an der sich alle zu orientieren haben.

Der agile Entwicklungsansatz auf der Ausführungsebene hat nicht zuletzt in der schnellen Informatik-Entwicklungswelt einen sehr grossen, positiven Wirkungsgrad. Sobald jedoch die soziale wie auch die technische Komplexität der Realisierungseinheit sowie die Komplexität des zu integrierenden Umfelds entsprechend zunimmt, ist ein über alles hinweg und konsequent durchgeführter agiler Entwicklungsprozess nicht unbedingt möglich.

Projekte sind nur selten rein agil

Aufgrund der Projektart und deren Realisierungseinheit kann daher nicht immer alles agil entwickelt werden. Im Tunnelbau hätte es z.B. fatale Konsequenzen, wenn jeweils nach 14 Tagen die neu gebohrten Meter für den Kunden freigegeben würden.

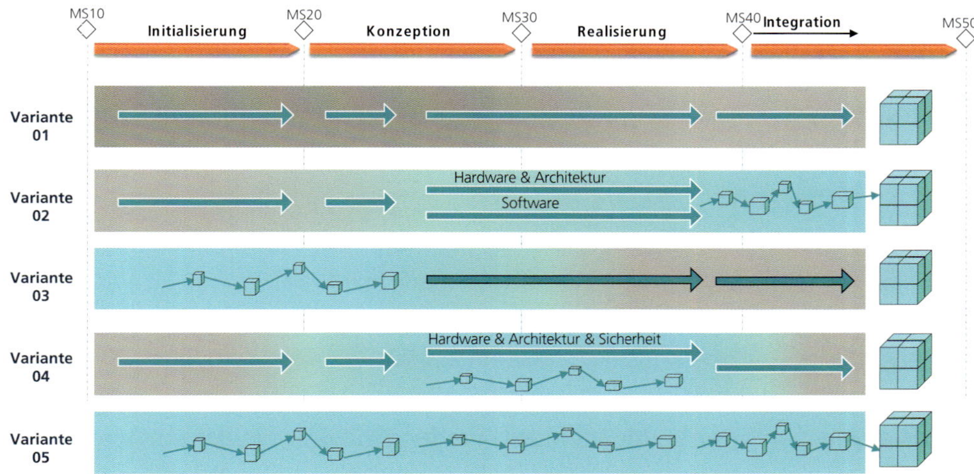

Abb. 1.22: Verschiedene Varianten der Projektdurchführung

Wie in der Industrie bei der Entwicklung einer Maschine, aber auch in anderen Branchen wie Bau oder Gesundheit, wächst der Softwareanteil rasant. Daher ist für den Einsatz eines agilen Vorgehens die Art des zu erstellenden Produkts und die Zielumgebung, in die es eingebettet wird, entscheidend. Es gilt in vielen Projekten nicht das Entweder-Oder, sondern das Sowohl-als-Auch! So gibt es auch in reinen Softwareentwicklungsprojekten Elemente, die auf konventionellem Weg erstellt bzw. geplant werden müssen. Das heisst, es gibt in der Praxis nur selten rein agile, sondern meist hybride Projekte.

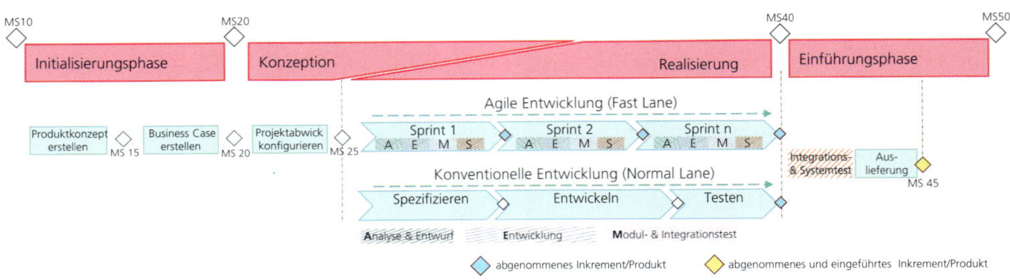

Abb. 1.23: Hybrides Phasenmodell – das agile mit dem konventionellen Durchführen kombiniert

1.3.7.3 Vorteile des agilen Entwickelns

Gegenüber dem konventionellen Entwicklungsvorgehen ändert sich beim agilen Entwickeln „meist" Folgendes:

Planung	Nicht am Anfang eine detaillierte Planung für das gesamte Projekt, sondern eine Gesamtplanung/Abschätzung am Anfang und dann pro Iteration eine detaillierte Planung.
Anforderungen	Bewusstsein, dass nie sämtliche Anforderungen zu Beginn „richtig" bekannt sind, sondern dass sich die Anforderungen erst im Lauf des Projekts entwickeln bzw. ändern können.
Priorisierung	Der Kunde priorisiert „laufend" und es wir das umgesetzt, was dem Kunden jeweils am wichtigsten ist, d.h. was ihm den grössten Nutzen (Mehrwert) bringt.
Team	Agile Teams sind „Task Forces": Alle notwendigen Rollen sind zu einem hohen Prozentsatz, mindestens aber mit einer hohen Priorität, dem Projekt zugeordnet und zeitgleich für dieses verfügbar.
Kundennähe	Der Kunde (Product Owner) gehört ins Team.
...	

Daraus resultiert auch der wie in der folgenden Abbildung aufgezeigte Vorteil gegenüber dem konventionellen Entwickeln. Das erste für den Kunden brauchbare Ergebnis erfolgt bereits nach kurzer Zeit.

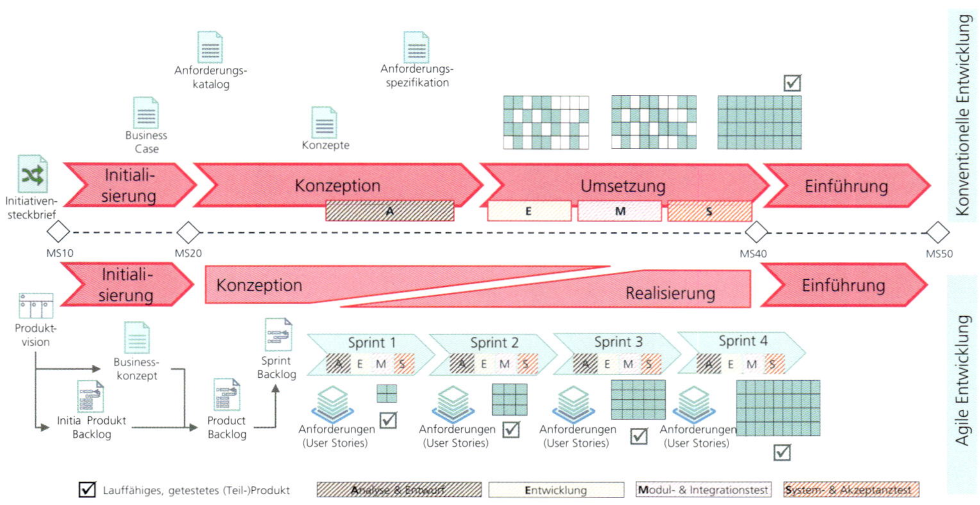

Abb. 1.24: Schnelle erste Auslieferung: ein zentraler Vorteil des agilen Entwickelns

Ein weiterer, sehr grosser Vorteil ist, dass der Kunde im Team mitarbeitet:

- Ein befragbarer Kunde ersetzt Teile der Spezifikation. Aber: Die Dokumentation (Produktsicht) darf dennoch nicht vergessen werden!
- Schnelle Entscheidungen (entscheidungsfreudiger Kunde vor Ort)
- Schnelles Feedback, schnelle Klärung bei Problemen

Kurze Releasezyklen, somit frühes Feedback vom Kunden:

- Kunde bestimmt Umfang des Releases nach Nutzwert (Prioritäten)
- Entwickler schätzen Aufwände (Kosten), nennen Risiken
- Gemeinsame Planung (z.B. Game) und damit hohes Commitment des ganzen Teams

Vertrauen:

- Vertrauen des Kunden ist wichtiger Bestandteil. Vertrauen wird aufgrund der Kundennähe stark positiv beeinflusst.
- Vertrag wird durch Versprechen ersetzt, immer das für den Kunden Nützlichste zu tun (siehe oben bezüglich Prioritäten), was natürlich in der Beziehung zwischen unterschiedlichen Organisationen sehr schwierig ist.

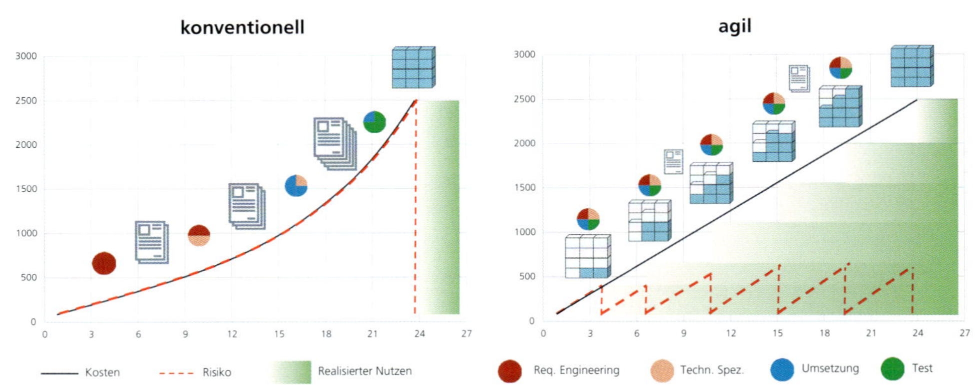

Abb. 1.25: Risiko- und Nutzenbetrachtung bezüglich agil versus konventionell

Was machen agile Projekte wirklich anders?

- Fokussierung auf den Nutzen
- Priorisierung durch den Kunden (anhand des Nutzens)
- Seniorität im Team (hauptsächlich Seniors, sowohl auf der Fach- wie auch auf der Umsetzungsseite)
- Fokussierung: Alle Projektmitarbeitenden arbeiten genau an diesem Projekt.
- Konzentration: Weil das ganze Team gleichzeitig an diesem Projekt arbeitet, kann sehr viel miteinander kommuniziert werden. Hierdurch reduzieren sich Interpretationsprobleme und Wartezeiten und die Dokumentation wird auf das für das Produkt Notwendige beschränkt.

Kritische Stimmen

Neben den aufgeführten Vorteilen gibt es auch kritische Stimmen – insbesondere dahingehend, dass Scrum bei sehr grossen Vorhaben an seine Grenzen stösst, sei es bezüglich Teamsynchronisation oder Architektur.

Unwahrheiten zum agilen Hype

Der agile Hype hat auch viele Unwahrheiten hervorgebracht. Es stimmt nicht, dass

- in agilen Projekten nicht oder nur sehr grob geplant wird (es wird meist auf Halbtage genau geplant!).
- in agilen Projekten keine Methoden/Vorgaben angewandt werden (die vorgegebenen Methoden werden aber nur soweit eingesetzt, wie es für das aktuelle Projekt wirklich Sinn macht).
- agile Entwicklung eigentlich „exploratives" Prototyping ist (die Ergebnisse jeder Iteration sind fertige [Teil-]Produkte!).
- agile Projekte keine Projektleiter benötigen (Selbstorganisation funktioniert nur in äussert seltenen Fällen wirklich. Im Zeitalter der digitalen Transformation erhält aber der Projektleiter einen modifizierten Wirkungsraum.).

Mit neuen Frameworks wie Large-Scale Scrum (LeSS), Scrum over Scrum oder Scaled Agile Framework (SAFe) wurden umfassende generische Modelle entwickelt, welche Unternehmungen als Ganzes einführen können. Auch Schwaber, einer der Urväter von Scrum, hat in seinem dritten Buch „The Enterprise and Scrum" [Sch 2007] versucht, diesen methodischen Ansatz auf das gesamte Unternehmen auszuweiten.

1.4 Die Gestaltungsprinzipien

Die Effizienz der Projektdurchführung bzw. die Effektivität und Produktivität der Projektabwicklung ist grösstenteils von der konsequenten Beachtung und der gleichartigen Anwendung der Gestaltungsprinzipien abhängig.

Gestaltungsprinzipien

> *Gestaltungsprinzipien sind Denkansätze, mit deren Hilfe komplexe Aufgaben auf eine systematische Art und Weise angegangen und umgesetzt werden können.*

Anders gesagt: Diese Prinzipien sind allgemein anerkannte Grundsätze, welche dem zielgerichteten und effizienten Handeln zugrunde liegen. Solche Prinzipien sind beispielsweise das Top-down-Prinzip, das Bottom-up-Prinzip oder das 80/20-Prinzip.

Abb. 1.26: Gestaltungsprinzipien

1.4.1 Top-down-Prinzip

Mit dem Top-down-Prinzip wird ein abgestecktes Projektfeld konzeptionell vom Groben ins Detail bearbeitet. Mit diesem Vorgehen wird

- das Betrachtungsfeld zunächst weiter gefasst und hierauf schrittweise und gekonnt eingeengt. Dies betrifft sowohl die Untersuchung des gesamten Systems als auch den Entwurf von Lösungen.
- bei der Untersuchung des Systems (bzw. des Problemfeldes) mit detaillierten Erhebungen nicht begonnen, bevor das gesamte System grob strukturiert und gegenüber seinen Umsystemen (der Projektumwelt) mit den nötigen Schnittstellen abgegrenzt wurde.
- bei der Gestaltung der Lösung zuerst ein genereller Lösungsrahmen festgelegt, dessen Detaillierungs- und Konkretisierungsgrad im Verlauf der weiteren Projektarbeit schrittweise vertieft wird.

Konzepte als Orientierungshilfe

Im Top-down-Prinzip dienen Konzepte auf höheren Ebenen gewissermassen als Orientierungshilfe für die detaillierte Ausgestaltung der Lösung. Aufgrund dessen kann dieser Ansatz mit dem sequenziellen Vorgehen in Verbindung gebracht werden. Das Negative an diesem Vorgehen ist, dass erst nach einer gewissen Untersuchungszeit konkrete Lösungen hervorgebracht werden können. Leider verleitet das die Führungsebene, die dieses Prinzip nicht umfassend beherrscht oder versteht, oftmals aus Ungeduld unkoordiniert zu handeln. Vielerorts wird diese Methode wegen der drängenden Zeit als langsam empfunden.

Klare Definition von Input und Output

Auf der obersten Ebene des Top-down-Prinzips interessiert man sich nur für die richtigen und klaren Abgrenzungen (Schnittstellen) des Problemfeldes zu den Umsystemen (siehe Kapitel 5.2.1). Es geht um die klare Definition, was der Input und was der Output ist. Hat man dies klar definiert, geht es darum, auf der zweiten Ebene die Unter- und Teilsysteme und deren Input und Output zu bestimmen. Die Summe der Inputs und Outputs sollte gleich dem Input und Output der oberen Ebene sein. Dieses strukturierte, von Ebene zu Ebene zerlegende Vorgehen kann solange wiederholt werden, bis die entsprechend notwendige Transparenz erreicht wird.

Problem
Input
Black Box
Output
Lösung
Analyse
Input
1. Auflösungsstufe
Output
Synthese
Input
2. Auflösungsstufe
Output
Teilproblem
Teillösung
IST-
Situation
SOLL-
Vorstellungen
Problemlösung

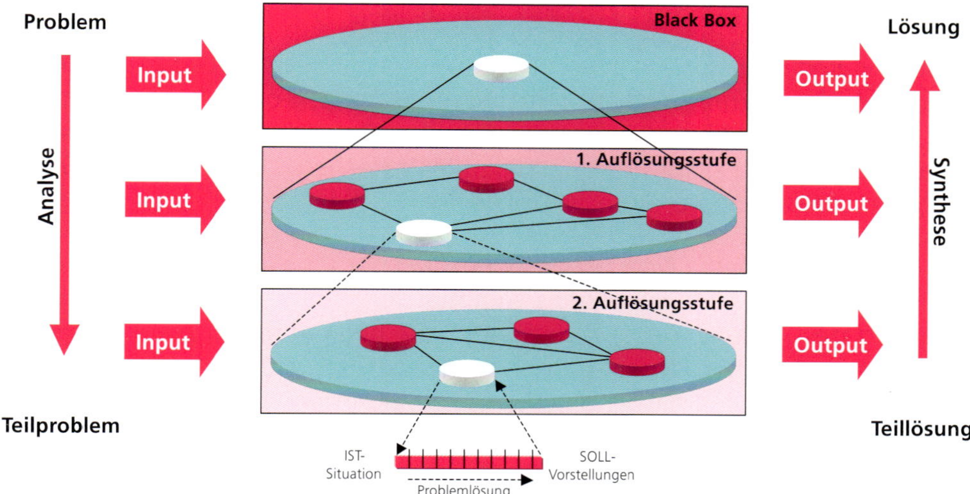

Abb. 1.27: Top-down-Prinzip

Betrachtet man einen Produktlebenszyklus als Ganzes, das heisst a) Konzeption, b) Realisierung, c) Erhaltung, so liegen die Vorteile dieses Prinzips besonders in der langzeitlichen Nutzung wie auch im finanziellen Aspekt des Unterhalts. Insbesondere Punkt c) kann in einem Unternehmen zu einem belastenden Problem werden, wenn der Unterhalt oder die Pflege eines eingeführten Produkts aufgrund mangelnder Konzeption zu einem Fass ohne Boden wird.

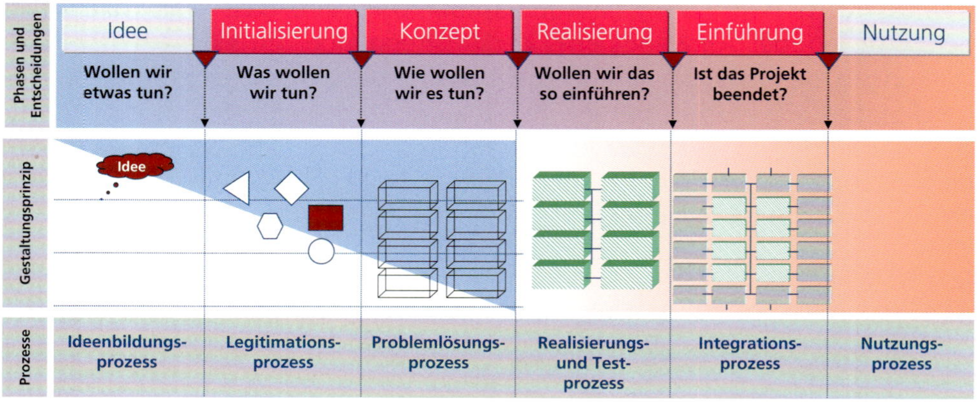

Phasen und Entscheidungen
Idee
Initialisierung
Konzept
Realisierung
Einführung
Nutzung
Wollen wir etwas tun?
Was wollen wir tun?
Wie wollen wir es tun?
Wollen wir das so einführen?
Ist das Projekt beendet?
Gestaltungsprinzip
Idee
Prozesse
Ideenbildungs-prozess
Legitimations-prozess
Problemlösungs-prozess
Realisierungs- und Test-prozess
Integrations-prozess
Nutzungs-prozess

Abb. 1.28: Top-down-Ansatz in einem konventionell entwickelten Projekt

Wie Abbildung 1.28 aufzeigt, verhindert ein phasenbezogenes Vorgehen nach dem Top-down-Prinzip prinzipiell, dass konzeptionelle Fehler aufgrund fehlender Vorgehenssystematik entstehen können.

1.4.2 Bottom-up-Prinzip

In besonderen Situationen, etwa dann, wenn es um die Verbesserungen vorhandener Lösungen geht, kann ein „Von-unten-nach-oben-Prinzip" sinnvoll sein. In derartigen Situationen, wo man vom Detail zum Ganzen gelangen sollte, geht es um die Optimierung in den Teilbereichen. Das verbesserte Ganze gibt sich als Konsequenz dieser Arbeitsweise.

Die Eigenart der schnellen Suche nach Lösungen

Dieses Prinzip hat seine Eigenart besonders bei der schnellen Suche nach einer geeigneten punktuellen Lösung. Es wird hier vorerst auf ein in die Umgebung eingebettetes Gesamtkonzept verzichtet. So beginnt man gleich mit dem Zusammenfügen bekannter und vorhandener Lösungskomponenten. Die langfristige Brauchbarkeit bei grossen konzeptionellen Projekten, vor allem in zeitlicher Hinsicht, kann jedoch bezweifelt werden.

Gesunde Mischform der Prinzipien Top-down und Bottom-up

Gegenüber dem Top-down-Prinzip kann man also mit dem Bottom-up-Prinzip um gewisse definierte Elemente eine laufende Verbesserung aufbauen. Das heisst, es wird meist dort eingesetzt, wo der kurzfristige Denkansatz zur Anwendung gelangen sollte. Der wohl absolut ideale Ansatz ist somit eine gesunde Mischform der beiden Prinzipien.

1.4.3 80/20-Prinzip

Enormes Potenzial der Optimierung

Gemäss Koch [Koc 1997] besagt das 80/20-Prinzip, dass eine Minderheit der Ursachen, des Aufwands oder der Anstrengungen zu einer Mehrheit der Wirkungen, des Ertrags oder der Ergebnisse führt. Wörtlich genommen bedeutet dies, dass 80 Prozent dessen, was man in der Arbeit erreicht, auf 20 Prozent der aufgewendeten Zeit zurückgeht. In der Praxis sind daher vier Fünftel der Anstrengung weitgehend unbedeutend. Projiziert man diese Aussage auf Projekte, so liegt darin ein enormes Potenzial.

Das 80/20-Prinzip stellt eine inhärente Unausgewogenheit zwischen Aufwand und Ertrag, Ursachen und Wirkungen, Anstrengung und Ergebnis fest. Ein typisches Verteilungsmuster zeigt, dass 80 Prozent des Ertrags von 20 Prozent des Aufwands herrührt, dass 80 Prozent der Wirkungen durch 20 Prozent der Ursachen bedingt sind oder das 80 Prozent der Ergebnisse auf 20 Prozent der Anstrengungen zurückgehen.

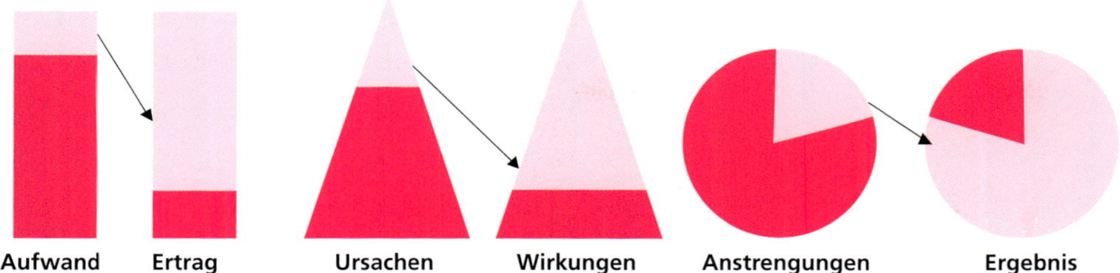

Abb. 1.29: Das Gesetz des 80/20-Prinzips [Koc 1997]

80/20-Prinzip von Vilfredo Pareto

Die dem 80/20-Prinzip zugrunde liegende Verteilung wurde 1897 vom italienischen Ökonomen Vilfredo Pareto entdeckt. Seither wurde dieses Prinzip durch verschiedene Wissenschaftler auf den unterschiedlichsten Gebieten bestätigt und weiterentwickelt.

Es gibt zwei Anwendungsmöglichkeiten des 80/20-Prinzips. Traditionell erfordert das 80/20-Prinzip die quantitative Methode der 80/20-Analyse, um exakte Relationen zwischen Aufwand/Ursachen/Anstrengung und Ertrag/Wirkungen/Ergebnis festzustellen. Diese 80/20-Analyse nutzt das 80/20-Verhältnis als Ausgangshypothese und trägt dann die Fakten zusammen, um das tatsächliche Verhältnis zu erfahren.

80/20-Analyse auf konkret erhobenen Zahlenwerten

Bei Informatikprojekten könnte das Prinzip so eingesetzt werden, dass z.B. alle Mengenwerte der benötigten Funktionen zu Beginn der Konzeptionsphase aufgenommen und analysiert werden. Mit sehr grosser Sicherheit kann dann festgestellt werden, dass mit der Umsetzung von 20 Prozent der Funktionen 80 Prozent des tatsächlichen Bedarfs abgedeckt wird. Das würde im Grunde bedeuten, dass so angegangene Projekte allenfalls eine markante Zeitverkürzung erfahren würden. Um das Prinzip richtig anzuwenden, ist es wichtig zu verstehen, dass die 80/20-Analyse jeweils auf konkret erhobenen Zahlenwerten beruht. So hat eine bekannte Firma, die sogenannte Fertighäuser erstellt, die Kunden jeweils nach den Wünschen für die neue Küche umfassend befragt. Die Kunden wollten immer alles und das Modernste zum möglichst günstigsten Preis. Als sie dann die bestellte Küche erhielten, entsprach sie nicht den Bedürfnissen. Die Firma änderte ihr Analysesystem und liess die Zeit, welche die Kunden in der Küche verbrachten, die Kosten, die sie für das Essen ausgaben etc., über vier Wochen protokollieren. Anschliessend analysierte sie diese Daten und erstellte gemäss 80/20-Prinzip einen Vorschlag (Grösse, Geräte, Anordnung etc.). Der Erfolg war schlichtweg sensationell.

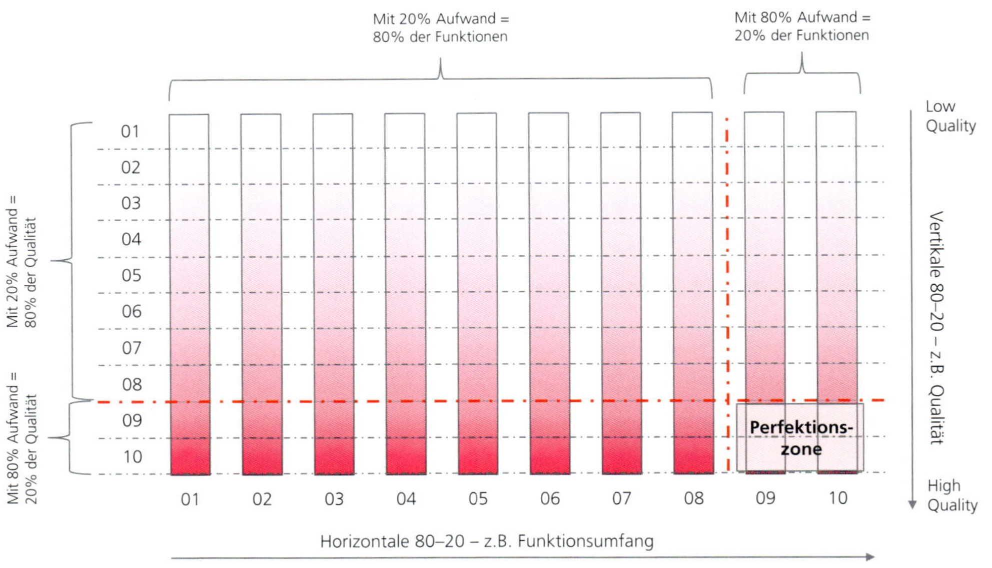

Abb. 1.30: 80–20 Horizontal/vertikal: die Perfektionsfalle

Wie Abbildung 1.30 aufzeigt, kann mit der 80/20-Regel auch gut die Perfektionsfalle aufzeigt werden. Hochqualifizierte Produkte müssen hinsichtlich des Funktionsumfangs und der Qualität perfekt sein. Die Frage muss jedoch – insbesondere in der heutigen schnelllebigen Zeit – gestellt werden, ob alles perfekt sein muss.

80/20-Denken für das richtige, schnelle Entscheiden

Die zweite, ergänzende Anwendungsmöglichkeit ist gemäss Koch [Koc 1997] als 80/20-Denken zu bezeichnen. Mit diesem Denkansatz sollten möglichst gute und schnelle Entscheidungen getroffen werden. Die meisten Entscheidungen werden nicht aufgrund von Analysen getroffen. Das war schon früher so, und daran wird sich auch in Zukunft nichts ändern. Das 80/20-Denken ist die nicht quantitative Anwendung des 80/20-Prinzips auf das Alltagsleben. Dies sollte einen Projektleiter in seinem Alltag begleiten. 80/20-Denken setzt voraus, dass wir in der Masse der unwichtigen Dinge die wenigen wichtigen Dinge und Ereignisse erkennen. 80/20-Denken bedeutet, dass wir uns ständig die Frage stellen: „Was sind die 20 Prozent, die zu den 80 Prozent führen, ohne dass wir eine vollständige Analyse der Daten als Basis für unsere Entscheidung haben?" Ob ein Projektleiter diesen Denkansatz einsetzt, erkennt man an seiner Effektivität.

Wendet man das Top-down-Prinzip auf das Weltreiseprojekt an, so darf und muss es die Familie Gloor zu Beginn noch nicht interessieren, ob sie am 27. September in New York ihre Mittagsmahlzeit an der 5th Avenue einnehmen wird oder nicht. Denn falls sie sich bereits zum heutigen Zeitpunkt dafür interessierten, würde sich ihre gesamte Reiseplanung plötzlich um ein ganz bestimmtes Datum und einen ganz bestimmten Ort drehen. Folglich müsste sich dann alles andere anpassen. Deshalb lautet die erste Stufe: Wir reisen um die Welt! Die zweite Stufe enthält bestenfalls Grobetappen wie Afrika, Zentralasien etc. Auf der dritten Stufe werden dann Länderrouten ein Thema und erst auf der vierten oder fünften Stufe erfolgt schliesslich die Planung des konkreten Reisetags xy.

Indessen ist sich die ganze Familie schon lange einig, dass sie ein River-Rafting-Abenteuer, einen Wüstentrip und die Faszination der Pyramiden zusammen erleben wollen. Daher suchen sie in den Reiseprospekten nach Zeilen, die diese Wünsche am besten erfüllen. Hier wird eindeutig das Bottom-up-Prinzip angewendet. Mit dem Grundansatz 80% Top-down und 20% Bottom-up hält sich die Familie an ein wohlbekanntes Verhältnis.

Bei der Weltreisevorbereitung ist es nicht nötig, die ganze Reise bis ins kleinste Detail zu organisieren. So ist auch hier ein 80/20-Denken sinnvoll. Und sowieso: Eine stur nach Plan ablaufende Weltreise wäre langweilig.

1.5 Die Projektabwicklungstechniken

Die Techniken, die in der Projektabwicklung Verwendung finden, sind mannigfaltig und zu einem grossen Teil (insbesondere in der Projektdurchführung) von der Projektart abhängig. Grundsätzlich lassen sich diese Projektabwicklungstechniken in Projektführungstechniken und in Projektdurchführungstechniken unterteilen.

Abb. 1.31: Die Projektabwicklungstechniken

Werkzeugkästen, gefüllt mit Projektabwicklungstechniken

Die Projektabwicklungstechniken können in je fünf sogenannte Werkzeugkästen der Projektführung und der Projektdurchführung unterteilt werden. Diese Werkzeugkästen stehen dem gesamten Projektteam zur Verfügung. So kann beispielsweise der Projektleiter aus dem „Planungskasten" die Technik Plan-Net, ein Balkendiagramm oder einen Netzplan nehmen, um den Terminplan für sein Projekt zu erstellen etc. Genau gleich ist es auf der Projektdurchführungsebene: Je nach Situation ist es für eine Erhebung von Informationen am idealsten, wenn ein Fragebogen erstellt und/oder ein standardisiertes Interview durchgeführt wird. Eine unsachgemässe Erhebung mittels Fragebogen kann fatale Folgen für den angestrebten Projekterfolg haben.

Es ist ganz entscheidend, dass die Projektbeteiligten alle für sie notwendigen Techniken der Projektabwicklung beherrschen und am richtigen Ort einsetzen können.

Eine kurze Übersicht der möglichen Techniken befindet sich jeweils am Schluss des Kapitels 4, „Projektführung", bzw. des Kapitels 5, „Projektdurchführung".

Lernziele des Kapitels „Projektinstitution“

Sie können ...

- die drei wichtigsten Projektorganisationsformen unterscheiden und zu jeder zwei Vor- und Nachteile aufzählen.
- die einzelnen Rollen und Gremien in einer Projektorganisation richtig zuordnen.
- pro Rolle je eine Aufgabe, Kompetenz und Verantwortung begründet aufführen.
- die allgemeine Abstimmung der Aufgaben, Kompetenzen und Verantwortungen einer Rolle erklären.
- die verschiedenen Lieferobjekte pro Projektphase erklärend abgrenzen.
- drei wichtige Lieferobjekte der Projektführung sowie der Projektdurchführung erläutern.
- den Unterschied von Projektführungs- und Projektdurchführungs-Lieferobjekten anhand von zwei Beispielen erklären.
- vier Werte des Sachmittelsystems (vorwiegend für Informatik- und Organisationsprojekte) aufzählen.
- vier Vorteile aufführen, wieso ein effizientes Informationssystem wesentlich zum Projekterfolg beiträgt.
- erläutern, was Sinn und Zweck eines Business Case und eines Konzepts sind.
- ein Tailoring an einem Projekt durchführen und dieses als Vorschlag dem Auftraggeber vorlegen.

In diesem Kapitel werden insbesondere die ICB-Kompetenzen 1.02, 1.04, 2.03, 3.01, 3.03, 3.05, 3.10 und 3.12 verfolgt (siehe Anhang D).

Projektinstitution

2

Projekteigene Führungsstrukturen

Das Projektmanagement benötigt projekteigene Führungsstrukturen. Dabei bildet die Projektinstitution den sogenannten Ordnungsrahmen, der alle Elemente des PM-Systems betrifft bzw. verbindet.

Projektinstitution

> *Die Projektinstitution definiert das institutionelle Projektmanagement, welches alle aufbauorganisatorischen Bereiche beinhaltet, die für ein Projektmanagementsystem notwendig sind.*

Zur Institutionalisierung eines Projekts müssen die anstehenden Aufgaben gemäss der Organisationslehre strukturiert werden. Um eine optimale Projektbasis zu bilden, auf der die geforderten Leistungen erbracht werden können, müssen daher fünf Institutionalisierungsbereiche definiert werden.

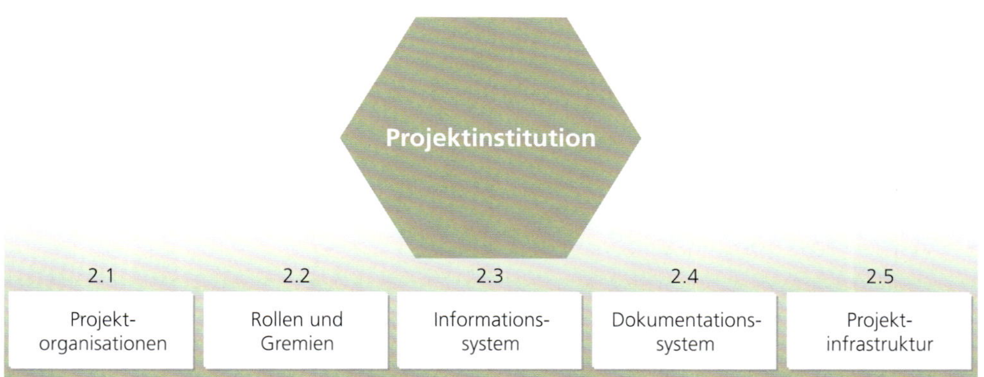

Abb. 2.01: Bereiche der Projektinstitution

Hauptaufgaben der Projektinstitution

Ohne auf die Details der fünf Institutionalisierungsbereiche einzugehen, sind die Hauptaufgaben der Projektinstitution, welche für jedes Projekt – insbesondere bei der Initialisierungsphase – auszuführen sind, folgende:

- Erstellen einer Projektorganisation, die sich auch an veränderliche Einflussgrössen optimal anpassen kann.
- Festlegen und Abgrenzen der Aufgaben, Kompetenzen und Verantwortungen (AKV) von und zu den verschiedenen Rollen und Gremien.

- Festlegen des Informationssystems, damit alle Beteiligten und Betroffenen zur rechten Zeit und im notwendigen Umfang die für sie relevanten Informationen erhalten.
- Form der Projektdokumentation bestimmen, um z.B. das erarbeitete Know-how schriftlich festhalten zu können oder um eine gute Basis für sachliche Entscheide zu legen.
- Zuordnung der notwendigen Projektinfrastruktur zu den einzelnen Rollen und Gremien, um eine effiziente Leistungserbringung gewährleisten zu können.

2.1 Die Projektorganisationen

Eine Unternehmung besitzt permanente Strukturen und organisatorische Regelungen. Für die Dauer des Projekts bedarf es einer spezifischen temporären Organisation, der sogenannten Projektorganisation. Sie ist notwendig, da die Zusammenarbeit oft ungewohnt fachübergreifend ist und zudem neue Aufgaben beinhaltet. Die Projektorganisation legt die Formen der neuen Zusammenarbeit fest. Da die Zusammenarbeit aber von Phase zu Phase variieren kann, sollte die Projektorganisation anpassungsfähig sein.

Projektorganisation

> *Die Projektorganisation beinhaltet die Aufbau- und Ablauforganisation zur Abwicklung eines bestimmten Projekts [DIN 69901-5:2007].*

Grundsätzlich werden drei Projektorganisationsformen unterschieden:
- Linien-Projektorganisation
- Stab-Linien-Projektorganisation
- Matrix-Projektorganisation

Um einen guten Überblick dieser Grund-Projektorganisationen zu geben, werden sie im Folgenden kurz erläutert.

2.1.1 Linien-Projektorganisation

„Fast" unabhängige Projektorganisation

Bei dieser Organisationsform besitzt der Projektleiter die gesamten fachlichen Kompetenzen über die zu erfüllenden Projektaufgaben sowie die allgemeine disziplinarische Kompetenz über das Projektteam bzw. die Projektmitarbeiter. Sein ganzes Projektteam bildet eine neue, von der bisherigen Unternehmensorganisation „fast" unabhängige Projektorganisation. Aus diesem Grund wird sie auch als „Reine Projektorganisation" bezeichnet. Die Projektmitarbeiter werden meistens zu 100% für die Projektarbeit eingesetzt und sind somit von ihren üblichen Haupttätigkeiten entbunden.

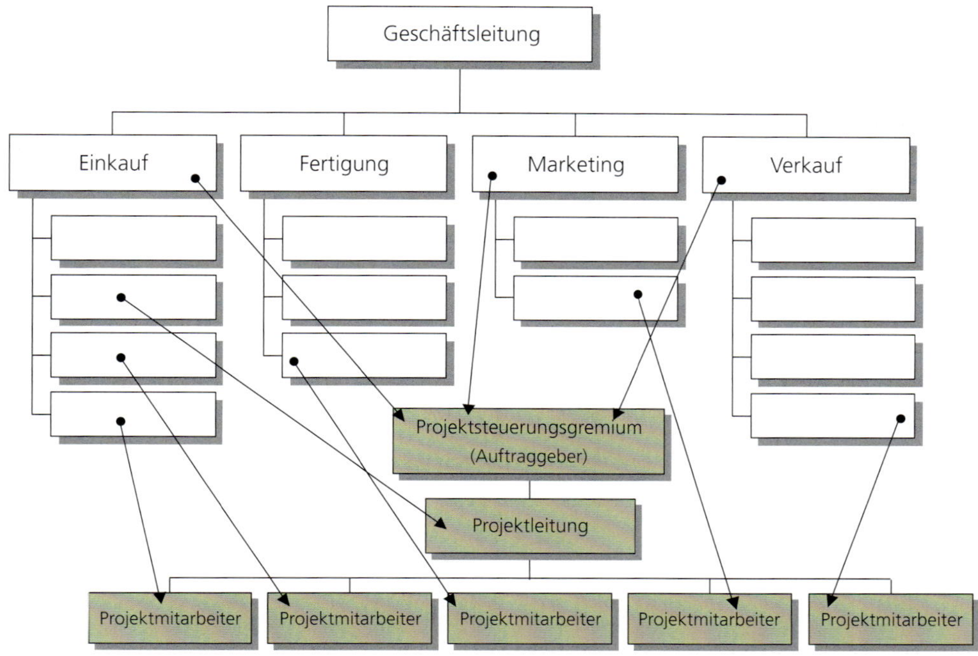

Abb. 2.02: Die Linien-Projektorganisation

Die Linien-Projektorganisation ist empfehlenswert bei komplexen und wichtigen Projekten, bei denen die Aufgaben während einer längeren Zeitspanne mit einer begrenzten Anzahl von Projektmitarbeitern umgesetzt werden müssen.

Vorteile

- Uneingeschränkte Konzentration der Projektmitarbeiter auf das Projekt
- Konfliktarm dank klarer Verantwortlichkeits- und Kompetenzzuteilung
- Hohe Flexibilität und hoher Effizienzgrad verkürzen die Projektdauer
- Vollständige Führungs- und Leitungskompetenz des Projektleiters

Nachteile

- Aus-/Wiedereingliederung der Projektmitarbeiter aus der Firmenhierarchie
- Neue Institutionalisierung verursacht entsprechende Umstellungskosten
- Gefahr der Mitarbeiterspezialisierung durch Aufgabenkonzentration, was auch zu einer nicht optimalen Auslastung führen kann

2.1.2 Stab-Linien-Projektorganisation

Projektleiter als Koordinator

Die Struktur des Unternehmens wird bei der Stab-Linien-Projektorganisation grundsätzlich nicht verändert. Das heisst, die Projektmitarbeiter bleiben ihrem Linienvorgesetzten unterstellt. Dem Projektleiter wird die Führung in Form einer Koordinationsaufgabe übertragen, ohne ihm formale Weisungsrechte zu gewähren. Will er eine Entscheidung und eine direkte Anordnung haben, so muss er jeweils über die Linienvorgesetzten der Projektmitarbeiter oder über das Projektsteuerungsgremium gehen. Somit kann er nicht allein für die Erreichung der Projektziele, respektive deren Nichterreichung, verantwortlich gemacht werden. Die Projektmitarbeiter sind in dieser Organisationsstruktur lediglich funktionell beteiligt. Abbildung 2.03 zeigt, wie die Stab-Linien-Projektorganisation ins Unternehmensorganigramm eingegliedert werden kann.

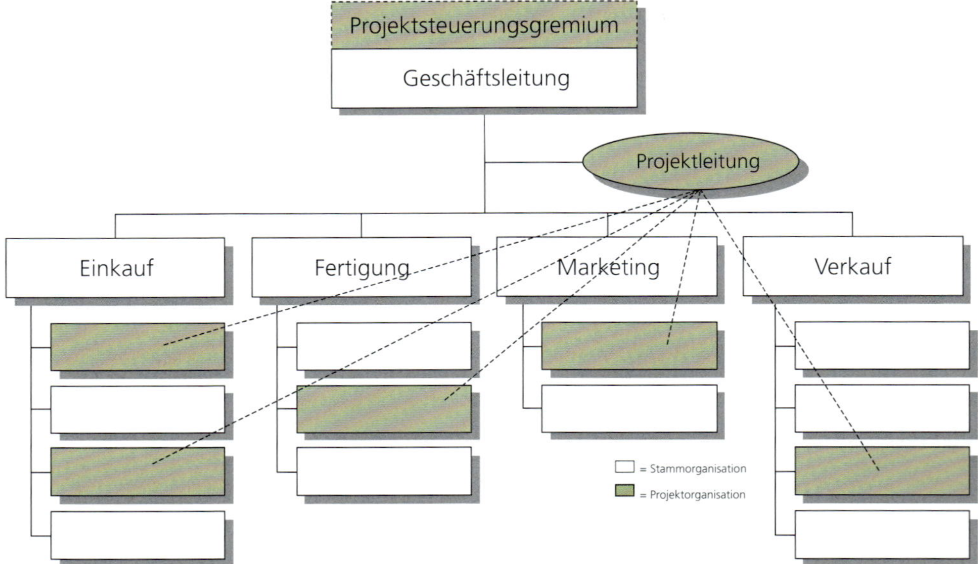

Abb. 2.03: Die Stab-Linien-Projektorganisation

Die Stab-Linien-Projektorganisation, auch Einflussprojektorganisation genannt, wird am ehesten bei kleineren Projekten eingesetzt oder bei Projekten, mit denen eine neue Norm oder ein neues Verfahren überprüft und eingeführt wird.

Vorteile

- Geringfügige organisatorische Umstellungen und somit kostengünstig
- Grosse Einsatzflexibilität der Projektmitarbeiter
- Keine Wiedereingliederung der Mitarbeiter nach Projektabschluss nötig

Nachteile

- Kompetenzschwierigkeiten und langwierige Entscheidungsfindungen
- Geringe Identifikation der Projektmitarbeiter mit dem Projekt
- Aufgabenorientierte Dezentralisierung erhöht das Gesamtrisiko und erfordert eine ausführliche Kontrolle
- Im Allgemeinen haben die Linienaufgaben immer vor den Projektaufgaben den Vorrang

2.1.3 Matrix-Projektorganisation

Die Matrix-Projektorganisation kann als eine Mischform der Linien-Projektorganisation und der Stab-Linien-Projektorganisation angesehen werden. Wie die Abbildung 2.04 zeigt, entsteht ein zeitlich befristetes Mehrliniensystem, das als Matrix dargestellt wird. Das bedeutet, dass der Projektleiter bei dieser Organisationsform die projektbezogenen Kompetenzen (Fachkompetenz) hat. So kann er an die Projektmitarbeiter Arbeiten verteilen, Prioritäten setzen etc. Der Linienvorgesetzte unterstützt ihn dabei disziplinarisch, d.h. er ist bezüglich Besoldung, Ausbildung, Belohnung und Bestrafung etc. verantwortlich. Die Projektmitarbeiter bleiben dem Linienvorgesetzten unterstellt und arbeiten anteilsmässig (zu x Prozent) am Projekt.

Zeitlich befristetes Mehrliniensystem

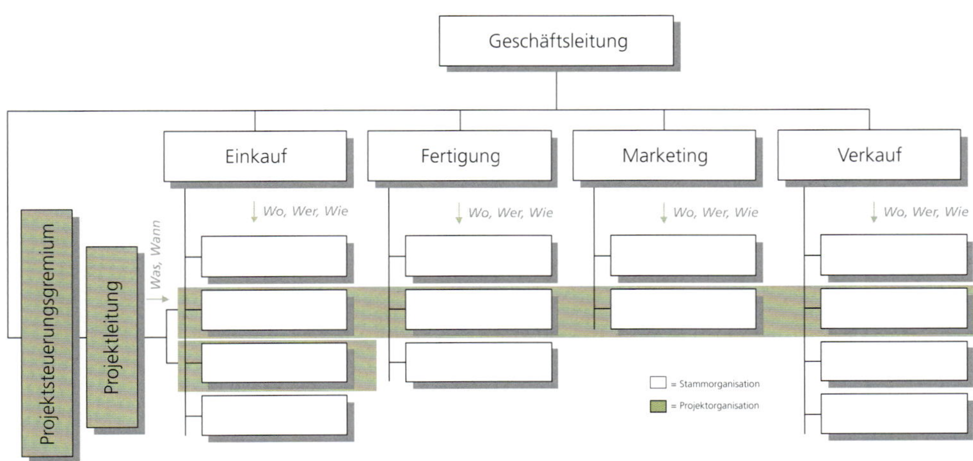

Abb. 2.04: Die Matrix-Projektorganisation

Es gibt keine speziellen Projekte respektive Projektarten, welche ausschliesslich diese Organisationsform bevorzugen. Doch aufgrund der resultierenden Vorteile wird diese Organisationsform in der Praxis am häufigsten angewendet.

Vorteile

- Optimale Kapazitätsauslastung infolge Ressourcenverteilung
- Geringe Umstellungskosten aufgrund unveränderter Grundstruktur
- Projektmitarbeiter verlieren das aktuelle Fachwissen nicht

Nachteile

- Konfliktgefahr durch Kompetenzschwierigkeiten (Linie/Projekt)
- Höhere Anforderungen an Kommunikations- und Informationsbereitschaft durch Projektleiter und Linieninstanzen
- Doppelunterstellung erfordert von den Projektmitarbeitern erhöhte Selbstständigkeit

Da in der Projektorganisation niemand zu hundert Prozent am Projekt beteiligt ist und alle ihre bisherigen Arbeiten weiterhin verrichten müssen, entscheidet sich die Familie Gloor für eine Stab-Linien-Projektorganisation. Insbesondere deshalb, weil der Projektleiter (Sohn Magnus) grundsätzlich keine Weisungsbefugnisse erhält. Müssen Entscheidungen gefällt werden, so richtet sich Magnus jeweils an die Geschäftsleitung. Das sind in diesem Fall natürlich der Vater und die Mutter. Die Geschäftsleitung darf entscheiden und ihre Entscheidungen im „Familienbetrieb" durchsetzen. Im weiteren Verlauf des Buches wird aber nicht mehr von der Geschäftsleitung die Rede sein, sondern vom Projektportfoliomanagement (siehe Kapitel 3.1.3, „Arten von Projektportfolios").

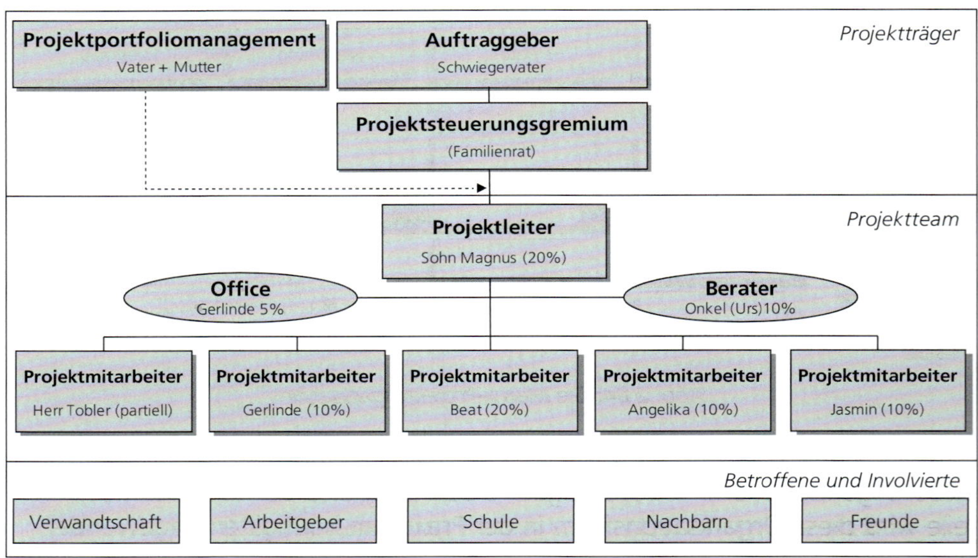

Abb. 2.05: Projektorganisation der Familie Gloor

Es ist zu diesem Zeitpunkt noch zu früh, um an dieser Stelle eine Projektorganisation inkl. Rollenzuteilung vorzustellen. Dies wird erst bei der erstmaligen Planung (Kapitel 4.2) aktuell. Mit Blick auf die Leseverständlichkeit wird aber schon hier die komplette Organisationsform der Familie Gloor aufgezeigt.

Obwohl die Organisationsform aus Sicht der Familie einer Stab-Linien-Projektorganisation entspricht, kann sie isoliert als reine Projektorganisation betrachtet werden. Mit der entsprechenden Beschreibung – z.B. in Bezug auf die prozentuale Beteiligung der Projektteilnehmer – ist eine solche Darstellung zulässig und oftmals übersichtlicher und somit sinnvoll.

2.2 Die Rollen und Gremien

Rollenverteilung für strukturiertes Vorgehen

Wie bei der Bildung von normalen Stellen werden auch bei der Formulierung von temporären Stellen die Aufgaben, Kompetenzen und Verantwortungen (AKV) für eine Projektorganisation eindeutig (am besten schriftlich) festgelegt (Stellenbeschreibung). Diese klare Rollenverteilung unterstützt das strukturierte Vorgehen, vereinfacht die Koordination und regelt den Entscheidungs- sowie den Eskalationsweg.

Aufgaben, Kompetenz und Verantwortung

Der jeweilige Umfang von Aufgaben, Kompetenz und Verantwortung sollte pro Rolle aufeinander abgestimmt sein und übereinstimmen. Der Grundsatz der Einheit und Kongruenz muss insbesondere in einer Projektorganisation respektiert werden, da z.B. der Projektleiter seine Aufgaben nicht erfüllen kann, wenn ihm die Kompetenz fehlt, innerhalb bestimmter Grenzen Verträge oder Abkommen für sein Projekt abzuschliessen. Auch darf die Verantwortlichkeit bei den Projektmitarbeitern nicht weiter reichen als die Kompetenzen, d.h. ein Projektmitarbeiter darf nur für Aufgaben aus seinem Kompetenzbereich zur Rechenschaft gezogen werden. Diese wichtige Erkenntnis in die Praxis umzusetzen ist schwierig, da sich die AKV im Verlaufe eines Projekts stets verändern.

Wie Abbildung 2.06 zeigt, gibt es in einem Projekt mehrere Rollen und Gremien. Während die einen unmittelbar zur Projektorganisation gehören, bilden die anderen das planerische und kontrollierende Bindeglied zwischen Projekt und Linie. Dies bezieht sich insbesondere auf die Rollen der Projektträger und zum Teil der Betroffenen und Involvierten. Diese Rollen bilden zusammen auch die Stakeholder.

R. Heini:
„In jedem Projekt braucht es branchenfachliche Kompetenzen, technische Kompetenzen (Umsetzung, Engineering) und Managementkompetenzen (Projektleitung). Wenn diese Kompetenzen auf unterschiedliche Personen mit entsprechender Erfahrung verteilt sind, holen Sie das Optimum aus ihrem Projektteam heraus."

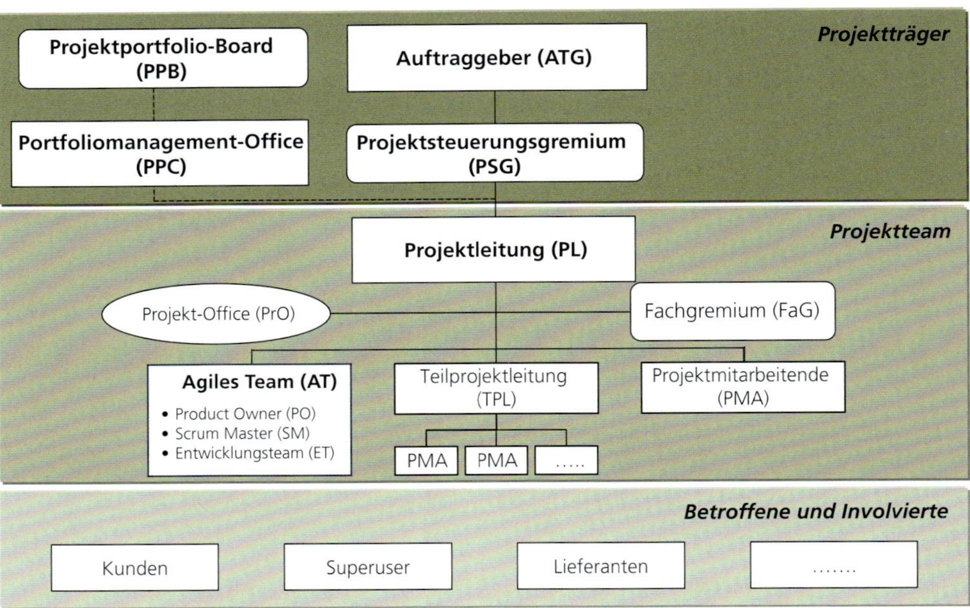

Abb. 2.06: Rollen und Gremien eines hybriden Projekts im Überblick

Organisatorisches Projektumfeld

Es ist wichtig, dass aus organisatorischer Sicht auch die Personen und/oder Gruppen aufgeführt werden, die nicht direkt in der Projektorganisation vertreten sind. Insbesondere sind dies die Betroffenen und Involvierten. Dazu gehört natürlich der Kunde respektive die Kundenvertreter, die Lieferanten, die Fachkoordinatoren, die Superuser oder die Benutzervertreter. Die Projektträger und die Betroffenen und Involvierten sind im engeren Sinne aus Sicht des Projektteams die direkte Projektteam-Umwelt.

Doppelrollen bedeuten Mehrbelastung

Aufbau und Grad einer Projektorganisation sind jeweils abhängig von der Projektklassifikation. So sind zum Beispiel in kleineren Projekten nicht alle der dargestellten Rollen und Gremien involviert oder die Beteiligten sind nicht zu 100% für die Projektarbeit freigestellt. Das heisst, viele Mitarbeiter und Führungskräfte üben neben ihren täglichen Arbeiten noch eine Funktion in einem oder mehreren Projekten aus. Dass diese Kombination, rein aus der Sicht der Arbeitsauslastung respektive Überlastung, nicht ganz unproblematisch ist, muss hier wohl nicht im Detail erklärt werden.

Im Folgenden werden die einzelnen Rollen und Gremien kurz beschrieben. Mit Blick auf die Verständlichkeit werden nur die wichtigsten Punkte pro AKV aufgeführt. Selbstverständlich sind diese Punkte situativ zu ergänzen.

2.2.1 Projektportfolio-Board

Das Projektportfolio-Board (PPB) oder Projektportfolio-Management ist ein von der Geschäftsleitung ausgewähltes Gremium. Im Unterschied zum Projektsteuerungsgremium erhält das Projektportfolio-Board alle aggregierten Projektanträge sowie alle laufenden aggregierten Projektberichte des gesamten Projektportfolios. Es hat somit nicht Einblick in einzelne Projekte, sondern die Sicht über alle Projekte, was einen wesentlichen Unterschied zum Projektsteuerungsgremium darstellt. Als Entscheidungsgremium des Gesamtunternehmens stellt es die Umsetzung der Strategie sicher und tagt z.B. im einmonatigen Rhythmus (siehe Kapitel 3). Dieses Gremium ist jedoch nicht bei allen Projekten, je nach Projektklassifizierung, einzubeziehen bzw. notwendig.

Verständnis aller Projekte aus einer speziellen Sicht

Aufgaben

- Nimmt die richtigen Projekte ins Portfolio auf (Strategieumsetzung)
- Steuert und überwacht das Projektportfolio
- Koordiniert Projektideen zur Vermeidung von Doppelspurigkeiten

Kompetenzen

- Priorisiert (streicht ein Vorhaben zugunsten eines anderen bzw. neuen Projekts)
- Wirkt bei der projektspezifischen Mehrjahresplanung mit
- Alloziert finanzielle Ressourcen aus der Sicht des Projektportfolios
- Gibt die wichtigen Projektführungs-Lieferobjekte aus Sicht des Projektportfolios frei

Verantwortung

- Trägt die Verantwortung, dass die Projekte im Sinn der Firmenstrategie erfolgen
- Trägt die Verantwortung, dass portfoliobezogen entsprechende Ressourcen zur Verfügung stehen

2.2.2 Projektmanagement-Office

Wie das Projektportfolio-Board steht auch das Projektmanagement-Office (PMO) ausserhalb der eigentlichen Projektorganisation. Es pflegt das Projektportfolio und liefert so die nötige Transparenz, welche eine gute Entscheidungsgrundlage für das Projektportfoliomanagement, das Projektsteuerungsgremium und den Projektleiter bildet.

Projektmanagement-Office unterstützt Projektleiter

Ein gutes Projektmanagement-Office unterstützt den Projektleiter durch seine gezielten, vorausschauenden Anweisungen bezüglich der Projektabwicklungsziele (Leistung, Qualität, Zeit, Kosten).

Aufgaben

- Unterstützt das Projektportfoliomanagement im Führen des Portfolios
- Informiert periodisch das Projektportfoliomanagement
- Fordert den Projekterfolgsbericht von den Projektleitern ein und gibt Empfehlungen dazu ab
- Unterstützt den Projektleiter in der Transparenz der Werte Leistung, Qualität, Zeit und Kosten
- Begleitet, wenn notwendig, den Eskalationsweg

Kompetenzen

- Veranlasst den Projektleiter zur Berichterstattung (z.B. Projektstatusberichte) und ordnet bei Bedarf Korrekturen an
- Verfolgt die vom Projektportfoliomanagement angeordneten Projektsteuerungsmassnahmen
- Interveniert bei unsachgemässer Antragsstellung und Berichterstattung

Verantwortung

- Stellt die Übersicht über den Status der laufenden und geplanten Projekte des Projektportfolios sicher
- Ist verantwortlich, dass die Richtlinien bezüglich des Projektportfolios umgesetzt werden
- Ist verpflichtet, periodisch oder bei Unregelmässigkeiten sofort das Projektportfoliomanagement zu informieren (Frühwarnsystem)

2.2.3 Auftraggeber

Auftraggeber trägt Verantwortung für Projekterfolg

Die übergeordnete Instanz, die das Projekt in Auftrag gibt, wird als Auftraggeber bezeichnet. Der Auftraggeber (ATG) ist grundsätzlich eine einzelne, namentlich bekannte Person, welche das Projekt in entsprechenden Kreisen vertritt und die volle Projekterfolgsverantwortung trägt. Sie begründet das Projekt, spezifiziert die Anforderungen an die Lösungen und bestimmt den erwarteten Projektnutzen. Ferner hat sie den Vorsitz im Projektsteuerungsgremium und nimmt oftmals auch einen Platz im Projektportfoliomanagement ein. In Grossfirmen gibt es kleinere Unterschiede zwischen den synonymen Rollen „Auftraggeber/Owner/Sponsor". Diese werden hier aber nicht weiter spezifiziert.

Aufgaben

- Ernennt den Projektleiter, nachdem er abgeklärt hat, ob diese Person über die notwendigen Qualifikationen verfügt
- Definiert Projektvorgaben (Rahmenbedingungen, Restriktionen, Projektziele, Marschrichtung)
- Bestimmt und genehmigt die Besetzung der Projektorganisation und schliesst den Projektauftrag mit dem Projektleiter ab

Kompetenzen

- Handelt im Rahmen der gültigen Finanzkompetenzordnung
- Fällt den Go/No-go-Entscheid pro Phase (Vernehmlassung)
- Hat die gesamten Kompetenzen, die im Rahmen des Projekts notwendig sind

Verantwortung

- Trägt die volle Projektverantwortung
- Stellt die Projektfinanzierung sicher
- Ist verantwortlich für die Erzielung des Projektnutzens (Wirtschaftlichkeit)

2.2.4 Projektsteuerungsgremium

Das Projektsteuerungsgremium (PSG) ist ein Ausschuss ausgewählter Personen (Linienvorgesetzte von Projektmitarbeitern, Fachverantwortliche oder andere für das Projekt entscheidend Verantwortung tragende Personen) unter dem Vorsitz des Auftraggebers. Der Auftraggeber konstituiert (gründet) dieses Gremium projektspezifisch während der Initialisierungsphase. Die Vertreter dieses Entscheidungsgremiums haben die Hauptaufgabe, mit allen Steuerungsmassnahmen zu versuchen, die geplanten Projektwerte positiv zu beeinflussen. In dieser Funktion müssen sie über eine gewisse Selbstsicherheit und Diplomatie verfügen. Das Projektsteuerungsgremium hat aufgrund unterschiedlicher Branchenherkunft diverse Namen: Change Control Board, Produktentwicklungsinstanz, Lenkungsausschuss oder Steering Committee.

Aufgaben

- Prüft und entscheidet zusammen mit dem Auftraggeber über die vom Projektleiter erhaltenen Projektführungs-Lieferobjekte (Projektauftrag, Änderungsantrag, Projektplan, Projektabschlussbericht etc.)

- Nimmt Einfluss auf die übergeordneten Belange der Problemlösung des Projekts
- Vertritt seinen Fachbereich und stellt die Information seines Fachbereichs über die wesentlichen Belange des Projekts sicher

Kompetenzen

- Entscheidet zusammen mit dem Auftraggeber über Anträge bezüglich Projektfreigabe, Phasenfreigabe, Projektinhalte etc.
- Kann das Projekt stoppen (Vetorecht des Auftraggebers)
- Kann die Anforderungen oder Meilensteine während der Projektabwicklung verändern

Verantwortung

- Ist für die optimale, abteilungsübergreifende Koordination verantwortlich
- Steht neben dem Auftraggeber für den Erfolg und Misserfolg des Projekts ein

G. Gassmann:
„Ein Projekt leiten heisst Verantwortung für ein risikobezogenes Vorhaben übernehmen. Das kann nur jemand, der sich bezüglich seiner Aufgaben und Verantwortung im Klaren ist."

2.2.5 Projektleitung/Teilprojektleitung

Der Projektleiter (PL) ist für die Abwicklung des Projekts gemäss Projektauftrag zuständig. Zu seinem Aufgabenbereich gehören neben dem Führen der Projektmitarbeiter alle steuernden, planenden und kontrollierenden Massnahmen, die in einem Projekt anfallen. Als eine einzelne, namentlich bekannte Person führt bzw. „managt" er das Projekt. Bei umfangreicheren Vorhaben kann der Projektleiter (PL) durch Teilprojektleiter (TPL) und/oder ein Projekt-Office unterstützt werden. Und bei sehr umfangreichen Vorhaben wird der Projektleiter zum Programmleiter, der von mehreren Projektleitern unterstützt wird (strukturbedingt).

Projektleitung

Mit dem Begriff Projektleitung wird die für die Dauer eines Projekts geschaffene Stelle, die für das Leiten dieses Projekts verantwortlich ist, umschrieben.

Wie Abbildung 2.07 aufzeigt, unterteilt sich (empirisch gestützt) das Aufgabengebiet des Projektleiters grob in sechs Blöcke. Interessant ist hier zu erwähnen, dass ein zu 100% angestellter PL bei einem Planungsanteil von 25% 1.25 Tage pro Woche plant. Wird dies von einem Projektleiter wahrgenommen, so ist mit Sicherheit ein entscheidender Erfolgsfaktor gelegt.

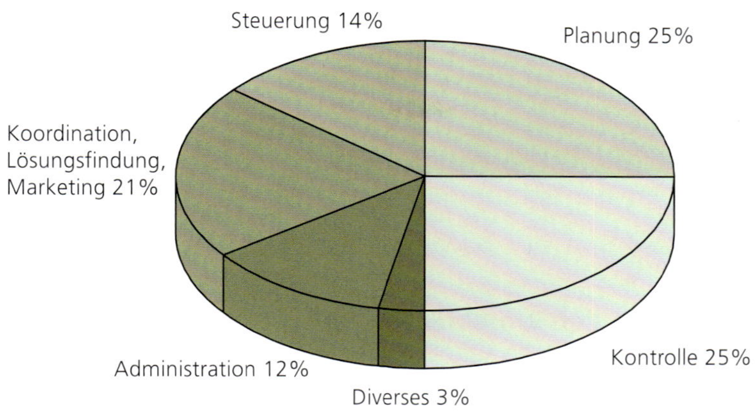

Abb. 2.07: Die Aufgabenverteilung des Projektleiters

Aufgaben

- Erstellt und überarbeitet den Projektauftrag
- Hilft mit, die Projektanforderungen bzw. die Systemziele zu ermitteln
- Schlägt dem Auftraggeber die Besetzung der Projektorganisation vor
- Führt das Projektteam (siehe Kapitel 6)
- Plant, steuert und kontrolliert zur Gewährleistung der definierten Projektabwicklungsziele (Leistung, Qualität, Zeit, Kosten)
- Stellt die Projektführungs-Lieferobjekte (siehe Kapitel 2.4.1) bereit, z.B. Projektplan, Projektstatusberichte, Änderungsantrag etc.
- Informiert und koordiniert termin- und stufengerecht
- Beurteilt und plant die projektspezifische Schulung der Projektmitarbeiter
- Berichtet dem Auftraggeber bzw. dem Projektsteuerungs-Gremium sowie dem Projektmanagement-Office (PMO) über die aktuellen Projektrisiken und kann diesbezüglich Entscheide verlangen
- Plant den Projektabschluss in Zusammenarbeit mit den entsprechenden Linienvorgesetzten (z.B. frühzeitige Wiedereingliederung der Mitarbeiter in die Linie)
- Schliesst das Projekt ab (Projektabschlussbericht)

Kompetenzen

- Unterzeichnet alle Dokumente (zur Freigabe) im Rahmen der Projektführung (finanzielle Dokumente, gemäss der Ausgabenkompetenz)
- Leitet Vertragsverhandlungen mit internen und externen Partnern
- Verfügt über delegierte Aufgabenkompetenz gemäss Projektauftrag

Verantwortung

- Verpflichtet sich gegenüber dem Auftraggeber, gemäss Projektauftrag die Abwicklungsziele sicherzustellen
- Ist verantwortlich für die Bereitstellung der Projektführungs-Lieferobjekte
- Ist für den optimalen Einsatz der Projektmitarbeiter verantwortlich

Anforderungen an den Projektleiter

Fast übermenschliche Anforderungen

Die Anforderungen an einen Projektleiter sind sehr vielfältig. Wie den Ausführungen des gesamten Buches zu entnehmen ist, sollte er fast übermenschliche Fähigkeiten besitzen. Ein sehr wichtiger Teil der Anforderungen, wie sie im Anhang A „Individual Competence Baseline Version 4.0 Domäne" [ICB 2016] beschrieben sind, bezieht sich auf den Kompetenzenbereich „Menschen". In diesem Bereich gilt es, die Anforderungen bezüglich der speziellen persönlichen und sozialen Kompetenzen des Projektleiters, wie in Abbildung 2.08 aufgeführt, festzulegen.

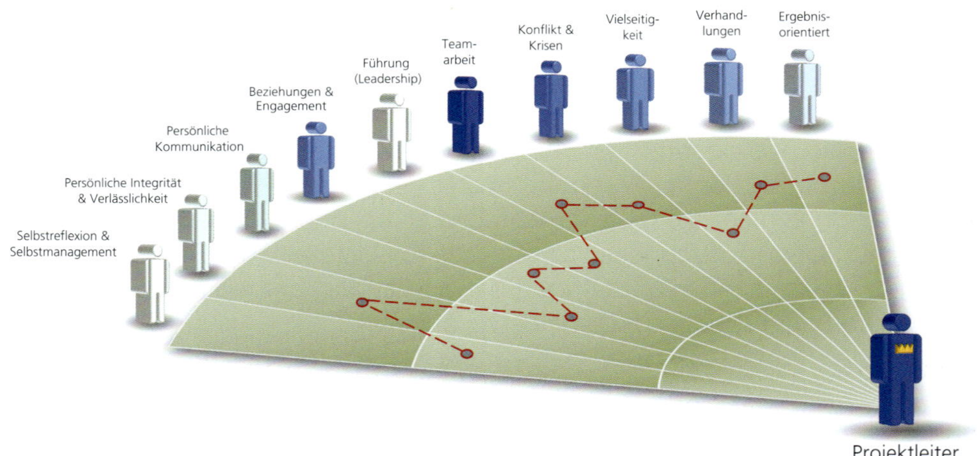

Abb. 2.08: Die 10 Kompetenzen des Kompetenzbereichs „Menschen" [ICB 2016]

2.2.6 Fachgremium

Das Fachgremium (FaG) ist ein Ausschuss ausgewählter Personen (in der Regel Fachspezialisten) unter dem Vorsitz des Projektleiters. Es wird während der Initialisierungsphase durch das Projektsteuerungsgremium nominiert und hauptsächlich in umfangreichen und komplexen Vorhaben eingesetzt. Das Fachgremium hat eine beratende/unterstützende Funktion.

Fachspezifische Unterstützung

Aufgaben

- Berät den Projektleiter und/oder das Projektteam bei der Lösungsfindung
- Beurteilt Ideen/Wünsche/Probleme fachlich
- Stellt die Kommunikation/das Marketing in seinen Fachbereichen sicher

Kompetenzen

- Beurteilt beratend die wesentlichen Projektdurchführungs-Lieferobjekte
- Hat Eskalationsrecht bezüglich fachlicher Belange

Verantwortung

- Verpflichtet sich zur fachlichen Unterstützung des Projektleiters
- Trägt die Fachentscheide mit

2.2.7 Projekt-Office

Ein Projektleiter kann aufgrund des entsprechenden Projektumfangs ein operatives Projekt-Office (PrO) installieren. Dies erfolgt, um sich einerseits im Bereich der administrativen und koordinierenden Tätigkeiten zu entlasten, andererseits können dem Projekt-Office aber auch Spezialarbeiten wie Planungsarbeiten, Moderationen, Risikoüberwachung etc. übertragen werden. Die AKV für das Projekt-Office global zu beschreiben, ist nicht sinnvoll, da diese einerseits von den Bedürfnissen je nach Projekt abhängen und andererseits die Fähigkeit des Projekt-Officers oftmals stark variiert.

Qualifizierte, unterstützende Tätigkeiten

2.2.8 Projektteam

Die Zusammensetzung des Projektteams ist ein wesentlicher Erfolgsfaktor. Hier entscheiden nicht nur die fachlichen Kompetenzen, sondern vor allem auch die persönlichen Eigenschaften der Projektmitarbeiter (siehe Kapitel 6.2). Das Projektteam umfasst neben dem Projektleiter alle Personen (Projektmitarbeiter

„PMA"), die an der Projektdurchführung beteiligt sind. Für die Erarbeitung der Projektdurchführungs-Lieferobjekte sind die Projektmitarbeiter während einer festgelegten Dauer (teilzeitlich oder ganz) dem Projektleiter oder Teilprojektleiter zugewiesen. Das Projekt-Office, die Benutzervertreter und andere Fachspezialisten gliedern sich im Projektteam mit ein.

H. Felchlin:
„Viele Studien belegen, dass unklare Anforderungen und ungenügende Kommunikation die Ursache von gescheiterten Projekten sind."

Aufgaben

- Stellt die Umsetzung von fachlichen und projektspezifischen Vorgaben durch Einbringen des Know-hows und der Leistung sicher
- Arbeitet realisierbare Lösungsentwürfe aus
- Setzt das Projekt bzw. die einzelnen Arbeitspakete nach Vorgabe des Projektleiters um

Kompetenzen

Spezifische Kompetenzen je nach Situation

Aufgrund der unterschiedlichen Aufgabenbereiche ist es nicht sinnvoll, dem Projektteam globale Kompetenzen zu übertragen. Es wird eher dem Projektleiter überlassen, einzelne Mitarbeiter zu autorisieren. Beim Übertragen von Kompetenzen an die Projektmitarbeiter sind u.a. folgende Einflussgrössen ausschlaggebend:

- Art des Projekts
- Führungsstil des Projektleiters
- Allgemeine Projektteam-Umwelt
- Fähigkeiten der Projektmitarbeiter
- Komplexität der Aufgabenstellung

Verantwortung

- Bringt das fachspezifische Know-how und die Bedürfnisse des eigenen Organisationsbereiches ein
- Ist für den Projekterfolg mitverantwortlich

Die Rolle des Auftraggebers übernimmt der Schwiegervater, da er einen erheblichen Reisekostenzuschuss gewährt und somit als Sponsor agiert. Seine Mitfinanzierung knüpft er jedoch an eine Bedingung: Die Reise muss sehr gewissenhaft vorbereitet werden. So nimmt also der Schwiegervater, obwohl die Idee (Impuls) eigentlich von seinem Sohn Beat kam, im Projekt die Rolle des Auftraggebers ein.

Der Familienrat (Projektsteuerungsgremium) besteht aus den Personen Mutter, Vater und Schwiegervater. Neben der sachlogischen Rekrutierung der Personen ist es auch politisch sinnvoll, diese Personen im Gremium zu haben, da sie schlussendlich alle Entscheidungsmacht bezüglich der familiären Belange besitzen. Einsitz in dieses Gremium hat natürlich auch der Sohn Magnus, welcher als Projektleiter amtiert. Logischerweise hat er jedoch kein Stimmrecht.

Die weiteren Rollen und Gremien der Projektorganisation können der Abbildung 2.05 entnommen werden.

2.2.9 Scrum Team

Das Scrum Team (ST), auch agiles Team (AT) genannt, besteht gemäss dem agilen Produktentwicklungsmodell Scrum aus den Rollen Product Owner, Scrum Master und Entwickler. Es umfasst normalerweise fünf bis neun Mitglieder. Das interdisziplinäre Team weist sämtliche Fähigkeiten auf, die notwendig sind, um das miteinander vereinbarte Sprintziel zu erreichen. Es organisiert sich weitgehend selbst.

Scrum Team (ST)	Ist sein eigener Manager (selbstorganisierte Teams). Hat alle Fähigkeiten, die für das Projekt benötigt werden [SCH 2001]: – Typischerweise 5–9 Personen – Funktionsübergreifend (QS, Programmierer, UI-Designer etc.) – Mitglieder sollten Vollzeitmitglieder sein (wenige Ausnahmen, z.B. Systemadministratoren) – Teams organisieren sich selbst. Ideal: keine Titel (aber manchmal nicht vermeidbar) – Weisst sämtliche Fähigkeiten auf, die notwendig sind, um das Sprintziel zu erreichen (neben Entwicklung, Testing und Dokumentation auch Planung, Überwachung, etc.) – Mitgliedschaft kann sich nur zwischen Sprints verändern

Der **Product Owner (PO)** hat die Aufgabe, die richtigen Anforderungen in der richtigen Priorität ins Projekt einfliessen zu lassen. Er gibt daher die strategische Marschrichtung vor. Dazu ist es wichtig, dass er seine internen wie externen Stakeholder, Benutzer, Kunden etc. kennt und auch von deren Bedürfnissen und Prozessen eine Ahnung hat. Der Product Owner ist für das Dokumentieren der Anforderungen innerhalb des Product Backlogs verantwortlich; er überprüft auch die Qualität der Umsetzung.

Product Owner (PO)	Vertritt Auftraggeber und sämtliche Stakeholder. Priorisiert Backlog, nimmt an den Daily Scrum Meetings teil, steht für Rückfragen des Teams zur Verfügung [SCH 2001]: – Definiert Produkt-Features – Bestimmt Auslieferungsdatum und Inhalt – Ist verantwortlich für das finanzielle Ergebnis des Projekts (ROI) – Priorisiert Features abhängig vom Marktwert – Passt Features und Prioritäten nach Bedarf für jeden Sprint an – Akzeptiert oder weist Arbeitsergebnisse zurück

Der Schwerpunkt der Arbeit des **Scrum Master (SM)** ist organisatorischer Art: In den Sprints agiert er primär als Prozessverantwortlicher und Moderator, teilweise als Problemlöser (Ermöglicher) und Mediator. Der Scrum Master hält dem Entwicklerteam den Rücken frei und vermittelt bei entsprechenden Problemsituationen zwischen Product Owner, allfälligen Stakeholdern und Entwicklungsteam. Er wacht über die organisatorische Umsetzung des Entwicklungsprozesses und beseitigt Hindernisse.

Scrum Master (SM)	Nicht Chef! Trägt Verantwortung für die Prozesseinhaltung; hält dem Entwicklungsteam den Rücken frei [SCH 2001]: – Ist für die Einhaltung von Scrum-Werten und -Techniken verantwortlich – Beseitigt Hindernisse (Impediments) – Stellt sicher, dass das Team vollständig funktional und produktiv ist – Unterstützt die enge Zusammenarbeit zwischen allen Rollen und Funktionen – Schützt das Team vor äusseren Störungen

Der agile **Entwickler (ET)** vereint alle Rollen aus allen Bereichen und Abteilungen (Business Analyse, Architekt, Entwickler, Tester etc.), die für die Entwicklung des Produkts notwendig sind. Somit vereinigt er grundsätzlich alle

Kenntnisse und Fähigkeiten in sich, die für die Erreichung der Produktvision im Sinne der effektiven Entwicklung erforderlich sind.

2.3 Das Informationssystem

Um ein Projekt über alle betroffenen Hierarchieebenen hinweg optimal zu steuern, wird während der Projektdauer ein geordnetes Informationssystem benötigt. In grösseren Unternehmungen ist dieses Informationssystem als Grundlage für alle Projekte definiert. Ist es aber noch nicht vorhanden, so muss das Projektteam, unter der Leitung des Projektleiters, zu Beginn des Projekts ein geeignetes Informationssystem definieren und institutionalisieren. Das Projektinformationssystem ist auch ein wichtiger Bestandteil des Projektmarketings (siehe Kapitel 4.3.1.3.1 und 10.4), da es ganz entscheidend ist, wer wann und in welcher Form sowohl positive als auch negative Mitteilungen verteilt respektive erhält.

Informationssystem als Basis für das Projektmarketing

Informationssystem

Unter Projektinformationssystem wird das richtige Verhältnis zwischen vorhandenen, notwendigen und nachgefragten Informationen in einem Projekt verstanden und deren Zusammenwirken bei der Erfassung, Be- und Verarbeitung, Auswertung und Weiterleitung.

Da das Projektinformationssystem die verschiedenen Rollen und Gremien bei ihrer Arbeit unterstützt, müssen die folgenden Punkte berücksichtigt werden [Dae 2012]:

- Die rechtzeitige und gezielte Orientierung oder Instruierung der Benutzervertreter muss geplant werden, damit sie ihre Wirkung erreicht.
- Das Projektinformationssystem ist nicht in erster Linie als Ablage konzipiert, sondern entscheidungs- und handlungsorientiert. Mit seiner Hilfe sollen Entscheidungsunterlagen, Fortschrittsberichte, Informationen über den Stand der Arbeiten, die Aufwand- und Kostensituation, besondere Vorkommnisse, geplante Massnahmen etc. den Projektverantwortlichen übermittelt werden.
- Kontrollinformationen sollen Abweichungen vom geplanten Ablauf signalisieren. Die Planung der Kontrolle ist als wesentlicher Bestandteil des Projektinformationssystems zu betrachten.
- Orientierungen und Informationen, die zwischen den Beteiligten ausgetauscht werden und von oder an die Projektumwelt übermittelt werden, können im Einzelfall ohne Bedeutung sein.

Das Projektinformationssystem setzt sich aus vier Bereichen zusammen:

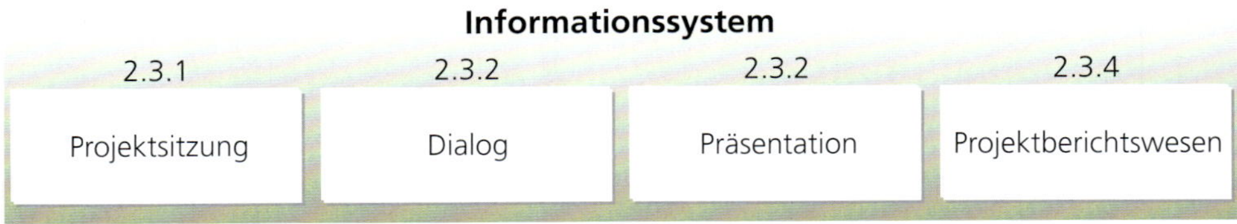

Abb. 2.09: Bestandteile des Projektinformationssystems

2.3.1 Projektsitzung

Wenn der Informationsfluss in beide Richtungen gehen soll, werden Sitzungen abgehalten. Sie garantieren eine bewusste, gegenseitige Kommunikation. An Sitzungen beteiligen sich mehrere Personen, deren Zahl begrenzt sein sollte, um die Effizienz zu erhöhen. Wenn es für alle Beteiligten klare Sitzungsziele gibt, dann kann die Effektivität massgeblich gesteigert werden!

Neben der Ad-hoc-Sitzung oder wie beim agilen Vorgehen täglich durchgeführten Daily-Stand-up-Meeting (Daily Scrum Meeting) sollten weitere Sitzungen institutionalisiert werden:

- Kick-Off-Sitzung (Projektstartsitzung)
- Projektsteuerungssitzung (diese werden periodisch umgesetzt)
- Projektabschlusssitzung

Zur Sicherstellung der Informationen und der getroffenen Entscheidungen ist jeweils ein Protokoll zu verfassen. Daraus soll als Erfolgskontrolle für die Projektentwicklung eine Pendenzenliste erstellt respektive geführt werden.

2.3.2 Dialog

Ad-hoc-Informationsaustausch

Das Führen von Dialogen erfolgt in allen möglichen Formen. Dialoge sind schwierig zu planen, da sie meistens ad hoc stattfinden. Der Projektleiter sollte stets berücksichtigen, dass diese Art des Informationsaustausches einerseits enorm wichtig, andererseits aber sehr zeitintensiv ist. Vielfach wird diese Arbeit auch als Koordinationstätigkeit bezeichnet. Arten von Dialogen sind:

- Telefonate
- Diskussionen
- Lunch/Mittagessen
- Gesellschaftlicher Anlass
- Reine Informationen (Bulletin, Rundschreiben etc.)

Ein wesentlicher Vorteil dieser direkten, zwischenmenschlichen Kommunikationsform besteht darin, dass die Beteiligten nie den menschlichen und fachlichen Bezug zum Projekt verlieren.

2.3.3 Präsentation

Gezielter Informationsfluss

Man spricht von einer Präsentation, wenn der Informationsfluss vornehmlich in eine Richtung geht, wobei anschliessend eine gesteuerte, moderierte Diskussion nicht ausgeschlossen wird. In einem Projekt werden vier Arten von Präsentationen eingesetzt:

- **M**einungsbildungspräsentation (20% präsentieren, 80% diskutieren)
- **E**ntscheidungsfindungspräsentation (50% präsentieren, 50% diskutieren)
- **Ü**berzeugungspräsentation (20% präsentieren, 80% diskutieren)
- **I**nformationsabgabe-Präsentation (80% präsentieren, 20% diskutieren)

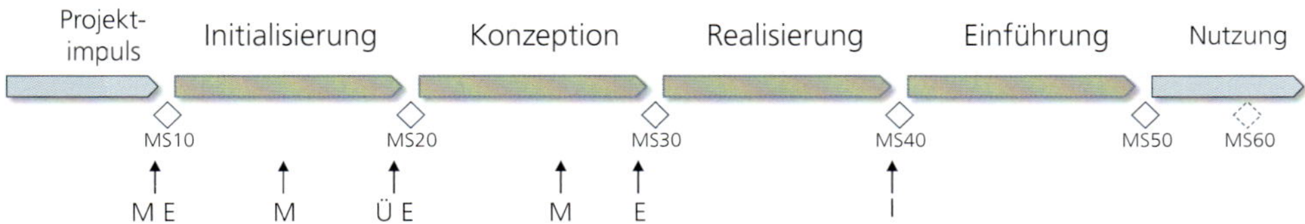

Abb. 2.10: Beispiel von verschiedenen Präsentationen während eines mittleren Projekts

Um den vollen Nutzen aus einer Präsentation ziehen zu können, müssen folgende vier Phasen berücksichtigt werden:

1. Planungsphase (wann macht wer was in welcher Form)
2. Vorbereitungsphase (Erstellen der Folien, Flip-Charts, Einladung etc.)
3. Durchführungsphase (Einleitung, Präsentation, Diskussion, Abschluss)
4. Nachbearbeitungsphase (was war positiv, was war negativ)

Präsentation

> *Präsentation ist eine spezielle Form der Kommunikation, die es ermöglicht, Wort, Schrift, Bild und die ganze Vielfalt menschlicher Ausdrucksfähigkeit einzusetzen, um den Teilnehmern die eigenen Ideen nahe zu bringen oder andere beabsichtigte Wirkungen zu erzielen.*

Das heisst, mittels einer guten Präsentation kann das Wissen, das Verhalten und das Verständnis der jeweiligen Zielgruppe beeinflusst werden.

Die Institutionalisierung solcher Präsentationen ist für die gleichmässige und stufengerechte Informationsverteilung sowie für den Aufbau und Erhalt persönlicher Kontakte sehr wertvoll. Eine Präsentation hat den Vorteil, dass man während des Vortragens erkennen kann, ob man verstanden wird. Je nach Reaktion der Teilnehmer werden Fragen aufgenommen und beantwortet, Informationslücken geschlossen und/oder Missverständnisse sofort geklärt.

2.3.4 Projektberichtwesen

Ein weiterer Bereich des Projektinformationssystems ist die schriftliche Rapportierung. Dabei ist es wichtig, dass die Informationen vollständig und möglichst standardisiert abgefasst sind. Das Projektberichtswesen dient als Grundlage für Kontroll- und Steuerungsmassnahmen. Das wichtigste Element im Projektberichtswesen ist der Projektstatusbericht.

Standardisierter Bericht als Management Summary

Der Projektstatusbericht (Fortschritts- und Aufwandsmeldung) ist ein kurz und standardisiert geschriebener Bericht (max. 2 bis 3 Seiten), der in der Regel periodisch (monatlich) erstellt wird. Bei sehr wichtigen Projekten oder während intensiver Zeitphasen, z.B. während der Einführungszeit, kann eine Erstellung auch wöchentlich erfolgen.

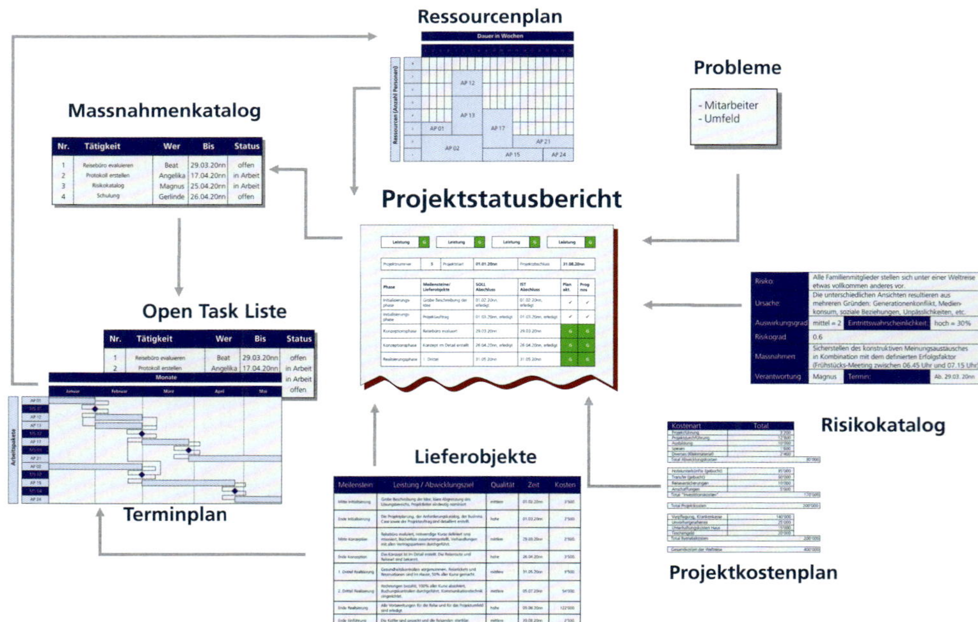

Abb. 2.11: Datenquellen für den Projektstatusbericht

Der Projektstatusbericht basiert auf verschiedenen Datenquellen, die der Projektleiter dauernd aktuell halten sollte (siehe auch Abbildung 3.08). Ist diese Aktualität vorhanden, ist ein solcher Bericht relativ schnell geschrieben. Wenn nicht, wird das Erstellen ein mühsames Unterfangen. Folgendes muss in einem Projektstatusbericht enthalten sein:

- Zeitpunkt der Fortschritts- und Aufwandsmeldung
- Vergleich von SOLL/IST-Zustand des Projekts
- Erzielte Erfolge
- Beurteilung der Wirksamkeit früher eingeleiteter Steuerungsmassnahmen
- Drohende Risiken und/oder Probleme
- Gründe der Abweichung und Massnahmen (Vorschläge/Anträge vom PL)
- Aufwandgemässer Stand des Projekts (Restaufwand)
- Personalsituation und zukünftiger personeller Aufwand
- Hauptaktivitäten der nächsten Berichtsperiode

Eindeutiges Festlegen der Empfänger

Neben dem Inhalt des Projektstatusberichts ist das eindeutige Festlegen der Empfänger wichtig. In der Regel wird er für das Projektmanagement-Office, welches diesen aufgearbeitet an das Projektportfoliomanagement weiterleitet, und für das Projektsteuerungsgremium bzw. für den Auftraggeber erstellt.

Da Magnus noch kein geübter Projektleiter ist, hilft ihm der Onkel beim Aufbauen des Projektinformationssystems. So wird abgemacht, dass alle Projektsitzungen und Präsentationen beim Schwiegervater zu Hause gehalten werden, um die richtige Atmosphäre bzw. Seriosität zu garantieren. Ferner wird beschlossen, dass Magnus alle 14 Tage einen Fortschrittsbericht (Projektstatusbericht) verfasst und diesen am Familienrat (Projektsteuerungsgremium) vorlegt.

2.4 Das Dokumentationssystem

Die Aufgaben des projektspezifischen Dokumentationssystems umfassen die Gestaltung, die Kennzeichnung und die Archivierung aller anfallenden Dokumente. Diese Dokumente sind wichtige Entscheidungsgrundlagen: Es können Listen, Pläne, Berichte, Vorschriften, Spezifikationen etc. sein. Der dynamische Prozess des Dokumentationssystems wird im Kapitel 11, „Konfigurationsmanagement" respektive Änderungs- und Versionsmanagement, erläutert.

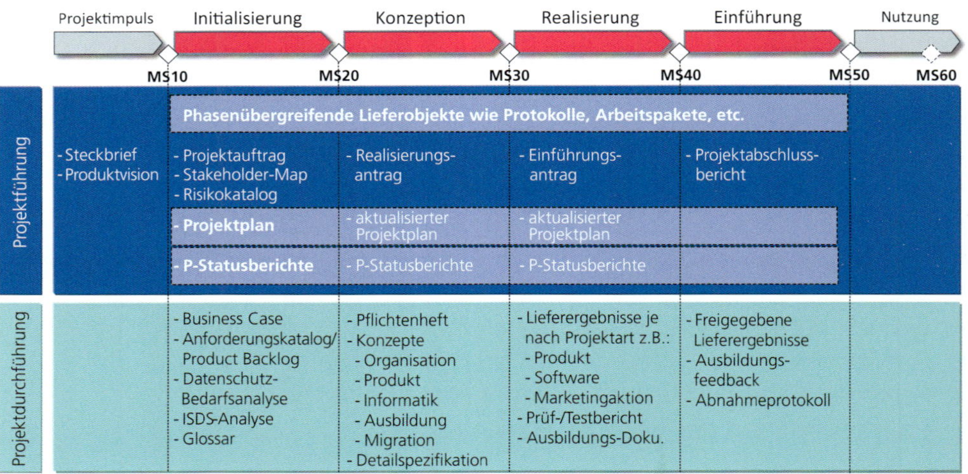

Abb. 2.12: Lieferobjekte eines Projekts in Anlehnung an die UBS AG [UBS 2003]

Dokumente sind im Projektabwicklungsprozess ein wichtiger, je nach Projektart sogar der bedeutendste Teil aller zu erstellenden Lieferobjekte. Die Dokumente der Projektabwicklung lassen sich grundsätzlich in zwei Hauptbereiche ordnen:

- Lieferobjekte der Projekt-„Führung"
  Zu den Projektführungs-Lieferobjekten werden alle Dokumente gezählt, die aus der Tätigkeit der Projektführung hervorgehen.
- Lieferobjekte der Projekt-„Durchführung"
  Die Dokumente der Projektdurchführung stammen neben dem Business Case und dem Anforderungskatalog hauptsächlich aus der Konzeptions- und der Realisierungsphase. Nach der Einführung des Projektprodukts sind sie periodisch zu aktualisieren, da sie für den Unterhalt und für eine eventuelle Produkterweiterung noch gebraucht werden.

Es gibt natürlich im Zusammenhang mit dem ganzen Projektmanagementsystem noch weitere Dokumente, die direkt oder indirekt zu einem Projekt stehen. Diese Dokumente werden in den jeweiligen Kapiteln (wie Projektportfolio- und Konfigurationsmanagement) kurz erläutert.

Ordnungskriterien und Dokumentationsnormen

Im Dokumentationssystem werden die Ordnungskriterien und ihre Definition der Dokumentation normiert. So sollten z.B. für alle Dokumente eine einheitliche Bezeichnung und eine Versionsnummer festgelegt werden.

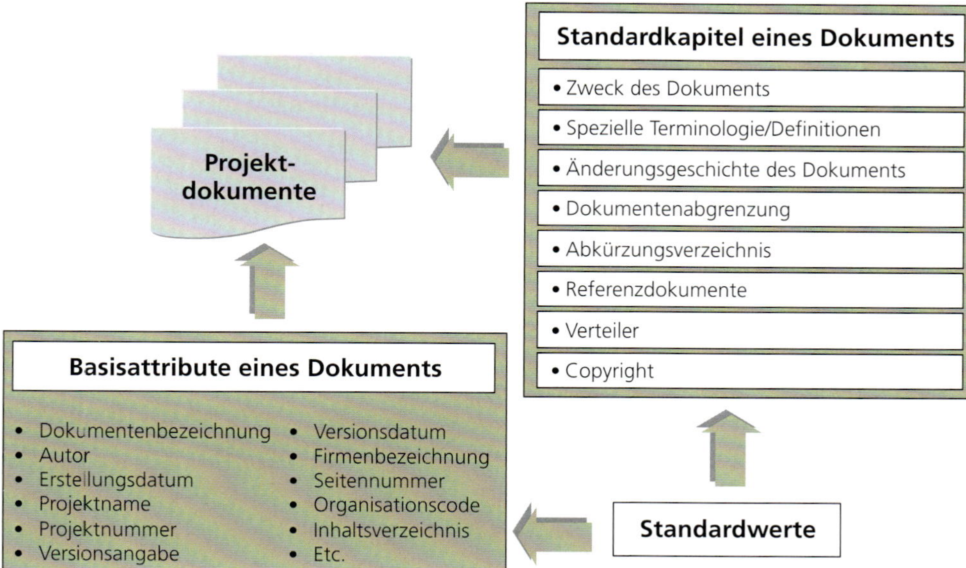

Abb. 2.13: Standardwerte von Projektdokumenten

Mit diesen Attributen wird z.B. ein Ordnungssystem geschaffen, welches das Auffinden und Identifizieren der Dokumente sehr erleichtert. Zur Institution des Dokumentensystems gilt es folgende Fragen zu klären:

- Wie wird dokumentiert?
- Was muss dokumentiert werden?
- Wann soll dokumentiert werden?
- Wie lange werden die Dokumente aufbewahrt?
- Wo werden die Dokumente aufbewahrt?
- Wie geschieht die Nachführung der Dokumente?

Rationalisierung der Aufgabenerfüllung

Mit dieser Institutionalisierung wird einerseits der grösstmögliche Nutzen für die Sicherung des Projektabwicklungs- und des Produktwissens erreicht, andererseits dient sie als Grundlage für eine abgestimmte und rationelle Aufgabenerfüllung, da sich längerfristige Projekte in einer sich ständig verändernden Umgebung vollziehen [Dae 2012].

Projektdokumentation

> *Als Projektdokumentation gilt die Zusammenstellung von ausgewählten, wesentlichen Daten über Konfiguration, Organisation, Mitteleinsatz, Lösungswege, Ablauf und erreichte Ziele innerhalb eines Projekts [DIN 69901].*

Vorlagen als effizientes Unterstützungsinstrument

Jede grössere Unternehmung hält für die entsprechenden Projektdokumente Vorlagen (sogenannte Templates) bereit. Diese Templates bieten allen Beteiligten enorme Unterstützung bei der Erstellung bzw. der Interpretation eines Lieferobjekts. Das Kuriose daran ist, dass sich viele Mitarbeiter trotz dieser Unterstützung jeweils Zeit nehmen, eigene Vorlagen zu kreieren und sich dann anschliessend über die Überbelastung beschweren.

Wie Abbildung 2.14 zeigt, ist es nicht immer zwingend, alle Dokumente zu erstellen. Je nach Projektklasse (siehe Kapitel 1.3.2) kann man ein Tailoring (Zuschneiden) anwenden.

Tailoring

Mit dem Tailoring werden die nicht relevanten Tätigkeiten, die im Projekthandbuch aufgeführt sind, gestrichen. Damit wird gewährleistet, dass der eingesetzte Aufwand für jedes Projekt situationsgerecht ist.

Mit diesem Vorgehen erreicht man eine effiziente Projektdokumentation. In dieser Aufstellung sind sowohl die wichtigsten Projektführungs- als auch die wichtigsten Projektdurchführungs-Lieferobjekte aufgeführt. Bei sehr umfangreichen Projekten können es leicht über 50 Dokumente sein.

	m = muss, g = gekürzt, u = unwichtig, f = fakultativ	**Projektklasse**			
	Lieferobjekte	**A**	**B**	**C**	**D**
Projektführung	Steckbrief / Produktvision	m	m	g	u
	Projektplan	m	m	m	g
	Projektauftrag	m	m	m	m
	Projektstatusbericht	m	m	m	g
	Realisierungsantrag	m	m	m	g
	Einführungsantrag	m	m	m	m
	Projektabschlussbericht	m	m	m	m
Projektdurchführung	Anforderungskatalog / Product Backlog	m	m	m	m
	Business Case / Studie	m	m	g	n
	Konzept(e)	m	m	m	g
	Anforderungsspezifikation	m	m	m	g
	Pflichtenheft / Lastenheft	f	f	f	f
	Detailspezifikation	m	m	f/g	f/g
	Prüf-/Testbericht	m	m	m	f/g
	Abnahmeprotokoll	m	m	m	m

Abb. 2.14: Lieferobjekte der jeweiligen Projektklasse

Ablagestruktur erstellen

Es ist wichtig, eine für alle Teammitglieder sinnvolle elektronische Ablagestruktur zu erstellen. In Abstimmung mit dem Versionsmanagement muss, wie bereits erwähnt, festgelegt werden, welche Dokumente in welcher Ablagestruktur, in welchem Zustand (in Arbeit, geprüft etc.) gespeichert werden.

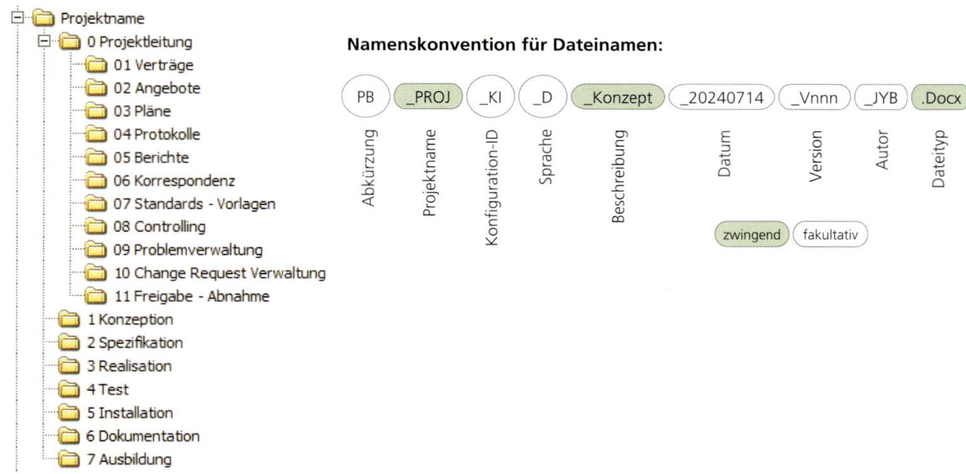

Abb. 2.15: Mögliche projektspezifische Ablagestruktur und Namenskonventionen für Dateien

2.4.1 Lieferobjekte der Projektführung

- Steckbrief/Produktvision
  Vor Beginn der eigentlichen Projektaktivitäten wird der Steckbrief oder eine Produktvision erstellt um zu klären, ob die darin beschriebene Idee projekt mässig relevant ist. Jeder, der eine Idee realisieren will, richtet den Steckbrief bzw. die Produktvision an seinen direkten Vorgesetzten oder an die zuständige Fachstelle wie z.B. das Portfoliomanagement-Office. Mit der Genehmigung des Antrags werden die benötigten Mittel für die Initialisierungsphase freigegeben. Der Steckbrief sollte folgende Informationen enthalten:
  - Ausgangslage/Problemstellung
  - Projektziele, Projektnutzen und Auswirkungen des Projekts
  - Die notwendigen Erfolgsfaktoren
  - Risiken bei Realisierung und bei Nichtrealisierung
  - Kosten und Finanzierung der Initialisierungsphase sowie eine grobe Vorstellung des Gesamtvorhabens
  - Anvisierte Termine aller Phasen
  - Erster Versuch der Projektklassifizierung

Kurzfassung eines Veränderungswunsches

- Initialauftrag
  Wird der Steckbrief oder die Produktvision freigegeben, bildet der Initialauftrag die Basis der Zusammenarbeit zwischen Auftraggeber und Projektleiter während der Initialisierungsphase. Er umschreibt, was in welcher Qualität zu welchen Kosten und bis wann während der Initialisierungsphase eines Projekts zu liefern ist. Zusätzlich regelt der Initialauftrag die Aufgaben, die

Genügend Ressourcen für den Start

Kompetenzen und die Verantwortlichkeiten des Projektleiters und allenfalls weiterer Mitarbeiter während dieser ersten Phase. Dieses Dokument wird in der Praxis eher selten eingesetzt, wäre jedoch sehr wichtig, um Projekte entsprechend offiziell und mit genügend Ressourcen ausgestattet zu starten. (Der Initialauftrag wird vom Projektportfolio erstellt, siehe Kapitel 3.1.2.)

- Der Projektplan
  Der Projektplan wird auf der Basis des Business Case vom Projektleiter erstellt und soll die Planung des Projekts transparent machen. Da sich jede Änderung des Projekts oder der Projekteinflussgrössen immer auch auf den Projektplan niederschlägt, ist er ein dynamisches Portefeuille von Dokumenten und Plänen (Ressourcenplan, Organisationsplan, Projektkostenplan etc.). Die einzelnen Planungsschritte sowie die zu erstellenden Pläne werden im Kapitel 4.2, „Projekt planen", ausführlich beschrieben. Bei einem sehr umfangreichen Projekt kann dieses Dokument, das die einzelnen Teilprojekte aufführt, auch als Masterplan betitelt werden.

Dynamisches Dokument

- Der Projektstatusbericht
  Projektstatusberichte sind kurz und standardisiert (max. 2 bis 3 Seiten). Sie werden in der Regel periodisch (monatlich) erstellt. Bei sehr wichtigen Projekten oder während intensiver Zeitphasen, z.B. während der Einführungsphase, kann dies auch wöchentlich geschehen. Da der Projektstatusbericht zum Informationssystem bzw. zum Projektberichtswesen gehört, wurde er in Kapitel 2.3.4 bereits ausführlicher beschrieben.

Periodische Erstellung

- Der Projektauftrag
  Ist der Projektplan ein erstes Mal erstellt (alle neun Planungsschritte durchlaufen) sowie der Anforderungskatalog und/oder der Business Case vom Projektteam schriftlich festgehalten, wird darauf aufbauend der Projektauftrag (Projektvertrag) zwischen dem Auftraggeber und dem Auftragnehmer (Projektleiter) erstellt. Im Projektauftrag sind die Problemabgrenzung, die messbaren Projektziele, die Lieferobjekte, die Projektrisiken, die Projektkosten, die Projektorganisation sowie eine Kurzfassung der Lösungsidee beschrieben.

Vertrag zwischen zwei Parteien

- Der Realisierungsantrag
  Der Realisierungsantrag beinhaltet die wesentlichen Entscheidungsgrundlagen aus allen fachlichen Spezifikationen und Lösungsdokumenten der Konzeptionsphase. Er entscheidet über die Umsetzung und wird am Ende der Konzeptionsphase erstellt. Die Freigabe des Berichts ist somit der erteilte Auftrag zur Realisierung. Er wird in der Praxis eher nur bei umfangreicheren Projekten eingesetzt.

Legitimation zur Realisierung

- Der Einführungsantrag
  Der Einführungsantrag beschreibt, wie die Einführung erfolgen soll. Anhand des Antrags fällt der Entscheid, ob das realisierte Produkt (Projektprodukt) fachlich, technisch und organisatorisch in Betrieb genommen werden kann. Mit der Freigabe des Antrags wird implizit der Auftrag zur Einführung gegeben. Er wird in der Praxis eher nur bei umfangreicheren Projekten eingesetzt.

Auftrag zur Einführung

- Der Projektabschlussbericht
  Jeder ordentliche Projektabschluss muss im sogenannten Projektabschlussbericht dokumentiert werden. Er dient als Basis zur definitiven Projektauflösung. Auch wenn das Projekt vorzeitig abgebrochen werden muss, ist ein den Umständen angepasster Projektabschlussbericht zu erstellen. In diesem Bericht wird ein kurzer Rückblick über die gesamte Projektabwicklung vorgenommen.

Basis zur definitiven Projektauflösung

Weitere Projektführungs-Lieferobjekte sind insbesondere die phasenunabhängigen oder phasenübergreifenden Dokumente wie Protokolle (Festhalten wichtiger Informationen einer Sitzung), Pendenzenliste (Liste mit allen offenen Pendenzen innerhalb und allenfalls auch ausserhalb des Projekts), Arbeitspakete (ausführliche Beschreibung eines Arbeitsauftrags) und Kontrollberichte (Beschreibung des Kontrollstatus gemäss einer Kontrolle wie Review, Audit oder Test).

2.4.2 Lieferobjekte der Projektdurchführung

Was bei der Projektführung bezüglich Anforderungen und Resultaten der Lieferobjekte einfach und klar ist, ist bei den Projektdurchführungs-Lieferobjekten schwieriger, da je nach Projektart die Projektdurchführungs-Lieferobjekte sehr stark variieren. So muss z.B. bei einem Evaluationsprojekt ein Kriterienkatalog erstellt werden und bei einem Organisationsprojekt eine Prozesslandkarte. Das Projektteam muss daher beim Projektstart ganz klar aufführen, welche konkreten Lieferobjekte es im Projekt erstellen muss.

Je nach Projektart variieren die Lieferobjekte

Abbildung 2.16 versucht, den (nicht ganz einfachen) Zusammenhang zwischen den Grundlagedokumenten Business Case, Pflichtenheft/Lastenheft und Anforderungskatalog visuell darzustellen, obwohl auch hier von Branche zu Branche und von Unternehmung zu Unternehmung grosse Unterschiede vorherrschen.

Abb. 2.16: Abstufung Business Case zu Anforderungskatalog

Etwas vereinfacht gesagt, umfasst der Business Case neben seinen spezifischen Werten die Komponenten eines Pflichtenhefts/Lastenhefts und eines Anforderungskatalogs. Das Pflichtenheft enthält sinngemäss neben seinen eigenen spezifischen Werten die Komponenten des Anforderungskatalogs. Je nach Projektgrösse und Projektart gibt es nur das eine oder andere Dokument, oder sie werden in einer vertieften Form nacheinander erstellt.

Wichtig: die gemeinsame Sprache

- Das Glossar
  Das Ziel eines Projektglossars ist die konsequente Förderung der gemeinsamen Sprache und des gemeinsamen Verständnisses bezüglich der angewendeten Terminologie. Es enthält die Definition der wichtigsten fachlichen Begriffe und Abkürzungen. Dieses Lieferobjekt kann zu den wichtigsten Lieferobjekten im Sinne des qualifizierten und einheitlichen Zusammenarbeitens gehören.

Technisch realisierbar und wirtschaftlich

- Der Business Case
  Der Business Case (BC) ist ein Grundlagedokument, das den Projektträgerinstanzen erlaubt, über die Durchführung des Projekts aus Sicht des Business zu entscheiden. Mithilfe einer Voranalyse wird belegt, dass das neue oder umfassend zu überarbeitende Produkt grundsätzlich technisch realisierbar ist, aufgrund des derzeitigen Wissensstandes eine akzeptierbare Wirtschaftlichkeit im Sinne der Unternehmensziele aufweist und der Geschäftsstrategie entspricht. Somit beschreibt der BC konkret das „Was" aus Businesssicht. Dieses Dokument wurde für businessorientierte Projekte mit einem starken Bezug zu Märkten und Kunden entwickelt. Auch entsprechende Informatikprojekte werden daraus abgeleitet. Für andere Projektarten kann der BC sinngemäss angepasst werden. Je nach Umfang des geplanten Vorhabens kann das Erstellen eines BC ein eigenes kleines Projekt sein, aus dem dann mehrere Projekte gestartet werden können.

- Das Pflichtenheft/Lastenheft
  Ist das Projekt ein Beschaffungsprojekt oder wird innerhalb des Projekts etwas beschafft, so ist das Lastenheft (früher Pflichtenheft genannt) ein zentrales

Dokument. In einem Lastenheft werden im Wesentlichen die Ausgangslage, die Ziele, die Anforderungen und die Rahmenbedingungen der zu beschaffenden Sache ausführlich beschrieben, so dass Dritte (Lieferanten, Vertragspartner etc.) eine Grundlage für Offerten- oder Vertragsvorschläge haben.

Grundlagen der Evaluation

- Der Anforderungskatalog/Product Backlog
  Dient ein Projekt der begrenzten Verbesserung und Erweiterung eines bestehenden Produkts, so spezifiziert der Anforderungskatalog die Angaben, die Wünsche und die Systemziele des Antragstellers. Die im Katalog beschriebenen Anforderungen sind messbare Kriterien und wurden von den zu erreichenden Zielen abgeleitet. Da die Vielzahl von Anforderungen oftmals ungeordnet zusammengetragen wird, ist es wichtig, diese im Dokument zu gliedern. Ebenfalls werden in diesem Dokument (wenn notwendig) technische und wirtschaftliche Überlegungen festgehalten, so dass der Auftraggeber entscheiden kann, ob er das Projekt freigeben will oder nicht. Somit beschreibt der Anforderungskatalog konkret das „Was" bei einer Produktoptimierung oder bei betriebsinternen Veränderungen. Je nach Situation kann der Anforderungskatalog ein Teil des Business Case und des Lastenhefts sein. In der agilen Produkteentwicklung wird der Anforderungskatalog Product Backlog genannt (siehe Kapitel 5.4.2).

Spezifizierte Forderung

- Das Konzept
  Das Konzept ist das wichtigste Dokumente, wenn es um das „Wie" geht. Ziel dieses Dokuments ist es, die gewünschte Lösung konkret zu beschreiben. Denn mithilfe dieses Lieferobjekts wird in der Realisierungsphase die Lösung umgesetzt. Je nach Art und Umfang eines Projekts gibt es inhaltliche und strukturelle Unterschiede im Dokument. Um eine optimale Transparenz zu gewährleisten, kann je nach Projektumfang ein Konzept in drei einzelne Dokumente unterteilt werden:
  - Eine Organisationsspezifikation (Rollen, Berechtigungen etc.)
  - Eine Informatikspezifikation (Automatisation)
  - Eine Businessspezifikation (Funktionen und Prozesse)

  Bei einem Marketingprojekt enthält dieses Dokument das Marketingkonzept. Darin wird unter anderem der Marketingmix einer geplanten Marketingaktion im Detail beschrieben. Solch eine branchenspezifische Anpassung würde z.B. auch bei einem Bau- oder einem Ausbildungsprojekt vorgenommen. Das heisst, es wird je nach Projektart das notwendige „Wie" (Schulungskonzept, Sicherheitskonzept, Migrationskonzept etc.) beschrieben.

Wie soll die Lösung aussehen?

- Die Anforderungsspezifikation
  Die Anforderungsspezifikation enthält die Beschreibung der einzelnen fachlich funktionalen und nicht funktionalen Anforderungen in einem für die Umsetzung notwendigen Detaillierungsgrad. Sie werden vom Auftraggeber

Welche Anforderungen sind notwendig?

und Auftragnehmer (Projektleiter/Lieferant) beidseitig als Grundlage für die Realisierung und die businessseitige Abnahme des zukünftigen Produkts akzeptiert (Abnahmekriterien). Als Grundlage für dieses Lieferobjekt dienen im Speziellen der Anforderungskatalog und die Konzeption.

- Prüf-/Testbericht
  Dokument, das die Test-/Prüfaktivitäten und -ergebnisse zusammenfasst und eine darauf basierende Bewertung der Test-/Prüfobjekte enthält [Spi 2005].

- Abnahmeprotokoll
  Zusammenfassung aller Prüf- und Testprotokolle. Grundlage, um das realisierte Projektprodukt offiziell freizugeben.

- Detailspezifikation:
  Die Detailspezifikation, in gewissen Projektarten auch Ausführungspläne genannt, baut auf den Arbeitsergebnissen der in der Phase Konzept erstellten anderen Lieferobjekte auf. Darin enthalten sind:
  - Die detaillierten Spezifikationen anhand der in den Konzeptionsdokumenten gewählten Variante und der Anforderungsspezifikation.
  - Alle weiteren Angaben, die für die erfolgreiche Realisierung, Organisationsintegration und technische Implementierung notwendig sind.

  Gegenüber der Anforderungsspezifikation, die businessmässig ausgerichtet ist, sind in diesem Lieferobjekt auch alle technischen Details (z.B. Architektur) spezifiziert. Es wird vom Auftraggeber und Auftragnehmer (Projektleiter/Lieferant) beidseitig als Grundlage für die Realisierung und die technische Abnahme des zukünftigen Systems/Produkts eingesetzt.

Da Magnus noch nie in dieser Form mit einem Dokumentationssystem zu tun gehabt hat, hilft ihm wiederum sein Coach (Onkel Urs). Hierfür müssen sie nicht alle Dokumentenvorlagen neu erstellen, sondern können diverse bereits vorhandene Templates, die der Onkel noch von früheren Projekten auf seinem PC abgespeichert hat, anpassen und wiederverwenden. Dies spart nicht nur viel Zeit, sondern auch Kosten.

Ganz wichtig ist, dass Magnus ein klar strukturiertes Verzeichnis anlegt, in dem alle Dokumente des Projekts abgelegt werden können. Dieses Verzeichnis inklusive darin abgelegter Dokumente wird jeden Abend in der Cloud gespeichert und gesichert, sodass jedes Familienmitglied von ihren mobilen Geräten aus auf die Dokumentation zugreifen kann.

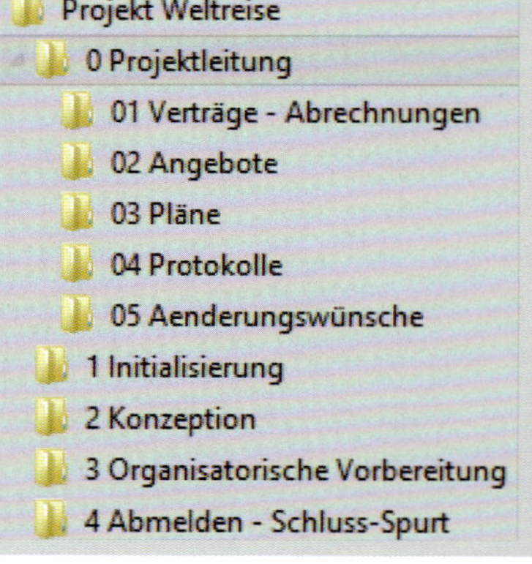

2.5 Projektinfrastruktur

Der Projektleiter ist dafür verantwortlich, dass sein Projektteam mit den erforderlichen Sachmitteln, respektive der Projektinfrastruktur, ausgestattet wird.

Projektinfrastruktur

Projektinfrastruktur sind alle materiellen und immateriellen Einrichtungen und Hilfsmittel, die zur Durchführung eines Projekts notwendig sind [DIN 69905].

Umfassende Leistungen ab Projektstart

In der Praxis wird dieser Punkt zu Beginn eines Projekts bei den administrativen Projekten meistens vernachlässigt. Diese Nichtberücksichtigung kann sich jedoch sehr schnell rächen, wenn den Projektmitarbeitern keine entsprechenden Räume, Maschinen oder Maschinenleistungen zur Verfügung stehen und sie deshalb die von ihnen erwartete Leistung nicht erbringen können. Eine umfassende Ausstattung der Projektinfrastruktur, die vorwiegend in Informatik- und Organisationsprojekten benötigt werden, bezieht sich auf vier Gebiete:

- Arbeitsplatz/Räumlichkeiten
- Büromaterial
- Software
- Hardware

Bei Bauprojekten oder Produktentwicklungsprojekten kann eine Projektinfrastruktur mit sehr grossen Ausrüstungs- und Installationsinvestitionen zu Buche schlagen.

Einem Projektteam muss bestimmt nicht der schönste Arbeitsplatz in einer Firma zur Verfügung stehen. Unzweckmässig ist es aber auch, dem Team einen sehr schlecht eingerichteten Arbeitsplatz zuzuweisen, da von ihm unter allen Umständen überdurchschnittliche Leistungen erwartet werden.

Die Familie Gloor benötigt zur optimalen Abwicklung ihres Organisationsprojekts „Vorbereitung der Weltreise“ auch Sachmittel. Obwohl die meisten bereits vorhanden sind, müssen dennoch gewisse Dinge wie beispielsweise Reiseführer, Landkarten, Videos, entsprechende PC-Software, ein Internetanschluss bzw. ein Modem zusätzlich angeschafft werden.

Lernziele des Kapitels „Projektportfoliomanagement"

Sie können ...

- für ein Projekt drei Prioritätskriterien erläutern, so dass es in eine Projektklasse eingestuft werden kann.
- die drei Hauptschritte des Projektportfoliomanagement-Prozesses anhand eines Beispiels erläutern.
- vier Aufgaben für jeden Projektportfoliomanagement-Prozessschritt erklären.
- sechs Werte aufzählen, was ein in das Unternehmen integriertes Projektportfolio aufzeigen soll.
- vier verschiedene Sichtweisen respektive Projektportfolioarten begründet erläutern.
- den „sinnvollen" Einsatz des Portfoliomanagement-Office erläutern.
- drei Bewertungsansätze aufzählen, die bei der Projektportfolio-Nachkontrolle überprüft werden sollten.
- anhand eines Beispiels eine Projektportfolioliste mit den wichtigsten Projektinformationen erstellen.
- einen einfachen Portfoliomanagement-Officebericht mit allen betroffenen Projekten erstellen.
- ein übersichtliches Projekt-Cockpit für ein Projekt aufbauen.

In diesem Kapitel werden insbesondere die ICB-Kompetenzen 1.01, 1.02, 1.04, 3.01, 3.03 und 3.10 (siehe Anhang D) verfolgt.

Projektportfoliomanagement

3

Bis jetzt wurde nur ein einzelnes Projekt betrachtet. In einer Unternehmung ist es aber so, dass mehrere Projekte, basierend auf dem Jahresbudget und der Mehrjahresplanung, sequenziell und parallel geführt werden. Diese Betrachtungsweise („Führen aller Projekte einer Unternehmung") erweitert man durch eine virtuelle unternehmens- oder abteilungsüberspannende Hierarchieebene: das Projektportfoliomanagement.

Betrachtung von mehreren Projekten

> *Im Projektportfolio werden alle eigenständigen Projekte einer Führungseinheit gemanagt. Dazu gehören alle Aufgaben, die für das Priorisieren, das Koordinieren, das Kontrollieren und das Unterstützen der anstehenden und laufenden Projekte aus Projektportfoliosicht notwendig sind.*

Projektportfoliomanagement

Im Kapitel 2.2 wurden die notwendigen Rollen dieser Hierarchieebene (Projektportfoliomanagement und Portfoliomanagement-Office) bereits beschrieben. In diesem Kapitel wird aus Sicht dieser Hierarchie erläutert, wie der Projektportfoliomanagement-Prozess, neben den Entscheidungen beim Projektstart (siehe Kapitel 4.1), in Bezug auf mehrere Projekte abläuft.

Abb. 3.01: Die Hauptteile des Projektportfoliomanagements

Das globale Ziel des Projektportfoliomanagements ist, das richtige Projekt zur richtigen Zeit im richtigen Unternehmensbereich mit den richtigen Ressourcen zu initialisieren (Effektivität) sowie die laufenden Projekte aus Sicht des Projektportfoliomanagements qualifiziert zu unterstützen. Das Projektportfolio befasst sich also vorwiegend mit folgenden Fragen:

Das richtige Projekt zur richtigen Zeit

- Welche Projekte sind durchzuführen?
- Welche Projekte sind zugunsten der priorisierten Projekte zurückzustellen oder gar zu verwerfen?
- Wann kann mit welchen Projekten begonnen werden?
- Wann muss ein Projekt abgeschlossen sein?
- Welche Projekte können parallel zu anderen Projekten realisiert werden?
- In welcher Reihenfolge werden die Projekte realisiert?
- Wie lange soll das gesamte Realisierungsvorhaben dauern?
- Wann müssen welche Investitionen getätigt werden?
- Wie hoch ist der jährliche Entwicklungsaufwand in Wochen/Monaten?

3.1 Die Projektportfoliosicht

Hierarchieübergreifende Relevanz

Jedes Unternehmen als Gesamtes, oder jeder Bereich eines Unternehmens für sich, hat ein Investitionsbudget. Vereinfacht betrachtet, wird dieses Budget in zwei Teile unterteilt. Wie Abbildung 3.02 zeigt, fliesst jeweils der eine Teil des Investitionsbudgets über die gewohnten Hierarchiewege ab. Der zweite Teil wird in Vorhaben bzw. Projekte investiert, die hierarchieübergreifende Relevanz haben. Das Verwalten dieser „Masse" wird mit dem Projektportfoliomanagement gesteuert.

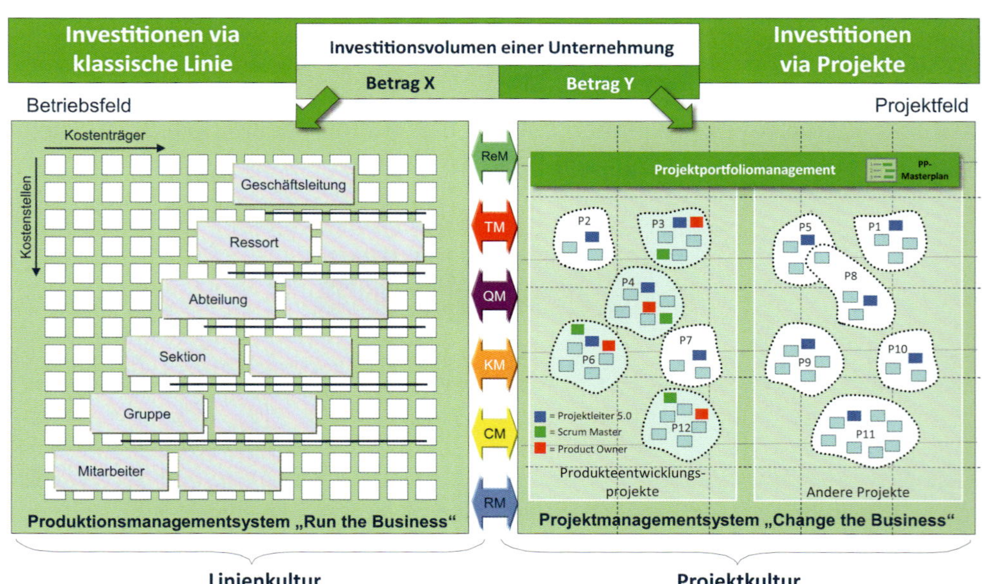

Abb. 3.02: Zwei sich ergänzende, aber auch konkurrenzierende Bereiche

Im Projektportfolio müssen sämtliche Projekte und die damit verbundenen Ausgaben und Investitionen laufend beobachtet und aktiv geführt werden. In einem laufenden Projekt sollten also Kontrollwerte (wie der monatliche Projektstatusbericht) vorhanden sein, um aus der Sicht des Projektportfolios erkennen zu können, ob die gewünschten Werte noch verfolgt werden. Nach Abschluss eines jeden Projekts muss vom Portfoliomanagement-Office geprüft werden, ob das Endprodukt des Projekts (Projektprodukt) den gesetzten Zielen entspricht. Dieses Führen eines Projektportfolios, das gezielte Verbinden von der Unternehmens- oder Führungsebene zu der Projektebene, erfolgt über den Projektportfoliomanagement-Prozess.

Laufende Beobachtung der Ausgaben und Leistungen

3.1.1 Projektportfoliomanagement-Prozess

Wird der Projektportfoliomanagement-Prozess an einem komplexen Regelkreis gemäss Abbildung 3.03 erläutert, so werden die Projektanträge vom Portfoliomanagement-Office formal geprüft, aus Projektportfoliosicht bewertet und in den Masterplan eingearbeitet. Die in Form von Steckbriefen oder einer Produktvision erfolgten Projektanfragen mit dem überarbeiteten Masterplan werden vom Projektportfoliomanagement strategisch diskutiert und aus einer übergeordneten Unternehmens- oder Abteilungssicht priorisiert. Der Projektantrag (Steckbrief/Produktvision) und -auftrag wird damit freigegeben, abgelehnt oder zurückgestellt. Dieser Entscheid wird über das Portfoliomanagement-Office an das Projekt respektive die zuständigen Personen weitergeleitet.

Der PPM-Prozess ist ein komplexer Regelkreis

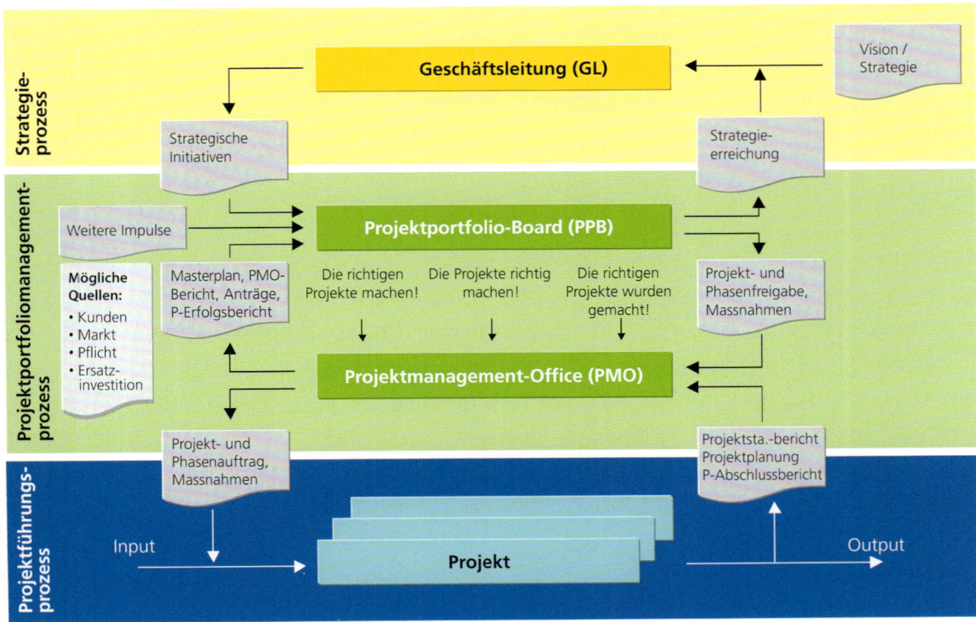

Abb. 3.03: Projektportfoliomanagement, das Bindeglied zwischen Strategie und Projekt

H. Felchlin:

„Die Priorisierung von Zielen, Strategien, Stossrichtungen anhand von Wertbeiträgen ist oft effektiver als die Priorisierung von einzelnen Projekten."

Wie Abbildung 3.03 aufzeigt, können Projektimpulse auch von der strategischen Führung, sprich von der Geschäftsleitung, kommen. Damit hat die Unternehmensführung ein effizientes Führungsinstrument, um die strategischen Ziele mithilfe von Projekten erreichen zu können.

Der Projektportfoliomanagement-Prozess beinhaltet auch die Verfolgung der laufenden Projekte („Projektlenkung"). So werden vom Projektleiter zu festgelegten Zeitpunkten der Projektstatusbericht und der überarbeitete Projektplan an das Portfoliomanagement-Office weitergeleitet. Dieses analysiert und verdichtet die relevanten Werte der Unterlagen und gibt sie als Portfoliomanagement-Officebericht (PMO-Bericht) an das Projektportfolio-Board (PPB) weiter, das wiederum Entscheide trifft.

Auch bei einem Projektabschluss – beim Projekt „Abnehmen" – werden vom Portfoliomanagement-Office entsprechende Arbeiten aus Sicht des Projektportfoliomanagements vorgenommen und die Resultate an das Projektportfoliomanagement weitergeleitet.

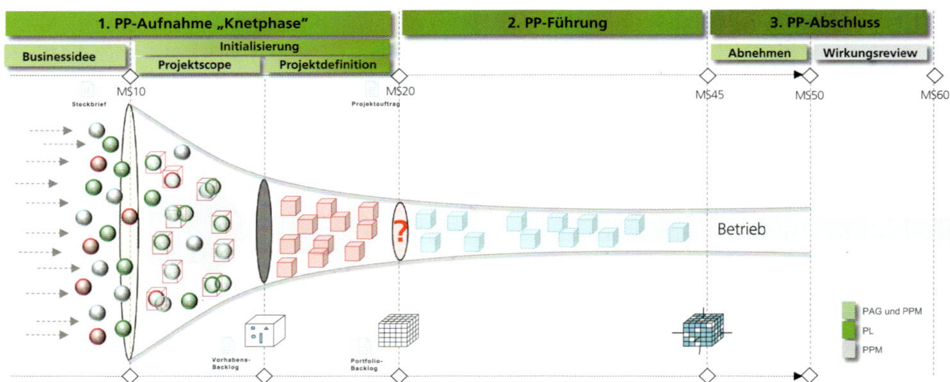

Abb. 3.04: Die drei Subprozesse des PPM-Prozesses

Wie der Projektportfolio-Managementprozess mit den „Steuerungs"-Meilensteinen in der Prozessform umgesetzt wird, zeigt Abbildung 3.04. Dabei ist klar ersichtlich, dass wohl die schwierigste Phase die Projektaufnahme im Subprozess „Projektportfolio-Aufnahme" ist. In diesem Prozessschritt wird eine Idee so lange „geknetet", bis das PPB in der Lage ist, den Entscheid zu treffen, ob ein Projekt gestartet, zurückgestellt oder abgelehnt wird. Nicht zu vergessen ist der Wirkungsreview, den das PMO nach Projektabschluss im Prozessschritt „Projektportfolio-Abschluss" in Auftrag gibt.

Die drei Aussagen „Die richtigen Projekte machen!", „Die Projekte richtig machen!" und „Die richtigen Projekte wurden gemacht!" beziehen sich auf die Hauptzielsetzung des Projektportfoliomanagement-Prozesses. Wie diese drei Hauptziele verfolgt werden können, wird in den folgenden Kapiteln der sogenannten Subprozesse (Projektportfolio-Aufnahme, Projektportfolioführung und Projektportfolio-Abschlussprozess) noch detaillierter erläutert. Zuvor werden jedoch für eine bessere Grundlage einige Lieferobjekte des Projektportfolios sowie verschiedene Arten des Projektportfolios beschrieben.

Umsetzung der drei Hauptziele

3.1.2 Lieferobjekte des Projektportfoliomanagements

Der Projektportfoliomanagement-Prozess produziert auch Lieferobjekte. Dabei bildet der sogenannte Masterplan das Zentrum der Projektportfolio-Lieferobjekte. Der Masterplan besteht aus folgenden Plänen/Ergebnissen:

Masterplan als übergreifendes Dokument

- Unternehmerische Rangreihenfolge
  Dieses Dokument zeigt die Projektrangfolge mit Blick auf die wichtigsten Unternehmensziele, die strategischen Erfolgspositionen und/oder ihre Wirtschaftlichkeit auf.

- Betriebliche Reihenfolge
  Dieses Dokument zeigt die Bestimmung der betrieblichen Reihenfolge auf. Hier gilt es, den sachlogischen, betriebswirtschaftlichen Aufbau, die daraus bedingte Wichtigkeit/Dringlichkeit der Projekte und die zur Verfügung stehenden Ressourcen aufeinander abzustimmen.

- Personal- und Finanzmittelplan
  Wurde die Reihenfolge, in der die Projekte abgewickelt werden, verabschiedet, können ein Personal- und ein Finanzmittelplan erstellt werden. Dabei geht es in erster Linie um die Beschaffung respektive um die Bereitstellung der Personal- und Finanzmittel für die Projektabwicklungen der nächsten drei bis fünf Jahre.

- Migrationsplan
  Ziel des Migrationsplans ist es, die Realisierungsreihenfolge der Projekte und ihre Abhängigkeiten aufzuzeigen (Terminplan für alle Projekte). Dieser Plan muss auf die zur Verfügung stehenden Ressourcen und die gewünschten terminlichen Zielsetzungen abgestimmt sein.

- Projektportfolio-Risikoliste
  Die Projektportfolio-Risikoliste enthält die gesamte Risikoeinstufung aller Projekte im Sinne der Gefährdung für das Unternehmen.

- Projektportfolioliste
  Auf der Projektportfolioliste sind alle aktuellen Eckwerte der anstehenden und laufenden Projekte aufgeführt. Mittels dieser zentralen Liste hat das Projektportfoliomanagement die Übersicht über alle Projekte.

Im Weiteren ergeben sich folgende portfoliomässige Lieferobjekte:

- Initialauftrag
  Der Initialauftrag bildet die Basis der Zusammenarbeit zwischen Auftraggeber und Projektleiter für die Initialisierungsphase – nicht aber für das ganze Projekt. Er umschreibt, was in welcher Qualität zu welchen Kosten bis wann während dieser Phase zu liefern ist. Zusätzlich regelt der Initialauftrag die Aufgaben, die Kompetenzen und die Verantwortlichkeiten des Projektleiters während des Projektstarts (siehe Kapitel 4.1).

- Portfoliomanagement-Officebericht (PMO-Bericht)
  Der PMO-Bericht ist eine verdichtete Form der Projektstatusberichte aller laufenden Projekte mit der zusätzlichen Einschätzung des Portfoliomanagement-Offices. Mit diesem speziellen Bericht hat das Projektportfoliomanagement den Überblick über den aktuellen Status der laufenden Projekte und kann die Wirksamkeit seiner Massnahmen beurteilen.

- Projekterfolgsbericht
  In diesem Bericht (vom Portfoliomanagement-Office erstellt) sollte unter anderem auf die Frage „Wurde der im Business Case versprochene Projektnutzen (Mehrerlöse oder Minderkosten) termingerecht realisiert?" eine Antwort gegeben werden. Es geht also um den Erfolgsgrad, den das Projekt tatsächlich bewirkt hat. Dieser Erfolgsgrad wird den Erfolgsabsichten, die beim Projektstart im Projektauftrag festgehalten wurden, gegenübergestellt. Da der definitive Projekterfolg nicht sofort erkennbar ist, wird der Projekterfolgsbericht meistens drei bis sechs Monate nach Projektabschluss erstellt.

3.1.3 Arten von Projektportfolios

Bei kleineren Unternehmen gibt es ganz klar nur ein Projektportfolio, nämlich das strategische Projektportfolio. Dieses wird zentral geführt und verwaltet. Bei grösseren Unternehmen respektive Konzernen gibt es unterschiedliche Sichtweisen bei der Betrachtung von mehreren Projekten und somit unterschiedliche Projektportfolios. Um in einem Konzern alle Projekte aus der „richtigen" Sicht zu managen, können folgende Projektportfolios institutionalisiert werden [UBS 2003]:

Die richtige Sichtweise des Portfolios!

- Budgetverantwortungsprojektportfolio
  Es umfasst für jeden Führungsbereich (in der Regel Ressort genannt) die Kosten aller in diesem Bereich geführten (Teil-)Projekte. Die Auswertung zeigt per Stichtag auf, wie und wo die budgetierten Kosten verwendet wurden.

- Sponsoren-Projektportfolio
  Es umfasst für jeden Führungsbereich diejenigen Projekte, welche über eine oder mehrere seiner Kostenstellen (%-Anteile) abrechnen. Die Auswertung zeigt per Stichtag auf, welche Projektabrechnungen geplant waren und welche effektiv angefallen sind.

- Auftraggeber-Projektportfolio
  Oftmals hat ein Auftraggeber (eine bestimmte Person) in grossen Konzernen nicht nur ein Projekt. Daher umfasst dieses Projektportfolio alle Projekte, die in der Verantwortung eines Auftraggebers liegen. Die Auswertung zeigt per Stichtag auf, wie sich die Gesamtheit der Projekte in der Verantwortung eines Auftraggebers entwickelt.

- Auftragnehmer-Projektportfolio
  Gibt es grosse Entwicklungsabteilungen, die für die anderen Businesseinheiten projektmässig Aufträge erledigen, umfasst ein solches Portfolio alle (Teil-)Projekte dieser Entwicklungseinheiten. Die Auswertung zeigt per Stichtag auf, wie sich die geführten (Teil-)Projekte entwickeln.

- Strategisches respektive Unternehmensprojektportfolio
  Das strategische Projektportfolio umfasst alle als strategisch klassifizierten Projekte (Klasse A; siehe Kapitel 1.3.2). Diese werden durch das Topmanagement entlang der strategischen Massnahmen zur Erreichung der mittelfristigen, nachhaltigen Ergebnisverbesserung initialisiert. Sie erhalten bei der Ressourcenallokation in der jährlichen Planung höhere Priorität.

Einfachheitshalber wird in den folgenden Kapiteln vom strategischen respektive Unternehmensprojektportfolio ausgegangen. Dabei möchte eine erweiterte Geschäftsleitung, welche die Rolle des Projektportfoliomanagement innehat, alle wichtigen Projekte ihrer Unternehmung portfoliomässig unterstützen.

R. Heini:

„Der Projektleiter muss die Priorität seines Projekts kennen. Nur so kann er sich gegenüber dem Auftraggeber wie auch gegenüber der Unternehmung strategiegerecht verhalten."

3.2 Projektportfolio-Aufnahmeprozess

Aus den eingereichten Projektanträgen entnimmt einerseits das Portfoliomanagement-Office die Kosten/Nutzen-Relation pro Projekt. Andererseits werden alle neuen strategischen Themen gemäss der überarbeiteten Strategie in Projekte aufgeteilt und aufgelistet. Sind diese Daten für das Projektportfoliomanagement aufbereitet, so kann anhand von Projektportfolio-Prioritätskriterien eine gute, sachliche Diskussion über die Wichtigkeit und die Dringlichkeit von Projekten der nächsten Jahre geführt werden.

Neben dieser sachlichen Seite (sachliche Priorität) gibt es aber auch eine politische Dimension und die geschäftspolitische Taktik (taktische Priorität). Dies unterscheidet ja unter anderem Unternehmen voneinander! Aber nur mit sachlichem Vorgehen kann man der manchmal doch übermächtigen persönlichen und eigennützigen Politik dominanter Personen entgegentreten.

Die Projektportfoliobildung erfolgt sinnvollerweise beim Durchlaufen des quartalsweisen oder des jährlichen Budgetprozesses. Unter der Moderation des Portfoliomanagement-Offices wird die Projektportfolioliste erstellt. Sie enthält, nach entsprechender Diskussion, alle weiterhin aktuellen laufenden sowie die geplanten neuen Projekte des Unternehmens. (Die richtigen Projekte machen!)

Projektportfolioliste

		Projektdauer		Priorität		Status		Personentage				Kosten				Aus Projektauftrag			
Projektnummer	Projektname	Plan Start IST Start	Plan Abschl. Prog. Abschl.	sachlich, berechnet	taktisch		Projektphase	budgetiert	freigegeben	IST	Budgetabwicklung	budgetiert	freigegeben	IST	Budgetabwicklung	Risikoeinstufung	Soziale Komplexität	Projektklasse	Dringlichkeitsgrad
01	AUZE	25.04.2025 01.05.2025	26.06.2026 17.06.2026	866	1	in Arbeit	R	500	500	400	-100	5'000'000	5'000'000	4'500'000	-500'000	48	12	A4	>12Mt.
02	RIME	17.05.2025 20.05.2025	22.07.2026 29.07.2026	805	3	in Arbeit	R	400	200	100	-100	4'000'000	4'000'000	2'000'000	-2'000'000	12	0	A3	>6 Mt.
07	TERZ	17.05.2025 20.05.2025	22.07.2027 29.07.2027	721	4	in Arbeit	K	500	250	125	-125	2'500'000	2'500'000	1'500'000	-2'000'000	88	3	A3	>3Mt.
09	BKJB	17.05.2025 20.05.2025	22.07.2026 29.07.2026	720	1	in Arbeit	K	300	150	75	- 75	3'000'000	3'000'000	1'500'000	-1'500'000	43	7	B3	asap
15	LART	17.05.2025 20.05.2025	22.07.2026 29.07.2026	602	2	in Arbeit	K	400	200	100	-100	3'500'000	3'500'000	2'000'000	-1'500'000	32	15	B4	>3Mt.
17	ZURK	17.05.2025 20.05.2025	22.07.2026 29.07.2026	556	3	in Arbeit	K	200	100	50	- 50	2'000'000	2'000'000	1'000'000	-1'000'000	34	4	C2	>12Mt.
19	LATT	17.10.2025 20.10.2025	22.12.2026 29.12.2026	457	4	geplant	I	200	100	50	- 50	1'500'000	1'500'000	1'000'000	-'500'000	57	8	D2	>6Mt.
20	ZUPP	17.11.2025 20.11.2025	22.09.2026 29.09.2026	332	4	geplant	I	100	50	25	- 25	4'500'000	4'500'000	500'000	- 4'500'000	78	10	D4	>6Mt.

Abb. 3.05: Projektportfolioliste

Das PPM muss die definitive Priorität festlegen

Aufgrund des verfügbaren finanziellen Projektrahmens und der zur Verfügung stehenden Kapazität (vor allem in den budgetverantwortlichen Einheiten) muss das Projektportfoliomanagement die definitive Priorität beschliessen. Die Projektportfolio-Prioritätskriterien für ein Unternehmensprojektportfolio sollten aus drei wichtigen, voneinander abhängigen Ebenen entstehen:

- Strategie: „Was wollen wir in der Zukunft erreichen?"

- Architektur: „Wie wollen wir das Ganze konstruieren?"
(die Finanzarchitektur, die Informatikarchitektur, die Produktarchitektur, die Organisationsarchitektur etc.). Diese Architekturen geben dem Unternehmen die langfristige Stabilität, und wenn sie gut „konstruiert" wurden, bieten sie auch die notwendige Flexibilität respektive die Möglichkeit der Dynamik.

- Produktion: „Wie arbeiten wir noch effizienter?"

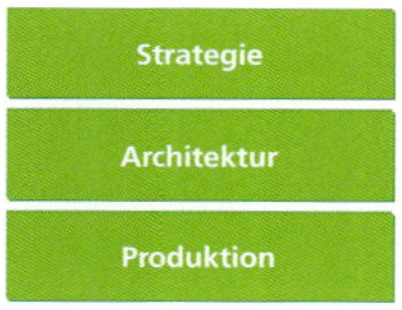

Nr.	Sachliche Prioritätskriterien	Gewichtung	Weltreise		Hausbau	
01	Verfolgung der Strategie	15	08	120	07	105
02	Erhöhung der Kundenzufriedenheit	05	10	50	03	15
03	Beitrag zur Sicherung des Kerngeschäfts	10	06	60	04	40
04	Beitrag zum Aufbau neuer Geschäftsfelder	05	03	15	05	25
05	Steigerung der Effizienz	10	07	70	09	90
06	Umsatzwachstum	08	05	40	06	48
07	Minimierung von Unternehmensrisiken	03	04	12	07	21
08	Beitrag zur Kostenreduktion	06	05	30	06	36
...	...	...	...	...	...	...
	Total	**100**		**866**		**805**

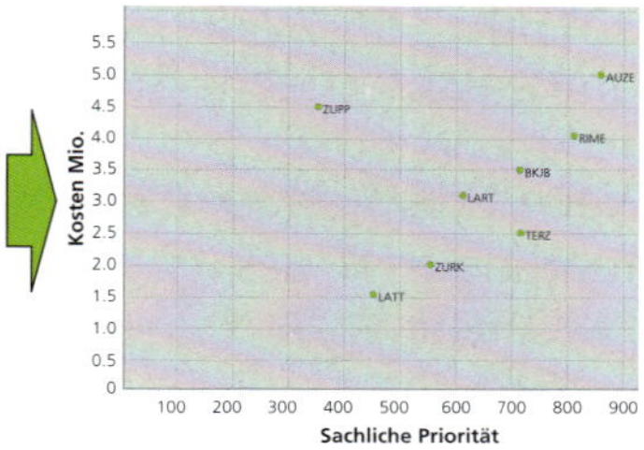

Abb. 3.06: Prioritätskriterien des Projektportfolios

Welche Kriterien wie bewertet werden, um die richtigen Projekte zum richtigen Zeitpunkt zu initialisieren, ist ein wichtiger Erfolgsfaktor. In der Regel werden die Bedingungen für die Aufnahme eines Projekts ins Projektportfolio nach individuellen Unternehmenskriterien festgelegt. Sind diese Kriterien gut durchdacht, ergibt sich dadurch für eine Unternehmung die Möglichkeit, unterschiedliche Vorhaben miteinander zu vergleichen und entsprechende Prioritäten zu setzen. Bei knappen Ressourcen werden somit beispielsweise nur die für das gesamte Unternehmen wichtigsten Vorhaben realisiert.

Bewerten nach Wichtigkeit und Dringlichkeit

Sind die Projekte einmal in ihrer Wichtigkeit und Dringlichkeit bewertet, sprich klassifiziert, können diese Informationen grafisch veranschaulicht werden (siehe Abbildung 1.10). Dabei ist der Bereich zwischen den beiden Geraden, die vom Ursprung über die ganze Abbildung gezogen sind, der bedeutungsvollste für das Projektportfoliomanagement.

3.3 Die Projektportfolioführung

H. Felchlin:
„Eine agile Projektportfolio-Quartalsplanung ist effektiver und effizienter als eine klassische Jahresplanung, welche sich dann trotzdem dauernd verändert."

Ausserhalb des jährlichen Budgetprozesses können dringende, nicht vorhersehbare Anforderungen entstehen oder Projekte müssen aufgrund von gewissen Ereignissen abgebrochen werden. Dies bedeutet, je nach Ressourcensituation und Prioritätsänderung, dass andere bereits bewilligte Projekte entsprechend zurückgestellt, gestoppt oder höher priorisiert, sprich vorgezogen werden. Um dem Projektportfoliomanagement die Basisinformationen jederzeit zur Verfügung stellen zu können, führt das Portfoliomanagement-Office alle relevanten Änderungen im Projektportfolio laufend nach. Ideal ist es, wenn monatlich die anstehenden Änderungen vom Projektportfoliomanagement kurz diskutiert und entsprechende Steuerungsmassnahmen lanciert werden.

Neben dem dauernden Prüfen von neuen Anträgen hat die Projektportfolioführung bzw. das Portfoliomanagement-Office die sehr wichtige Aufgabe, den PMO-Bericht zu erstellen.

Der PPC erstellt einen monatlichen Bericht

Alle Projektleiter stellen dem Portfoliomanagement-Office den monatlich erstellten Projektstatusbericht zu. Dieser beurteilt alle Projektstatutsberichte aus seiner Sicht und erstellt daraus den Portfoliomanagement-Officebericht, in dem die Abweichungen und die eingeleiteten Massnahmen bei allen wichtigen Projekten festgehalten werden. Gleichzeitig kann darin das Linienmanagement auf notwendige Interventionen angesprochen werden. Das Portfoliomanagement-Office stellt dem Projektportfoliomanagement den PMO-Bericht und die Projektstatusberichte der kritischen („gelben") und stark gefährdeten („roten") Projekte zu.

Projektportfolio-Controllingbericht															**Per:**		September 2025		
					Phase		Kostenabweichung				Aufwandabweichung				Terminabw.		Risikokosten		
	Projekt-name				Plan Start	Plan Abschl.	IST		Prognose		IST		Prognose		IST	Prog.			Gesamt-
Nr.		Prio.	Projektleiter		IST Start	Prog. Abschl.	TCHF	% Bdg.	TCHF	% Bdg.	PT	% Bdg.	PT	% Bdg.	Wo	Wo	TCHF	% Bdg.	beurteilung
01	AUZE	2	Haas O.	R	25.04.2025 01.05.2025	26.06.2026 17.06.2026	20	5	30	6	10	5	16	7	2	3	100	11	
02	RIME	0	Müller H.	R	17.05.2025 20.05.2025	22.07.2026 29.07.2026	8	5	10	5	4	5	4	5	0	1	5	3	
07	TERZ	3	Kunz A.	K	17.05.2025 20.05.2025	22.07.2026 29.07.2026	15	5	16	5	8	5	8	5	0	1	20	7	
09	BKJB	7	Rot D.	K	17.05.2025 20.05.2025	22.07.2026 29.07.2026	6	4	8	5	7	4	8	5	0	1	0	0	
15	LART	15	Siedler O.	K	17.05.2025 20.05.2025	22.07.2026 29.07.2026	-10	-5	-8	-4	-12	-5	-10	-5	-2	-1	0	0	
17	ZURK	4	Hegglin T.	K	17.05.2025 20.05.2025	22.07.2026 29.07.2026	10	2	12	3	5	2	6	3	3	3	1	1	
Gesamtes Projektportfolio							49	4	68	3	22	3	32	6			126	8	

Abb. 3.07: Portfolio-Cockpit – Portfoliomanagement-Officebericht (PMO-Bericht)

Das Projektportfoliomanagement bespricht diesen Bericht monatlich an einer Sitzung. Dabei werden die Projekte, die einen gelben oder roten Status aufweisen, diskutiert. Entsprechende Massnahmen werden beschlossen und über das Portfoliomanagement-Office umgesetzt. (Die Projekte richtig machen!)

An dieser Stelle ist nochmals zu erwähnen, dass das Portfoliomanagement-Office sicher eine kontrollierende Funktion innehat. Diese kontrollierende Funktion muss er für den Projektleiter jedoch auf eine konstruktive Art und Weise vornehmen. Belastet er den Projektleiter nur mit zusätzlichen Aufträgen, so kann garantiert werden, dass dies nicht den gewünschten Nutzen bringt. Zudem darf das PMO nicht nur die Kostensicht beleuchten, sondern muss die Fähigkeit haben, die Kosten in Relation zu Zeit, Leistung und Qualität zu stellen. Hat er diese Fähigkeit nicht, kann er keine objektive Beurteilung der Projektlage vornehmen. Daraus können sich Fehlinterpretationen mit negativen Folgen auf allen Ebenen ergeben.

Konstruktive Art und Weise der Unterteilung

In fortschrittlichen Unternehmen wird dieser Projektstatusbericht durch ein elektronisches Projekt-Cockpit unterstützt. Auf dieses Projekt-Cockpit haben die Mitglieder der Projektträgerinstanzen jederzeit Zugriff. Somit wissen sie, wie das Projekt „fliegt". Dieses Wissen wird in Zukunft ein wichtiger und entscheidender Faktor für jedes Unternehmen sein, da ein drohender Projektabsturz zu oft viel zu spät entdeckt wird.

Projekt-Cockpit als Führungsinstrument

3

G. Gassmann:
„(Fast) nichts ist schlimmer als wenn Entscheide hinausgezögert werden! Aber damit man schnell entscheiden kann, muss man gut informiert sein."

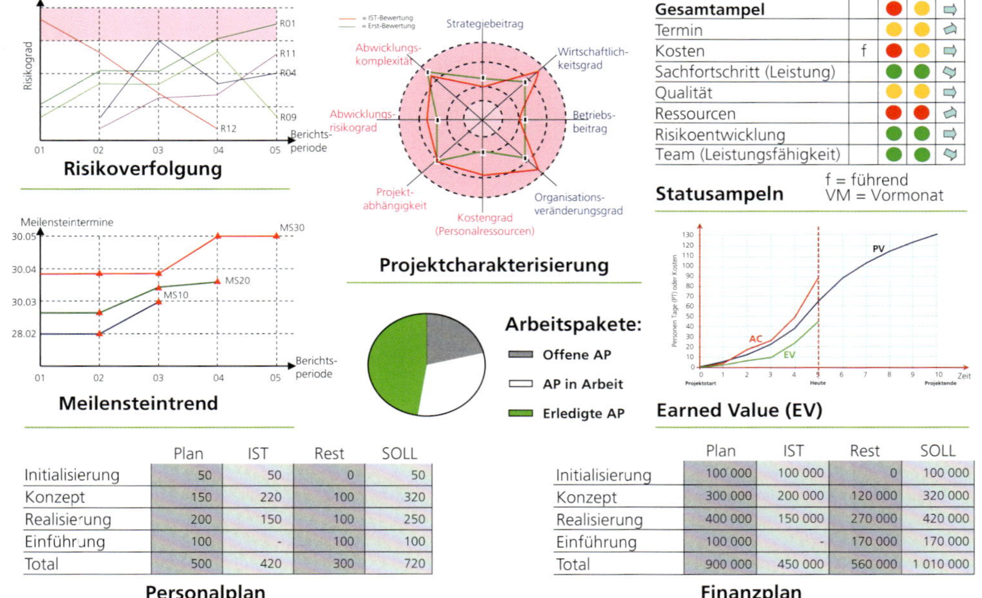

	Plan	IST	Rest	SOLL
Initialisierung	50	50	0	50
Konzept	150	220	100	320
Realisierung	200	150	100	250
Einführung	100	-	100	100
Total	500	420	300	720

Personalplan

	Plan	IST	Rest	SOLL
Initialisierung	100 000	100 000	0	100 000
Konzept	300 000	200 000	120 000	320 000
Realisierung	400 000	150 000	270 000	420 000
Einführung	100 000	-	170 000	170 000
Total	900 000	450 000	560 000	1 010 000

Finanzplan

Abb. 3.08: Mögliche Darstellung eines Projekt-Cockpits

Ein Projekt-Cockpit kann folgende Werte eines Projekts aufführen:

- Projektklassifikation
  Monatlich sollte der Projektleiter ein Kurzassessment bezüglich der einzelnen Achsen vornehmen. So kann der Auftraggeber leicht erkennen, ob das Projekt allenfalls umfassender wird bzw. ob sich ein Kriterium verändert.
- Risikoverfolgung
  Durch monatliches Aufführen des Risikograds kann der Verlauf der Risiken verfolgt werden.
- Meilensteintrend
  Mit dem Meilensteintrend sieht der Auftraggeber gut, ob terminliche Vereinbarungen eingehalten werden bzw. um wie viel sie sich verschieben.
- Personalmittelplan
  Mit der SOLL/IST-Aufführung des Personalbedarfs respektive -aufwands ist die Personalressourcensituation eindeutig aufgeführt.
- Finanzmittelplan
  Mit der SOLL/IST-Aufführung des Budgets respektive des Kostenverbrauchs ist die Kostensituation gut ersichtlich.
- Statusampeln
  Mit den Ampelfarben kann der Projektleiter seinen subjektiven Eindruck des Projektstandes festhalten.

3.4 Projektportfolio-Abschlussprozess

Vergleich der erbrachten und der gewünschten Wirkung

Das Portfoliomanagement-Office stellt sicher, dass nach einem Projektabschluss aus Sicht des Projektportfolios der Projekterfolgsbericht verfasst wird. Bezugsgrössen sind einerseits die tatsächlichen Kosten und erbrachten Leistungen, andererseits der Vergleich von erbrachter und gewünschter Wirkung des Projekts. Die Erkenntnisse, die aus dieser Nachkontrolle resultieren, haben allenfalls wiederum Einfluss auf die Bewertung zukünftiger Projektanträge. (Die richtigen Projekte wurden gemacht!)

Die Projektportfolio-Nachkontrolle kann sich aus folgenden Bewertungen zusammensetzen:

- Bewertung der Kundenzufriedenheit
- Bewertung des Projektabwicklungsprozesses
- Bewertung der effektiven Wirkung des Projektergebnisses

3.4.1 Bewertung der Kundenzufriedenheit

Bei internen wie externen „Kundenprojekten" wird mithilfe eines Kundenumfragebogens eine Abschlussbeurteilung eingeholt. Dem Kunden werden Fragen in folgenden Bereichen gestellt:

- Vertragstreue (Leistung, Qualität, Zeit, Kosten)
- Zusammenarbeit
- Schlussfrage („Würden Sie mit uns ein weiteres Projekt machen?")

3.4.2 Bewertung des Projektabwicklungsprozesses

Neben der Kundenumfrage soll auch eine Bewertung des Projektabwicklungsprozesses vorgenommen werden. Insbesondere geht es hier um die Plan- und die Prozesstreue. Diese Werte können sehr gut für weitere Projekte als Kennzahlen genutzt werden. Die Beurteilung des Projektabwicklungsprozesses wird im Rahmen des Projektabschlussberichts erstellt und enthält folgende Aspekte:

- Projektkostenvergleich (SOLL/IST-Abweichung)
- Qualitätsvergleich (Vollständigkeit und Qualität der Lieferobjekte)
- Terminvergleich (SOLL/IST des Aufwands und der Durchlaufzeit pro Phase)
- Investitionsvergleich (SOLL/IST)

3.4.3 Bewertung der effektiven Wirkung

Jedes Projekt soll (basierend auf seiner Erstbeurteilung) nach Projektabschluss auf den Erfüllungsgrad der Strategieverfolgung überprüft werden. Werte, die geprüft werden können, sind:

- Wirtschaftlichkeitserfolg „Pay-Back"
- Nicht monetärer Erfolg (Wiederverwendbarkeit, Lebensdauer etc.)
- Effektive Vorteile für den Endkunden
- Grad der Unterstützung der strategischen Ziele

G. Gassmann:
„Die Entlastung der Projektleiter sollte erst zwei Jahre nach Projektabschluss erfolgen, wenn der effektive Projekterfolg beurteilt werden kann!"

Nr.	Sachliche Prioritätskriterien	Gewichtung	Bewertung „Weltreise" Sachlicher Beitrag bei Projektstart		Sachlicher Beitrag bei Projektende	
01	Verfolgung der Strategie	15	08	120	**06**	90
02	Erhöhung der Kundenzufriedenheit	05	10	50	**08**	40
03	Beitrag zur Sicherung des Kerngeschäfts	10	06	60	**05**	50
04	Beitrag zum Aufbau neuer Geschäftsfelder	05	03	15	**03**	15
05	Steigerung der Effizienz	10	07	70	**06**	60
06	Umsatzwachstum	08	05	40	**06**	48
07	Minimierung von Unternehmensrisiken	03	04	12	**04**	12
08	Beitrag zur Kostenreduktion	06	05	30	**05**	30
...	...	...	...	...	...	...
	Total	**100**		**866**		**791**

Abb. 3.09: Projektbewertung nach dem Projektende

Am einfachsten ist es, wenn die gleiche Bewertung wie beim Projektstart nochmals mit den möglichst absolut messbaren Wirkungen des Projektes durchgeführt wird.

Es muss nicht immer ein Unternehmen sein, das ein Projektportfolio führt. Auch die Familie Gloor besitzt ihr eigenes Projektportfolio.

Nr	Projektname	Projektstart	Projektabschluss (Dauer)	Projektkosten	Projekt-klasse	Takt. Prio.	Sachl. Prio.	Nutz-wert
1	Renovation des Hauses	2. Mai 2025	1. September 2025	60'000.–	**C3**	3	2	432
2	Maturitätsausbildung von Jasmin	1. September 2025	Dauer: 6 Jahre	35'000.–	**B2**	3	1	478
3	Anschaffung eines neuen Autos für Frau Gloor	Herbst 2025	Dauer: 1 Monat	45'000.–	**C4**	1	3	343
4	Laufendes Projekt: MBA-Studium des Herrn Beat Gloor	22. August 2024	16. Juni 2025	180'000.–	**B4**	2	2	689
5a	Vorbereitung der Weltreise	1. Januar 2025	30. August 2025	200'000.–	**A4**	1	1	866
5b	Betriebskosten der Weltreise	31. August 2025	Dauer: 1 Jahr	200'000.–	–	2	2	345
6	Neues Haus bauen	01.10.2025	24.12.2026	1'245'000.–	**A2**	1	7	805

Abb. 3.10: Projektliste der Familie Gloor

Wie man erkennen kann, besitzt die Familie grundsätzlich zwei Probleme. Mit jedem Projekt nimmt die finanzielle Belastung zu. Und genau betrachtet könnte das auch zeitliche, sprich ressourcenbezogene Auswirkungen erzeugen. Soll also das neue Weltreiseprojekt ins Projektportfolio aufgenommen werden, ist mit Konsequenzen in Bezug auf die anderen noch anstehenden oder allenfalls laufenden Projekte zu rechnen.

Ebenso erkennbar ist, dass es auch bei der Familie Gloor wie in einem „Unternehmen" eine sachliche und eine taktische, sprich politische Priorität gibt. Diese unterschiedliche Betrachtung wird sicher bei der Familie Gloor wie bei jeder Unternehmung noch einige Diskussionen auslösen. Obwohl in der Familie ein demokratischer Führungsstil vorherrscht, will Mutter Gerlinde nun endlich ein neues Auto. Klar könnte sie mit dem alten Auto noch einige Zeit lang fahren, aber sie will nun ein Cabriolet, insbesondere deshalb, weil ein grosser Teil des vorhandenen Vermögens aus ihrem Erbteil kommt. Wer Geld hat, hat auch das Sagen! Demokratie hin oder her. Punkt!

Lernziele des Kapitels „Projektführung"

Sie können ...

- die einzelnen Schritte eines Projektstarts und deren Lieferobjekte erläutern.
- drei Begründungen aufführen, wieso ein Projektstart enorm wichtig ist.
- aufzeigen, wie viele Ressourcen zu welchem Zeitpunkt in einem Projekt benötigt werden.
- den Zweck aller neun Pläne des Projektplans aufführen und begründen.
- vier Voraussetzungen der Projektsteuerung an Hand eines Beispiels aufführen.
- erläutern, wieso der Informationsplan für das Projektmarketing Sinn macht.
- an einem Beispiel das Teufelsquadrat bzw. die Auswirkungen von Steuerungsmassnahmen erklären.
- den Einsatz verschiedener Kontrollverfahren charakterisieren.
- die Kontrollsichten und die dazugehörenden Kontrollbereiche erläutern.
- begründen, wieso eine umfassende Projektkontrolle ökonomisch ist.
- sechs Tätigkeiten eines Projektabschlusses priorisierend aufzählen.
- die fünf „Werkzeugkästen" der Projektführung mit den jeweiligen Einsatzmöglichkeiten erläutern.
- pro „Werkzeugkasten" der Projektführung zwei Techniken aufführen.

In diesem Kapitel werden insbesondere die ICB-Kompetenzen 1.01, 1.02, 1.03, 2.05. 2.10, 3.01, 3.03, 3.04, 3.05, 3.06, 3.07, 3.08, 3.09 und 3.10 (siehe Anhang D) verfolgt.

Projektführung

Die vielfältigen Aufgaben eines Projekts werden nicht den einzelnen Linienstellen zugeordnet, sondern, wie bereits bei der Rollenbeschreibung erwähnt, fachspezifisch zusammengefasst und den „Rollenträgern" zugewiesen. Diese Rollenträger werden in eine Projektorganisation eingebettet. Damit wird eine wichtige Konzentration der Arbeitsleistung erreicht. Leitung und Führung dieser Arbeitsleistung respektive eines Projekts werden allgemein als Projektführung (Projektmanagement) bezeichnet.

Projektführung

Die Projektführung beinhaltet alle leitenden Führungsaufgaben, die von einem Projektleiter in einem Projekt wahrgenommen werden müssen, um die Abwicklungsziele zu erreichen.

Planen, Steuern, Kontrollieren

Neben der in diesem Kapitel erläuterten rein funktionellen Projektführung (Projekt starten, planen, steuern, kontrollieren und abschliessen) gehört natürlich auch die personenbezogene Projektführung zu den Aufgaben eines Projektleiters. Die Praxis zeigt, dass Projekte heute nur noch dort erfolgreich durchgeführt werden, wo der Mensch mit Eigenverantwortung und Mitspracherecht im Projekt involviert ist. Das Mitarbeiten, die Eigenständigkeit und das aktive Miterleben einer Projektabwicklung kann eine starke Identifikation mit der zu erfüllenden Aufgabe mit sich bringen und gleichzeitig eine entsprechende Befriedigung. Diese Beteiligung ist insbesondere beim Projektstart ein wichtiger Prozess und darf nicht planlos über die Bühne gehen, sonst wird daraus eine heterogene, individuelle Angelegenheit. Im Kapitel 6 wird diese Thematik noch ausführlicher erläutert.

Eigenständigkeit und Identifikation

Abb. 4.01: Die Projektführung

Um die Hauptaufgaben der Projektführung wahrnehmen zu können, ist das Anwenden von entsprechenden Projektführungstechniken erforderlich. Eine Zusammenfassung von wichtigen Projektführungstechniken ist im Kapitel 4.5 gegeben.

4.1 Projekt starten

Der Projektstart ist für alle Beteiligten bzw. für die gesamte Unternehmung der wohl wichtigste Teil eines Projekts, da ein falsch oder zu Unrecht begonnenes Projekt grossen Schaden verursachen kann. Um den Projektstart bestmöglich kontrollieren zu können, ist es wichtig, ihn so seriös wie möglich anzugehen. In der Theorie besteht der Projektstartprozess aus vier Teilschritten, die im Idealfall sequenziell ablaufen:

1) Projektimpuls
2) Antragsprüfung
3) Initialisierungsphase
4) Projektfreigabe

H. Felchlin:

„Beeinflusse den Start des Projekts so stark wie möglich und es bleiben dir viel Zeit und viele Nerven erspart."

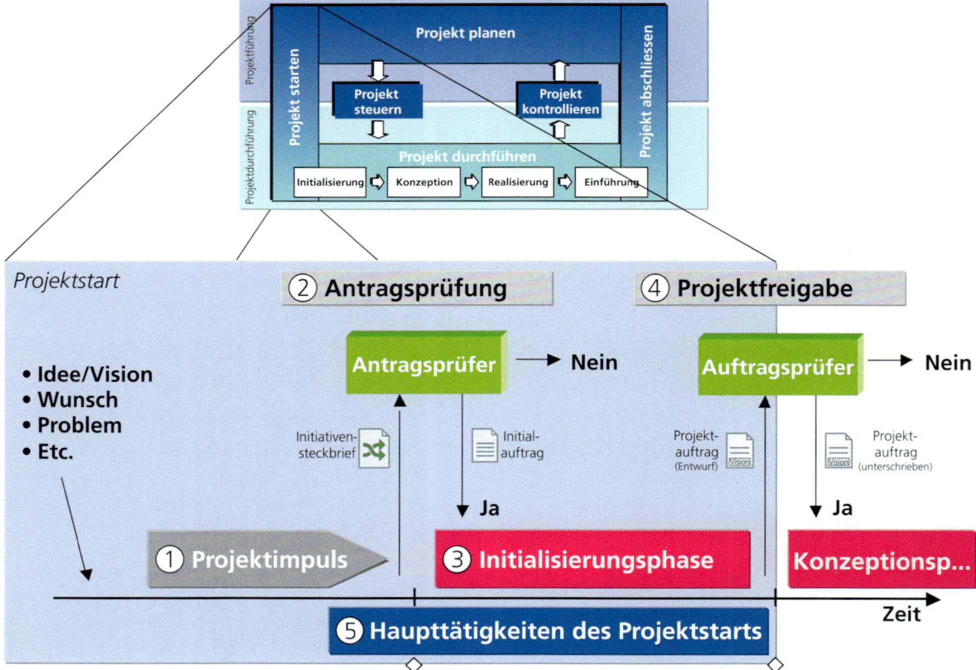

Abb. 4.02: Der Projektstartprozess

Es ist klar, dass nicht jede Unternehmung einen Projektstart in dieser Weise angeht. Insbesondere die Rollen des Projektportfoliomanagements sind oft nicht vertreten. An ihre Stelle tritt das Linienmanagement (Abteilungsleitung etc.), welches zusammensitzt und sich u.a. fragt: „Wie steht es mit unseren Projekten? Können wir ein neues Projekt aufnehmen? Macht dieses Projekt gemäss Strategie Sinn?" Doch grundsätzlich erfüllen diese „Entscheidungspersonen" genau die gleichen Aufgaben wie ein offiziell institutionalisiertes Projektportfolio.

Linienmanagement in der Rolle des Projektportfoliomanagements

„Projekt starten" ist ein sehr wichtiger Teil der Projektführung. Den Hauptanteil der zu verrichtenden Aufgaben sollten der zukünftige Projektleiter und dessen Auftraggeber erledigen.

Projektstart als grosser Erfolgsfaktor des Projekts

In diesem Kapitel wird der Projektstart aus Sicht der Projektführung erläutert. Die kontroverse Sichtweise, die der Projektdurchführung, wird im Kapitel 5 beschrieben. Die wichtigsten Führungsaufgaben des Projektstarts sind:

- Filterung
  Nur diejenigen Ideen, Probleme und Wünsche sollen zu Projekten werden, die ein gewisses SOLL an Wirtschaftlichkeit und Innovationsgrad erfüllen.

- Problemformulierung
  An den Problemformulierungen bzw. an der konkreten Ideensuche sollen mehrere Personen teilnehmen, damit diese umfassend erarbeitet und getragen werden.

- Zielsetzung
  Allen im Team ist zu zeigen respektive zu erläutern, was für Projektziele verfolgt werden und was somit zu tun ist.

- Zuständigkeitsdefinierung
  Aufgaben und Verantwortungsbereiche sollen mit konkreten personellen Zuordnungen präsentiert werden, damit es verantwortliche Personen oder Gremien gibt, die alle Starttätigkeiten erarbeiten, koordinieren und vorantreiben.

- Plantransparenz
  Es muss Klarheit über die Projektabwicklung und über die wichtigsten Elemente/Werte (Meilensteine, Kosten, Termine, Qualität etc.) herrschen.

4.1.1 Teilschritt 1 „Der Projektimpuls"

Der Impuls für ein Projekt kann in einer Unternehmung von allen Bereichen und Ebenen respektive von irgendeiner Person kommen. Der Projektimpuls erfolgt unter anderem aufgrund folgender Anliegen:

Externer Projektimpuls	**Interner Projektimpuls**
• Bessere Produktqualität	• Unternehmungsplanung (Strategie)
• Neue Gesetze	• Einfachere Abwicklung von Abläufen
• Kundenwünsche	• Systemfehler
• Neue Technologie	• Überalterung

Impuls-Auffangtrichter

Der Teilschritt Projektimpuls gehört eigentlich nicht zur Projektabwicklung, da in dieser Vorphase unheimlich viele Ideen, Probleme und Wünsche geäussert werden, die (aus verschiedenen Gründen) nie zu einem Projekt werden. Trotzdem ist diese Vorphase als „Impuls-Auffangtrichter" für ein Unternehmen enorm wichtig. Es sollte strukturiert ablaufen und, wenn der Projektimpuls „gut" ist, sehr schnell und effizient zu einem Projekt führen.

Das Ziel dieses Teilschritts ist, den Impuls als Projektidee schriftlich feszuhalten und diese dann offiziell als Steckbrief oder Produktvision bei der richtigen Stelle einzureichen. Die richtige Stelle ist in der Theorie das Portfoliomanagement-Office, das den geprüften und bewerteten Antrag dem Projektportfoliomanagement vorlegt. Da aber in der Praxis nicht in allen Unternehmungen ein Projektportfolio existiert, führt der Weg des Projektstarts meist richtigerweise über die Linie (z.B. Abteilungsleitung).

> Eigentlich ist die Vorstellung, auf Weltreise zu gehen, im Kopf von Herrn Gloor schon uralt; solch eine „Pause" konnte er aber aus verschiedenen Gründen noch nie richtig konkretisieren. Um seine Vorstellung mit den anderen Mitgliedern des Familienrats besprechen zu können, nimmt er ein Blatt Papier und schreibt Ausgangslage, Zielsetzung und Vorstellung als Projektidee sauber auf (Steckbrief).

4.1.2 Teilschritt 2 „Die Antragsprüfung"

Prüfung des Projektantrags

Nach Einreichung des Steckbriefs oder der Produktvision wird dieser bzw. diese vom Portfoliomanagement-Office (oder von einem Linienverantwortlichen) geprüft. Das Prüfen kann wie folgt ablaufen:

- Prüfen auf Vollständigkeit
- Prüfen auf Richtigkeit der angegebenen Daten
- Bewerten des Antrags bezüglich der Geschäftsstrategie
- Bewerten der benötigten Ressourcen
- Bewerten der Projektdauer und der Projektspezialität
- Festlegen der unternehmerischen Rangfolge (Priorität)
- Wenn notwendig festlegen, wer die Rolle des Auftraggebers übernimmt
- Festlegen, wer der Projektleiter für die nächste Phase, möglicherweise für das ganze Projekt ist

Klärung der Auftraggeberrolle

Der bewertete Steckbrief wird bei grösseren Vorhaben dem Projektportfoliomanagement (oder bei kleineren Projekten einem Linienmanagement) vorgelegt, das entscheidet, ob er als Antrag freigegeben und der Initialauftrag für den eigentlichen Projektstart erteilt wird. Bei grösseren Firmen werden zu diesem Zeitpunkt der Auftraggeber und der Projektleiter namentlich festgelegt. Bei kleineren Firmen ist nicht selten der Auftraggeber schon auf Grund des Antragwegs per se definiert. Dadurch wird das Projekt „provisorisch", das heisst für die Initialisierungsphase, freigegeben.

Das Projektportfoliomanagement, das alle wichtigen Sachen der Familie (Anschaffungen, Noten der Kinder etc.) gemeinsam bespricht, diskutiert nun auch die Projektidee „Weltreise". Nach einem köstlichen Abendessen und vielen guten Argumenten wird der Antrag schliesslich befürwortet.

Jetzt ist es wichtig, das Projekt mit konkreten Rollen bzw. verantwortlichen Personen zu versehen. Dies ist im „Familienbetrieb Gloor" keine grosse Sache. Die Rolle des Auftraggebers übernimmt der Schwiegervater, da er einen ordentlichen Reisekostenzuschuss gewährt. Der Schwiegervater nominiert Magnus (von Herrn Gloor vorgeschlagen) für die Rolle des Projektleiters. Dieser qualifizierte sich für die Rolle durch seinen dreimonatigen Sprachaufenthalt und durch seine Empathie im Hinblick auf die Bedürfnisse seiner etwas schwierigen Schwester Angelika. Ferner normiert der Schwiegervater sein Projektsteuerungsgremium, das ihn bei den wichtigen Entscheiden kompetent unterstützt. Es liegt fast auf der Hand, dass sich dieses Gremium aus dem Ehepaar Gloor und dem Schwiegervater (Vorsitzender) zusammensetzt.

4.1.3 Teilschritt 3 „Die Initialisierungsphase"

Mit dem Erteilen des Initialauftrags wird neben der Zielsetzung der Initialisierungsphase oftmals der vom Management gewünschte Start- und Endzeitpunkt des gesamten Projekts vorgegeben. Dadurch werden wichtige Eckwerte offiziell bekannt, welche dann vom Projektleiter (aufgrund seiner Planung) entweder bestätigt oder sachlich widerlegt werden können. Mit dem Erteilen des Initialauftrags wird etwas sehr Wichtiges und für einen eventuellen Projekterfolg Entscheidendes eingeleitet. Man bekommt von offizieller Seite Zeit und Geld, um ein Problem, eine Idee oder einen Wunsch genauer abzuklären, bevor man mit voller Kraft darauf losfährt.

Offizielle Übergabe von Geld für den Projektstart

Der Grundgedanke dieser Phase ist, das künftige Projekt hinsichtlich der Projektziele, Einflussgrössen, des Projektnutzens und der Wirtschaftlichkeit, der Realisierbarkeit und der Erfolgschancen einigermassen zuverlässig beurteilen zu können. Es wird im Weiteren geprüft, ob das Projekt innerhalb der vom Management gewünschten Rahmenbedingungen abgewickelt werden kann.

Klare Basis für den Projektstart schaffen

Nicht erfolgversprechende Vorhaben sollen als solche erkannt und rechtzeitig abgebrochen werden. Somit ist in dieser Phase zu klären,
- ob das richtige Problem angepackt wird und ob das Problem richtig angepackt wird.
- ob es vernünftig ist, im definierten Umfang eine Problemlösung zu suchen.
- ob die Lösung in der Umgestaltung eines bestehenden Produkts oder in einer vollkommenen Neugestaltung liegt.
- auf welche Stellen und Abteilungen der Untersuchungsbereich begrenzt bleiben oder ausgedehnt werden sollte.
- ob es Lösungen gibt, die in technischer, wirtschaftlicher, sozialer und fachlicher Hinsicht realisierbar erscheinen.
- ob deren Realisierung aufgrund von Kriterien, die im Rahmen der Konzeption festzulegen sind, wünschbar wäre (positive und negative Wirkungen).
- ob sich der zweckmässige Umfang des Informatikeinsatzes und die Art der Informatikverarbeitung oder anderer Betriebsmittel abschätzen lässt.
- ob man das gewünschte Produkt selber macht oder ob man es sich besser machen lassen sollte (Make-or-Buy).

Die wichtigen Aufgaben, die in dieser Phase umgesetzt werden müssen, werden im Kapitel 4.1.5 erläutert.

Aus dieser Projektphase gehen folgende zwingende Lieferobjekte hervor:
- Business Case bzw. Anforderungskatalog (was soll gemacht werden)
- umfassender Projektplan (wie wird das Projekt abgewickelt)
- Projektauftrag (Konzentrat von Business Case und Projektplan plus zusätzliche Angaben)

Dieser dritte Teilschritt des Projektstarts benötigt je nach Projektumfang bis zu 15 und mehr Tage Aufwand. Bekommt man diese Zeit von offizieller Stelle nicht, wird in den meisten Fällen die Initialisierungsphase „so nebenbei" gemacht, was zu massiven negativen Folgen führt.

„So nebenbei machen" ist ein grosser Fehler.

In der Initialisierungsphase wurde von Projektleiter Magnus die Projektplanung ein erstes Mal erstellt. Daraus resultierten der genaue Projektstart (1. Januar) und der Projektabschluss (30. August), die Gesamtkosten der Weltreise (inkl. Betriebskosten) von CHF 400´000.– usw. Zudem wurden in einem kleinen Business Case eine grobe IST-Analyse vorgenommen, klare Ziele definiert und ein möglicher Grobentwurf der Weltreise erarbeitet. Basierend auf dem Steckbrief, dem Projektplan und dem Business Case wird jetzt der Projektauftrag erstellt. Dieser muss nun vom Projektportfoliomanagement geprüft und genehmigt werden, bevor er schliesslich vom Auftraggeber und vom Projektleiter unterzeichnet werden kann.

4.1.4 Teilschritt 4 „Die Projektfreigabe"

In der Initialisierungsphase wurde der Steckbrief oder die Produktvision so detailliert ausgearbeitet, dass ein umfassender und vollständiger Projektauftrag erstellt werden konnte. Der Projektauftrag geht zur Prüfung wiederum an das Projektportfoliomanagement (oder an die Entscheidungsinstanz in der Linie).

Folgende Arbeiten werden ausgeführt:

- Prüfung der Vollständigkeit und der Struktur des Projektauftrags; eventuell Ergänzungen oder Rückweisungen
- Prüfung der Konsistenz von Steckbrief und Projektauftrag (Abweichungen werden diskutiert)
- Vergleich des Kostenwertes mit dem reservierten Wert des Projektportfolio-Finanzmittelplans
- Prüfung der aufgeführten Beteiligten und der involvierten Personen, ob sie die richtige Kompetenz und die Zeit für das Projekt haben
- Überprüfen der Projektklassifikation bzw. diese definitiv zuteilen und Entscheid über das weitere Vorgehen fällen
- Prüfung der Systemziele: Entsprechen sie den Wünschen des Auftraggebers und der anderen Stakeholder?

R. Grau:
„Diese drei Dinge sind Voraussetzung für ein erfolgreiches Projekt: Mut, Entscheidungsfreude und Umsicht."

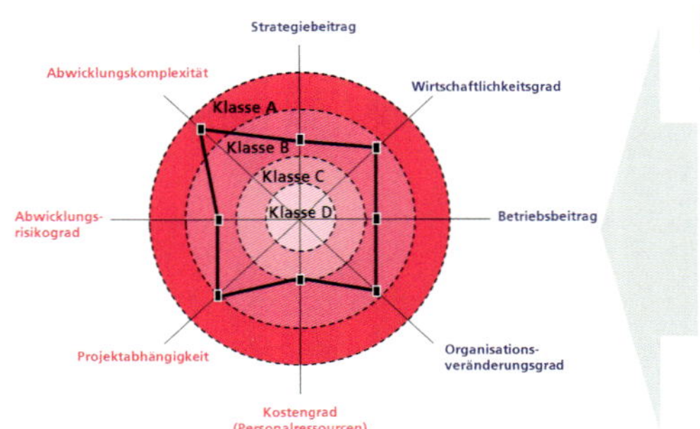

Nr.	Sachliche Prioritätskriterien	Gewichtung	Weltreise	
01	Verfolgung der Strategie	15	08	120
02	Erhöhung der Kundenzufriedenheit	05	10	50
03	Beitrag zur Sicherung des Kerngeschäfts	10	06	60
04	Beitrag zum Aufbau neuer Geschäftsfelder	05	03	15
05	Steigerung der Effizienz	10	07	70
06	Umsatzwachstum	08	05	40
07	Minimierung von Unternehmensrisiken	03	04	12
08	Beitrag zur Kostenreduktion	06	05	30
...	...	...	...	...
	Total	**100**		**866**

Abb. 4.03: Projektbewertung (Nutzwert)

Entscheid der Freigabe und gegenseitige Unterschrift

Durch die gegenseitige Unterschrift von Auftraggeber und Projektleiter erfolgt die definitive Projektfreigabe oder aber auch eine endgültige Ablehnung. Das heisst, aufgrund der detaillierten Ausarbeitung der Initialisierungsphase hat man rechtzeitig erkannt, dass das Vorhaben keinen Sinn macht, nicht möglich ist, zu risikoreich ist, oder man hat sonst einen triftigen Grund entdeckt, weshalb das Projekt nicht durchgeführt wird. Diese Ablehnung ist ein absoluter Erfolg und nicht eine Niederlage, denn sinnlose Ausgaben bzw. eine Beanspruchung von Ressourcen wurden vermieden. Leider wird dies meistens in der Praxis etwas anders gesehen.

Wird dem Vorhaben zugestimmt und ist der Projektauftrag unterschrieben, so ist der Projektstart theoretisch durchgeführt. Idealerweise sollte nun eine offizielle Projektstartsitzung (Kick-Off-Sitzung) stattfinden, in der allen Beteiligten und Betroffenen die genaue Ausgangslage sowie die Zielsetzungen mitgeteilt werden. Zu diesem Zeitpunkt beginnt auch jedes professionelle Changemanagement, mit welchem die Betroffenen auf die durch das Projekt bewirkten Veränderungen vorbereitet bzw. in den Veränderungsprozess integriert werden (siehe Kapitel 10).

Das Projektportfoliomanagement hiess den Projektauftrag gut. Aber die Kosten sind zu hoch. Jedenfalls sind sie höher als die, welche im Steckbrief von Herrn Gloor angegeben wurden. Trotz des Einwandes einer Reiseverkürzung durch Gerlinde soll das Projekt aber im vollen Umfang umgesetzt werden. Gerlinde besteht jedoch darauf, dass nach der Konzeptionsphase das gesamte Vorhaben bezüglich der Kosten nochmals gründlich geprüft wird, denn sie kann sich einfach nicht vorstellen, dass eine Weltreise so teuer ist.

4.1.5 Haupttätigkeiten des Projektstarts

Die Gliederung des Projektstarts gemäss Abbildung 4.04 hilft sicherlich für ein theoretisches Verständnis des Projektstartprozesses. Wie dieser Prozess in einem Projekt genau abläuft, ist allerdings eine andere Frage. In der Realität kann es (je nach Projektsituation) sehr unterschiedlich sein, was, wann mit welchen Unterteilungen während des Projektstarts abläuft. Aus dieser Überlegung heraus ist es sinnvoll, einen etwas neutraleren Fokus einzunehmen und alle Tätigkeiten, die bis zum Ende des Projektstarts (bzw. in der Initialisierungsphase) wahrgenommen werden müssen, in einer ablauf(un)gebundenen Reihenfolge zu betrachten.

R. Heini:
„Der Projektauftrag ist streng genommen ein Vertrag zwischen Auftraggeber und Projektleiter. Wenn Sie zu diesem Vertrag nicht ‚uneingeschränkt' ja sagen können, sollten Sie ihn besser nicht eingehen."

Abb. 4.04: Haupttätigkeiten des Projektstarts

- Projekt und System abgrenzen (Abgrenzen)
  Eine der zentralsten und schwierigsten Aufgaben beim Projektstart ist das Abgrenzen des zu entwickelnden Systems (Produktscope) respektive somit auch des Projektes (Projektabwicklungsscope). Dabei geht es zu diesem Zeitpunkt nicht primär um Detailinformationen, sondern um das Wissen, was im System erstellt (In Scope) und was konkret nicht umgesetzt werden muss/soll (Out of Scope).

- Projektumfeld analysieren (Analysieren)
  Mittels Analyse der Einflussgrössen, die sich in Rahmenbedingungen (z.B. Kundensegment Top Class) und Restriktionen (z.B. Umweltschutzgesetz) unterteilen lassen, bekommt der PL die Sichtweise, was er bei der Lösung zwingend berücksichtigen muss. Macht er dies nicht, so entstehen grössere Abwicklungsrisiken, welche ein Projekt zum Scheitern bringen können. Diese kritischen Einflussgrössen müssen in Muss-Ziele umgewandelt und somit im Zielkatalog aufgenommen werden. Neben sachlichen gehören dazu mehr und mehr die sozialen Faktoren, zum Beispiel, wie die Stakeholder mit ihren persönlichen Bedürfnissen auf ein Projekt – direkt oder indirekt – Einfluss nehmen. Auch diese Rahmenbedingungen muss der PL zur Kenntnis nehmen.

Bedürfnisse ermitteln

- Bedürfnisse, Anforderungen und Ziele ermitteln
  Was ist ein Projekt ohne Bedürfnisse? Oder etwas genauer: Was ist ein Projekt ohne konkrete Ziele und Anforderungen? Die Antwort ist einfach: Es ist kein Projekt. Ziele und Anforderungen bilden die Basis der gesamten weiteren Projekttätigkeiten. Wie detailliert sie beschrieben werden sollten oder müssen, ist nicht allgemeingültig aufzuführen. Als Tipp kann hier nur angemerkt werden, dass ein Projekt noch nie an früh formulierten detaillierten Zielen und Anforderungen gescheitert ist, dagegen unzählige Projekte aufgrund der zu oberflächlich definierten Zielsetzungen. Gleichzeitig ist dieser Arbeitsschritt hervorragend, um den effektiven Beweggrund des Projektes herauszufinden.

Lösung konzipieren

- Lösung konzipieren
  Im iterativen Prozess zur Ziel- und Anforderungsdefinition müssen erste Gedanken des SOLL-Systems respektive Lösungsansatzes formuliert werden – und wie diese Lösung erreicht werden soll. Die Ergebnisse dieser Tätigkeit werden im Business Case, auch Vorstudie oder Grobkonzept genannt, festgehalten.
  Beim Definieren eines Lösungsansatzes geht es in diesem frühen Stadium nicht darum, alle Details auszuarbeiten. Je nach Situation ist dem Auftraggeber schon von vornherein klar, wie die Lösung aussehen sollte (Machen Sie es wie die Konkurrenz!). In diesem Fall gilt es, die Lösung so zu beschreiben, dass alle das Gleiche darunter verstehen. Ist der Lösungsansatz noch offen, macht es Sinn, allein aus taktischer Sicht zwei, drei Lösungsvorschläge auszuarbeiten und deren Vor- und Nachteile abzuwägen, sodass der Auftraggeber wählen kann, welchen Lösungsansatz er in der Konzeption vertiefen möchte.

Risiken/Chancen ermitteln

- Risiken und Chancen ermitteln
  Zu den grob definierten Lösungen/Lösungsvarianten sollen nun Risiken wie auch Chancen der definierten Lösung bzw. Lösungsvarianten ausgearbeitet werden. In Bezug zu den Risiken gilt es, auch die Machbarkeit zu klären. Ist das Risikopotenzial besonders gross, muss eine eigenständige Machbarkeitsanalyse (z.B. technisch, organisatorisch, politisch, fachlich) erstellt werden. Dieser Teil des Business Case bildet für die Entscheidungsträger – zusammen mit der Wirtschaftlichkeit, in der sich oft die Chancen widerspiegeln – wichtige Entscheidungsgrundlagen. Alle Entscheidungsträger müssen sich bei jedem grösseren Vorhaben vor dem „ersten Spatenstich" bewusst sein, welche Risiken das Vorhaben bei der Abwicklung mit sich bringen kann.

- Projektplan erstellen
  In diesem Arbeitsschritt gilt es, aufgrund der Situationsanalyse (IST), der Ziele, der Anforderung sowie der Groblösung (SOLL) die Planung zu erstellen. Das heisst, mit der Planung wird der managementbezogene Abwicklungsweg vom IST zum SOLL beschrieben. Wenn man nicht die in Kapitel 4.2 („Projekt planen") beschriebene umfassende Planung erstellen will, so sind doch in jedem Projekt zwingend einerseits die Arbeiten, sprich Arbeitspakete zu definieren und andererseits ist konkret festzulegen, wer mit welcher Rolle im Projekt mitmacht und für welche Arbeiten er wann zuständig ist.
  Das heisst, in diesem frühen Stadium muss als wichtiger Punkt der Projektplanung der Ablauf der einzelnen Prozesse des Projektes definiert und festgelegt werden.

Projektplan erstellen

- Projektinstitution gründen
  Die Gründung der Projektinstitution erfolgt grundsätzlich erst nach der offiziellen Freigabe des Projektauftrags auf Basis des Projektplans, sprich wenn das Projektbudget vom Projektportfolio-Board oder Auftraggeber gesprochen wurde. Das bedeutet: Bevor mit der grossen Abwicklungstätigkeit im Projekt begonnen werden kann, sollten, sofern dies nicht bereits durch die vorher aufgeführten Aufgaben erledigt ist, noch folgende Arbeiten umgesetzt werden:
  - Verträge abschliessen (Vertragsmanagement)
  - Arbeitsbasis generieren (Lieferobjekte, Arbeitspakete etc.)
  - Personen bestimmen (verantwortliche Personen endgültig designieren)

Projektinstitution gründen

4.2 Projekt planen

Wie Abbildung 4.05 zeigt, steuert der Projektleiter mithilfe der Projektplanung die Projektdurchführung. Die Resultate der Projektdurchführung werden mit der Planung respektive den Projektzielen verglichen und somit kontrolliert. So fliessen alle Abweichungen in die Planung ein, was wiederum die Projektsteuerung beeinflusst.

Grundlegender Aspekt der Führung

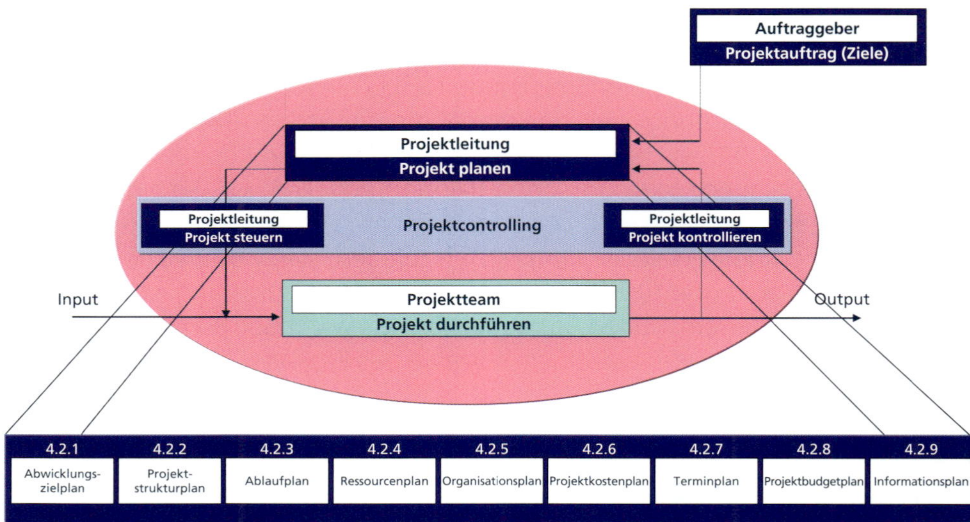

Abb. 4.05: Die Elemente der Projektplanung

Die Projektplanung ist ein grundlegender Aspekt der Projektführung. Pläne unterliegen einem dauernden, iterativen (sich schrittweise ändernden) Anpassungs- und Korrekturprozess, was dem Projektleiter ein zielgerichtetes Führen ermöglicht.

Projektplanung

> *Projektplanung ist die geistige Vorwegnahme der zukünftigen möglichen Realitäten.*

Mit der Planung eines Projekts werden stets zwei Grundsätze verfolgt:
- Zukunftsorientierte Transparenz des einzelnen Vorhabens
- Effiziente Kommunikation bezüglich der Zukunft zwischen den Beteiligten

Basis jeder verbindlichen Planung sind die projektspezifischen Anforderungen und Zielsetzungen. Mithilfe der Projektplanung werden diese Anforderungen zu klaren Vorgaben für die Projektabwicklung.

Der Projektplan wird erstmals in der Initialisierungsphase erstellt und sollte laufend oder periodisch bis zum Projektabschluss überprüft und allenfalls aktualisiert werden. Bei jedem Phasenende oder bei grösseren Planabweichungen muss das Projektsteuerungsgremium sofort informiert werden, um die neue Planung freizugeben oder entsprechende Massnahmen einzuleiten.

Das heisst, die Projektplanung (wie sehr oft irrtümlich angenommen) besteht nicht nur aus einem Terminplan und einem Projektkostenplan. Die Abbildung 4.06 gibt einen Überblick über eine vollständige Projektplanung. Somit ist ein Projektplan immer als ein konkretes Konglomerat verschiedener Planelemente zu verstehen.

G. Gassmann:

„Ein Konditor kann mit der Hochzeitstorte die Hochzeitsgesellschaft begeistern. Liefert er sie aber einen Tag nach dem Fest, ist sie keinen Penny wert! Eine qualifizierte Planung ist daher die Basis für eine zeitgerechte Lieferung."

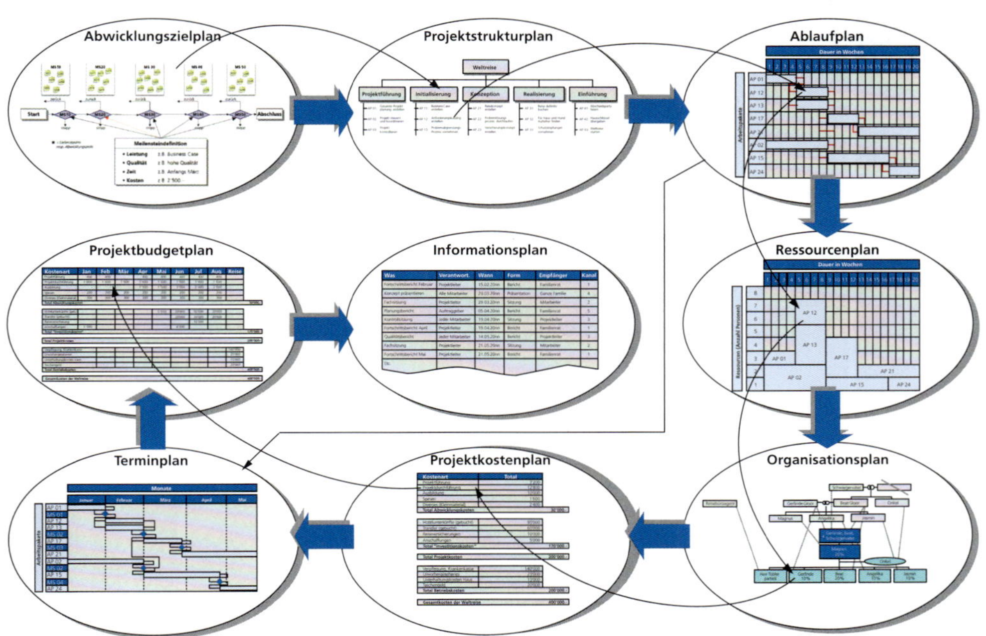

Abb. 4.06: Die neun Schritte des Planungsablaufs

Die neun Planungsschritte bzw. -elemente laufen methodisch in einer rein sequenziellen Reihenfolge ab. Die Anwendung in der Praxis zeigt jedoch sehr bald, dass selbst bei der erstmaligen Erstellung, spätestens aber ab dem siebten Planungsschritt (Terminplan) eine Iteration beginnt, die den Projektleiter im Extremfall bis zum ersten Planungsschritt zurückführen kann. Entscheidend ist somit nicht das rein sequenzielle Abarbeiten, sondern vielmehr das Durchführen aller Planungselemente.

Der iterative Planungsansatz ist die Lösung.

Die ablauforganisatorische Logik des Projektplans ermöglicht eine kongruente und umfassende Planung. Dabei ergeben sich aus jedem Planungselement die konkreten Planungsaufgaben und entsprechenden Phasenergebnisse.

Planungsmethodik ergibt Planungsvollständigkeit

Die Anwendung der Planungsmethodik garantiert die Planungsvollständigkeit und gibt dem Projektleiter Führungssicherheit, die er mit keinem anderen Führungsinstrument erreichen kann.

Auch der Projektleiter Magnus hält sich an diese 9 Planungselemente. Es kostete ihn zwar einige Zeit, bis er diese „intus" hatte, doch das Ergebnis kann sich sehen lassen. In den kommenden Kapiteln sind all seine Pläne als Abbildungen dargestellt. Dabei ist zu beachten, dass oft nicht der ganze Plan abgebildet ist. So gibt z.B. der Ablaufplan nur Auskunft über die ersten zwanzig Wochen. Folglich bilden alle davon abgeleiteten Pläne auch bloss die ersten zwanzig Wochen ab. Im Ressourcenplan sind zudem der Einfachheit halber alle Projektteammitglieder als 100%ig beteiligte Personen dargestellt.

Was Magnus erstaunt, ist, dass er mit dem erstmaligen Errechnen der Projektkosten und der Reisekosten (Betriebskosten) auf eine unheimliche Summe kommt. Wie bereits bekannt, hat dies auch seine Mutter geschockt. Aufgrund der Plantransparenz konnte er jedoch das Projektsteuerungsgremium überzeugen, dass ein solches Vorhaben (wenn man es richtig macht) seinen Preis hat.

4.2.1 Abwicklungszielplan

Um dem Projekt eine bestimmte Richtung zu geben, werden sogenannte Abwicklungsziele (siehe Kapitel 1.3.3) definiert. Diese sind in zwei Genauigkeitsstufen zu gestalten. Während sie beim erstmaligen Erstellen der Planung „nur" sogenannte Richtwerte (Zielbojen) darstellen, sind sie bei einer vernehmlassten (bewilligten) Planung, in gebündelter Form, absolut zu erreichende Eckwerte, sprich Meilensteine.

Meilenstein

Ein Meilenstein beschreibt einen Zustand einer Leistung bzw. ein oder mehrere entscheidende Lieferobjekte, die bis zu einem bestimmten Zeitpunkt in der definierten Qualität zu den entsprechenden Kosten erstellt werden müssen.

B. Schulthess:

„Eine integrale, konzeptionelle Planung ist belastbar, ermöglicht Optimierungen in der Realisierung und gibt Spielraum für notwendige Adaptionen aus der Projektentwicklung."

Die gebündelten Abwicklungsziele, sprich Meilensteine, werden oft als Endpunkte einer Projektphase gesetzt, was aber nicht zwingend ist. Es ist auch sinnvoll, einen Meilenstein oder ein einzelnes Abwicklungsziel mitten in eine Projektphase zu setzen, um das Projekt sicherer durch eine kritische Phase steuern zu können. Bei jedem Erreichen eines Meilensteins wird das Projekt kurz „angehalten" und geprüft, ob die Resultate den gewünschten Werten entsprechen. Dieses Stoppen und Prüfen könnte auch eine Vernehmlassung (Stellungnahme) bedeuten. Meilensteine respektive die einzelnen Abwicklungsziele sind somit auch Motivatoren. Es sind zu erreichende Etappenziele auf dem langen Weg der Projektabwicklung. Alle Stakeholder sowie das ganze Projektteam können sich auf diese Zwischenerfolge ausrichten.

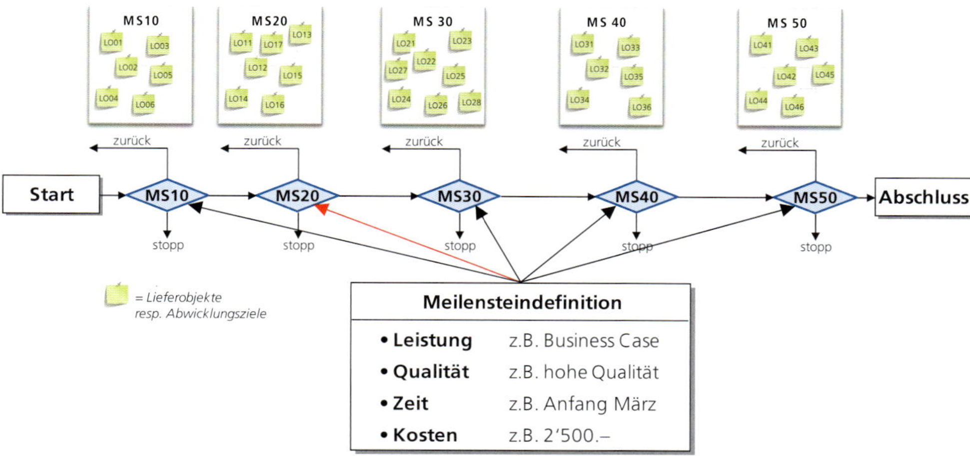

Abb. 4.07: Bündelung der Lieferobjekte zu Meilensteinen

Wie man beim erstmaligen Definieren zu den „möglichen" Meilensteinen kommt, ist relativ einfach. Man führt in einem Workshop mit einigen Stakeholdern und dem Projektteam ein gut moderiertes Brainstorming durch, in dem möglichst viele Lieferobjekte definiert werden, die im Laufe der Projektabwicklung erstellt werden müssen. Diese Lieferobjekte werden in Abwicklungsziele umformuliert und je nachdem (nach zeit- oder ereignislogischer Abhängigkeit) gebündelt. So entstehen Meilensteine (MS). Diese beinhalten beim erstmaligen Definieren neben der möglichst detaillierten Aufführung der Leistung (klar definierte Lieferobjekte) erste grobe Angaben zu den Werten:

Abwicklungsbezogene Liefererergebnisse oder Projektziele

- Qualität (möglichst klar definierte Qualitätswerte der Lieferobjekte, dabei muss es nicht immer höchste Qualität sein)
- Zeit (grobe Angabe, wann der Meilenstein in etwa zu erreichen ist)
- Kosten (grobe Angabe, wie viel Geld in etwa bis zu diesem Zeitpunkt ausgegeben werden kann)

Diese Werte sollten nach dem Erstellen des Projektkosten- und Terminplans bestmöglich konkretisiert werden. Abbildung 4.08 zeigt den von Magnus erstellten Abwicklungszielplan: Die darin beschriebenen Meilensteine sind zu diesem Zeitpunkt als „Zielbojen" zu verstehen.

Meilenstein	Leistung/Abwicklungsziel	Qualität	Zeit	Kosten
Mitte Initialisierung **MS15**	Grobe Beschreibung der Idee, klare Abgrenzung des Lösungsbereichs, Projektleiter eindeutig nominiert.	mittlere	01.02.2025	3'500.–
Ende Initialisierung **MS20**	Die Projektplanung, der Anforderungskatalog, der Business Case sowie der Projektauftrag sind detailliert erstellt.	hohe	01.03.2025	2'500.–
Mitte Konzeption **MS25**	Reisebüro evaluiert, notwendige Kurse definiert und reserviert, Bücherliste zusammengestellt, Verhandlungen mit allen Vertragspartnern durchgeführt.	mittlere	29.03.2025	2'500.–
Ende Konzeption **MS30**	Das Konzept ist im Detail erstellt. Reiseroute und Reiseart sind bekannt.	hohe	26.04.2025	3'500.–
1. Drittel Realisierung **MS32**	Gesundheitskontrollen vorgenommen, Reisetickets und Reservationen sind im Hause, 50% aller Kurse gemacht.	mittlere	31.05.2025	9'500.–
2. Drittel Realisierung **MS35**	Rechnungen bezahlt, 100% aller Kurse absolviert, Buchungskontrolle durchgeführt, Kommunikationstechnik eingerichtet.	mittlere	05.07.2025	54'000.–
Ende Realisierung **MS40**	Alle Vorbereitungen für die Reise und für das Projektumfeld sind erledigt.	hohe	09.08.2025	122'000.–
Ende Einführung **MS50**	Die Koffer sind gepackt und die Reisenden startklar.	mittlere	30.08.2025	2'500.–

Abb. 4.08: Abwicklungszielplan

Grundlage für das Messen des Erfolgs

Die Abwicklungsziele (Leistung, Qualität, Zeit und Kosten) eines Meilensteins werden benötigt, um den Erfolg auf der Projektabwicklungsseite nachweisen zu können. Das bedeutet, dass klar definierte Abwicklungsziele massgeblich zum Projekterfolg beitragen. Änderungen dieser Ziele dürfen nur in Ausnahmesituationen und mit dem Einverständnis des Auftraggebers erfolgen (siehe Kapitel 11.3, „Änderungsmanagement").

4.2.2 Projektstrukturplan

Das Hauptziel dieses Planungsschritts ist die klare Gliederung der bevorstehenden Gesamtaufgaben in einzelne plan- und kontrollierbare Arbeitspakete (Teilaufgaben), um stets die Überschaubarkeit der Projektabwicklung gewährleisten zu können. Aus diesem Planungsschritt resultieren:

- der Projektstrukturplan
- die Arbeitspakete (die Liefererergebnisse der Meilensteine)

Projektstrukturplan als „Projektplan-Fundament"

Der Projektstrukturplan (PSP) gibt nicht nur eine sehr gute Übersicht, sondern deckt auch Zusammenhänge auf. Darum gilt er als „Projektplan-Fundament", mit dem die Ablauf-, die Ressourcen- und die Terminplanung erarbeitet werden können. Es gibt verschiedene Möglichkeiten, einen Projektstrukturplan aufzubauen. So könnte man beispielsweise, wie Abbildung 4.09 aufzeigt, die Projektaufgaben nach Teilkomponenten in einzelne Arbeitspakete (objektorientiert) strukturieren. Oder man zerlegt die Projektaufgaben vorgehensorientiert (siehe Abbildung 4.10) auf die Projektphasen.

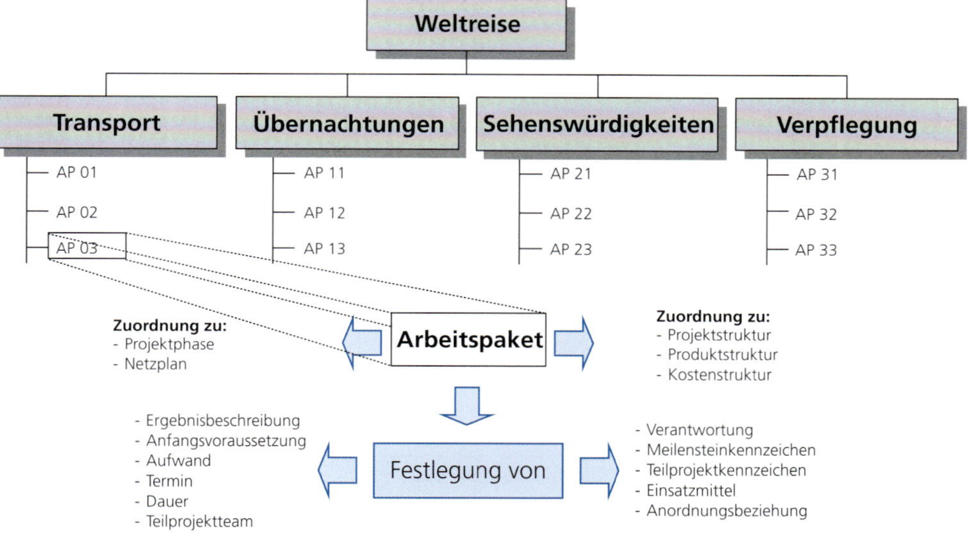

Abb. 4.09: Beispiel eines objektorientierten Projektstrukturplans

R. Heini:
„Der objektorientierte Projektstrukturplan bildet das zentrale Element zur Sicherstellung der Vollständigkeit der Planung."

4

Im hierarchischen Schema steht die Gesamtaufgabe an der Spitze. Ihr folgen, je nach Gliederungsart, die Teilaufgaben. Diese werden wiederum in Unteraufgaben der nächstniedrigeren Ebene unterteilt. Ist eine Unteraufgabe eine in sich geschlossene transparente Arbeitseinheit, z.B. Analyse des IST-Zustandes, so nennt man diese Unteraufgabe „Arbeitspaket".

Arbeitspaket

Ein Arbeitspaket ist eine in sich geschlossene Aufgabenstellung innerhalb eines Projekts, die bis zu einem festgelegten Zeitpunkt mit definiertem Ergebnis und Aufwand vollbracht werden kann [DIN 69901-5:2007].

Die Summe aller Arbeitspakete (AP) stellt den gesamten Leistungsumfang eines Projekts dar. Die Kunst besteht nicht darin, einen möglichst hohen, sondern den optimalen Detaillierungsgrad zu finden. Die Arbeitspakete müssen soweit zerlegt werden, bis der Projektleiter die für ihn notwendige Übersicht und Flexibilität erhält und sie an das Projektteam delegieren kann.

Eine Beschreibung eines Arbeitspaketes umfasst, wenn es im Laufe der Planung komplett erstellt ist, unter anderem die folgenden Punkte [Bur 2012]:

- Arbeitspakettitel und Arbeitspaketnummer
- Verantwortliche Rolle/Person mit den entsprechenden Fähigkeiten
- Geplanter Start- und Endtermin inkl. Aufwand
- Anfangsvoraussetzungen
- Ergebnisbeschreibung
- Beschreibung der Vorgänge und deren Aufwände
- Schnittstelle, Normen und Standards
- Benötigte Sachmittel

Die Aufwandschätzung ist der heikelste Teil der Projektplanung

Einer der heikelsten Punkte der Projektplanung ist die Aufwandschätzung, welche sich zu diesem Zeitpunkt natürlich aufdrängt. Mögliche Aufwandschätztechniken sind im Kapitel 4.5.2 punktuell aufgeführt.

Um eine möglichst gute Übersicht über die Vorbereitungstätigkeiten der Weltreise zu haben, entschied sich Magnus für einen vorgehensorientierten Projektstrukturplan. Er hätte aber ebenso gut einen objektorientierten PSP ausarbeiten können (siehe Abbildung 4.09).

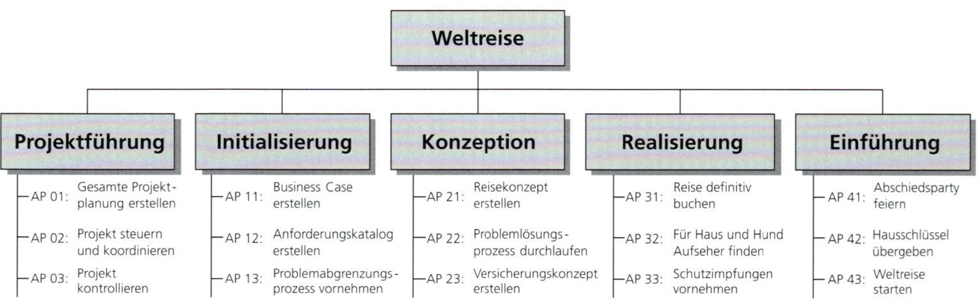

Abb. 4.10: Vorgehensorientierter Projektstrukturplan

Da die Tätigkeiten eines Projektleiters oftmals übersehen werden, macht es Sinn, die Führungsaufgaben explizit als separaten Strukturast aufzuführen.

4.2.3 Ablaufplan

Sachlogische Reihenfolge

Dieses Planungselement beginnt mit dem Ermitteln und dem Festlegen der logischen Abhängigkeiten der einzelnen Arbeitspakete und endet mit dem Resultat einer Ablaufplanung, bei der die genauen Zeitpunkte noch völlig irrelevant sind. Der Ablaufplan enthält die sachlogische Reihenfolge, in welcher die einzelnen Arbeitspakete abzuwickeln sind. So wird für alle Beteiligten ersichtlich, welche(s) Ergebnis(se) erstellt sein muss, bevor mit einer anderen Arbeit begonnen werden kann.

Es empfiehlt sich, hier einen Zwischenschritt zwischen dem Projektstrukturplan und dem Ablaufplan einzuschieben. Dabei werden die einzelnen Arbeitspakete aus dem PSP in eine Arbeitspaketliste übertragen. Aufgrund der besseren Überschaubarkeit vereinfacht dies die Erstellung des Ablaufplans sehr.

H. Felchlin:
„Fokussierung in der Ausführung macht die einzelnen Liefererergebnisse schneller und qualitativ hochstehender."

Die Abbildung 4.11 zeigt einen kleinen Ausschnitt der von Magnus erstellten Arbeitspaketliste.

Arbeitspaketliste	**Projekt:** Vorbereitung der Weltreise	**Nr.:** 5	**Seite**
	Aussteller: Magnus Gloor	**Datum:** 3. Januar 20nn	1

Projekttätigkeiten					**Bedarf**		
Nr.	Arbeitspaket	Vorgangsdauer	Direkter Vorläufer	Direkter Nachläufer	Personalmittel	Sachmittel	Finanzmittel
01	Gesamte Projektplanung erstellen	4 Wochen	-	AP 12 / AP 13	-	-	-
02	Projekt steuern und koordinieren	8 Wochen	-	AP 15	-	-	-

Abb. 4.11: Arbeitspaketliste

Fragetechnik zur logischen Beziehung

Berg [Ber 1973] erfasst die logischen Beziehungen zwischen den Ereignissen (Lieferobjekte, welche aus den Arbeitspaketen resultieren) und Vorgängen (Verrichten der Arbeitspakete) mit einer systematischen Fragetechnik:

- Welche Arbeitspaket-Lieferobjekte sind unmittelbare Voraussetzungen für das betrachtete Arbeitspaket?
- Welche Arbeitspakete können einem betrachteten Arbeitspaket unmittelbar folgen?
- Welche Arbeitspakete können unabhängig vom betrachteten Arbeitspaket ausgeführt werden?
- Entspricht der gewählte Feinheitsgrad den Anforderungen einer ablaufgerechten Projektabbildung?

Diese Fragetechnik ist ein sehr gutes Mittel, um aus dem Projektstrukturplan den Ablaufplan zu erstellen.

Für das Weltreiseprojekt hat Magnus den Ablaufplan als Balkendiagramm mit Abhängigkeiten (Plan-Net) dargestellt.

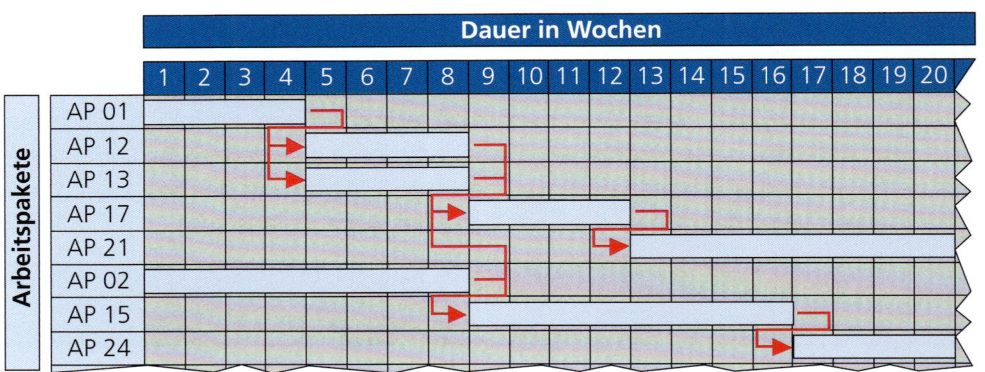

Abb. 4.12: Ablaufplan (in Form eines Plan-Net dargestellt)

4.2.4 Ressourcenplan

IST/SOLL-Gegenüberstellung der Ressourcen

Im vierten Planungsschritt werden die benötigten Kapazitäten (SOLL) berechnet und den vorhandenen Kapazitäten (IST) gegenübergestellt, um so die optimale Dauer der Arbeitspakete festlegen zu können.

Das konkrete Ziel dieses Planungselements besteht im Bestimmen der Art und Weise des Gebrauchs der Ressourcen, der Kapazitäten an Ressourcen sowie im Festlegen der Tätigkeitsdauer unter Verwendung der bereitgestellten Ressourcen. Das heisst, die Einsatzmittel werden pro Arbeitspaket disponiert.

Einsatzmittel

Unter Einsatzmittelart wird die Gesamtheit von Einsatzmitteln verstanden, die nach bestimmten gemeinsamen Merkmalen zusammengefasst sind, wie stoffliche Merkmale, technische Merkmale, funktionale Merkmale und berufliche Qualifikation [DIN 69902].

Die Einsatzmittel können in Wert- oder Mengeneinheiten beschrieben werden. Ihr Einsatz kann einmalig oder wiederholt erfolgen, und sie können für einen Zeitpunkt oder eine Zeitperiode geplant werden. Gemäss Definition können die Einsatzmittel wie folgt gegliedert werden:

- Personalmittel
  Hierzu gehören alle internen Mitarbeiterleistungen sowie Dienstleistungen externer Firmen, die für das Projekt benötigt werden.
- Sachmittel
  Dazu zählen alle nicht personalbezogenen Sachmittel wie Arbeitsplatz, Schulungsraum, Büromaterial, Bagger, Computer etc.

Kapazitätsberechnung

Aufgrund von Kapazitätsberechnungen wird bestimmt, wann, wo und wie viele Kapazitäten/Ressourcen benötigt werden. Im Plan verankert helfen sie, den vorgegebenen oder gewünschten Endtermin einzuhalten oder eine begründete Diskrepanz aufzuzeigen. Als Basiswerte eignen sich hier die Arbeitspakete und das Balkendiagramm mit Abhängigkeiten (Plan-Net) am besten, da aus diesen Werten, wie im Folgenden aufgezeigt, eine optimale Kapazitätsbelegung hergeleitet werden kann.

Der erste Schritt beinhaltet, den im dritten Planungselement erstellten Ablaufplan mit den entsprechenden Ressourcen zu versehen.

R. Heini:

„Starten Sie kein Projekt, wenn Sie nicht sicher sind, ob zum entsprechenden Zeitpunkt die notwendigen Ressourcen verfügbar sein werden. Sie riskieren sonst, dass das Projekt plötzlich einen ‚Vollstopp' einlegen muss."

Hierfür schreibt Magnus die nötigen Ressourcen am Rande des Ablaufplans hin. Es gilt zu beachten, dass aufgrund der Einfachheit nur Personalressourcen angegeben werden. Natürlich müssten auch hier die Sachmittel aufgeführt werden.

4

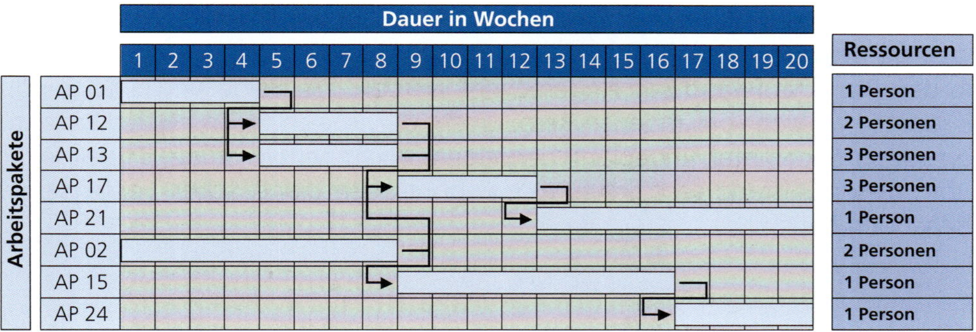

Abb. 4.13: Ablaufplan mit Ressourcenangaben

Der Ablaufplan mit den angegebenen Ressourcen wird nun in das Kapazitätsbelastungsdiagramm übertragen. Dies ist wie beim bekannten Spiel „Tetris" zu machen: Man baut lückenlos die einzelnen AP aufeinander. Wird ein Planungstool eingesetzt, so wird das Kapazitätsbelastungsdiagramm automatisch erstellt. Besitzt man kein solches Tool, so kann man es relativ einfach auch mit dem Programm Excel erstellen.

SOLL-/IST-Abweichung des Einsatzmittels

Hat man die nötigen Kapazitäten in das Diagramm übertragen, so erkennt man den Bedarf. Trägt man als weiteren Schritt die Vorratslinie (IST-Bestand) ein, so erkennt man rasch, wo eine Über- respektive Unterbelastung vorhanden ist. Lässt sich trotz Abhängigkeiten innerhalb von sogenannten Pufferzeiten ein Arbeitspaket zeitlich etwas verschieben (siehe z.B. Arbeitspaket 12), könnte dies zu einer optimierten Auslastung führen.

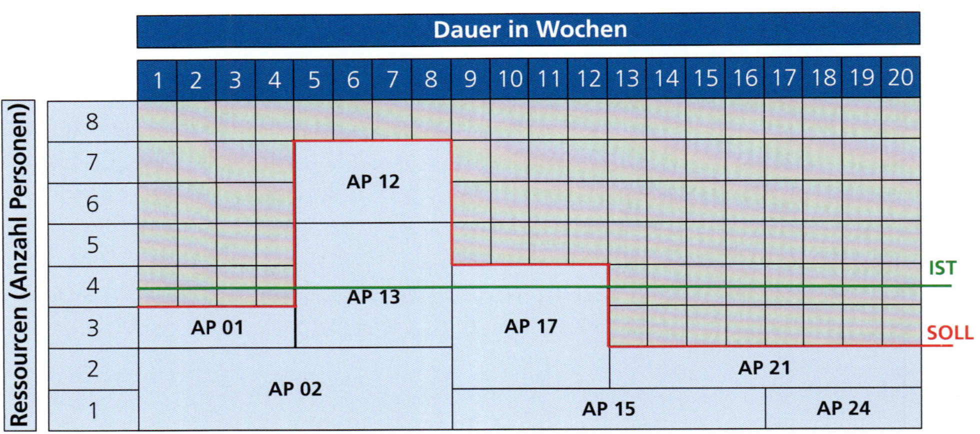

Abb. 4.14: Kapazitätsbelastungsdiagramm

Überbeanspruchung der Ressourcen

Eine optimale Ausnützung aller Ressourcen ist in der Regel aus wirtschaftlichen Gesichtspunkten zwingend. Fehlberechnungen kommen jedoch häufig vor, weil die Nutzung respektive die Auslastung der Sachmittel nicht umfassend in den Projektaufwand mit eingerechnet werden. Die Folge sind gravierende Engpässe bei den vorhandenen Ressourcen, da vielleicht auch andere Projekte dieselben Sachmittel ungeplant benötigen. Nicht selten ist der Projektleiter über diesen Zustand sehr erstaunt, obwohl er den planerischen Fehler selbst begangen hat.

4.2.5 Organisationsplan

Logische Verbindung zur Projektinstitution

Der projektspezifische Organisationsplan ist die logische Verbindung zur Projektinstitution (siehe Kapitel 2). Dieser Plan umfasst die komplette planerische Gestaltung der Bereiche Projektorganisation, die jeweiligen Rollen und Gremien sowie die konkrete Anwendung des Informations-, des Dokumentations- und des Sachmittelsystems.

Zweistufigkeit der Organisationsplanung

Wird dieser Schritt im Rahmen der ersten Projektplanung durchgeführt, so bezieht sich die Planungstätigkeit auf das ganze Projekt. Bei einer Phasenplanung hat er nur einen Bezug zu jener Phase, in der er geplant wird. Diese Zweistufigkeit macht Sinn, da in der ersten Stufe die Grundstrukturen für das ganze Projekt festgelegt werden müssen. In der zweiten Stufe geht es dann darum, die phasenspezifischen Aufgaben neuen oder den bestehenden Rollen, sprich Rollenträgern, zuzuordnen. Die Basis für diese Planung bildet das Kapazitätsbelastungsdiagramm respektive der gesamte Ressourcenplan, der aufzeigt, wie viele Mitarbeiter mit welchen Fähigkeiten das Projekt benötigt.

So müssen die benötigten Kapazitäten aus der Linie abgezogen oder allenfalls von Externen beschafft werden.

Der Projektleiter Magnus entnimmt für diesen Planungsschritt alle relevanten Personen aus dem im Arbeitszimmer hängenden Familienstammbaum und weist sie den einzelnen Projektrollen der Projektorganisation zu (siehe Abbildung 4.15). Dabei nimmt er auch den externen Mitarbeiter des Reisebüros in die Projektorganisation auf. Anschliessend überträgt er den einzelnen Rollen und Gremien die die nötigen Aufgaben, Kompetenzen und Verantwortungen gemäss Kapazitätsbelastungsdiagramm.

R. Heini:
„Jedes Projekt braucht – seiner Stufe entsprechend – gute Mitarbeiter. Wenn diese dem Projekt nicht zur Verfügung gestellt werden, sollten Sie den Wert des Projekts bzw. das Projekt an und für sich hinterfragen."

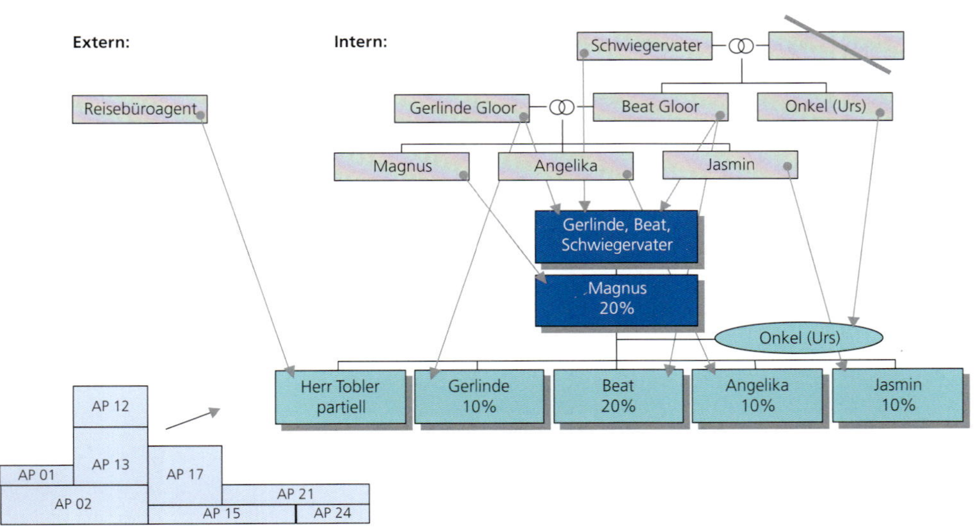

Abb. 4.15: Organisationsplan

Grundsätzlich sollten folgende Aufgaben wahrgenommen werden:

1. Bestimmung der Beteiligten (Rollen und Gremien)
2. Bildung der geeigneten Organisationsform
3. Zuteilung der Aufgaben, Kompetenzen und Verantwortlichkeiten an die geplanten Rollen und Gremien zuweisen (Funktionsdiagramm)
4. Festlegung der weiteren institutionellen Werte (basierend auf der konkreten Projektorganisation) wie das Informations-, das Dokumentations- und das Sachmittelsystem

4.2.6 Projektkostenplan

Das Erstellen des Projektkostenplans ist eine anspruchsvolle Aufgabe, da zu Beginn des Projekts mit unvollständigen Angaben Berechnungen bezüglich des Projektaufwands (Finanzmittel) gemacht werden müssen.

Projektkostenplan

Der Projektkostenplan beinhaltet die Berechnung und Zuordnung der voraussichtlichen Kosten für die Arbeitspakete unter Berücksichtigung der vorhandenen Einflussgrössen und der vorgegebenen Ziele.

Die Projektkosten setzen sich aus der Summe aller Tätigkeiten der Projektabwicklung und aus den notwendigen Anschaffungskosten (Investitionen) zusammen. Allfällige Betriebskosten sind keine Projektkosten.

Ziele des Projektkostenplans:
- Sachmittel- und Personalmittelkosten pro Arbeitspaket ermitteln
- Gesamt-Projektkosten zur Beantragung des Projektbudgets ermitteln
- Zeit- und Kostenwerte optimieren
- Genaue Kontrollwerte entwickeln
- Grundlage für die Wirtschaftlichkeitsberechnung schaffen

Ungenauigkeiten aufgrund fehlender Planungstiefe

Der Projektkostenplan basiert auf einer ressourcenbezogenen Aufwandsberechnung, die pro Arbeitspaket im Planungsschritt zwei und vier erstellt wurden. Aufgrund des Top-down-Planungsansatzes lässt die projektbezogene Kostenplanung, im Gegensatz zur generellen Kostenplanung im Unternehmen, eine gewisse Ungenauigkeit zu, die je nach Planungstiefe einkalkuliert werden muss.

Typische abwicklungsbezogene Projektkosten sind:
- Interne Personalkosten der Projektmitarbeiter (Lohn, Sozialabgaben, Ausbildungen, Spesen)
- Externe Dienstleistungen (Projektmitarbeiter, Beraterhonorare, Service)
- Materialkosten (Datenträger, Maschinenzubehör)
- Maschinenkosten (Bagger, Kran, Lastwagen)
- Infrastrukturkosten (Gebäude, Schulungsräume)
- Infrastrukturzusatzkosten (Miete, Versicherungen, Energie)

Alle anfallenden Projektkosten sollten im Weiteren einer Projektkostenstelle zugewiesen und nach Kostenarten gegliedert werden, damit die Verantwortlichkeiten bezüglich der Aufgaben gemäss den Unternehmensrichtlinien erteilt werden können.

Die Projektkosten des Organisationsprojekts „Vorbereitung der Weltreise" unterteilen sich in Abwicklungskosten und Investitionskosten. Die Betriebskosten von 200'000.– zählen nicht zu den Projektkosten, sind aber für das Vorhaben als Ganzes von grossem Interesse.

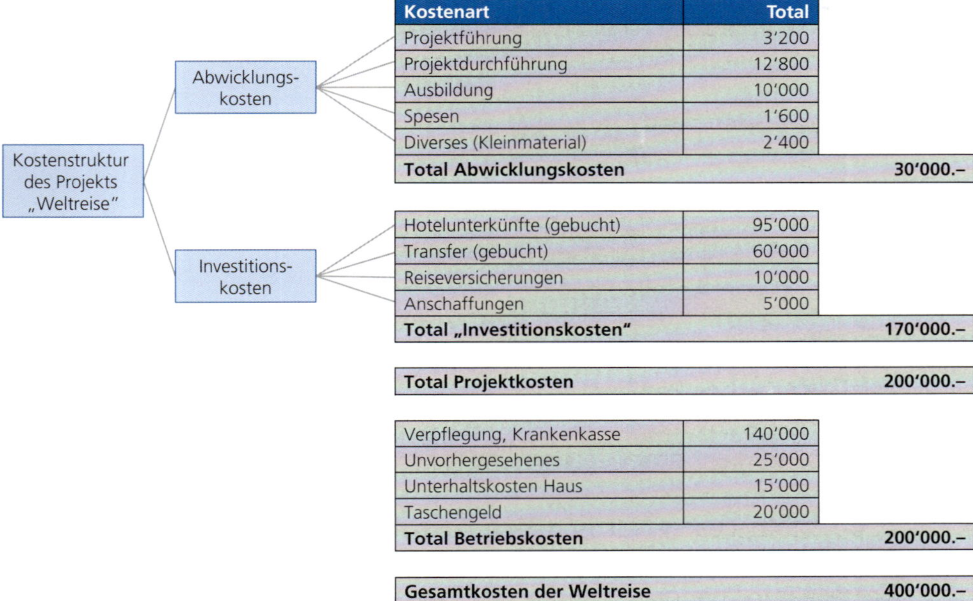

Kostenart	Total	
Projektführung	3'200	
Projektdurchführung	12'800	
Ausbildung	10'000	
Spesen	1'600	
Diverses (Kleinmaterial)	2'400	
Total Abwicklungskosten		**30'000.–**
Hotelunterkünfte (gebucht)	95'000	
Transfer (gebucht)	60'000	
Reiseversicherungen	10'000	
Anschaffungen	5'000	
Total „Investitionskosten"		**170'000.–**
Total Projektkosten		**200'000.–**
Verpflegung, Krankenkasse	140'000	
Unvorhergesehenes	25'000	
Unterhaltskosten Haus	15'000	
Taschengeld	20'000	
Total Betriebskosten		**200'000.–**
Gesamtkosten der Weltreise		**400'000.–**

Abb. 4.16: Projektkostenplan = Aufstellen der Kosten ohne Zeitangaben

Wie in der Projektdefinition (vgl. Kapitel 1.1) erläutert, sind Projekte einmalig. Folglich sind auch die Projektkosten einmalig, was die Kosten aus betriebswirtschaftlicher Sicht womöglich insgesamt zu Investitionskosten werden lässt.

4.2.6.1 Projektnutzen (Mehrwert)

Der beste Zeitpunkt, um den effektiven Nutzen (Mehrwert/Business Value) eines Projekts respektive eines neu zu erstellenden Produkts zu erfassen, ist derjenige der Kostenberechnung. Oftmals wird nur beim Abwägen der Kosten die Tiefe erreicht, mit welcher der entsprechende Nutzen der verschiedenen Varianten beleuchtet werden kann. Es liegt in der Natur des Menschen, dass er bei der Berechnung von Kosten (Aufwand) immer auch an den Nutzen denkt. Dieser Eigenart sollte zu diesem Zeitpunkt Rechnung getragen werden.

Kosten/Nutzen-Analyse

Das Errechnen des Nutzens respektive des Mehrwerts ist vor allem bei kostspieligen Projekten von grosser Bedeutung. Unter anderem vereinfacht eine solche Berechnung die Verhandlungen über die bevorstehenden Investitionen, da den Projektträgern zusammen mit der Aufwandschätzung der Nutzen der eventuellen Lösungsvariante (z.B. mit einer Kosten/Nutzen-Analyse) präsentiert werden kann. Solche Vergleichsmöglichkeiten bilden hervorragende Grundlagen für eine sachliche Diskussion. Durch ein Projekt können folgende direkte und/oder indirekte Nutzen erzielt werden [Bec 2002]:

Direkter Nutzen (Mehrwert):

- Direkte Einsparungen
  - absolute Personaleinsparungen
  - Wegfall von Mieten für konventionelle Geräte
  - Reduktion von Abfallkosten

- Vermeidbare Kosten
  - kein zusätzliches Personal bei Erhöhung des Arbeitsvolumens
  - vermeidbare zusätzliche externe Leistungen
  - Einsparung nicht erneuerbarer Energien

- Nicht quantifizierbarer Nutzen (siehe Abbildung 4.17)
  - Transparenz über Bewegungen und Bestände
  - aktuelle Informationen, rasche und gezielte Disposition
  - Steigerung des Images

- Erhöhung der Einnahmen
  - frühere Zahlungseingänge durch frühzeitiges Fakturieren und termingerechtes Mahnen
  - Umsatzerhöhung durch schnellere Auslieferung
  - grössere Produktion aufgrund von verbessertem Kundennutzen

Indirekter Nutzen (Mehrwert):

Ein indirekter, sekundärer Nutzen entsteht bei Dritten ausserhalb des Zielbereichs des Projekts. Unterschieden werden:

- Technischer Nutzen
  - neueste Maschinen, die auch anderweitig genutzt werden können
  - verlängerte Nutzungsdauer
  - erhöhte Funktionssicherheit

- Marktmässiger Nutzen
  - mehr Ansehen (Image), z.B. aufgrund von Nachhaltigkeit
  - Aufbau von Know-how
  - Brand Name

Nutzenkategorie/-art	Geringer	Gleich	Höher	Relevanz
Kundenorientierter Zusatznutzen				
♦ Qualitätsempfinden			*	Ja
♦ Vereinheitlichung			*	Ja
Betriebsorientierter Zusatznutzen				
♦ Wettbewerbsvorteile		*		Nein
♦ Ansehen des Unternehmens als Arbeitgeber			*	Ja
♦ Bedienungsfreundlichkeit		*		Ja
♦ Feedback zur Selbstkontrolle	*			Nein
Entwicklungsorientierter Zusatznutzen				
♦ Weitere Entwicklungen			*	Ja
♦ Qualität		*		Ja
♦ Sicherheit			*	Nein
♦ Ergonomie			*	Nein
Etc.				

Abb. 4.17: Tabellenbeispiel für nicht quantifizierbaren Nutzen eines Projekts

4.2.7 Terminplan

In diesem Planungsschritt sind die wichtigen Termine (Zeitpunkte), vor allem die sogenannten Zwischentermine (Meilensteine), sowie die genauen Start- und Endtermine pro Arbeitspaket konkret festzulegen. Basis dafür sind einerseits die externen Terminvorgaben (wie im Planungsschritt eins allenfalls berücksichtigt) und andererseits die errechneten Zeitgrössen der einzelnen Arbeitspakete (Planungsschritte zwei und vier). Sind die vorhergehenden Planungselemente erstellt, ist dieser Planungsschritt durch das Setzen des Projektstarttermins sehr einfach zu bewältigen.

Der Projektstart zur „Vorbereitung der Weltreise" ist der 1. Januar 2009. Folglich wird der Ablaufplan mit dem Setzen dieses Datums zum Terminplan.

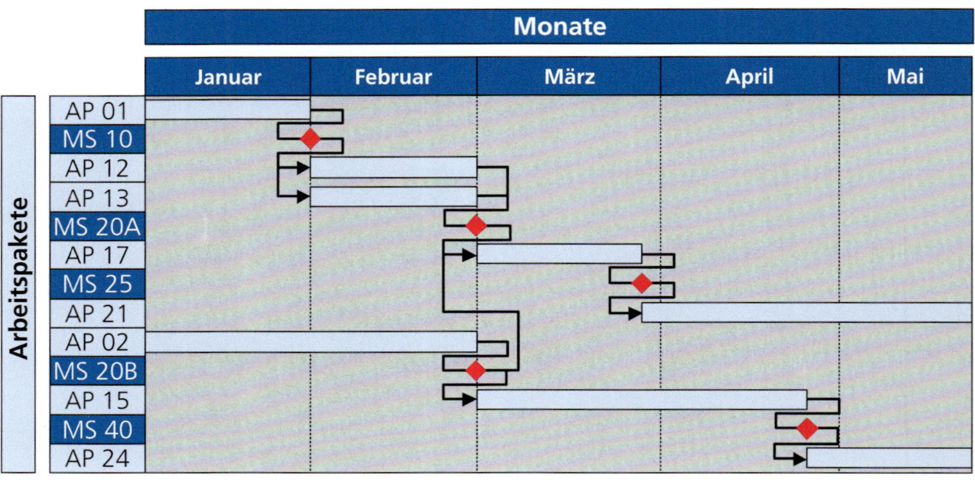

Abb. 4.18: Terminplan

Wie aus den vorhergehenden Planungsschritten gut erkennbar, ist die Terminplanung ein Prozess. Dieser Prozess beginnt mit der Projektstrukturierung und geht über die Festlegung der logischen Aufgabenreihenfolge und der Ressourcenzuteilung bis zur endgültigen Terminierung. Somit bilden Struktur-, Ablauf-, Ressourcen- und Terminplanung eine geschlossene Prozesskette innerhalb der Projektplanung.

G. Gassmann:

„Gewisse Dinge brauchen einfach Zeit, ein Barriquewein bekommt sein Aromaspektrum auch nicht in drei Tagen im Fass! Es nützt auch nichts, wenn man ihn auf drei Fässer aufteilt."

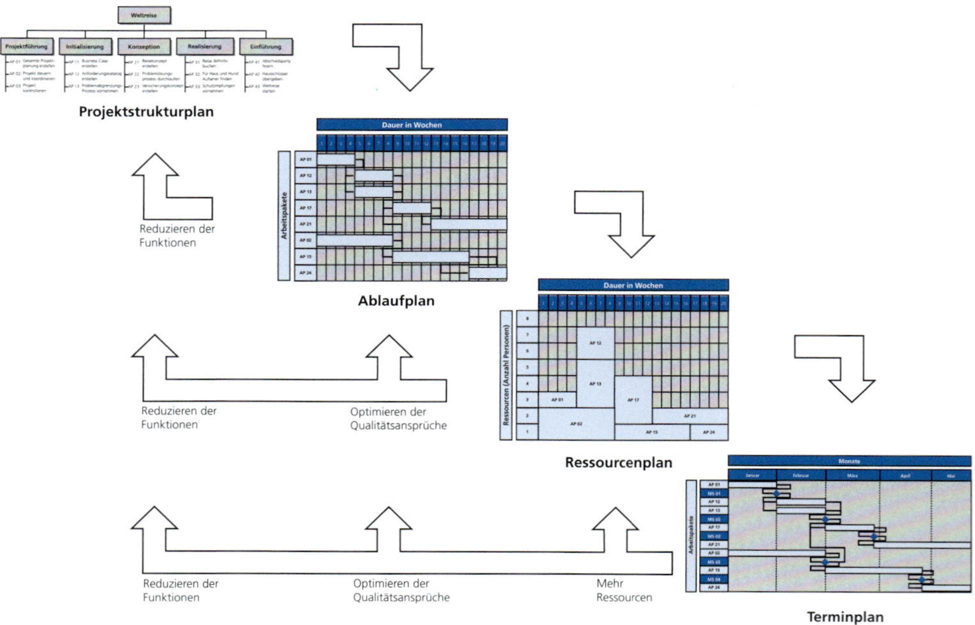

Abb. 4.19: Prozesskette der Terminplanung

Aus der Abbildung 4.19 ist ersichtlich, dass jede Änderung eines Planwerts Auswirkungen auf die anderen Pläne hat. Leider hat sich diese Erkenntnis noch nicht bei allen Projektleitern durchgesetzt. Bei ihnen steht der Termin an erster und oberster Stelle und das ganze Projekt wird um diesen Endtermin gepackt.

Nun ist die Realität oftmals so, dass die Wunschtermine oder Vorgaben des Auftraggebers nicht mit den Werten der erstellten Planung übereinstimmen. Hierzu ist Folgendes zu sagen: Der Projektleiter muss als gleichwertiger Partner zum Auftraggeber seine Terminvorstellungen vortragen können. Basierend auf den unverrückbaren Vorgaben können qualifizierte Eingriffe an der Projektplanung vorgenommen werden. Liegen Abweichungen zwischen der Planung des Projektleiters und der Vorstellung des Auftraggebers vor, sind aufgrund der transparenten Planungsschritte folgende gezielte Massnahmen möglich:

Projektleiter und Auftraggeber sind gleichwertige Partner

- Kürzung der Anforderungen und/oder der Arbeitspakete (darf nur mit dem Einverständnis des Auftraggebers oder des Projektsteuerungsgremiums geschehen)
- Senkung des definierten Qualitätsstandards
- Optimierung des Ablaufplans (Abhängigkeiten)
- Beantragung bzw. Einsetzung von mehr Ressourcen (= Mehrkosten)
- Terminverhandlung vornehmen, das heisst neuen Projektendtermin setzen

Wird keine dieser sachlich argumentierten Massnahmen vom Auftraggeber akzeptiert und ist sich der Projektleiter sicher, dass er die Planung richtig gemacht hat, sollte er das Projektleitermandat ablegen. Dies liest sich vielleicht etwas komisch, aber in der Praxis sieht man oft, dass alle wissen, dass der gewünschte Endtermin absolut unrealistisch ist. Trotzdem arbeiten alle wie verrückt weiter. Manche Projektleiter laufen monatelang weiter und brechen schliesslich kurz vor dem Projektabschluss zusammen.

4.2.8 Projektbudgetplan

Das Projektbudget (Summe der einem Projekt zur Verfügung gestellten finanziellen Mittel) wird auf ein Jahresziel (verfügbare Sach- und Personalmittel innerhalb eines Jahres) oder in Ausnahmefällen (Phasen, die länger als ein Jahr dauern) auch auf ein Projektabwicklungsziel (Meilenstein) ausgerichtet und aufgeteilt.

Bevor das Projektbudget geplant werden kann, müssen verschiedene vorausgehende Planungsschritte abgeschlossen sein. Wurden diese genügend detailliert erarbeitet, so ist es relativ einfach, daraus den Projektbudgetplan abzuleiten, das heisst, die erwarteten Mengen- und Wertgrössen in Bezug auf den gewählten Zeitpunkt zusammenzustellen.

Kostenart	Jan	Feb	Mär	Apr	Mai	Jun	Jul	Aug	Reise	
Projektführung	400	400	400	400	400	400	400	400		
Projektdurchführung	1'600	1'600	1'600	1'600	1'600	1'600	1'600	1'600		
Ausbildung	-	-	-	1'500	1'500	3'000	2'000	2'000		
Spesen	200	200	200	200	200	200	200	200		
Diverses (Kleinmaterial)	300	300	300	300	300	300	300	300		
Total Abwicklungskosten	**2'500**	**2'500**	**2'500**	**4'000**	**4'000**	**5'500**	**4'500**	**4'500**		**30'000.–**
Hotelunterkünfte (gebucht)					5'000	20'000	50'000	20'000		
Transfer (gebucht)						20'000	20'000	20'000		
Rieseversicherungen							10'000			
Anschaffungen	1'000					4'000				
Total „Investitionskosten"	**1'000**				**5'000**	**44'000**	**70'000**	**40'000**		**170'000.–**
Total Projektkosten										**200'000.–**
Verpflegung, Krankenkasse									140'000	
Unvorhergesehenes									25'000	
Unterhaltungskosten Haus									15'000	
Taschengeld									20'000	
Total Betriebskosten										**200'000.–**
Gesamtkosten der Weltreise										**400'000.–**

Abb. 4.20: Projektbudgetplan

Das Projektbudget wird somit anhand von Zeit-, Kosten- und Arbeitspaket-Vorgaben auf eine Zeitachse übertragen. Das Resultat ist der sogenannte Projektbudgetplan, in dem man sieht, wie viel Geld pro Monat bereitgestellt werden muss respektive wie viel Geld pro Monat ausgegeben werden darf.

Um nicht finanzielle Insellösungen zu schaffen, muss der Projektleiter ein Budgetierungssystem wählen, das auf die Projektorganisation und die Bedürfnisse der Unternehmung zugeschnitten ist. Ein detailliertes Projektbudget bringt folgende Vorteile für ein Projekt respektive für das Unternehmen:

Vorteile des Projektbudgets

- Der Projektbudgetplan ermöglicht eine gute gegenseitige Verständigung (Finanzabteilung – Projektleitung).
- Das Projektbudget bildet eine Grundlage für die Liquiditätsplanung des Unternehmens.
- Das Projektbudget ist ein geeignetes Mittel zur aktiven Projektsteuerung und -kontrolle durch den Auftraggeber.

Hat der Auftraggeber ein Projektbudget vorgegeben, so muss dieses zuerst der durch die Planung berechneten Grösse gegenübergestellt werden. Ist das geplante Budget höher als das vorgegebene Budget, dann sollten rechtzeitig gewisse Massnahmen ergriffen werden, z.B.:

- Reduktion der Anforderungen
- Budgeterweiterungsantrag stellen.

Aus dem Projektbudgetplan wird der Budgetantrag abgeleitet. Dieser wird der Projektträgerinstanz zugestellt, die nach eingehender Prüfung das Budget freigibt oder es mit einer sachlichen Begründung zur Überarbeitung zurückgibt.

4.2.9 Informationsplan

In diesem Planungsschritt wird die formale Versorgung der Projektbeteiligten mit wichtigen Informationen geplant und koordiniert [Dae 2012]. Die Basis des Informationsplans bilden das Projektinformationssystem (siehe Kapitel 2.3) sowie das Projektorganigramm (Organisationsplan).

Abbildung 4.21 zeigt anhand des Projektorganigramms der Familie Gloor die Informationskanäle zwischen den Informationssendern und Informationsempfängern.

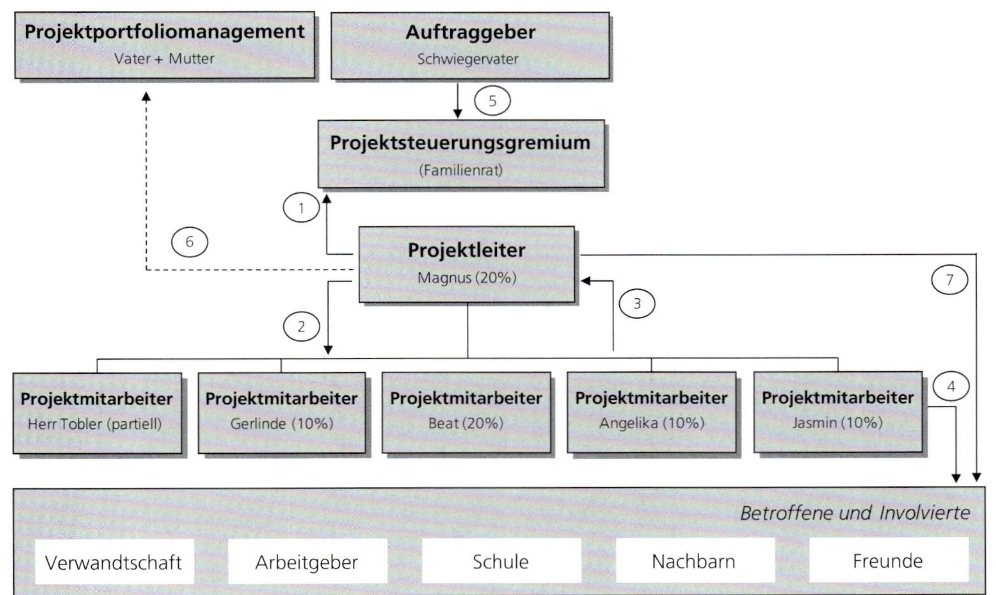

Abb. 4.21: Informationskanäle zwischen den Informationssendern und -empfängern

B. Schulthess:

„Die Durchsetzungsfähigkeit der Projektorganisation gegenüber der Stammorganisation bestimmt massgeblich die Handlungsfähigkeit und den Projekterfolg."

Konkrete Festlegung, wer wann welche Information von wem erhält

Das Aufbereiten von Informationen und deren planmässiges Verteilen an alle Projektbeteiligten ist ein entscheidender Erfolgsfaktor. Das Globalziel dieses Planungsschrittes besteht im konkreten Festlegen, von wem die Betroffenen und Involvierten wie und zu welchem Zeitpunkt Informationen erhalten respektive einholen können.

Für die Aufteilung der einzelnen Informationsebenen ist das Projektorganigramm ein geeignetes Mittel. Es beschreibt primär die wichtigsten Sender und Empfänger von Informationen. Die Planungsliste sollte folgende Parameter berücksichtigen:

- Informationsempfänger
  Das Informationsbedürfnis der Empfänger unterscheidet sich je nach ihrer Funktion ganz erheblich. Daher muss schon zum Planungszeitpunkt genau festgelegt werden, wer (namentlich) welche Informationen erhält.
  - Berücksichtigung der Informationsbedürfnisse

- Informationszeitpunkt
  Aus den Ergebnissen der bisherigen Planung gehen die genauen Zeitpunkte hervor, an denen die Informationen verteilt werden müssen. Dabei werden grundsätzlich unterschieden:
  - Ereignisorientierte Informationen (z.B. bei Phasenende 15.2.2009)
  - Zeitorientierte Informationen (z.B. am 1. Montag im Monat)

- Kommunikationskanäle
  Für die Verteilung der Projektinformationen gibt es zwei verschiedene Kanäle, die sich in der technischen Ausprägung, der Durchführung und der Zuführungsverantwortung unterscheiden:
  - Schriftliche Information
  - Mündliche Information

Bei der Ausführung dieses Planungsschrittes muss der Projektleiter Folgendes beachten:
- Bei der Weiterleitung von Informationen muss der verfolgte Zweck dem Ersteller und dem Empfänger bewusst sein.
- Es sind primär nur Informationen weiterzuleiten, welche die Arbeit des Empfängers betreffen.

- Informationen wie z.B. Berichte müssen einem hierarchischen Aufbau entsprechen, der dem Leser die Übersicht erleichtert.
- Informationen mit Feedback-Verpflichtung (Monatsberichte, Reviewberichte etc.) müssen frühzeitig verteilt werden, damit der Empfänger genügend Zeit hat, den Bericht zu lesen, um allenfalls entsprechend reagieren zu können.

Abgeleitet von der Abbildung 4.21 sieht der Informationsplan für das Projekt der Familie Gloor wie folgt aus:

Was	Verantwortung	Wann	Form	Empfänger	Kanal
Fortschrittsbericht Februar	Projektleiter	15.02.2025	Bericht	Familienrat	1,6
Konzept präsentieren	Alle Mitarbeiter	29.03.2025	Präsentation	Ganze Familie	4
Fachsitzung	Projektleiter	29.03.2025	Sitzung	Mitarbeiter	2
Planungsbericht	Auftraggeber	05.04.2025	Bericht	Familienrat	5
Kontrollsitzung	Jeder Mitarbeiter	19.04.2025	Sitzung	Projektleiter	3
Fortschrittsbericht April	Projektleiter	19.04.2025	Bericht	Familienrat	1,6
Familientreff	Projektleiter	14.05.2025	Präsentation	Betroffene/Involvierte	7
Fachsitzung	Projektleiter	21.05.2025	Sitzung	Mitarbeiter	2
Fortschrittsbericht Mai	Projektleiter	21.05.2025	Bericht	Familienrat	1,6
Etc.					

Abb. 4.22: Informationsplan

4.3 Projektcontrolling

Damit der Projektleiter die gesetzten Ziele unter Einbezug der gegebenen Rahmenbedingungen und Restriktionen erreichen kann, setzt er je nach Situation spezifische Controllinginstrumente ein. Der dafür definierte Controllingprozess respektive die darin enthaltenen Aufgaben werden vom Start bis zum Projektende in einer repetitiven Form umgesetzt.

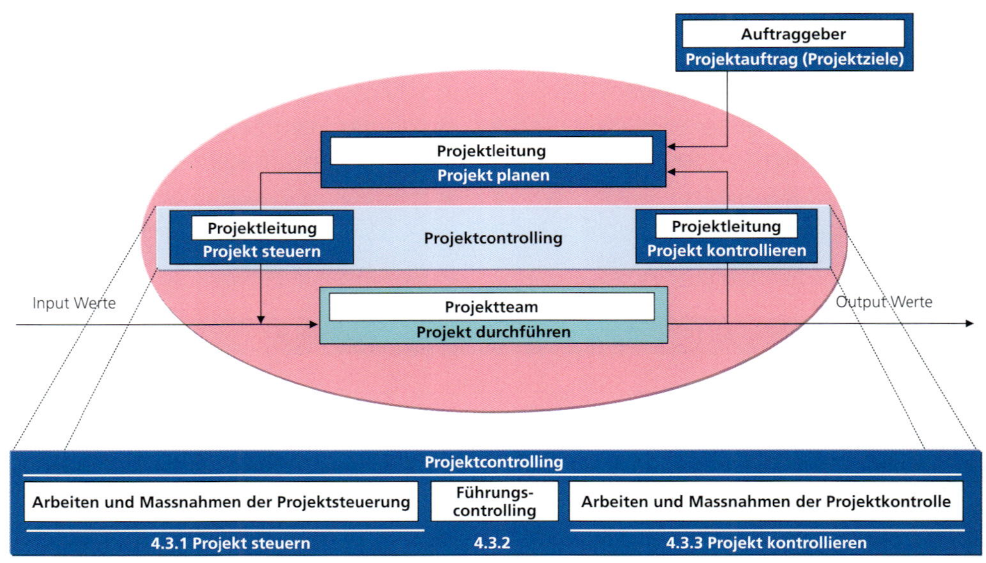

Abb. 4.23: Elemente des Projektcontrollings

Betrachtet man das in der Abbildung 4.23 aufgeführte Projektcontrolling als einen eigenständigen Prozess, so sieht man die zwei darin enthaltenen Hauptelemente „Projekt steuern" und „Projekt kontrollieren" als die Bindeglieder zwischen der Projektplanung und der Projektdurchführung.

Internes und externes Controlling

Projektcontrolling wird in ein internes und in ein externes Controlling unterteilt. Der „projektinterne" Controllingprozess wird vom Projektleiter eingesetzt, um die Einfluss- bzw. Störgrössen, Änderungen der Projektziele, Planungs- und Schätzfehler etc. entsprechend zu managen, mit dem Ziel, das Projekt möglichst innerhalb des einmal definierten Projektscope erfolgreich zu Ende zu führen. Das projektinterne Controlling verfolgt zwei Hauptziele:

- Durch zeitnahes Aufzeigen der Projektleistung eine hohe Transparenz bezüglich der Projektabwicklung und der Zielerreichung gewähren, sowie
- durch geeignete Massnahmen eine wirtschaftliche Projektabwicklung sicherstellen.

Durch das konsequente Verfolgen dieser beiden Ziele wird erreicht, dass die Reaktionszeit vom Erkennen der Planabweichung oder drohenden Planabweichung über die Ursachen- und Wirkungsanalyse bis hin zur Korrektur möglichst kurz und somit kostengünstig ist. Das interne Projektcontrolling läuft, auf einer etwas abstrakten Ebene definiert, wie folgt ab:

Geht man, wie in Abbildung 4.24 aufgeführt, von den Projektzielen aus, so sind diese die Grundlage der Projektplanung. Wurde die Projektplanung erstellt, kann der Projektleiter die anstehenden Aufgaben an die Projektmitarbeitenden (via Projektsteuerung) delegieren und koordinieren. Basierend auf den von den Mitarbeitern geleisteten Arbeitsstunden sowie anderweitigem Einsatzmittelverbrauch werden die IST-Werte, z.B. 42 Arbeitsstunden, rapportiert. Die erstellten Ergebnisse werden kontrolliert, etwa ob die richtigen Funktionalitäten bei einem Softwaremodul korrekt umgesetzt wurden. Anhand der vorgenommenen Kontrolle wird der Fertigstellungsgrad festgestellt.

R. Grau:
„Es ist kein Drama, wenn das Projekt nicht nach Plan läuft. Es ist ein Drama, wenn der Projektmanager nichts davon weiss."

Daraus kann abgeleitet werden, wie viel noch zu leisten ist, bis man mit entsprechenden Aufwänden die definierten Ziele bezüglich Quantität und Qualität erreicht hat (REST-Wert z.B. 45 Stunden). Der IST-Wert und der REST-Wert ergeben dann den „neuen" SOLL-Wert. Der SOLL-Wert (87 Arbeitsstunden) wird mit dem PLAN-Wert (z.B. 60 Arbeitsstunden) verglichen. Ergibt das Resultat des Vergleichs eine grössere Differenz, so muss eine entsprechende Abweichungsanalyse (Ursache und Wirkung) vorgenommen werden, welche einerseits Input für den kommenden Projektstatusbericht sein wird, aber auch eine Planänderung bewirken kann sowie eine steuernde Handlung erfordert.

Dieser projektinterne Projektcontrollingprozess wird in einem Projekt bewusst und unbewusst immer und immer wieder durchlaufen. In welchem Masse dies erfolgt, ist von Situation zu Situation verschieden. Da er von verschiedenen Faktoren abhängt, kann er auch nicht allgemeingültig für alle Projekte definiert werden. In jedem Projekt gilt es jedoch, gewisse Aspekte zu berücksichtigen.

Sohn Magnus hat mit dem Auftraggeber (Schwiegervater) vereinbart, dass er alle zwei Wochen einen Statusbericht in schriftlicher Form abgibt. Er wird somit auch immer die Planung überarbeiten und aktiv einen Risiko- und Problemkatalog führen. Er wird jeweils jeden Montagmorgen beim Frühstück eine kurze Teamsitzung abhalten und die Wochenziele sowie -aufträge mit dem gesamten Projektteam besprechen.

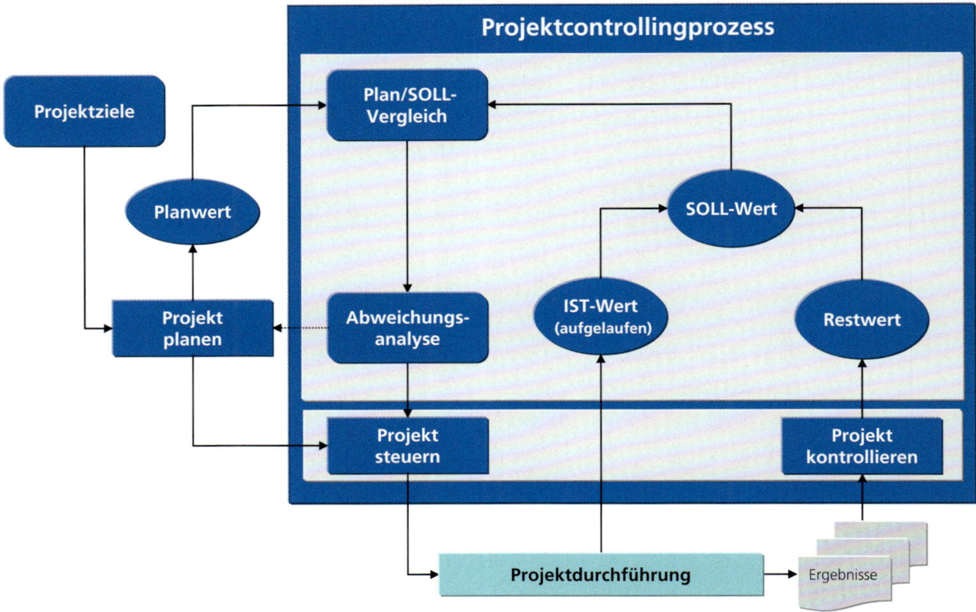

Abb. 4.24: Projektcontrollingprozess

Das projektexterne Controlling wird von ausserhalb der Projektabwicklung, z.B. durch das Portfoliomanagement-Office oder das Qualitäts- und Risikomanagement (QRM) vorgenommen. In den folgenden Kapiteln wird ausschliesslich das projektinterne Projektcontrolling erläutert.

4.3.1 Projekt steuern

Das Element „Projekt steuern" als Führungsfunktion ist das direkte Bindeglied zwischen den Elementen „Projekt planen" (das sich immer auf die Zukunft bezieht) und „Projekt durchführen" (das sich immer auf die gegenwärtigen Projekttätigkeiten bezieht).

Projektsteuerung

Die Projektsteuerung umfasst alle projektinternen Aktivitäten des Projektleiters, die notwendig sind, um das geplante Projekt innerhalb der Planungswerte abzuwickeln und erfolgreich durchzuführen [Men 1988].

Um ein Projekt sicher steuern zu können, sind aber nicht nur brauchbare Planungsvorgaben notwendig, sondern auch ein geeignetes Messverfahren zur Projektkontrolle. Durch einen Vergleich der erstellten Projektdurchführungs-Lieferobjekte mit der Projektplanung respektive mit den Projektzielen stellt die Projektkontrolle mögliche Abweichungen fest. Alle so erkannten Abweichungen können mit entsprechenden Steuerungsmassnahmen über den Projektabwicklungsprozess wiederum korrigiert werden. Die beiden Elemente „Projekt steuern" und „Projekt kontrollieren" werden zusammen als Projektcontrolling bezeichnet.

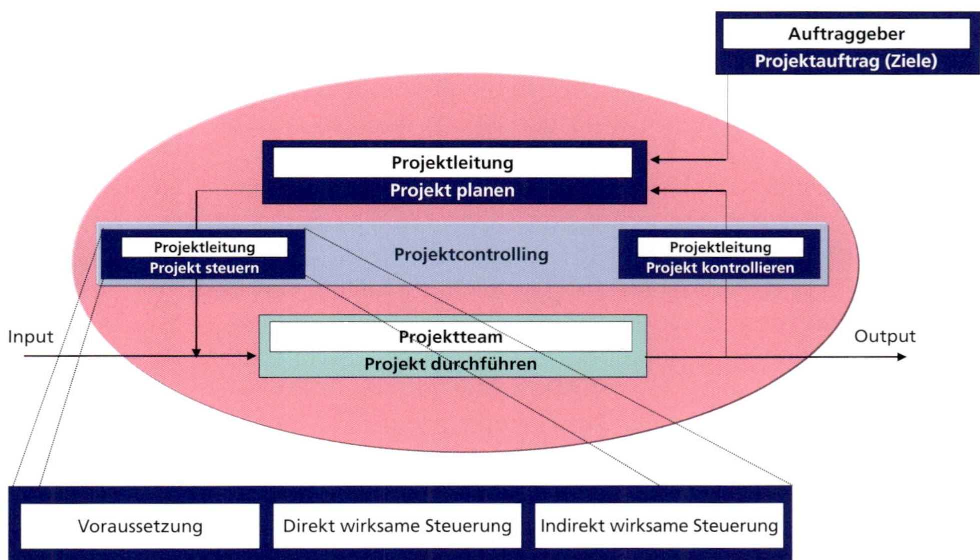

Abb. 4.25: Hauptelemente von „Projekt steuern"

Steuerungstätigkeiten sind sehr unterschiedlich

Die Tätigkeiten von „Projekt steuern" sind je nach Projekt und Projektleiter sehr unterschiedlich. Aus führungslogischer Sicht werden sie wie folgt gegliedert:

- Voraussetzungen (Teufelsquadrat)
- Direkt wirksame Steuerung (sofortige und kurzfristige Reaktion)
- Indirekt wirksame Steuerung (verzögerte, aber anhaltende Reaktion)

4.3.1.1 Voraussetzungen

Für das einwandfreie Steuern eines Projekts sind folgende Voraussetzungen zu erfüllen:

- Klare Bestimmung des Projektumfangs (Scope; Leistungsbeschreibung)
- Klare Projektabwicklungsziele
- Genau definierte Projekteinflussgrössen
- Stetige Unterstützung des Projektleiters durch das Management
- Aufgabengerechte Qualifikation des Projektleiters und des Projektteams
- Zweckmässiger Einsatz der Sachmittel

- Genaue und umfassende Kontrolle
- Möglichst detaillierte Planung (daher der umfassende Projektstrukturplan und die entsprechenden Arbeitspakete)

Erfahrungswerte aus früheren Projekten

Bei der Steuerung von Projekten helfen dem Projektleiter natürlich die Planungs- und Kontrolltechniken. Was hier hinzukommt, sind die Erfahrungswerte aus früheren projektbezogenen Tätigkeiten, die er nach bestimmten Führungsrichtlinien bewältigen musste. Im Weiteren existieren auch einige Regeln, auf die er sich beziehen kann. Eine davon ist das Teufelsquadrat.

Vier voneinander abhängige Werte

Um den Projektabwicklungserfolg sicherzustellen, sollte der Projektleiter mit den entsprechenden Steuerungsmassnahmen alles daran setzen, die mittels der definierten Abwicklungsziele festgelegten Projektgrössen wie Kosten, Leistung, Termin und Qualität im Gleichgewicht zu halten. Das ist nicht so einfach, da dem Projektleiter bewusst sein muss, dass eine steuernde Massnahme bzw. die damit verbundene Handlung nicht nur den gewünschten „einen" Effekt auslöst. Er muss immer die Abhängigkeit der vier Abwicklungsmetriken berücksichtigen. Verändert der Projektleiter aufgrund einer Projektabweichung einen dieser Werte, so beeinflusst die steuernde Massnahme sofort alle restlichen Metriken (Messgrössen) des Teufelsquadrats.

G. Gassmann:
„Zeit vs. Leistung vs. Qualität vs. Geld! Niemand kann noch zusätzlich den Fünfer, das Weggli und noch die Bäckerstochter haben!"

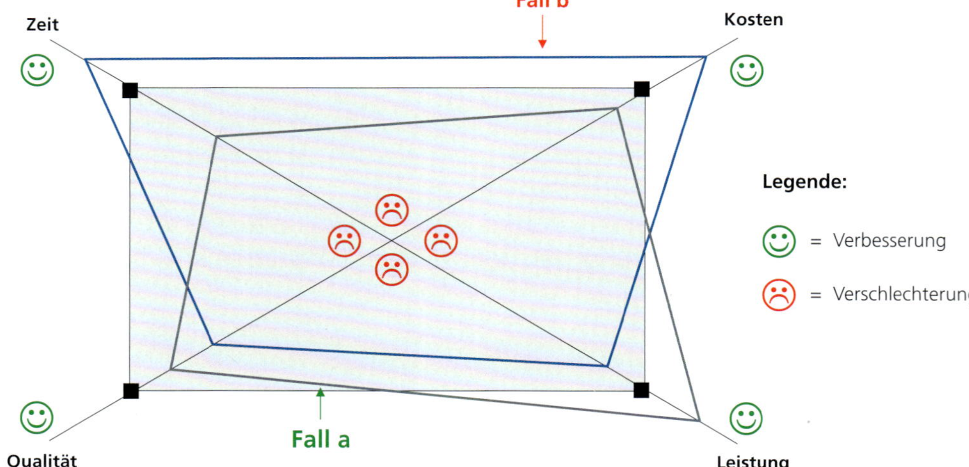

Abb. 4.26: Das „Teufelsquadrat" gemäss Daenzer [Dae 2012]

Die zwei Beispiele in der Abbildung 4.26 verdeutlichen diesen Einfluss:

- Im Fall a wird der Leistungsumfang erhöht (+).
  Dies bedeutet, dass die Qualität abnimmt (-) und/oder die Zeit zunimmt (-) und/oder die Kosten (Aufwand) zunehmen (-).

- Im Fall b wird der Kostenaufwand reduziert (+).
  Dies bedeutet, dass die Qualität abnimmt (-) und/oder der Leistungsumfang abnimmt (-) und/oder die Zeit abnimmt (+).

Will der Projektleiter im Fall einer Planabweichung (Zielproblem) wieder auf Kurs zurückkommen, kann er anhand des Teufelsquadrats die Ursachen eruieren und entsprechende Massnahmen einleiten. Hierbei gibt es zwei Arten von Massnahmen:

- Konstruktive Massnahmen
  Es wird im Voraus eine Optimierung eingeleitet. (Beispiel: Die Mitarbeiter werden ausgebildet, bevor sie spezielle Tätigkeiten durchführen.)

- Analytische Massnahmen
  Es wird im Nachhinein besser kontrolliert. (Beispiel: Ein Vier-Augen-Prinzip wird zur Kontrolle aller Projektdurchführungs-Lieferobjekte eingeführt.)

Probleme und mögliche Massnahmen

Beide Massnahmenarten können unter dem Aspekt der direkt oder indirekt wirksamen Steuerung (Kapitel 4.3.1.2 und 4.3.1.3) gesehen werden. Im Folgenden einige Beispiele von Problemen und möglichen Massnahmen:

Leistung

Ursache/Problem:
- Sinkende Motivation der Mitarbeiter
- Gleiche Aufgaben wurden unterschiedlich gelöst
- Laufende Änderungen der Anforderungen

Massnahmen:
- Teamziele initiieren und jeweils in den Teamsitzungen prüfen
- Einführen von Templates (gleiche Vorlage für gleiche Resultate)
- Wiederverwendbarkeit der Resultate optimieren

Qualität

Ursache/Problem:
- Es existiert keine vollständige Kontrolle (Funktionalität leidet)
- Es existiert keine geregelte Projektabwicklung

Massnahmen:
- Paten-Prinzip (Vier-Augen-Prinzip) einführen (jeder hat jemanden, der seine Resultate kontrolliert, und jeder kontrolliert jemanden)

- Jedes erstellte Produkt muss offiziell geprüft werden
- Abwicklungskonventionen festlegen (durch Schulung ins Team integrieren)

Zeit

Ursache/Problem:
- Leistungshemmende Sachmittel („Engpässe")
- Leistungen der Mitarbeiter sind nicht ersichtlich

Massnahmen:
- Technischen Stand der Sachmittel optimieren
- Schichtbetrieb einführen
- Leistungsbericht auf Arbeitspaketstufe einführen (Rapport)
- Arbeitspakete mit Leistungsvorgaben zuteilen

Kosten

Ursache/Problem:
- Zusätzliche Anforderungen wurden realisiert
- Es wurde vermehrt auf Überzeit gearbeitet (+ 50%)

Massnahmen:
- Detaillierten Projektkostenplan erstellen und strikte Prüfung einführen
- Zusätzliche Anforderungen nur mittels Budgeterhöhungsantrag zulassen
- Qualitätslimit senken
- Einsatzmittelplan pro Mitarbeiter mit Leistungsvorgaben erstellen

4.3.1.2 Direkt wirksame Steuerung

Direkt wirksame Steuerung wirkt sofort und kurzfristig

Aus zeitlicher Sicht besteht ein Unterschied zwischen der sofort wirksamen (direkten) und der langfristig wirksamen (indirekten) Projektsteuerung. Die direkt wirksame Steuerung (Anleiten, Motivieren, Belohnen, Fördern von Kontrollbewusstsein, Abschirmen von Mitarbeitern etc.) wirkt sofort und kurzfristig auf:
- Differenzen zwischen der Planung (Zukunft) und der unmittelbaren Gegenwart (Projektdurchführung)
- Differenzen, die durch die vergleichende Kontrolle des geplanten und des erstellten Lieferobjekts aufgedeckt werden

Bei der direkt wirksamen Steuerung können z.B. die Projektkoordination und die Risikoverfolgung als Projektführungstätigkeiten aufgeführt werden.

4.3.1.2.1 Projektkoordination

Mit dem Kanban Board kann einfach und übersichtlich koordiniert werden.

Das Koordinieren ist gemäss Abbildung 2.07 der drittgrösste Aufgabenblock des Projektleiters. In den meisten Projekten besteht ein hohes Mass an Arbeitsteilung, da neben den reinen Projekttätigkeiten oftmals auch Handlungen vorgenommen respektive Umsysteme angepasst werden müssen. Diese Arbeiten werden z.B. auch von Personen/Teams aus anderen Projekten ausgeführt. Je mehr arbeitsteilige Aufgaben vorkommen, desto grösser ist der Koordinationsbedarf. Dabei muss der Projektleiter darauf achten, dass die Einzelaktivitäten z.B. mittels Kanban Board immer auf die Projektziele ausgerichtet und so aufeinander abgestimmt sind, dass das Gesamtergebnis möglichst effizient erreicht werden kann.

4.3.1.3 Indirekt wirksame Steuerung

Indirekt wirksame Steuerung wirkt langsam, aber langfristig

Mit der indirekt wirksamen Steuerung wird insbesondere das Leistungsverhalten der Beteiligten für längere Zeit beeinflusst. Daher sind die Reaktionen auf Massnahmen, die durch eine indirekt wirksame Steuerung eingeleitet wurden, nicht immer sofort ersichtlich. Die indirekt wirksame Steuerung umfasst vorwiegend folgende Führungsmassnahmen und -elemente:

- Führungsstil und Führungsverhalten
- Langfristige Motivationsfaktoren (Neigung, Verlangen, Anreiz etc.)
- Stellenbeschreibung (klare Abgrenzung der Aufgaben, Kompetenzen und Verantwortlichkeiten)
- Mitarbeiterbeurteilung (Standortbestimmungen und Festlegen von Zielen)
- Mitarbeiterförderung (gezieltes Aufbauen für höhere Anforderungen)

Bei der indirekt wirksamen Steuerung können z.B. das Projektmarketing und die Qualitätslenkung als Projektführungstätigkeiten aufgeführt werden.

4.3.1.3.1 Projektmarketing

Für den erfolgreichen Verkauf eines Produkts an das Zielpublikum wird ein klares Vertriebs- und Kommunikationskonzept benötigt. Das Gleiche gilt auch für den erfolgreichen „Verkauf" einer Projektidee an das Projekt-Zielpublikum (Auftraggeber, Geschäftsleitung, Unterlieferanten, Betroffene etc.), das heisst an die sogenannten Stakeholder.

Die „Vermarktung" eines Projekts hat somit sehr viele Ähnlichkeiten mit der Vermarktung eines Produkts. Zudem macht das kundenorientierte Denken des Marketings in einem Projekt ebenfalls Sinn. Dieses soll ja schlussendlich auch die

Vermarktung an interne Kunden

Bedürfnisse eines (oftmals internen) Kunden befriedigen. Es ist deshalb nahe liegend, bewährte Techniken aus dem Marketing zu übernehmen. Das Projektmarketing gilt als sehr wichtiger Teil des Stakeholdermanagements.

Das grundsätzliche Ziel eines Projektmarketingeinsatzes ist somit zu informieren, den Goodwill aller Beteiligten und Involvierten zu erreichen sowie das Projekt „kundenorientiert" in seiner Zielerreichung zu unterstützen. Mit dem Einsatz von Projektmarketing können Informationslücken bei den Stakeholdern verhindert und Widerstände abgebaut bzw. eine positive Haltung zum Projekt geschaffen werden. Frühzeitig eingesetzt (bereits beim Steckbrief), kann es das Projekt in allen Phasen unterstützen und hilft mit, den Projekterfolg zu garantieren. Je höher die betroffenen Hierarchieebenen sind, desto wichtiger ist das Projektmarketing.

Projektleiter Magnus hat einen konkreten Informations- und einen kleinen Marketingplan aufbereitet, um alle Bekannten und Verwandten der gesamten Familie rechtzeitig zu informieren respektive zu überzeugen, dass sie alle eine gewisse Erholung und neue geistige Inspiration benötigen.

4.3.1.3.2 Qualitätslenkung

Im Voraus die Qualität sicherstellen

Innerhalb von „Projekt steuern" ist die Qualitätslenkung ein zentrales Thema. Eine Trennung von „Projekt steuern" und der Qualitätslenkung ist nicht direkt möglich, da das eine das andere beinhaltet. Daher soll und muss sie als eigenständiges Steuerungselement aufgeführt werden. Qualitätslenkung (siehe Kapitel 7.2) bedeutet, mit entsprechenden Massnahmen die gewünschte Qualität vor einem potenziellen Schaden zu beeinflussen respektive sicherzustellen. Die Qualitätslenkung ist ein wichtiger Bestandteil des Projektmanagementsystems. Dies insbesondere, weil sie neben korrigierenden Massnahmen auch die organisatorischen Definitionen beinhaltet, die für das Erreichen der geforderten Qualität notwendig sind.

Auch im Projekt der Familie Gloor wird gesteuert. Denn auch in ihrem Projekt sind Qualität, Leistung, Kosten und Zeit einzuhalten und die Projektziele sind ebenso gefährdet wie bei anderen Projekten: durch Konflikte (das Problem Angelika), übermässigen Erfolg, das Bewältigen von Einflussgrössen etc.

Da Angelika gerade in einem „schwierigen" Alter ist und dadurch sehr unzuverlässig arbeitet, wird vom Projektleiter entschieden, dass alle ihre Ergebnisse mittels eines Walkthroughs geprüft werden. Mit dieser analytischen Massnahme wird sichergestellt, dass Fehler unmittelbar nach dem Entstehen entdeckt und behoben werden können.

4.3.2 Führungscontrolling

Monitoring

Wie bereits erwähnt, ist nicht nur das Steuern, sondern auch die übergeordnete Thematik – das sogenannte Führungscontrolling – aus methodischer Sicht nicht ganz so einfach wie eine Projektplanung zu erstellen. Als zentrales Element des Projektcontrollingprozesses geht es einerseits darum, die entsprechenden Plangrössen durch die im vorhergehenden Kapitel beschriebenen steuernden Handlungen in der Projektdurchführung umzusetzen. Andererseits gilt es, in einer pro Projekt festgelegten Periodizität die Werte der verschiedenen Führungsdisziplinen zu überprüfen und, falls nötig, entsprechende Planänderungs- und Korrekturmassnahmen einzuleiten. Um diese steuernden und kontrollierenden Handlungen im richtigen Zeitpunkt vornehmen zu können, bedarf es eines guten „Monitorings" oder auf Deutsch: eines „Messens von Metriken".

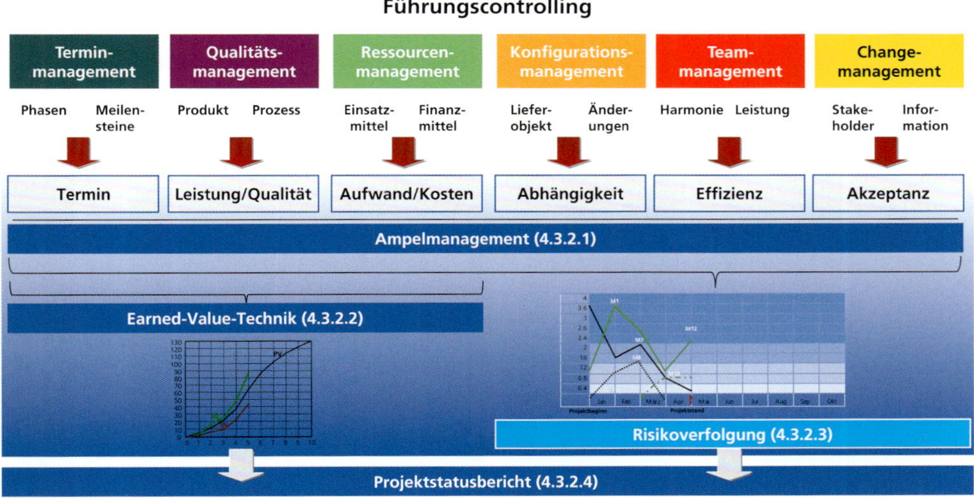

Abb. 4.27: Elemente des Führungscontrollings

Controlling im Projekt

Die Basis für dieses Monitoring sind die in einem Projekt vorhandenen Führungsdisziplinen wie z.B. Terminmanagement, Qualitätsmanagement, Risikomanagement etc. Daraus resultiert ein Führungscontrolling, das unter Beizug von Diagnosetechniken oder entsprechenden, gezielt eingesetzten Metriken das geforderte „Controlling im Projekt" umsetzen kann.

Mit dem Wissen, dass nicht alle Führungsdisziplinen bei allen Projekten in der gleichen Ausprägung benötigt werden, werden im Folgenden einige zentralen Metrikwerte kurz aufgeführt. Daneben gibt es noch eine Vielzahl weiterer Werte, die gemessen werden könnten. Beim Controlling zählt der Grundsatz: eher wenige Metrikwerte, diese jedoch führungsmässig konsequent verfolgen und nutzen.

B. Schulthess:

„Das proaktive Priorisieren von Themen nach Dringlichkeit und Relevanz, in Abgleich mit den Projektzielen, verlangt eine hohe Entscheidungsfähigkeit und ist die Grundvoraussetzung für ein effektives Management."

- Termincontrolling
  Beim Controlling der Termine geht es nicht unbedingt um die effektive Zeit, sondern um die Leistung, die in einer bestimmten Zeit erbracht werden muss. Beim Controlling der Termine müssen die IST-Werte der Leistung auf einen ganz bestimmten Zeitpunkt analysiert werden. Ausserdem ist zu überprüfen, ob der gesetzte Termin in Bezug zur erwarteten Leistung im richtigen Verhältnis steht.

- Leistungscontrolling
  Wie bei der Zeit sagt auch eine Leistung im Projekt für sich genommen nur bedingt etwas aus. Erst wenn man sie insbesondere in Beziehung zur Qualität, aber auch zur Zeit und zu den Kosten setzt, bekommt die erbrachte Leistung eine für das Management sinnvolle Aussagekraft (z.B. mittels Earned Value). Damit der Projektleiter diesbezüglich zu einer qualifizierten Aussage kommt, sind in der Leistungsgegenüberstellung primär die vom Projektstrukturplan definierten Inhalte und der Umfang gegenüber der tatsächlichen Leistung in Bezug auf Zeit und Qualität zu verifizieren.

- Qualitätscontrolling
  Innerhalb des Controllings ist die Qualitätslenkung ein zentrales Thema. Qualitätslenkung bedeutet, mit entsprechenden Massnahmen die gewünschte Qualität, z.B. trotz entstandener Abweichungen, zu erreichen. Die Qualitätslenkung hängt stark mit allen anderen Disziplinen des Projektmanagements zusammen; somit gibt es auch organisatorische Komponenten, die diesbezüglich berücksichtigt werden müssen. Eine wirksame Qualitätslenkung wird mithilfe einer durchdachten Qualitätsplanung (Prüfplan) und durch stetige Qualitätsprüfung erreicht.

- Kostencontrolling
  Beim Controlling der Kosten geht es um das aktive Managen der Kosten – zum Beispiel, wie das budgetierte Geld im geplanten Zeitraum zu verwenden ist. Das Kostencontrolling sollte am idealsten auf der Ebene Arbeitspakete begonnen und auf der Ebene Projektbudget zusammengezogen werden.

- Aufwandcontrolling
  Beim Aufwandcontrolling geht es darum, die „richtigen" Einsatzmittel zur „richtigen" Zeit, in der „richtigen" Menge am „richtigen" Ort zu haben. Dieses Ziel, so logisch es ist, ist schwer zu erreichen. Allen Planungen zum Trotz muss der Spielraum innerhalb der Planungsgrössen täglich überdacht, den neuen Gegebenheiten angepasst und allenfalls neu bewertet werden.

- Abhängigkeitscontrolling
  Beim Abhängigkeitscontrolling geht es vor allem um das Managen von ergebnisorientierten Abhängigkeiten gegenüber der Projektumwelt. Die zunehmende integrale Systemwelt bewirkt, dass Abhängigkeiten gegenüber anderen Projekten oder Systemen einen immer grösseren Einfluss haben.

- Teamcontrolling
  Innerhalb des Teammanagements ist vordergründig der Bereich Teamführung (Motivieren, Kommunizieren etc.) ein wesentlicher Bestandteil der Projektführung. Die „weichen" Faktoren haben auf die Leistungswilligkeit und -fähigkeit eines Einzelnen, aber im Speziellen auf ein Team eine grosse Wirkung. Deshalb sollte diese Thematik etwas umfassender und gezielter in das Projektcontrolling mit einbezogen werden.

- Akzeptanzcontrolling
  Es ist nützlich, dass der Projektleiter, z.B. basierend auf der Stakeholderanalyse, je nach Projektsituation entsprechende Massnahmen einleitet, um die Akzeptanz bei den verschiedenen Umfeldgruppen respektive Stakeholdern positiv zu beeinflussen. Der Status dieser „Akzeptanz" sollte daher auch über subjektive Metriken wie Betroffenheit, Interesse, Macht, Konflikt etc. oder zusammenfassend über die Ampel Akzeptanz rapportiert werden.

4.3.2.1 Ampelmanagement

Ampeln haben sich in der Projektwelt durchgesetzt. Wenn sie richtig angewendet werden, dann sind sie genau das einfache und effiziente Diagnoseinstrument, sprich das Eskalationsinstrument, das sich alle erhoffen.

Ampeln – ein einfaches und effizientes Diagnoseinstrument

Ampeln	Führend	Vormonat	Aktuell	Trend	Basisplan 0				
Gesamt		● (gelb)	● (rot)	↗	PLAN	IST	Bis Ende	SOLL	Kommentar
Risikoentwicklung		● (grün)	● (grün)	⇨	8 000	1 200	7 500	8 700	
Kosten		● (grün)	● (gelb)	↘	200 000	55 000	170 000	225 000	
Ressourcen		● (grün)	● (grün)	⇨	400	320	100	420	
Termin (Tage)		● (grün)	● (grün)	↘	130	65	65	130	
Qualität (Prüfungen)	✓	● (gelb)	● (rot)	↗	48	21	39	60	
Leistung (AP)		● (grün)	● (gelb)	⇨	34	30	14	44	
Abhängigkeiten		● (grün)	● (grün)	↘	15	7	8	15	
Teamleistung		● (grün)	● (gelb)	⇨	30	15	15	30	

Abb. 4.28: Ampelmanagement

Um das Ampelmanagement richtig anwenden zu können, sind gewisse Regeln zu verfolgen:

- Eine Ampel darf nicht, je höher der Bericht geht, mehr und mehr auf Grün gestellt werden. Wenn z.B. das Linienmanagement mit den Ampeln, die der Projektleiter gestellt hat, nicht einverstanden ist, so soll es eigene Ampeln setzen.
- Projektampeln werden immer vom Projektleiter gesetzt. Hinzu können weitere Ampelbetrachtungen kommen, so z.B. auch vom Portfoliomanagement-Office oder, wie im ersten Punkt erwähnt, vom Linienmanager und allenfalls vom PM-Tool, welches die Ampeln automatisch setzt, z.B. bei einer PLAN-/IST-Abweichung der Kosten. Für die Verantwortlichen des Projekts ist dann die Divergenz der Ampeln von Bedeutung.
- Die Gesamtampel des Projekts steuert sich immer über die führende(n) Ampel(n), die am Anfang des Projekts gesetzt wird (werden). So ist bei Olympischen Spielen zweifellos der Termin zwingend, sprich führend. Demgegenüber dürften bei einem neuen Target-Cost-Produkt die Kosten führend sein.
- Soweit möglich, sollen zu jeder Ampel die Werte PLAN, IST, Bis Ende, SOLL aufgeführt werden. Dies steigert die Aussagekraft der Ampel.
- Es müssen pro Ampel immer Grenzwerte definiert werden, sodass für alle grün grün und rot rot ist.
- Trotz der Grenzwerte basieren die Ampeln auf dem subjektiven Empfinden des Ampelstellers. Daher muss das Management, sprich die Unternehmung, eine entsprechende professionelle „Ampel"-Kultur haben. Das heisst zum Beispiel: Wenn eine Ampel rot ist, so braucht das Projekt hier Unterstützung – und es bedeutet nicht, dass der Projektleiter hier einen Fehler gemacht hat.

4.3.2.2 Earned-Value-Technik

Versucht man den Begriff „Earned Value" ins Deutsche zu übersetzen, so kommen die Begriffe „Arbeitswert", „Fertigstellungswert" oder „erzielte Wertschöpfung" der Sache am nächsten. Doch bevor der eigentliche „Earned Value" beschrieben wird, soll in Kurzform zuerst die Sachfortschrittskontrolle innerhalb eines Projekts nochmals geklärt werden. Dabei muss unterschieden werden zwischen

- Kontrolle des Produktfortschritts und
- Kontrolle des Projektfortschritts.

Der Produktfortschritt setzt den Fokus auf die technischen Daten eines in der Entwicklung befindlichen Produkts. Der Produktfortschritt spielt für die Berechnung des Earned Value nur eine untergeordnete Rolle, in dem Sinn, dass der Projektfortschritt auch vom Produktfortschritt abhängt. Somit geht es beim Earned Value um die objektive Messung des Projektfortschritts. Die Earned-Value-Technik zu gebrauchen, heisst, den Fortschritt der Ergebnisse nicht aufgrund des Sachfortschritts zu bewerten, sondern die geleistete Arbeit an einem Arbeitspaket oder einem Projekt als Grundlage zu nehmen.

Führungstechnisch ist die Earned-Value-Technik dem „Management by Objectives"-Konzept zuzuordnen. Zwingende Voraussetzung für die Earned-Value-Technik ist die Existenz einer umfangreichen Projektplanung. Aufgrund der Werte der Projektplanung werden die drei zentralen Grössen (der Planned Value, Actual Cost und der Earned Value) für die Earned-Value-Technik abgeleitet bzw. berechnet.

Planned Value in Kosten umsetzen

Für die Bestimmung des Planned Value (PV) benötigt der Projektleiter die geschätzten und somit die geplanten Aufwände der einzelnen Arbeitspakete sowie deren Anfangs- und Endzeitpunkte. Für die Aufwandschätzung stehen dem Projektleiter verschiedene Aufwandschätztechniken zur Verfügung. Grundsätzlich wird der Planned Value in einer Unternehmung in Kosten, und zwar nicht nur in Personalkosten, sondern in einer Vollkostenrechnung umgesetzt. Es gibt jedoch viele Unternehmungen, welche die internen Aufwände mit Personentagen berechnen.

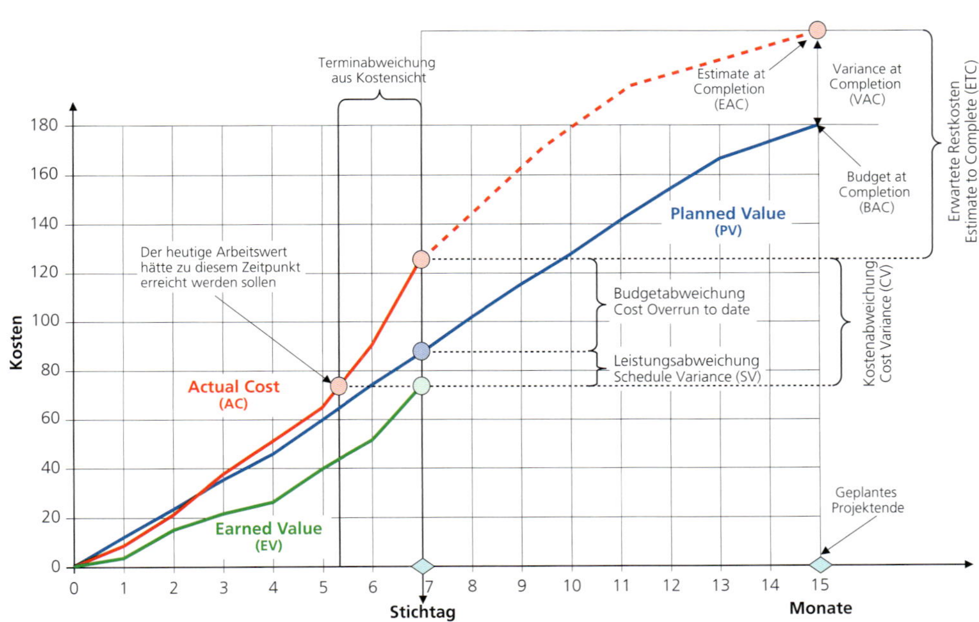

Abb. 4.29: Earned-Value-Kurvenanalyse

Um den Actual Cost eines Projekts bestimmen zu können, muss der Projektleiter die Arbeits- bzw. Aufwandrapporte sowie den Betriebsmittelverbrauch (Anzahl Bagger, Testmaschinen etc.) von den entsprechenden Personen einfordern. Durch die Kumulation all dieser „IST"-Leistungen ergibt sich der Actual Cost (kumulierte Aufwände); dieser kann ebenfalls in die Hilfstabelle eingetragen werden.

Nur den geplanten Aufwand einbeziehen!

Das Spezielle an der EV-Technik ist, dass der „Earned Value"-Wert den Projektfortschritt indirekt über die geleistete Arbeit misst. Es steht also nicht nur der Sachfortschritt im Mittelpunkt der Betrachtungen, sondern auch die geplanten Arbeitsressourcen, die verbraucht wurden. Entgegen einer weit verbreiteten Meinung wird jedoch für die Berechnung nicht die tatsächlich verbrauchte Arbeit einbezogen, sondern wirklich nur der geplante Aufwand. Plant der Projektleiter für ein Arbeitspaket beispielsweise einen Aufwand von 10 Tagen (Planned Value) und hat der Projektmitarbeiter dafür 13 Tage (Actual Cost) rapportiert, so ist der effektive Earned Value nach erfolgreichem Abschluss dennoch 10 Tage.

Aus Abbildung 4.29 lassen sich einige sehr interessante Dinge über den Verlauf des betreffenden Projekts herauslesen:

- Terminabweichung aus Kostensicht
  Aus Kostensicht liegt dieses Projekt fast 2 Monate hinter dem Plan. Mit anderen Worten: Der heutige Earned Value entspricht dem Actual Cost von vor fast 2 Monaten.

- Budgetabweichung
  Aus heutiger Sicht liegen die Projektkosten um fast 40 Personentage über dem geplanten Wert.

- Leistungsabweichung
  Aus heutiger Sicht liegt der Arbeitswert um etwa 15 Tage hinter dem geplanten Wert.

- Kostenabweichung
  Die Projektkosten sind aus heutiger Sicht gegenüber der erzielten Wertschöpfung um etwa 50 Personentage zu hoch.

Wie Abbildung 4.29 aufzeigt, ist die Stärke der Earned-Value-Technik, dass anhand einer Grafik der gesamte Projektzustand sehr gut aufgezeigt werden kann. Wichtig ist zu erwähnen, dass die gesamte Technik nichts bringt, wenn eine schlechte Planung vorliegt – ausser man sieht sofort, dass eine schlechte Planung vorliegt!

4.3.2.3 Risikoverfolgung

Wie im Kapitel „Risikomanagement" beschrieben, ist es für den Projektleiter unter anderem wichtig, dass er in periodischen Intervallen einerseits die Projektrisiken, andererseits die eingeleiteten Erfolgsfaktoren überprüft. Diese Überprüfung und eine allfällige Erweiterung um neue Faktoren kann im monatlichen Projektstatusbericht für alle Beteiligten transparent gemacht werden.

Projektrisiken und Erfolgsfaktoren überprüfen

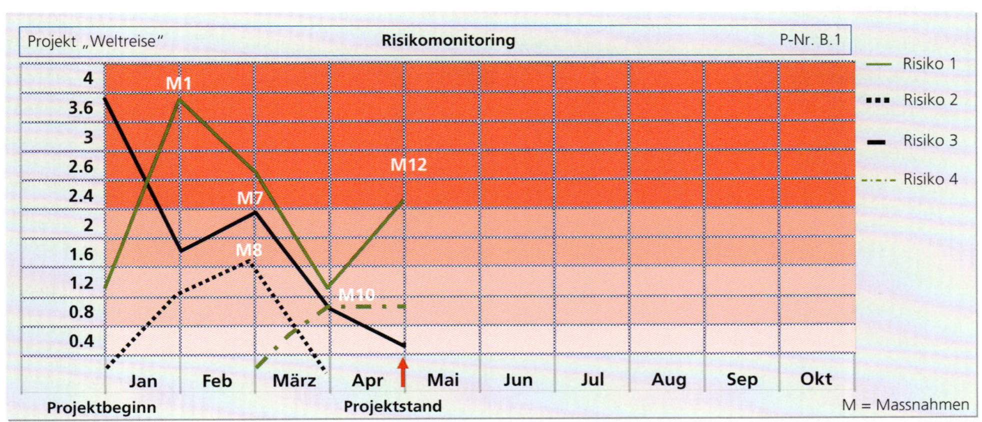

Abb. 4.30: Risikomonitoring mit Angaben der eingeleiteten Massnahmen

Die Kunst des Projektleiters besteht darin, für das Bekämpfen der Risiken so viel wie nötig, dies aber mit der notwendigen Konzentration zu machen. Welche Risiken vom Projektleiter eskaliert werden müssen, zeigt die im Projekt definierte Eskalationstabelle; welche Risiken wie weit vermarktet (Projektmarketing) werden müssen, untersteht dem Geschick des Projektleiters.

4.3.2.4 Projektstatusbericht

Neben dem Inhalt des Projektstatusberichtes (PSB), wie sie in Kapitel 2.3.4 kurz beschrieben sind, ist das eindeutige Festlegen der Empfängergruppen (Institutionalisierung) wichtig. Ideal ist es, wenn diese Empfänger darüber informiert werden, wie sie die periodisch erhaltenen Informationen verarbeiten müssen, und auch entsprechend geschult werden. Dies kann sich, je nach Empfängergruppe, sehr unterschiedlich gestalten. Die Mitglieder der Kommunikationsgremien müssen z.B. die Informationen meistens nur zur Kenntnis nehmen. Das Projektsteuerungsgremium hingegen wird zum Teil aufgefordert, entsprechende Massnahmen einzuleiten, aber ganz sicher ein konkretes Feedback zu geben.

Die folgende Abbildung soll aufzeigen, welche Datenquellen in Bezug auf eine Berichtszeitperiode für den Projektstatusbericht existieren.

Daten in Bezug auf Berichtsperiode

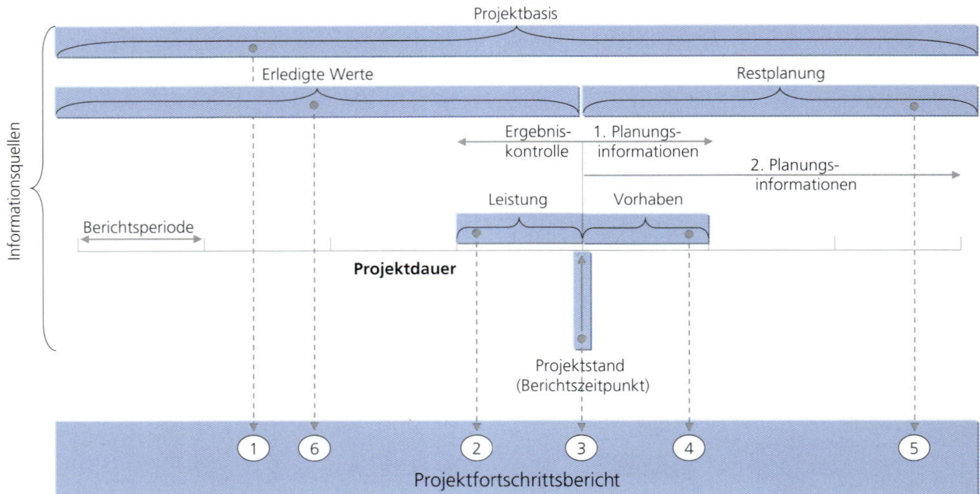

Abb. 4.31: Berichtszeitspektrum

Die Zahlen in der Abbildung bedeuten Folgendes:

1. Projektbasisdaten (z.B. Start- und Enddatum).
2. Angaben über geleistete Arbeiten in den letzten Perioden (z.B. erledigte APs).
3. Angaben über den derzeitigen Projektstand (z.B. Kosten, Zeit, Akzeptanz, Risiken).
4. Was ist für die nächste Periode geplant (z.B. geplante Lieferobjekte, Präsentationen)?
5. Welche Zeit- und Aufwandswerte sind bis zum Projektabschluss noch abzuarbeiten?
6. Angaben über die IST-Werte, die bis zum Rapportierungstag geleistet/erarbeitet/verbraucht wurden.

Die Angaben in einem Projektstatusbericht sind immer im Kontext mit dem ganzen Projekt zu sehen. Das heisst, dass der Leser bzw. Empfänger immer Kenntnis von den Projektbasisdaten (z.B. Gesamtaufwand, Start- und Endzeit etc.), der Restplanung (Meilensteine, Aufwände etc.) und den geplanten Arbeitsergebnissen der nächsten Berichtsperiode haben sollte, um das Geschriebene richtig beurteilen zu können. Deshalb muss der Projektleiter alle diese Daten in einer geeigneten Darstellungsform aufbereiten.

4.3.3 Projekt kontrollieren

Um feststellen zu können, ob die richtige Leistung in der entsprechenden Qualität zur rechten Zeit mit den vorgesehenen Kosten im Projekt erstellt wurde, ist eine umfassende Kontrolle notwendig, die die Differenz zwischen dem SOLL (Plan) und dem IST aufzeigt.

Projektkontrolle

Die Projektkontrolle umfasst alle Aktivitäten, um projektbezogene Abweichungen zwischen dem Plan- und dem IST-Zustand aufzudecken.

Grundlage für Planung und Steuerung

Die richtig dosierte Projektkontrolle bildet, neben einer guten Zielvorgabe, die Grundlage für eine erfolgversprechende Projektplanung und -steuerung.

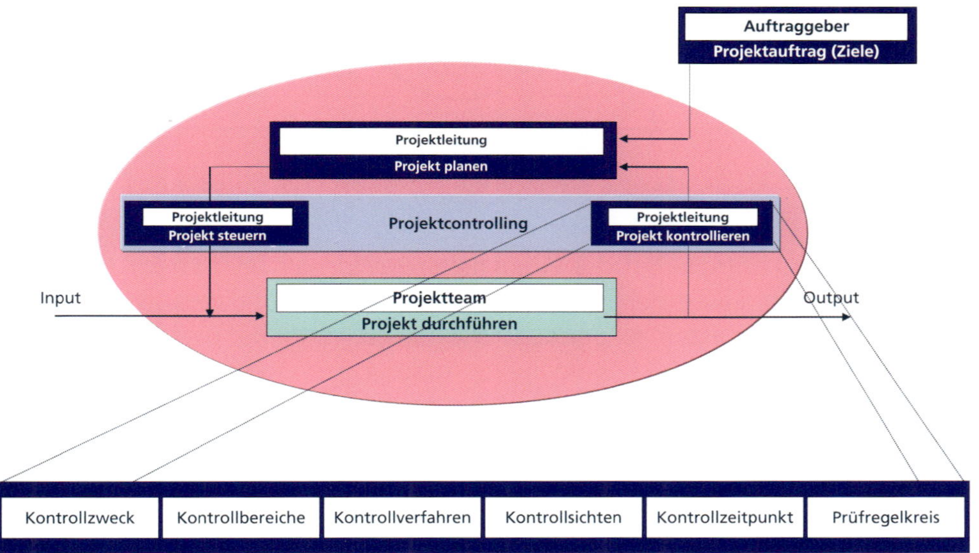

Abb. 4.32: Hauptelemente von „Projekt kontrollieren"

4.3.3.1 Kontrollzweck

Jeden Tag, jede Woche werden im Projekt Lieferobjekte erstellt. Solange der Projektleiter diese Lieferobjekte nicht von einer höheren Instanz überprüfen lässt, trägt er für diese die volle Verantwortung. Das heisst, dass z.B. Modifikationen an erledigten Lieferobjekten, die aufgrund von äusseren Einflüssen nachträglich gemacht werden müssen, voll auf Kosten und Zeit des „Projektleiters" gehen.

Verantwortung nimmt permanent zu

Setzt der Projektleiter kein geeignetes Kontrollverfahren ein (z.B. Prüfplan, siehe Kapitel 7.1.1), so trägt er mit zunehmender Projektdauer ein immer grösser werdendes Verantwortungsvolumen, das dauernden Änderungen unterliegt. Dies hemmt nicht nur den Fluss der Projektabwicklung, sondern erzeugt auch einen starken negativen Einfluss auf die Arbeit der Projektmitarbeiter.

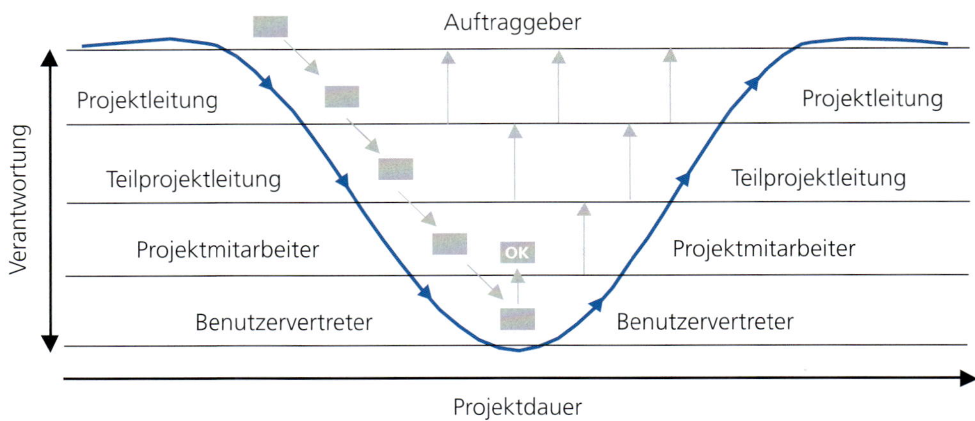

Abb. 4.33: Rückführung der Verantwortung mittels geeigneter Kontrolle

Mit der Projektkontrolle hat der Projektleiter ein ideales Instrument zur Verfügung, um die im Laufe der Projektabwicklung angestaute Verantwortung an übergeordnete Instanzen abzugeben. Will der Auftraggeber nach erfolgreicher Kontrolle eines Lieferobjekts wieder eine Änderung, kann er dies natürlich vom Projektleiter fordern, jedoch nur mit neuen (klar definierten) Abwicklungszielen, das heisst z.B. zusätzlich Zeit und Geld.

Aus dem dauernden SOLL/IST-Vergleich der Projektkontrolle entstehen zudem Werte, die sowohl zu vorbeugenden als auch zu korrigierenden Massnahmen beim weiteren Vorgehen führen. Das heisst, der Zweck von „Projekt kontrollieren" ist nicht nur die Prüfung der erledigten Arbeitspakete, sondern das Verhindern von unnötigen Kosten.

Kosten der Fehlereliminierung

Wie Abbildung 4.34 zeigt, wird die Behebung eines Fehlers um ein Mehrfaches teurer, je mehr Zeit zwischen der Entstehung und der Entdeckung respektive der Fehlereliminierung vergeht. Je früher ein Fehler aufgedeckt wird, desto einfacher ist es, den Fehler zu korrigieren und desto grösser ist die Wahrscheinlichkeit, ihn richtig zu korrigieren. Sowohl der Zeitdruck als auch die Folgeschäden sind kleiner, und dadurch erhöht sich die Chance, den Fehler möglichst ohne negative Nebenerscheinungen zu eliminieren.

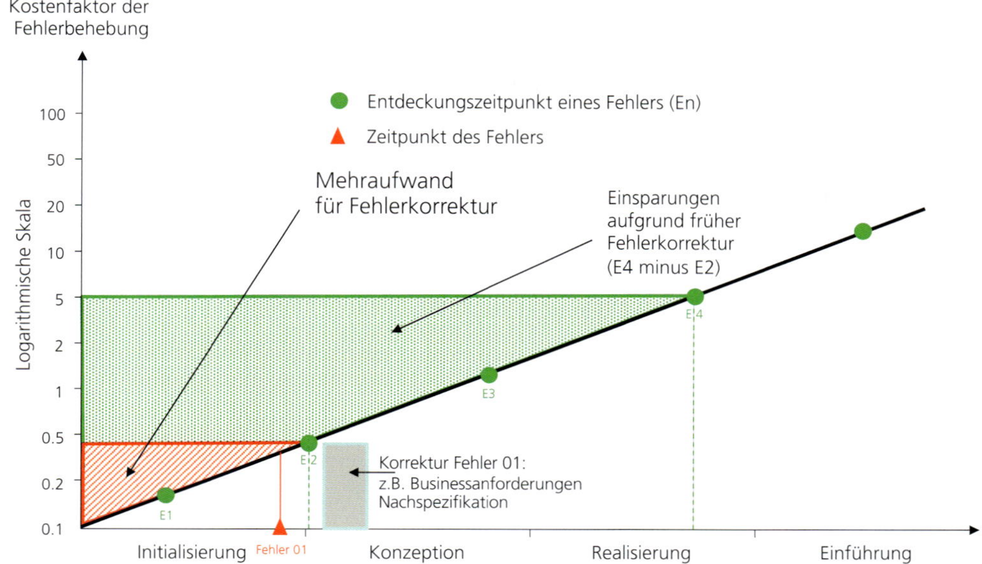

Abb. 4.34: Relative Fehlerbehebungskosten, bezogen auf den Entstehungszeitpunkt [Glo 1985]

G. Gassmann:
„Die Vergangenheit hat es mehrmals bewiesen: Zeit auf Kosten der Qualität einzusparen, kostet nachträglich ein X-faches zusätzlich an Zeit und Geld!"

Quintessenz aus einer guten Projektkontrolle ist zum einen, dass Fehler frühzeitig erkannt und somit kostengünstig behoben werden können, und zum andern, dass ein Projektleiter alles daran setzen muss, die Lieferobjekte kontrollieren zu lassen, damit sein „Verantwortungsvolumen" möglichst klein ist. Ferner erzeugt eine gute Projektkontrolle folgende positive Effekte:

Positive Effekte der Projektkontrolle

- Alle Beteiligten werden auf den gleichen Informationsstand gebracht
- Änderungs- und Verbesserungsvorschläge können auf ihre Gültigkeit, Anwendbarkeit und Auswirkung überprüft werden
- Definierte Projektziele werden auf ihre Gültigkeit und Erreichbarkeit (eventuell Zielrevision) überprüft
- Es wird geklärt, ob die Projektinstitution, -führung und -überwachung ausreichen
- Das Teambewusstsein der Projektmitarbeiter wird gestärkt
- Es wird festgestellt, ob das Projekt den grösstmöglichen Beitrag zu den definierten Unternehmens-, Kunden- und Mitarbeiterzielen liefert
- Frühzeitiges Erkennen von Tendenzen bezüglich Kosten und Zeit

4.3.3.1.1 Dimensionen der Projektkontrolle

Die Kunst des optimalen Zusammenspiels

Wie aus der Abbildung 4.35 ersichtlich, besteht die Kontrolle aus dem Zusammenspiel mehrer Dimensionen (wie, von wem, wann etc.). Die Kunst diesbezüglich besteht darin, dass der Projektleiter nicht zuviel, aber auch nicht zu wenig, sondern gerade richtig das Richtige kontrolliert. Optimal ist, wenn er dieses „ideale Zusammenspiel" in der Qualitätsplanung (siehe Kapitel 7.1) festhält.

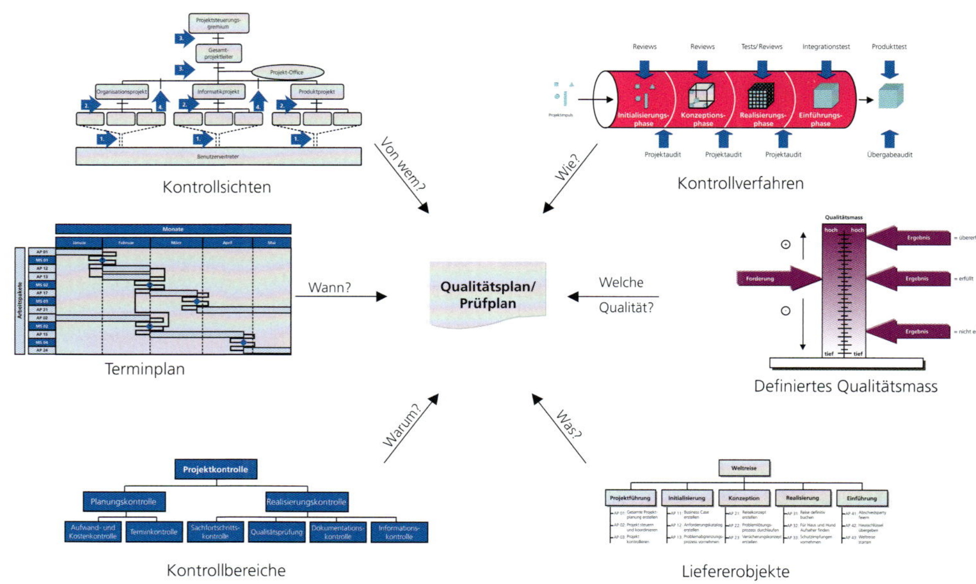

Abb. 4.35: Der Qualitätsplan (Prüfplan)

In den folgenden Kapiteln werden die kontrollbezogenen Dimensionen kurz erläutert.

4.3.3.2 Kontrollbereiche

Ein zielorientiertes Kontrollvorgehen ist dann möglich, wenn die Kontrollen geplant, in Bereiche unterteilt und systematisch nach einem vordefinierten Prozess durchgeführt werden. Zur ganzheitlichen Projektkontrolle gehört zum einen das Kontrollieren der Planungswerte (Planungskontrolle) und zum anderen das Kontrollieren der verrichteten Lieferobjekte (Realisierungskontrolle). Diese zwei Bereiche können noch weiter unterteilt werden:

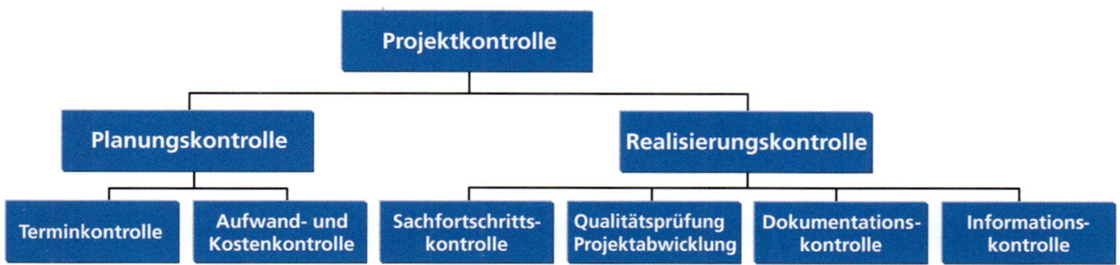

Abb. 4.36: Gliederung der Projektkontrolle

4.3.3.2.1 Aufwand- und Kostenkontrolle

Als erstes muss bei der Aufwand- und Kostenkontrolle überprüft werden, ob z.B. die Stundenskontierung bzw. Arbeitsrapportierung der Mitarbeiter korrekt erfolgte. Hier wird nicht nur die Vollständigkeit geprüft, sondern auch die Qualität der erfassten Stunden. Im Idealfall ist eine klare Kostenerfassung (Aufwand) auf der Ebene der einzelnen, detaillierten Arbeitspakete anzustreben. Dies ermöglicht eine genaue Analyse der Aufwendungen gegenüber den Erträgen.

Beim Erstellen eines SOLL/IST-Vergleichs der Kosten bzw. der Aufwände wird der sogenannte Budgetverbrauchsgrad (Budgetverbrauch im Verhältnis zum Budget) gemessen. Werden zu diesem die Werte aus der Termin- und Sachfortschrittkontrolle hinzugefügt, ergibt dies eine umfassende Kontrollgrösse.

4.3.3.2.2 Terminkontrolle

Auf der Basis einer guten Terminkontrolle kann laufend eine Gegenüberstellung der Plantermine und der voraussichtlichen Fertigstellungstermine stattfinden. Das Ergebnis dieser Kontrolle kann klare Abweichungen von den geplanten SOLL-Werten aufzeigen, was bei einem Projektverantwortlichen eindeutige und unmissverständliche Massnahmen auslösen muss.

Plantermine vs. Fertigstellungstermine

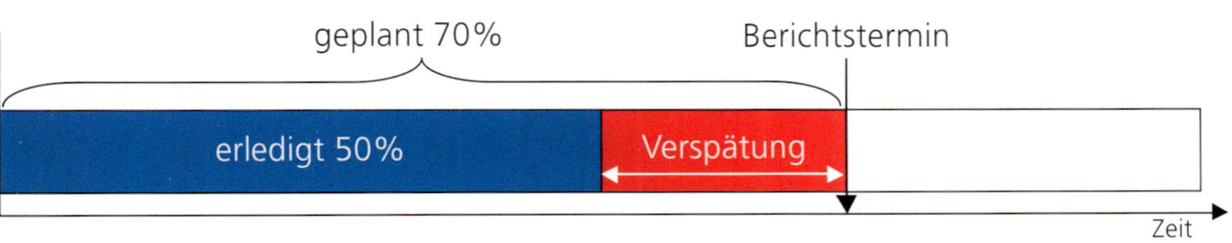

Abb. 4.37: Visualisierung einer Terminverspätung

4.3.3.2.3 Sachfortschrittskontrolle

Die Sachfortschrittskontrolle ist ein wichtiger Faktor für die Beurteilung des Projektstandes. Folgende Kernfragen werden in der Sachfortschrittskontrolle gestellt:
- Wie verhält sich der Projektaufwand zu den erbrachten Leistungen?
- Wie hoch ist der Zielerreichungsgrad der definierten Projektziele?

Dabei ist es wichtig, dass bei dieser Kontrolle der Wert der erledigten Arbeit bewertet werden kann. Diese Arbeitswertbetrachtung ist gemäss Burghardt [Bur 2012] ein sehr guter Ansatz für die genaue Projektfortschrittskontrolle. Dabei wird an einem Stichtag der Wert der erbrachten Arbeit in seinem Verhältnis zu den anteiligen Plankosten und den aufgelaufenen IST-Kosten analysiert.

Neben der Arbeitswertbetrachtung ist es ebenso entscheidend, eine entsprechende Restschätzung vorzunehmen. Das Resultat dieser Restschätzung stellt in Bezug auf den Sachfortschritt eine wichtige Information für den Auftraggeber eines Projekts dar.

4.3.3.2.4 Qualitätsprüfung der Projektabwicklung

Qualität des Qualitätssystems

Bei der Qualitätsprüfung wird kontrolliert, wie gut die Qualität der eingesetzten Kontrollinstrumente ist. Umfassende Kontrollen des Qualitätsmanagements (siehe Kapitel 7) werden unter anderem in sogenannten Audits durchgeführt. Die Kontrollergebnisse dienen als Entscheidungsgrundlage sowohl für die Abnahme und Freigabe von Zwischen- und Endprodukten als auch für die Einleitung von geeigneten Qualitätskorrekturmassnahmen. Hier wird also nicht die Qualität eines Lieferobjekts geprüft (wie bei der Sachfortschrittskontrolle), sondern der gute Einsatz des projektbezogenen Qualitätsmanagements in der Projektabwicklung.

4.3.3.2.5 Dokumentationskontrolle

Kontrolle der Dokumentenattribute

Bei dieser Kontrolle geht es primär um die Kontrolle der Attribute einer Dokumentation wie Dokumentnormen oder -ordnung. Je nach Projektstand müssen unterschiedliche Dokumentationen geprüft werden. Die Dokumentationen werden aus der Sicht der Empfänger beurteilt. Bei der Dokumentationskontrolle müssen folgende Punkte kontrolliert werden:

- Dokumentnormen
  Es gilt zu überprüfen, ob die Dokumentationen den allgemein gültigen Firmennormen entsprechen.

- Dokumentnummernsystem und Dokumentordnung
  Damit ein umfassendes Ordnungsschema garantiert werden kann, muss bei der Dokumentationskontrolle überprüft werden, ob die Dokumentationen mit den institutionalisierten Dokumentennummern versehen sind, das heisst, ob z.B. die Dokumente versioniert wurden.

- Dokumentationsinhalt
  Die Kontrolle bezüglich des Dokumentationsinhalts umfasst die inhaltliche und formale Vollständigkeit, Aktualität, Richtigkeit, Konsistenz und Verständlichkeit des Dokuments.

4.3.3.2.6 Informationskontrolle

Alle auf eine Veränderung oder einen Entscheid vorbereiten

Bei der Informationskontrolle geht es darum, die Informationsverteilung und/oder die notwendig zu verteilende Information zu kontrollieren. So kann Folgendes geprüft werden:

- Kontrolle des Informationsflusses
- Kontrolle der Berichtshäufigkeit
- Kontrolle der Berichtsinhalte

Diese Kontrollen sind sehr wichtig, da es in vielen Projekten entscheidend ist, ob jemand informiert und somit für eine Veränderung vorbereitet ist oder nicht. Dieses spezielle Thema kann z.B. auch als Teil des Stakeholdermanagements betrachtet werden.

4.3.3.3 Kontrollverfahren

Projektkontrollen werden im alltäglichen Sprachgebrauch als Audit, Review und Test bezeichnet. Dies ist einerseits richtig, aber auch etwas ungenau. Audits, Reviews und Tests sind sogenannte Kontrollverfahren mit ganz klaren Kontrollzielwerten. Es sind jedoch Überbegriffe für sogenannte einsetzbare Kontrolltechniken, die im Kapitel 4.5.4 aufgeführt sind.

Kontrollverfahren mit klaren Kontrollzielwerten

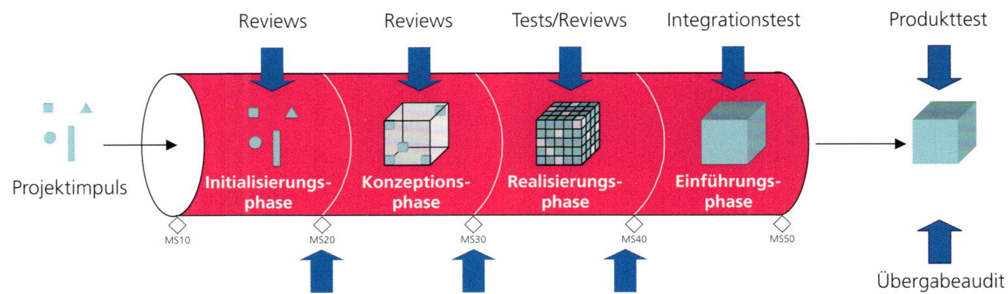

Abb. 4.38: Kontrollen anhand der Projektabwicklungspipeline

Abbildung 4.38 zeigt eine sogenannte „Projektabwicklungspipeline", in der am Anfang einzelne Fragmente des Projektimpulses existieren, die sich im Verlauf des Projekts mehr und mehr zu einem einführungsreifen Projektprodukt entwickeln.

Vom statischen Fragment zum dynamischen Produkt

Am Anfang des Projektabwicklungsprozesses existieren meistens nur Konzepte oder Modelle, die schriftlich festgehalten werden. Solche Konzepte können mittels Reviewtechniken „statisch" geprüft werden. Je weiter das Konzept umgesetzt wird, desto mehr kommen die Testtechniken zum Einsatz, da nun an konkreten Lieferobjekten „dynamisch" geprüft werden kann. Mithilfe der Audits wird geprüft, inwiefern sich das Projektteam bis zu diesem Zeitpunkt an die Entwicklungsvorgehens- oder andere vorgegebene Richtlinien gehalten hat.

4.3.3.3.1 Review

Strukturierter Analyse- und Bewertungsprozess

Als Review (statische Prüfung) wird ein geplanter und strukturierter Analyse- und Bewertungsprozess bezeichnet, mit dem Projektdaten wie Konzept, Anforderungskatalog, Projektplan etc. überprüft werden.

Review

> *Ein Review ist ein mehr oder weniger formal geplanter und strukturierter Analyse- und Bewertungsprozess, in dem Lieferobjekte einer Gruppe von Gutachtern präsentiert werden. Diese Gruppe kommentiert oder genehmigt die präsentierten Lieferobjekte [Wal 2001].*

Techniken, die zu diesem Verfahren gehören, sind z.B. Managementreview, Technischer Review, Walkthrough, Desk-Check, Vernehmlassungsverfahren (die Stellungnahme) oder Inspektion.

4.3.3.3.2 Test

Beim Testen wird das zu prüfende Lieferobjekt (Prüfobjekt) mehrheitlich mit entsprechenden Techniken dynamisch geprüft. Dabei wird das Prüfobjekt ausgeführt, simuliert oder interpretiert, und man verfolgt, ob es sich gemäss den aufgestellten Anforderungen verhält. So wird z.B. ein Computerprogramm mit einer stichprobenartig ausgewählten Menge von Eingabewerten geprüft. Das Programm soll sich dabei so verhalten, wie es in der Spezifikation detailliert gefordert wurde. Ein Testbeispiel aus der Baubranche wäre eine neu betonierte Fläche respektive die jeweiligen Prüflinge (Betonwürfel), die auf ihre Belastbarkeit getestet werden können.

Dynamisches Prüfen der Lieferobjekte

Testen

> Testen ist der Prozess, ein Produkt durch manuelle oder automatisierte Hilfsmittel zu bewerten, um damit die Erfüllung der spezifizierten Anforderungen nachzuweisen [IEEE 1983].

Testen an sich ist ein destruktiver Vorgang. Er dient nicht dazu – wie viele glauben –, die Fehlerfreiheit eines Prüfobjekts zu zeigen: Testen ist ein Prozess, der mit der Absicht ausgeführt wird, Fehler zu finden [Wal 2001].

Die Testverfahren, Testtechniken und -werkzeuge sind je nach Projektart sehr unterschiedlich. So muss man z.B. bei Software einen Modultest durchführen, bei einem Bauprojekt steht ein Test bezüglich Umweltverträglichkeit an. Aufgrund dessen wird dieses interessante Kapitel sehr kurz gehalten. Muss sich ein Projektleiter in diese Thematik vertiefen, so sollte er der Projektart entsprechende Literatur konsultieren. Was allerdings bei allen Projektarten gleich ist, ist der Testprozess. Dieser sieht in etwa wie folgt aus:

Grundlegender Testprozess

1. Testkonzept
2. Testplanung
3. Testentwurf
4. Testfallerstellung
5. Testabwicklungsplanung
6. Testdurchführung
7. Testauswertung

4.3.3.3.3 Audit

Audit

> Ein Audit ist eine Aktivität, bei der Angemessenheit und Einhaltung vorgegebener Vorgehensweisen, Anweisungen und Standards, aber auch deren Wirksamkeit und Sinnhaltigkeit geprüft werden [Wal 2001].

Audits im Bereich der Projektabwicklung können folgendermassen unterschieden werden:

- Produktaudit (Konformität bezüglich Vorgaben des Produkts)
- Prozessaudit (Konformität bezüglich Projektabwicklungsprozess und Standards)
- Projektmanagementaudit (Konformität bezüglich Projektorganisation, Projektführungsprozess und Standards)
- Übergabeaudit (funktionale und physische Vollständigkeitsprüfung für eine reibungslose Wartung)
- Lieferantenaudit (Prüfen der Prozessbeherrschung beim Lieferanten)

4.3.3.4 Kontrollsichten

Sinnvolle Aufteilung der Kontrollen

Da nicht alle alles kontrollieren müssen oder können, ist es insbesondere bei umfangreicheren Projekten sinnvoll, diese Aufgaben unter den verschiedenen „Kontrollstellen" abzustimmen.

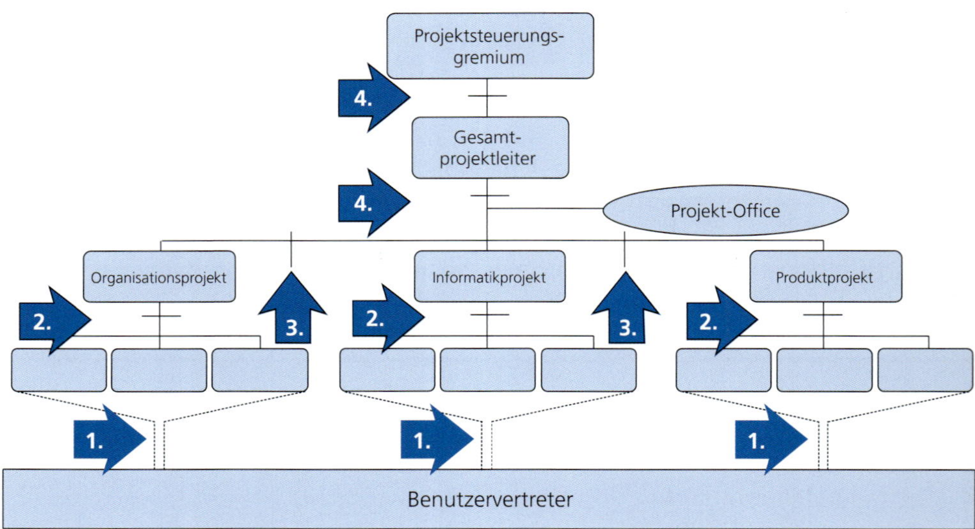

Abb. 4.39: Kontrollsichten eines umfangreichen Projekts

Zuteilung der Kontrollverantwortung

Es ist klar, dass im Sinne von „Denken in Prozessen" keine Kontrollhierarchie erstellt werden soll. Vielmehr sollen die Kontrollen an die Rollen verteilt werden, die einerseits die Fähigkeit und andererseits die Verantwortung haben. Die Projektkontrolle kann je nach Umfang und Komplexität in vier „Kontrollsichten" (siehe Abbildung 4.39) aufgeteilt werden.

1. Die Kontrollsicht bezieht sich auf die Arbeitswertbetrachtung (Sachfortschritt und Qualität), die der Benutzervertreter z.B. mit Reviews und Tests durchführt.

2. Die Kontrollsicht kontrolliert mittels Desk-Check oder Walkthrough den Leistungswert (Aufwand, Arbeitswert, Dokumentation), der vom Projektteam erbracht wird. Diese Kontrolle wird meistens vom Teil- respektive Projektleiter selbst durchgeführt.

3. Die Kontrollsicht kontrolliert die Schnittstellen. Durch das Aufspalten von grossen Projekten ergibt sich eine Vielzahl kleinerer, voneinander abhängiger Vorhaben. Das erfordert Koordination. Und diese wachsenden Koordinationsaufwendungen müssen vermehrt und systematisch überprüft werden. Hier werden insbesondere der Sachfortschritt, die Dokumentation und die Information geprüft.

Prüfen der Koordinationswerte

4. Die Kontrollsicht kontrolliert die gesamte Leistung eines Projekts oder Teilprojekts. Es geht dabei vor allem um die Kosten-, die Termin- sowie die Sachfortschrittskontrolle. Sie wird vom Auftraggeber selber oder von einem speziell dafür zuständigen Kontrollgremium durchgeführt.

4.3.3.5 Kontrollzeitpunkt

Kontrollen müssen vom Projektstart an regelmässig, gemäss dem Prüfplan (siehe Kapitel 7.1.1), durchgeführt werden. Nur durch kontinuierliche Anwendung der verschiedenen Kontrollverfahren halten sich Fehlereliminierungszeiten und -kosten in Grenzen. Entscheidend für eine Projektkontrolle sind daher die drei wichtigen Indikatoren:

Drei wichtige Kontrollindikatoren

- Phasenende oder Meilenstein

- Zeitspanne zwischen den Kontrollpunkten
  Wenn die Zeitspanne zwischen zwei Phasenenden oder Meilensteinen den Zeitraum von drei Monaten überschreitet, ist es notwendig, zusätzliche Kontrollpunkte zu definieren, weil das menschliche Erinnerungsvermögen mit der Zeit abnimmt. Grundsätzlich sollte der Kontrollzeitpunkt, an dem ein oder mehrere Lieferobjekte geprüft werden sollen, erst nach deren Fertigstellung stattfinden. Wird aber aufgrund des Projektumfangs (Arbeitspaketumfangs) oder der geringen Anzahl Projektmitarbeiter der maximale Zeitraum von 3 Monaten überschritten, so müssen geeignete „Zwischenkontrollen“ angeordnet werden.

Das Erinnerungsvermögen nimmt mit der Zeit ab

- Kontrollvolumen
  Das Kontrollvolumen hängt von der Anzahl Personen, die an einem Projekt arbeiten, sowie von dem zu überprüfenden Zeitraum respektive von der geleisteten Arbeitsmenge ab. Das zu prüfende Volumen sollte einen sinnvollen Umfang (max. 300 Arbeitstage) aufweisen. Zum Beispiel: 3 Projektmitarbeiter, die 3 Monate an einem Projekt gearbeitet haben, erbringen eine Arbeitsleistung von 180 Arbeitstagen (3 x 3 x 20). Das ist je nach Branche und Projektart ein Wert von 150'000.– bis 300'000.–. Wird das kontrollierte Lieferobjekt als i.O. freigegeben, so wurde zu diesem Betrag ja gesagt.

Je kleiner das Kontrollvolumen, desto besser

4.3.3.6 Prüfregelkreis

Im Folgenden wird vereinfacht das Zusammenspiel der in einem Projekt zu prüfenden Ergebnisse und Prozesse anhand des Prüfregelkreises erläutert. Damit kann aufgezeigt werden, wie einfach es grundsätzlich ist, ein Qualitätskonzept und den daraus abzuleitenden Qualitätsplan oder einen Prüfplan zu erstellen (siehe Abbildung 4.40).

B. Schulthess:
„Eine offene Fehlerkultur erhöht die Chancen, dass auch unter Druck spontan und intuitiv die richtigen Entscheidungen getroffen werden."

Betrachtet man die gesamten projektbezogenen Kontrollaktivitäten von einer Metaebene aus, so werden zu Beginn des Projektes mehrheitlich statische Lieferobjekte erstellt – ausser man erstellt Prototypen. Diese zur Kontrolle freigegebenen Lieferobjekte werden zu „Prüfobjekten" oder „Prüflingen". Mittels Reviewtechnik werden sie auf Vollständigkeit, Richtigkeit, Verständlichkeit etc. geprüft und deren Befunde in einem Reviewbericht festgehalten.

Die dynamischen Lieferobjekte können durch Tests auf ihre Funktionalität geprüft werden; entsprechende Fehler werden in einem Testbericht festgehalten. Dieser Testbericht kann und wird bei sehr wichtigen Projekten anhand eines Reviews geprüft. Mittels Audit können die im Projekt eingesetzten Prozesse, z.B. Projektabwicklungsprozesse wie Konzipierungs- oder Anforderungsentwicklungsprozess oder die eingesetzten Review- und Testprozesse bezüglich der Einhaltung der definierten Standards geprüft werden. Das Ergebnis ist ein Auditbericht, in dem alle Abweichungen festgehalten werden.

In einem bestimmten, meist monatlichen Rhythmus wird vom Projektleiter der Projektstatusbericht erstellt und die Projektplanung aktualisiert. Alle Berichte sowie die aktuellste Planung sind Inputs für den Projektreview, der von den Projektträgern durchgeführt wird. Neben dem Reviewbericht wird eine Massnahmenliste erstellt, welche in die Projektabwicklung einfliesst und umgesetzt werden muss.

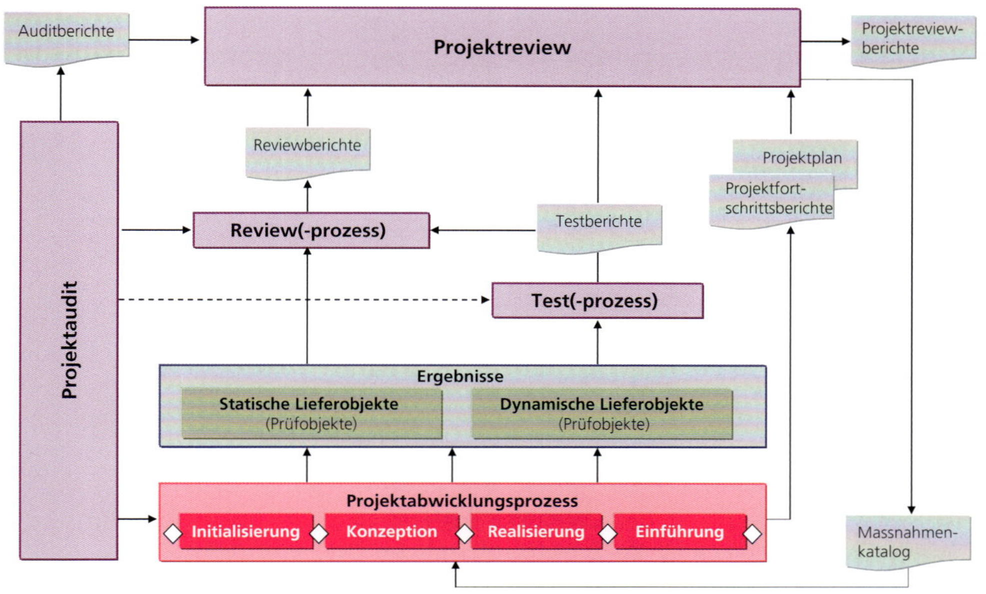

Abb. 4.40: Regelkreis der Projektprüfverfahren

Prüfen: je früher, desto besser

Es ist die Aufgabe des Projektleiters, für sein Projekt den entsprechend geeigneten Prüfregelkreis zu definieren. Mit der Begründung, dass für die Reviews im Unternehmen das notwendige Verständnis fehlt, Audits in der Unternehmung wegen fehlender Standards nicht eingesetzt werden können, Test so oder so meistens und abschliessend durch den Endkunden bei der Anwendung gemacht werden und das Management für den Projektreview keine Zeit hat, können natürlich alle Prüfungen gestrichen werden. Dem Projektleiter muss daher in Erinnerung gerufen werden, dass je früher ein Fehler entdeckt wird, desto niedriger die Wiedergutmachungskosten sind, und dass schliesslich er mit dem Auftraggeber zusammen die Hauptverantwortung für die Projektabwicklungs- sowie Produktqualität trägt.

Magnus ist sich seiner Verantwortung bewusst. Verbockt er das Projekt, bekommt er es mit der ganzen Familie zu tun. Daher setzt er alles daran, mittels Transparenz und gezieltem „Sich-kontrollieren-Lassen" die Verantwortung mit den „Mitverantwortlichen" zu teilen. Zudem weiss er aufgrund seines Studiums, dass rechtzeitige Kontrolle die Möglichkeit gibt, die Fehler zu finden und so noch rechtzeitig zu eliminieren. Aufgrund dessen erstellt er einen Prüfplan.

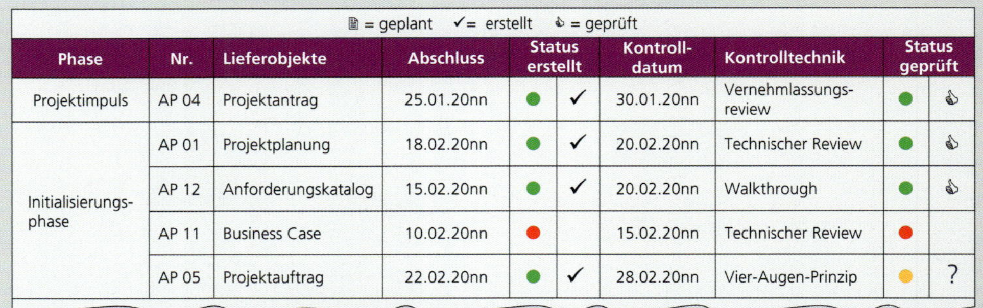

= geplant ✓= erstellt = geprüft

Phase	Nr.	Lieferobjekte	Abschluss	Status erstellt		Kontroll-datum	Kontrolltechnik	Status geprüft	
Projektimpuls	AP 04	Projektantrag	25.01.20nn	●	✓	30.01.20nn	Vernehmlassungs-review	●	
Initialisierungs-phase	AP 01	Projektplanung	18.02.20nn	●	✓	20.02.20nn	Technischer Review	●	
	AP 12	Anforderungskatalog	15.02.20nn	●	✓	20.02.20nn	Walkthrough	●	
	AP 11	Business Case	10.02.20nn	●		15.02.20nn	Technischer Review	●	
	AP 05	Projektauftrag	22.02.20nn	●	✓	28.02.20nn	Vier-Augen-Prinzip	●	?

Abb. 4.41: Ansatz eines Prüfplans

Neben dem Prüfplan, in dem er genau definiert, welches Dokument, welches Ergebnis mit welcher Technik geprüft wird, vereinbart er mit der Mutter, dass sie die Finanzkontrolle übernimmt. Das heisst, jede Rechnung, die im Zusammenhang mit der Weltreise ins Haus kommt, wird von ihm und von ihr visiert, bevor sie bezahlt werden darf. Gemäss Projektbudgetplan (Kapitel 4.2.8) weiss man auch, in welchem Monat ungefähr wie viel Geld ausgegeben werden darf.

Als Sachfortschrittskontrolle (Leistungskontrolle) verwendet er die morgendliche Sitzung, in der jeweils die Pendenzen kurz überflogen und der Stand der Dinge abgefragt werden. Alle Zwischenergebnisse, insbesondere die von Angelika, prüft er durch einen Walkthrough, indem er mit ihr zusammensitzt und das erarbeitete Resultat Stück für Stück durchgeht.

Da im Projekt die Kommunikation ein sehr wichtiger Teil ist, wurde ein Informationsplan erstellt. Magnus prüft vor den monatlichen Projektsteuerungssitzungen jeweils, ob dieser Plan eingehalten wurde. Ein Traktandum dieser Sitzung ist dann, ob die Informationen angekommen sind und ob allenfalls noch vermehrt informiert werden muss.

Da er das Verwalten der Unterlagen und Dokumentationen übernommen hat, vereinbart er mit dem Vater, dass dieser ihn diesbezüglich alle 14 Tage kurz prüft.

4.4 Projekt abschliessen

Es gibt Projekte, die werden nie abgeschlossen. Das hat oftmals mit einem Nachlassen der Konzentration und einem Interessenverlust am Projekt zu tun. Ist ein neues Projektprodukt eingeführt und alles „läuft" einigermassen reibungslos, so wird, insbesondere wenn sich die Einführung verzögert hat, die Zielflagge schon auf allen Hierarchieebenen geschwenkt. Das ist gefährlicher, denn eigentlich ist das Projekt noch nicht fachgerecht abgeschlossen. Entweder arbeiten Beteiligte noch monatelang im Hintergrund daran weiter, oder sie beschäftigen sich bereits wieder mit einem neuen Projekt. Besonders der zweite Fall bedeutet, dass das Projekt nie abgeschlossen wird, denn niemand erledigt die Aufräumarbeiten bzw. die Abschlussarbeiten. Und die gehören immer dazu!

Projekt fachgerecht abschliessen

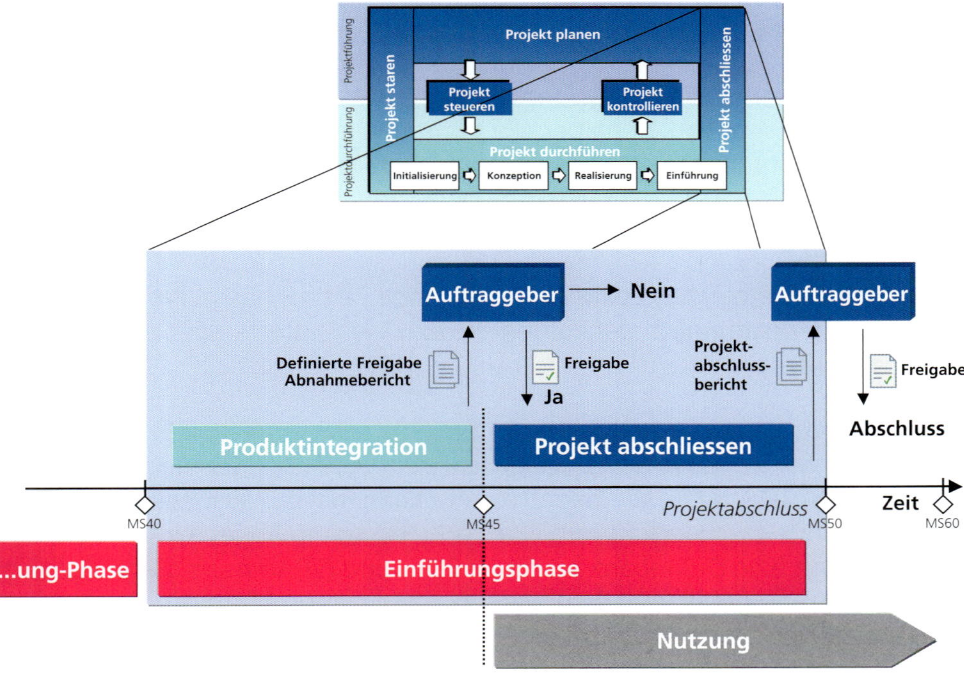

Abb. 4.42: Der Projektabschlussprozess

Theoretisch unterteilt sich die Einführungs- respektive Abschlussphase in zwei Schritte. Erstens soll bis und mit MS45 das Projektprodukt dem Auftraggeber, Betreiber, Business etc. für die Nutzung übergeben werden (Produktintegration respektive -abnahme). Dies wird ausführlicher im Kapitel 5.5 („Einführungsphase") beschrieben. Zweitens muss der Projektleiter das Projekt mit dem Erstellen des Projektabschlussberichts offiziell abschliessen respektive auflösen.

Zu den wichtigsten Projektabschlusstätigkeiten gehören:

- Offizielle Produktabnahme und somit definitive Freigabe
- Allfällige Nachbearbeitung von offenen Punkten
- Projektabschlussanalyse und -beurteilung, unter anderem aufgrund von Gesprächen mit den Mitarbeitern über die Erreichung der persönlichen Ziele
- Projektnachkalkulation
- Projektabschlussbericht erstellen
- Erfahrungssicherung
- Einsatzmittel-, Projektteam- und somit Projektauflösung
- Informieren aller Betroffenen und Beteiligten
- Erstellen des Projektauflösungsprotokolls

Im Bauwesen werden z.B. die Pläne des ausgeführten Bauwerks (inkl. aller Änderungen) dem Bauherrn übergeben sowie die notwendigen Abnahmeprotokolle, Bürgschaften etc. festgehalten und die Schlussrechnung erstellt.

Projektabschlussbericht

Für den Projektleiter ist der Projektabschlussbericht von ganz entscheidender Bedeutung. In diesem Bericht hält er alle wichtigen Werte der Projektabwicklung fest und versucht, nachhaltig den Projekterfolg bezüglich der Abwicklungsziele (Leistung, Qualität, Zeit und Kosten) zu begründen. Auch Nichterfolge und ihre Gründe sollten in diesem Bericht aufgeführt werden.

Ausserhalb des Projektes, bei MS60, wird einige Zeit nach dem Projektende geprüft, ob die ursprünglich definierten Projektziele (System- oder Businessziele) erreicht wurden.

G. Gassmann:

„Jedes Projekt ist eine wertvolle Erfahrung! Wer immer tut, was er schon kann, bleibt immer das, was er schon ist!"

Grundsätzlich ist der Abschluss eines Projekts sehr einfach. Mit den Fragen in Abbildung 4.43 kann leicht geklärt werden, was noch zu machen ist. Wer diese Fragen alle mit „Ja" beantwortet, kann davon ausgehen, dass sein Projekt grundsätzlich erfolgreich war und es somit abgeschlossen werden kann. Existiert eine Diskrepanz zwischen SOLL und IST, so muss dies aufgezeigt und dem Auftraggeber vorgelegt werden. „Projekt abschliessen" ist wie schon „Projekt starten" eine Aufgabe der Projektführung. Der Projektleiter muss in seiner Funktion als Durchführungsverantwortlicher des Projektauftrags diese Tätigkeit in Zusammenarbeit mit dem Auftraggeber erledigen.

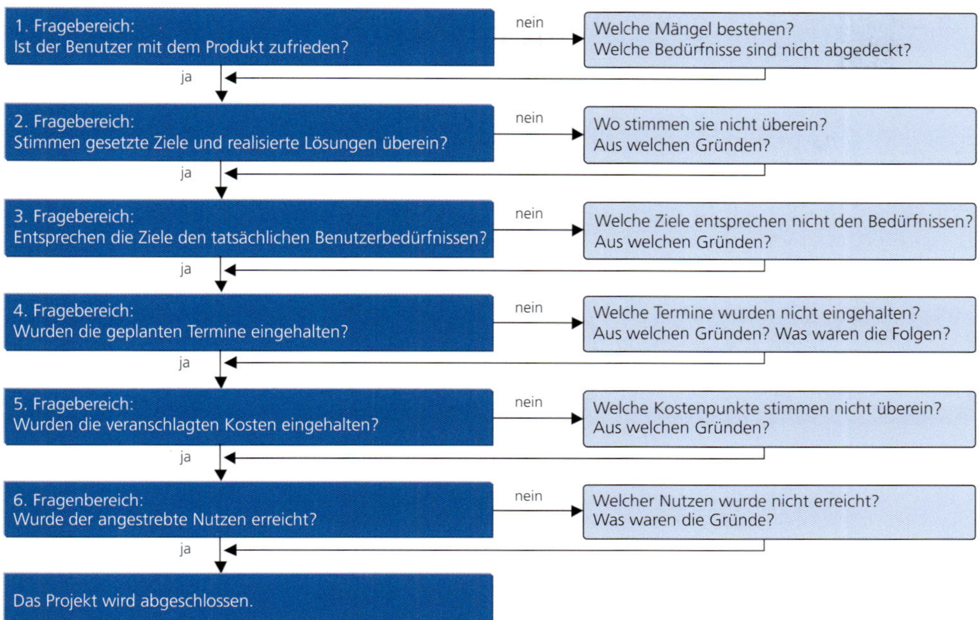

Abb. 4.43: Fragekette bei einer Abschlussbeurteilung von Projekten

Sechs Fragen für den Projektabschluss

Herr Gloor ist glücklich, denn er kann endlich mit seiner Familie auf eine Weltreise gehen. Alle Reservationen sind vorgenommen, die Prüfungen in Off-Road-Fahren und Tauchen bestanden etc. Das heisst, für die Reise ist alles startklar. Selbst für das Haus und den Hund wurde ein Aufpasser (Schwiegervater) gefunden. Der Schwiegervater wollte zwar schon in diesem Jahr ins Altersheim (wo viele seiner Kollegen leben), doch er hat sich schliesslich dazu durchgerungen, ein Jahr zu warten. Endlich steht die gesamte Familie mit vollständigem Gepäck am Flughafen und ist zum Check-in bereit. Das bedeutet, das neu erstellte Projektprodukt „Weltreise" kann nun gelebt respektive genutzt werden.

Vielleicht ist man an dieser Stelle überrascht, warum das Projekt schon abgeschlossen ist: Bis jetzt wurde doch noch gar keine Projektphase durchschritten? Dazu ist zu sagen, dass die Projektführung bloss eines von zwei Kernelementen der Projektabwicklung ist (siehe Kapitel 1.2).

Aus methodisch-didaktischer Sicht wurde zuerst die Projektführung respektive der Projektmanagementzyklus erläutert. Im Kapitel 5 erfolgt dann die Beschreibung der konkreten Projektumsetzung respektive der Projektdurchführung. Erst nach der konkreten Durchführung kann das Projekt auch wirklich abgeschlossen werden.

R. Grau:

„Alles, was nach einem Jahr dem Unternehmen keinen Nutzen geliefert hat, ist eine Krankheit und kein Projekterfolg."

4.5 Die Projektführungstechniken

Wie einleitend erläutert, hat der Projektleiter verschiedene Techniken zur Auswahl, welche nach anwendungsspezifischen Eigenheiten gruppiert respektive – rustikal gesagt – als Werkzeugkasten bezeichnet werden können. Je nach Problem, je nach Situation, je nach Fähigkeit kann er aus diesen Werkzeugkästen die geeignetste Technik auswählen und einsetzen.

Abb. 4.44: Die Projektführungstechniken

Da die Beschreibung der einzelnen Techniken den Rahmen dieses Buches sprengen würde, werden in den kommenden Kapiteln bloss die wichtigsten punktuell aufgeführt.

4.5.1 Planungstechniken

Optimale Transparenz für gemeinsames Verständnis

Planungstechniken werden gebraucht, um ein Projekt bezüglich der planerischen Tätigkeiten (Kosten, Termine, Ergebnisse etc.) zu optimieren, den Überblick über den Projektablauf zu gewinnen sowie eine genauere Zeitschätzung und eine bessere Terminbestimmung zu erhalten. Die resultierenden Werte werden als Entscheidungs-, Steuerungs- und Kontrollunterlage verwendet.

Für die Struktur-, Zeit-, Einsatzmittel- und Kostenplanung bedient man sich in der Praxis bei grösseren Projekten der Netzplantechnik. Ein weiteres, oft benutztes Planungsinstrument ist das Balkendiagramm, das grundsätzlich auf einem zweidimensionalen Koordinatensystem aufgebaut ist, wovon die eine Dimension immer die Zeitachse darstellt. Diese Technik wird bei kleineren oder mittleren Projekten ohne grössere zeitliche Abhängigkeiten eingesetzt.

Mögliche Planungstechniken

Netzplan MPM, PERT, CPM	Balkendiagramm
Kapazitätsbelastungsdiagramm	Kanban & Kanban Board
Einsatzmittelplan	Release Planning
Projektbudgetplan	Sprint Planning
Plan-Net	

Das Kanban Board kann sehr gut als einfaches Planungs- wie auch als übersichtliches Steuerungswerkzeug genutzt werden.

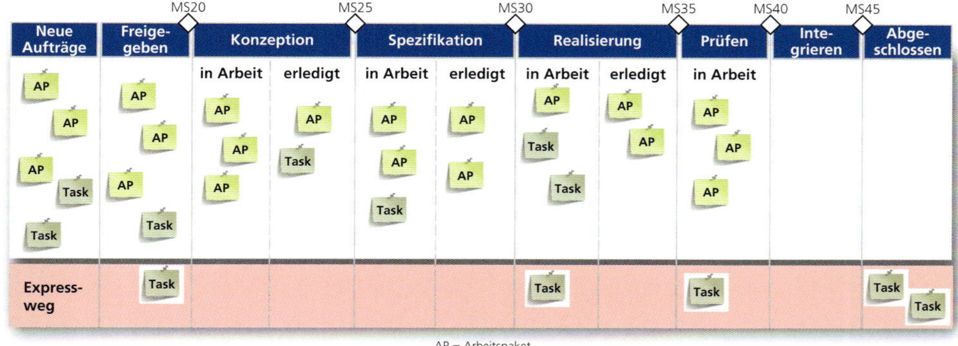

Abb. 4.45: Phasenbezogenes Kanban Board mit eingebautem Expressweg

4.5.2 Aufwandschätztechniken

Die Aufwandschätzung ist eine heikle und schwierige Aufgabe, die den Projektleiter immer wieder vor grosse Probleme stellt. Die Aufwandschätztechniken lassen sich gemäss Burghardt [Bur 2012] in drei Klassen unterteilen:

- Algorithmenmethode
  Algorithmische Methoden bedienen sich immer einer Formel oder eines Formelgebildes, dessen Strukturen und Konstanten empirisch sind und teilweise mit mathematischen Modellen bestimmt werden.

- Vergleichsmethode
  Vergleichsmethoden basieren nicht auf Formeln, sondern auf dem zahlenmässigen Zusammenhang zwischen der geplanten Grösse und dem dazu benötigten Aufwand. Mit diesen Methoden werden vergangene Projekte mit dem aktuellen verglichen. Diese Verfahren werden speziell während des Projektstarts (siehe Kapitel 4.1) eingesetzt.

- Kennzahlenmethode
  Wie die Vergleichsmethoden erfordert auch die Kennzahlenmethode das systematische Sammeln von projektabwicklungs- und produktspezifischen Messdaten. Diese Daten werden allerdings nicht zum Vergleich von Projekten herangezogen, sondern zur Ableitung aussagekräftiger Kennzahlen, die zur Bewertung von Schätzgrössen für das geplante Projekt verwendet werden.

Aus diesen Methoden lassen sich alle Vorgehensverfahren zur Aufwandschätzung ableiten. Es gilt jedoch zu berücksichtigen, dass bei diesen Schätzverfahren nur die Formeln festgelegt werden, respektive die Art und Weise der Errechnung.

Je kleiner die Arbeitspakete, desto genauer die Schätzwerte

Daher ist es wichtig, neben der Anwendung eines Verfahrens eine möglichst kleine Segmentierung der einzelnen geplanten Arbeiten (Arbeitspakete) vorzunehmen. Die Segmentierung liefert dem Projektleiter eine gute Schätzbasis, da aus kleineren Arbeitspaketen eine Vielzahl von genau errechenbaren Kenngrössen (Mengengerüst) entnommen werden kann. Ferner wäre es bei der Aufwandschätzung optimal, wenn zusätzlich die wichtigsten Einflussgrössen, welche die Projektziele beeinträchtigen können, berücksichtigt würden.

4.5.2.1 Planning Poker

Abgeleitet aus dem agilen Vorgehen, kann Planning Poker bei jeder Planungssitzung verwendet werden. Dabei wird nicht wie so oft mit Personenaufwandstagen, sondern mit der Grösse der Aufgaben geschätzt (Story Points = relativer Wert). Die Grösse einer Aufgabe hängt im Wesentlichen von ihrer Komplexität ab. Sie ist unabhängig davon, ob die Aufgabe von einem erfahrenen oder von einem unerfahrenen Teammitglied umgesetzt wird.

Abb. 4.46: Die Fibonacci-Zahlenfolge als Hilfsmittel für Planning Poker

Das Team legt zuerst ein Reference Item fest, das in der Regel relativ klein ist und von allen Beteiligten komplett verstanden und gleich bewertet wird.

Als Instrument erhält jedes Teammitglied einen Satz Planungspokerkarten. Die dort notierten Punkte repräsentieren Story Points und orientieren sich an der Fibonacci-Zahlenfolge. Bei der Planungssitzung wird – Aufgabe um Aufgabe – von jedem Teammitglied eine Aufwandschätzung vorgenommen. Jede Aufgabe wird vom Projektleiter vorgestellt. Das Team kann Fragen stellen und diskutiert die Aufgabe. Jedes Mitglied legt daraufhin eine der Karten verdeckt auf den Tisch. Die Karten werden anschliessend gleichzeitig aufgedeckt. Weichen die Schätzwerte stark voneinander ab, werden Annahmen und Beweggründe für die höchste und niedrigste Schätzung diskutiert. Anschliessend erfolgt eine neue Schätzrunde. Dies wird so lange wiederholt, bis alle im Team den gleichen Wert schätzen oder die Abweichungen der einzelnen Schätzwerte zumindest sehr klein sind. Für Unklarheiten gibt es eine Fragezeichenkarte und bei Pausenbedarf eine Kaffeetassenkarte.

Das Schätzen mit Story Points wurde in der agilen Welt „erfunden", damit man einfach und schnell Anforderungen schätzen kann, die man noch nicht im Detail kennt, ohne sie bis auf die untererste To-Do-Ebene herunterzubrechen. Das heisst, neben dem Berücksichtigen der Komplexität gilt es auch, das Fehlen von Information zu berücksichtigen [Tim 2017].

Schnelle und einfache Schätzungen möglich

4.5.2.2 T-Shirt-Schätzung

Statt Story Points werden für das relative Schätzen auch gerne T-Shirt-Grössen (S, M, L, XL, XXL) als „Schätzwerte" verwendet, um die einzelnen User Stories bei agilen Entwicklungsprojekten in Beziehung zu setzen. Der Vorteil dieser Schätztechnik ist es, dass sich auf Basis der Metapher mit den T-Shirt-Grössen relativ schnell ein gemeinsames Verständnis herstellen lässt. Denn jeder hat ungefähr eine Vorstellung davon, was S oder XL bedeutet und in welcher Beziehung die Grössen zueinanderstehen.

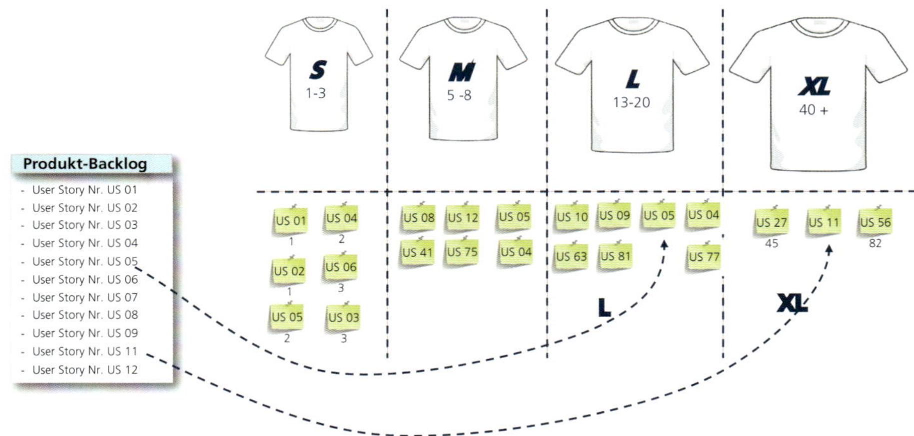

Abb. 4.47: T-Shirt Schätzung mit User Stories (US)

Dieses Verfahren hat den Vorteil, dass es noch verständlicher ist als das Schätzen mit als Story Points und es sich damit zum Beispiel sehr gut für die Kommunikation mit Stakeholdern eignet; allerdings haben Story Points erfahrungsgemäss eine deutlich höhere Genauigkeit.

4.5.2.3 Priority Poker

Prioritäten in einer Gruppe einfach setzen

Wenn beim agilen Vorgehen auf der Ebene Portfolio, beim Themen-Backlog oder auf der Ebene Sprint beim Produkt-Backlog entsprechend Prioritäten gesetzt werden müssen, kann dies mit Priority Poker schnell und einfach bewerkstelligt werden. Mit dieser Technik können nicht nur wie in der agilen Produkteentwicklung Epics und/oder User Story, sondern generell alle Listen von zu gewichtenden Elementen wie z.B. Anforderungen, Spezifikationen, Use Cases, Testobjekte, Testfälle oder Fehler erkannt werden. Für die Priority-Poker-Technik werden Spielkarten sowie eine Liste mit den Elementen benötigt. Voraussetzungen, um die Technik erfolgreich einzusetzen, sind:

a. Alle wichtigen Stakeholder müssen daran teilnehmen.

b. Die zur Priorisierung notwendigen Informationen erfolgen vorab.

c. Jeder Teilnehmer erhält an der Sitzung ein Kartenset.

d. Zudem leitet ein Moderator das Poker, der selber nicht mitspielt, die Zeit stoppt und Diskussionen unterbindet.

Wichtig: Priority Poker unterteilt Elemente in Gruppen. Innerhalb dieser Gruppen gilt grundsätzlich dieselbe Priorität über alle Elemente.

Abb. 4.48: Priority-Poker-„Spielkarten"

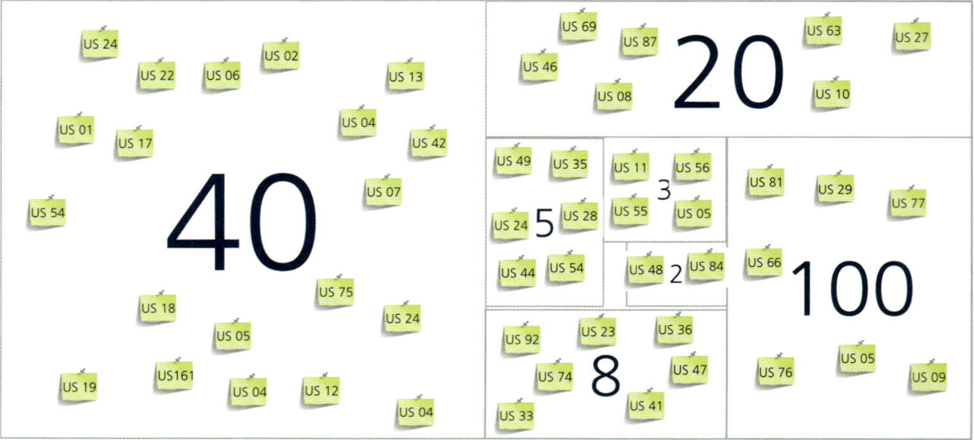

Abb. 4.49: Priority Poker „Task zugeordnet"

Beim Priority Poker gilt es, folgende Regeln zu berücksichtigen:

- Die definierte Timebox (2 Minuten, 30 Sekunden etc.) wird eingehalten.
- Keine Priority-Poker-Sitzung dauert länger als zwei Stunden.
- Während dem Priorisieren bzw. der gesamten Sitzungsdauer gibt es keine Lösungsdiskussionen.

Der Vorteil von Priority Poker ist, dass keine Diskussionen über den absoluten Wert des Objekts stattfinden. Die wichtigen Objekte werden sehr schnell erkannt und an einer Sitzung können eine grosse Anzahl von Stakeholdern teilnehmen. Die Nachteile sind, dass z.B. einige Stakeholder die ganze Gruppe dominieren; zudem werden für alle Sitzungsteilnehmer bekannte Referenzobjekte benötigt, an denen sich die Teilnehmer orientieren können, und es braucht Zeit, bis die Schätzrunden „rund" laufen.

Mögliche Aufwandschätz- und Priorisierungstechniken

Standardverfahren	Prozentsatzverfahren
Delphi-Verfahren, z.B. Planning Poker	Relationsverfahren
Beta-Verfahren	Analogieverfahren
Priority Poker	T-Shirt Schätzung

4.5.3 Berechnungstechniken

Methoden der Berechnungstechniken

Jede Investition muss auf ihre Wirtschaftlichkeit geprüft werden. Es ist jedoch aufgrund von fehlenden genauen Kenngrössen oft schwierig, den Projektnutzen in absoluten Zahlen (z.B. Geldeinheiten) auszudrücken. Dies verleitet viele Projektverantwortliche dazu, auf Kosten/Nutzen-Überlegungen zu verzichten. Eine solche Unterlassung ist sehr fragwürdig und erhöht das Risiko einer Fehlinvestition enorm. Der richtige Zeitpunkt einer Wirtschaftlichkeitsberechnung kann nicht bestimmt werden. Ideal ist es jedoch, wenn diese Berechnungen nach dem Projektkostenplan (Kapitel 4.2.6) angestellt würden, da zu diesem Zeitpunkt umfassende Planungsdaten respektive Kenngrössen vorliegen.

Um die Investitionskosten für ein Projekt im rein betriebswirtschaftlichen Sinn zu ermitteln, können die Kosten/Nutzen-Berechnungen angewendet werden, die in folgende zwei Rechenmethoden unterteilt werden [Tho 2013]:

- Statische Investitionsrechnungsmethode
  Bei dieser Methode werden grundsätzlich nur diejenigen Informationen berücksichtigt, die zum Zeitpunkt der Investition bekannt sind. Es wird zwischen Kostenvergleichs-, Gewinnvergleichs-, Rentabilitäts- und Amortisationsrechnung unterschieden.

- Dynamische Investitionsrechnungsmethode
  Die dynamische Investitionsrechnungsmethode berücksichtigt den Zeitablauf einer Investition und die sich dabei verändernden Komponenten. Anstelle von Kosten- und Nutzengrössen treten nun Einnahmen und Ausgaben. Dadurch entfallen bestimmte Notwendigkeiten der buchhalterischen Abgrenzungen (z.B. bei Abschreibungen). Diese zeitlich unterschiedlich anfallenden Einnahmen- und Ausgabenströme können verglichen werden, wenn sie auf einen bestimmten Zeitpunkt abgezinst (diskontiert) werden.

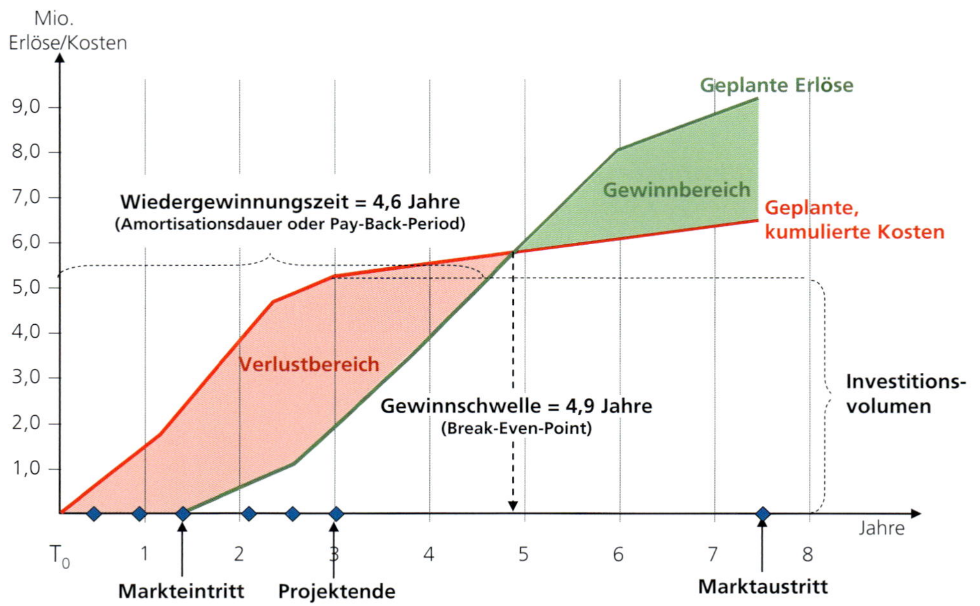

Abb. 4.50: Kosten-/Einnahmenverlauf einer Investition

Mögliche Berechnungstechniken

Kostenvergleichsrechnung	Amortisationsrechnung
Gewinnvergleichsrechnung	Kosten/Kosten-Vergleich
Rentabilitätsrechnung	Kosten/Nutzen-Vergleich
Kapitalwertmethode	

Um aussagekräftige Resultate aus der Projektkostenanalyse zu erhalten, kann z.B. die nachfolgende Kostenstruktur erstellt werden. Es muss grundsätzlich zwischen den Investitionsaufwendungen (einmalig) und den Betriebskosten (wiederkehrend) unterschieden werden, die nach der Inbetriebnahme des Systems oder der Produkte anfallen werden.

Investitionen	einmalig	wieder- kehrend
+ Personalkosten (intern)	x	x
+ Hardwarekosten	x	
+ Infrastrukturkosten (sonstige)	x	x
+ Unterhaltskosten bis zur Inbetriebnahme		x
+ Softwarekosten (Kauf)	x	
+ Erweiterungsinvestitionen	x	
+ Materialkosten	x	
+ Datenübertragungskosten		x
+ Externe Dienstleistungen		x
+ Sekundärinvestitionen	x	
= I_0 = Investitionsbetrag = Kapitaleinsatz = Einstandspreis der Investition		

Betriebskosten (wiederkehrend)
+ Personalkosten
+ Amortisation
+ Kosten für Sicherstellen der Qualität
+ Betriebsmaterialkosten
+ Unterhaltskosten
+ Kalkulatorische Zinsen für Investitionen
+ Mietkosten
+ Energiekosten
+ Versicherungskosten
+ Diverse Kosten
= K_B = Kalkulatorische Betriebskosten = Betriebskosten

Abb. 4.51: Beispiele von Investitionen und Betriebskosten

4.5.4 Diagnose- und Kontrolltechniken

Menschliche Unvollkommenheit und stetiger Wandel

Nach Rühli [Rüh 1993] führen die Komplexität des Auftrags, die Mängel der Kommunikation, die Unzulänglichkeiten im Handeln, die Informationsunsicherheiten, die menschliche Unvollkommenheit sowie generell der stetige Wandel immer dazu, dass Kontrollen unerlässlich sind.

Die Kontrollen können ihren Zweck jedoch nur erfüllen, wenn geeignete Kontroll- und Diagnosemethoden zum Einsatz gelangen. Damit soll gewährleistet werden, dass Abweichungen vom Geplanten festgestellt, die Abweichungsursachen eruiert sowie auch geeignete Korrekturmassnahmen in die Wege geleitet werden. Im Umfeld des Projektcontrollings sind daher nicht nur die Kontrolltechniken sehr wichtig, sondern auch die Diagnosetechniken, welche das Monitoring, d.h. das Überwachen, erleichtern.

Unterschiedliche Kontrollverfahren von Projektart zu Projektart

Wie im Kapitel 4.3.3.3 („Kontrollverfahren") erläutert, können die Kontrollmethoden den drei verschiedenen Kontrollverfahren „Review", „Audit" und „Test" zugeteilt werden. Richtig aufeinander abgestimmt und mit entsprechenden Diagnosetechniken ergänzt, ergeben diese drei Kontrollverfahren den notwendigen Prüfregelkreis (siehe Kapitel 4.3.3.6). Dabei ist hier nochmals zu erwähnen, dass die Kontrollverfahren von Projektart zu Projektart unterschiedlich sein können, da Lieferobjekte einer Softwareentwicklung anders als ein Lieferobjekte eines Umzugsprojekts kontrolliert werden müssen.

Mögliche Kontroll- und Diagnosetechniken

Managementbezogene Reviews	
Gutachten	Managementreview
Inspektion	Management-Walkthrough
Ergebnisbezogene Reviews	
Technischer Review	Walkthrough
Vernehmlassungsverfahren	Desk-Check-Review (Round-Robin)
Inspektion	Sprint Review und Retrospective
Testtechniken in Projekten	
White-Box-Test	Black-Box-Test
Audittechniken in Projekten	
Produktaudit	Lieferantenaudit
Prozessaudit	Projektaudit
Übergabeaudit	Sign-off-Audit (Quality Gate)
Diagnosetechniken in Projekten	
Ampelmanagement	Controllingwerte
Meilenstein-Trendanalyse	Burndown und Burnup Charts
Earned-Value-Technik	Product und Sprint Backlog

4.5.5 Führungstechniken

Bei der Projektführung kann grundsätzlich zwischen der materiellen Führungsseite „hard-facts" und der formellen Führungsseite „soft-facts" unterschieden werden. Die Führungstechniken dürfen dabei nicht losgelöst vom „menschlichen" Aspekt der Führung betrachtet werden, da Führung immer die Beeinflussung von Menschen beinhaltet. Deshalb ist Führung immer auch „Menschenführung". Ein wesentliches Element stellen dabei die an der Führung beteiligten Menschen (Individuen und Teams) mit all ihren Eigenheiten dar. Ein zweites Merkmal der Menschenführung liegt im Tatbestand, dass immer einerseits Beeinflussende und andererseits Beeinflusste vorhanden sind, woraus die Problematik des Vorgesetzten-Untergebenen-Verhältnisses resultiert. Schliesslich darf als dritter Aspekt auch nicht vergessen werden, dass sich Führung immer im Beziehungsgefüge eines sozialen Kontextes abspielt.

Beeinflussung von Menschen

Mögliche Führungstechniken

Sitzungsleitungstechnik	Präsentationstechnik
Mitarbeiterförderungstechnik	Kommunikationstechnik
Moderationstechnik	Zielfindungstechnik
Konfliktmanagementtechnik	

Lernziele des Kapitels „Projektdurchführung"

Sie können ...

- den Ideenfindungsprozess anhand eines „Alltagproblems" umsetzen.
- die einzelnen Projektphasen anhand eines Beispiels beschreiben.
- den Sinn und Zweck einer Vernehmlassung bzw. eines Vernehmlassungsverfahrens erläutern.
- den Unterschied von Analyse und Würdigung an einem Beispiel erklären.
- anhand eines Beispiels die einzelnen Schritte des Systemdenkens (SEUSAG) erläutern.
- die einzelnen Schritte einer vollständigen Zieldefinition (Zielfindungsprozess) mit eigenen Worten erklären.
- den Unterschied zwischen der Konzeptionsphase und der Realisierungsphase anhand eines Hausbaus erläutern.
- den Problemlösungsprozess mit eigenen Worten wiedergeben.
- pro Schritt des Problemlösungsprozesses je ein bis zwei Techniken aufzählen.
- begründen, wieso man dem Auftraggeber nicht nur eine Problemlösung als Vorschlag unterbreiten sollte.
- die fünf „Werkzeugkästen" der Projektdurchführung mit den jeweiligen Einsatzmöglichkeiten erläutern.
- die Elemente von Anforderungen bestimmen und den Unterschied von Anforderungen, Zielen und Einflussgrössen erläutern.
- das agile Entwicklungsvorgehen beschreiben.

In diesem Kapitel werden insbesondere die ICB-Kompetenzen 1.03, 2.08, 3.02, 3.03, 3.04, 3.10 und 3.11 verfolgt (siehe Anhang D).

Projektdurchführung

Die Projektdurchführung ist das zweite Kernelement der Projektabwicklung. War bei der Projektführung die Sicht auf das Managen der Arbeiten gerichtet, so richtet sich jetzt das Augenmerk auf die konkrete Verrichtung respektive Durchführung der Projektarbeit.

Projektdurchführung

> *Die Projektdurchführung beinhaltet alle Projektaufgaben, die vom Projektteam unmittelbar für eine effiziente Erstellung der Lieferobjekte (respektive für die Erfüllung der Systemziele) durchgeführt werden müssen.*

Unterteilung in Bearbeitungsschritte, sprich „Phasen"

Der Weg zum Ziel ist oftmals lang. Um nicht vom Weg abzukommen, werden die Projekte, wie im Kapitel 1.3.5 schon erwähnt, in einzelne Phasen (Bearbeitungsschritte) unterteilt. Einerseits können so die Projekte aus der Sicht des Projektleiters besser geführt werden, andererseits erhält das Projektteam ganz klare Zwischenziele, auf die es konkret zuarbeiten kann.

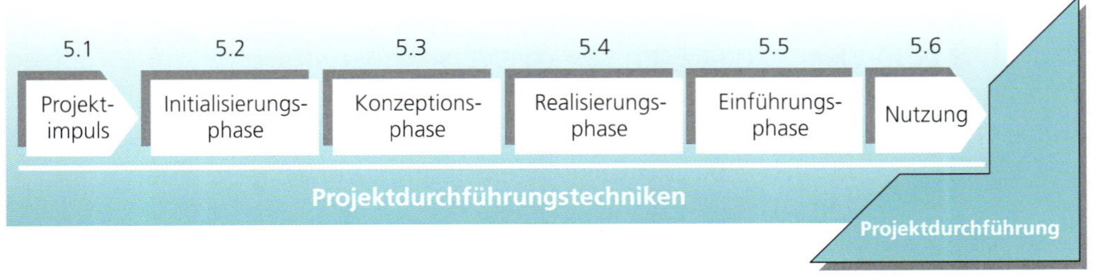

Abb. 5.01: Die Projektdurchführung

Die Projektphasen sind die äussere Form der Projektdurchführung

Mit dem Einteilen der Projektdurchführung in einzelne Phasen ist die Durchführungstätigkeit natürlich noch lange nicht abgeschlossen. Die Projektphasen geben der Durchführung bloss die äussere Form vor. Die eigentliche Projektdurchführung geschieht im „Inneren" der Phasen. Dafür werden sogenannte Gestaltungsprozesse eingesetzt. Diese erhalten die grösste Aufmerksamkeit, denn mit ihnen werden die Projektdurchführungstätigkeiten methodisch konkret umgesetzt.

Betrachtet man die Gestaltungsprozesse isoliert und aggregiert, so ergibt dies den Projektdurchführungsprozess bzw. den Entwicklungsprozess.

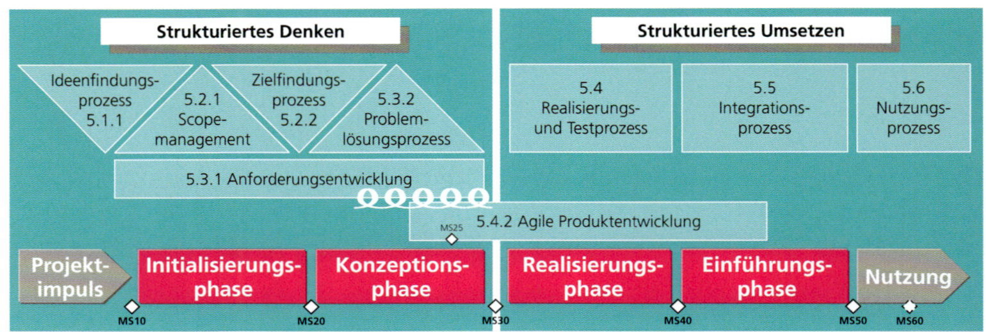

Abb. 5.02: Logische Aufteilung der Gestaltungsprozesse

Strukturiertes Denken als Basis des strukturierten Umsetzens

Die Gestaltungsprozesse können in zwei Bereiche aufgeteilt werden. Der erste Bereich ist dabei grundsätzlich der Schwierigere: In diesem Bereich geht es darum, geistig vom sogenannten Problem (Impuls) zur konzeptionellen Lösung zu gelangen. Das heisst, strukturiertes Denken steht im Vordergrund! Die Gestaltungsprozesse für das strukturierte Umsetzen der Lösung sind natürlich je nach Innovationsgrad nicht minder herausfordernd. Weil aber gemäss dem Konzept in diesen Prozessen das Projekt konkret umgesetzt wird, sind sie stark von der Projektart abhängig. Aus diesem Grund wird in diesem allgemeinen PM-Buch auf eine Beschreibung dieser Gestaltungsprozesse verzichtet.

Es gilt hier besonders zu beachten, dass die verschiedenen Gestaltungsprozesse des ersten Bereichs („strukturiertes Denken") nicht sakrosankt auf die jeweilige Phase abgrenzbar sind. Je nachdem kann die eine oder andere Aufgabe früher und konkreter oder erst später und stark eingegrenzt erledigt werden.

Rückführung der Verantwortung

Nach dem Erarbeiten aller Ergebnisse einer Phase (Projektdurchführungs-Lieferobjekte) ist es wichtig, jede Phase offiziell abzuschliessen. Dies geschieht mit einer Vernehmlassung (Stellungnahme), bei welcher der Projektleiter die Verantwortung bezüglich der in den Phasen erstellten Lieferobjekte wieder vollumfänglich an seinen Auftraggeber zurückgeben kann. Neben der Verantwortungsrückführung (siehe Abbildung 4.33) hat die Vernehmlassung den Sinn, dass alle Stakeholder (im Speziellen die Benutzer bzw. die Betroffenen) einen Spezialisten zu einem Vernehmlassungsverfahren schicken können. Bei diesem Review (Sign-off-Review) entscheiden diese Spezialisten aus ihrer Sicht (Business/Benutzer, Sicherheitsabteilung, Rechtsabteilung, IT-Architektur etc.), ob im Projekt alle für sie notwendigen Aufgaben bis zum aktuellen Zeitpunkt erledigt wurden. Geben alle das O.K., so kann auf der Projektträgerebene (wenn auch die wirtschaftlichen Aspekte stimmen) das O.K. für die nächste Phase erteilt werden.

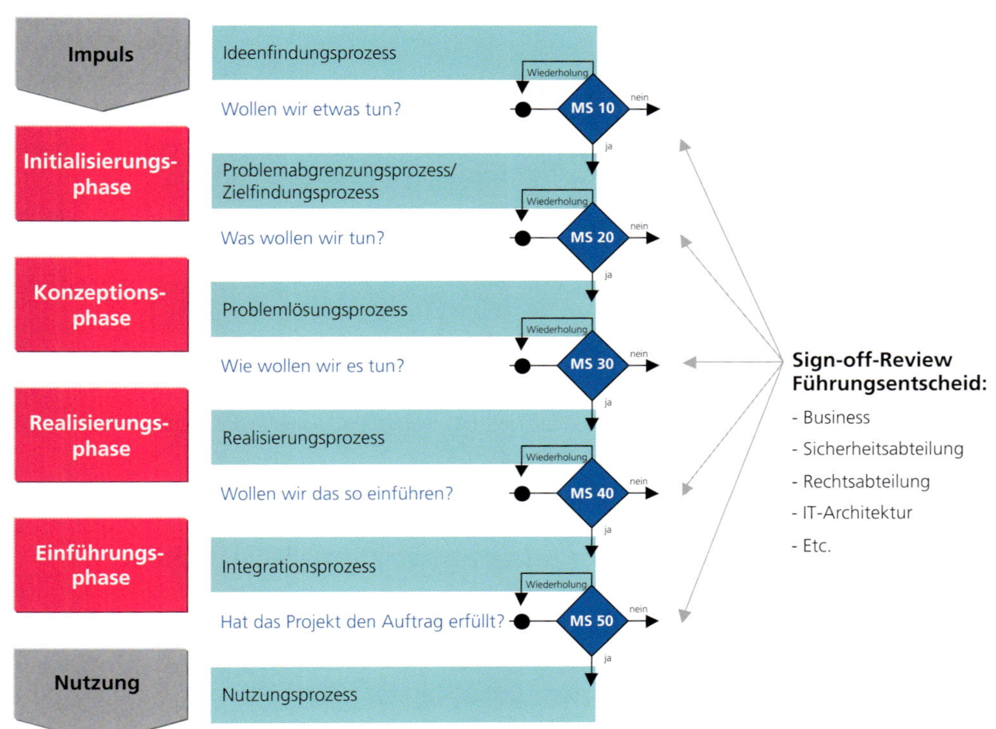

Abb. 5.03: Vernehmlassung bei Phasenende

R. Heini:
„Sign-off-Reviews werden von den Teammitgliedern nicht geliebt, da sie oftmals auf wunde Punkte hinweisen. Sie sichern jedoch wesentlich den Projekterfolg, da rechtzeitig entdeckte Probleme auf eine konstruktive Art gelöst werden können.“

In diesem Kapitel wird nun das vollständige Phasenmodell aus Sicht der Projektdurchführung durchlaufen. Dabei wird zuerst kurz das Wichtigste jeder Phase zusammengefasst und mit einer Vernehmlassung abgeschlossen. Anschliessend werden die relevanten Gestaltungsprozesse pro Phase erläutert.

Der Projektimpuls und die Initialisierungsphase bilden den Projektstart

Die Vorphase Projektimpuls und die Initialisierungsphase sind natürlich identisch mit dem Kapitel 4.1, „Projekt starten“. Um jedoch ein umfassenderes Verständnis für die Projektabwicklung zu erhalten, ist es aufschlussreich, sie nochmals kurz aus einer etwas anderen Perspektive – von der Durchführungsseite her – zu betrachten.

Im Kapitel 5.7 sind, analog zum Ende des Kapitels „Projektführung“, die wichtigsten Projektdurchführungstechniken zusammengefasst.

5.1 Der Projektimpuls

Der Projektimpuls ist keine offizielle Phase

Der Projektimpuls ist eine sogenannte Vorphase der Projektabwicklung und keine offizielle Phase, da das Projekt eigentlich noch gar nicht begonnen hat. Aber ohne den zündenden Impuls gibt es kein Projekt. In dieser Vorphase geht es hauptsächlich um zwei Sachen:

- Konkrete Formulierung der Projektidee und/oder Problemstellung (siehe Kapitel 5.1.1)
- Beantragung der Ressourcen für die erste „richtige" Projektphase, die Initialisierungsphase (Initialauftrag)

Um eine Freigabe des Projektimpulses für die Initialisierungsphase zu erreichen, muss der Steckbrief oder die Produktvision schriftlich gestellt und genehmigt werden. Dieser muss folgende Punkte erfüllen:

- Projektidee und/oder Problem kurz und verständlich beschreiben
- Erstmalige (grobe) „Projektabgrenzung" vornehmen (siehe Kapitel 5.2.1)
- Mögliche organisatorische wie technische Schnittstellen aufführen
- Projektdauer grob einschätzen
- Projektnutzen und -kosten erstmals grob einschätzen
- Projekt aus Sicht des Antragstellers klassifizieren und mit dem entsprechenden Dringlichkeitsgrad bewerten (siehe Kapitel 1.3.2)
- Antrag mit konkreten personellen Zuordnungen präsentieren
- Sach- und Personalmittel für die Initialisierungsphase aufführen (nicht für das ganze Projekt!)

Zu diesem frühen Zeitpunkt kein umfassendes Konzept erstellen

Nicht, dass nun ein umfassendes Konzept geschrieben wird. Nein, das Ziel dieser Vorphase soll sein, ein Problem, einen Bedarf oder eine Idee auf einem bis zwei A4-Seiten sachlich darzulegen. Hier wird schon das erste Mal die Spreu vom Weizen getrennt. Ist das Problem oder der Bedarf zu wenig gross, ist die Idee zu wenig bestechend, als dass man den Aufwand in diesen Steckbrief investiert, ist sehr wahrscheinlich das Vorhaben nichts wert. Als zweites Lieferobjekt sollte der Initialauftrag erstellt werden. Er umfasst eine halbe A4-Seite mit der Beantragung der Ressourcen (Aufwand), die man für die Arbeiten in der Initialisierungsphase benötigt.

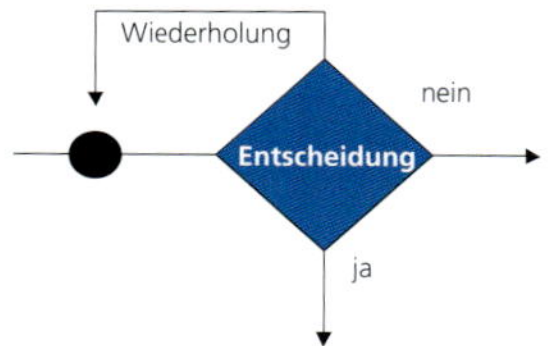

Aufgrund dieser Inhalte fällt der Entscheid vom Projektportfoliomanagement (oder einem Linienmanagement), ob zum vorliegenden Thema überhaupt etwas getan werden soll. Ist das der Fall, so wird der Antrag freigegeben und der Initialauftrag erteilt. Dies löst die Initialisierungsphase aus.

Um das Fallbeispiel, wie bei der Projektführung, auch bei der Projektdurchführung richtig durchspielen zu können, muss man sich geistig wieder an den Anfang des Projekts versetzen. Also, Herrn Gloor geht es schlecht. Er ist ausgebrannt und überarbeitet. So entschliesst er sich, sich von seiner Arbeit ein Jahr beurlauben zu lassen.

Auf der Suche nach einer sinnvollen Arbeitspausenbeschäftigung half die ganze Familie tatkräftig mit. In einem Ideenworkshop fand sie schlussendlich eine Lösung.

5.1.1 Ideenfindungsprozess

Ideenfindungs-prozess

Um von einem Projektimpuls zu einer Projektidee zu gelangen, sprich um einen qualifizierten Steckbrief oder die Produktvision erstellen zu können, wird unter anderem der Ideenfindungsprozess angewendet. Mit einem standardisierten Prozess soll der Projektimpuls auch für Drittpersonen verständlich gemacht werden.

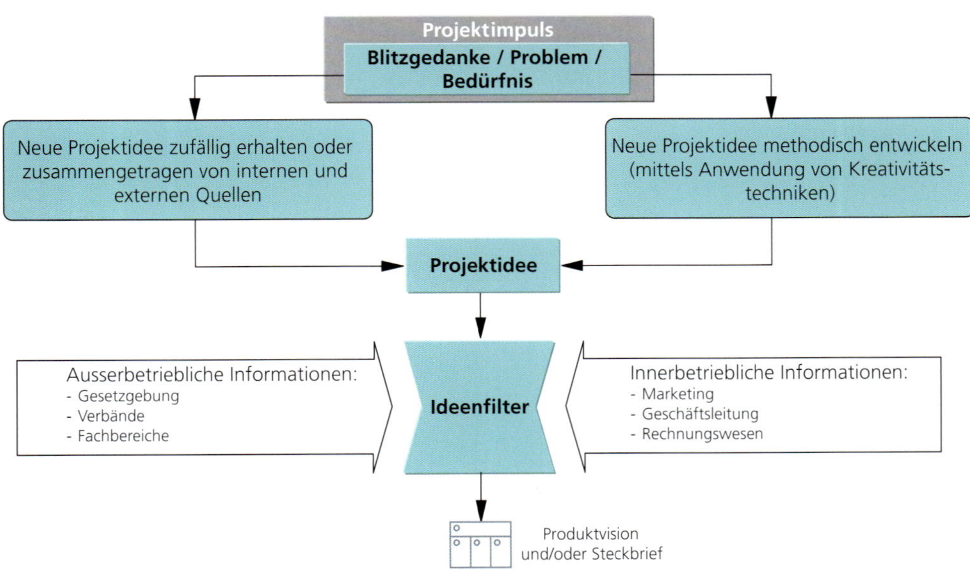

Abb. 5.04: Ideenfindungsprozess

Vom Blitzgedanken zur qualifizierten Idee

Aller Anfang ist schwer. Dies ist auch bei der Findung einer qualifizierten Projektidee der Fall. Oftmals existiert nur ein Blitzgedanke im Kopf eines Einzelnen. Diesen Blitzgedanken aufzunehmen und zu qualifizieren ist die Aufgabe des Gestaltungsprozesses. Dabei kann zwischen einer zufällig erhaltenen Projektidee und einer methodisch entwickelten Projektidee unterschieden werden. Die grösste Schwierigkeit bei der methodischen Suche nach einer Projektidee ist der Sachverhalt, dass des Öfteren bereits vorhandene Denkmuster oder Denkschablonen existieren, aus denen nicht ausgebrochen werden kann. Um solche Blockaden zu überwinden, werden Kreativitätstechniken (z.B. Brainstorming) angewendet. Damit soll der Projektimpuls in seiner Einfachheit verifiziert, ausgeweitet, abgegrenzt und qualifiziert werden. Dies ist umso notwendiger, als in solchen Momenten oftmals der Ideenfilter angewendet wird, der sich in Form einer Killerphrase oder sachlicher Einwände äussert. Eine gut ausformulierte Projektidee sollte somit Aussagen wie „das machen wir seit 20 Jahren anders" problemlos standhalten können.

Projektimpuls verifizieren, ausweiten, abgrenzen und qualifizieren

Ist der Projektimpuls einmal in Form eines Steckbriefs schriftlich ausformuliert, kann er auch von Drittpersonen Zuspruch finden. Das Ausformulieren bedeutet, bereits konkret über Projektkosten, Projektnutzen, Lösungswege, Projektdauer, mögliche Sponsoren etc. nachzudenken.

Andere für die Idee begeistern

Exakt in diesem Zeitraum beginnt auch jedes gute Projektmarketing (siehe Kapitel 10.4). Ist der Initiant fähig, andere mit seiner Idee auf einer sachlichen Ebene zu überzeugen, so gelingt es ihm, die notwendige Unterstützung zu erhalten. Anders ausgedrückt: Eine Idee, bei welcher der Lösungsweg noch nicht angedacht ist, der Nutzen – sprich Mehrwert – nicht seriös aufgezeigt und die Durchführungszeit nicht ungefähr abgeschätzt werden kann, findet keine Mitinitianten und hat auf der „Projektbühne" nichts zu suchen.

5.1.1.1 Brainstorming

Wie in Abbildung 5.04 beschrieben, gibt es zwei Wege, um zu einer Projektidee zu gelangen. Der eine, die zufällige Ideenfindung, wird hier nicht weiter beschrieben. Als Vorgesetzter gilt es hier, neben eigenen Ideen ein offenes Ohr für konstruktive Kritik bzw. für Anmerkungen seitens des Personals zu haben (Impuls-Auffangtrichter). Der andere Weg, um eine gezielte und abgestützte Projektidee zu erhalten, geht über die methodische Entwicklung, wobei verschiedene Kreativitätstechniken angewendet werden können. Hier wird im Speziellen auf das Brainstorming eingegangen.

Beim Brainstorming, erfunden von Alex F. Osborn, versammeln sich 5 bis 12 Personen für eine halbe Stunde oder länger in einem Raum mit dem einen Ziel, sich möglichst viele neue Ideen, Blitzgedanken, sprich Impulse zur Lösung eines bestimmten Problems oder Bedürfnisses einfallen zu lassen. Es sollte darauf geachtet werden, dass die Personen einen möglichst differenzierten Wissenskreis aufweisen. Im Weiteren sollten nicht allzu grosse Hierarchieunterschiede zwischen den Teilnehmern vorhanden sein, da diese hemmend wirken können.

Personen mit möglichst differenzierten Wissenskreisen

In der Einladung für eine Brainstormingsitzung sollten Ort, Datum etc. bekannt gegeben werden, jedoch nicht das zu behandelnde Thema, da zu viele Vorüberlegungen nur zu Blockaden führen. Zu Beginn einer Sitzung sind folgende Regeln bekannt zu geben:

- Keine Kritik oder Bewertung
- Quantität vor Qualität
- Möglichst ungewöhnliche Ideen
- Fortführen und Weiterentwickeln bereits vorgebrachter Ideen
- Auch „spinnen" ist erlaubt
- Dauer höchstens eine Stunde

Der Moderator muss darauf achten, dass die oben aufgeführten Regeln strikt eingehalten werden. Bei Stockungen kann der Moderator eigene Ideen äussern oder durch Repetitionen des bisher Gesagten versuchen, die Teilnehmer zu reaktivieren. Ein Brainstormingprozess läuft folgendermassen ab:

Qualifiziertes Moderieren ist wichtig

- Zusammenstellung eines geeigneten Brainstormingteams entsprechend der Aufgabenstellung
- Vorbereiten der technischen Punkte (Einladung, Sitzungszimmer etc.)
- Festlegen des Sitzungsleiters
- Festlegen eines Schriftführers
- Sitzung durchführen

Von der Sitzung wird ein Protokoll erstellt, das an alle Beteiligten verteilt wird. Die Beteiligten haben somit zwei bis drei weitere Tage Zeit, um noch mehr Ideen aufzuführen. Nach ca. fünf Tagen wird eine Bewertungssitzung durchgeführt, die wie folgt gestaltet werden sollte:

Qualifizierte Nachanalyse durchführen

- Auswahl der Ideen, die sich sofort umsetzen lassen
- Auswahl der Ideen, die einer Erprobung bedürfen
- Auswahl der Ideen, von denen man erwartet, dass sie mit Modifikationen einsetzbar sind
- Auswahl von Funktionsgebieten oder neuen Betrachtungsweisen. Dies sind jedoch keine Lösungsideen
- Auswahl von Ideen, die in sich selbst nicht richtig sind, welche aber in ihrer Art eine Verwandtschaft zu einem Lösungsprinzip aufzeigen

5.1.1.2 Design Thinking

Der konkrete Mehrwert im Zentrum des Denkens

Design Thinking ist ein Ansatz, mit dem Problemstellungen gelöst und neue Ideen zur Entwicklung von Lösungen gefunden werden sollen, welche für den Kunden einen konkreten Mehrwert ergeben (siehe Kapitel 5.2.1.1). Das Design-Thinking-Verfahren durchläuft die Phasen Verstehen, Beobachten, Sichtweise einnehmen, Ideenfindung, Ausführen und Lernen, sprich Testen. Diese effiziente Methode wird insbesondere beim agilen Produktentwicklungsvorgehen eingesetzt:

1. Verstehen: Grundverständnis eines Themas erarbeiten.
2. Beobachten: Wenn möglich, Nutzer in ihrer gewohnten Umgebung beobachten und ihr Handeln verstehen.
3. Einen eigenen Standpunkt zum Thema entwickeln. Visualisierung und Gruppierung der gewonnenen Informationen sind bei diesem Schritt sehr wichtig.
4. Ideen generieren und Prototypauftrag festlegen: Entwickeln von Ideen basierend auf der Herausforderung, zum Beispiel mittels qualifiziertem Brainstorming (siehe Kapitel 5.1.1.1).
5. Prototyp entwickeln: Die gemachten Beobachtungen und Ideen in eine einfache physische Form übertragen. Skizze, Pappmodell, Lego o.Ä.
6. Das Ergebnis möglichst mit dem Kunden überprüfen.

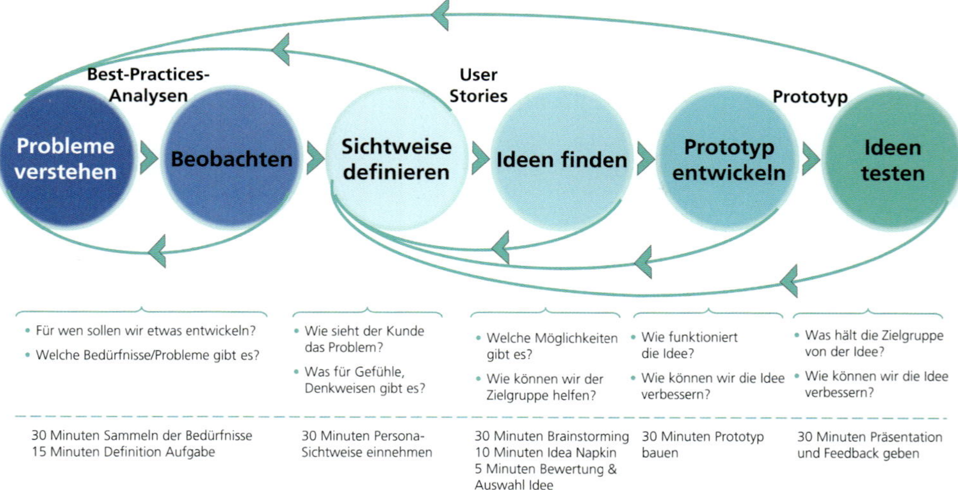

Abb. 5.05: Design Thinking in Anlehnung an Design Thinking@school

Herr Gloor überraschte mit vielfältigen Phantasien beim Nachdenken über die Gestaltung einer einjährigen Erholungszeit. Doch er hatte ein Problem: Er war einfach zu müde von der Arbeit, wegen der Ausbildung (er hat auch Probleme mit seinem MBA-Studium) und den Pflichten als Familienvater, um seine 146 verrückten Blitzgedanken zu einer einzigen konkreten Projektidee zusammenzufassen. Kurz gesagt, er hatte ein Burn-out.

Eines Tages, noch heute staunen alle über seinen Mut, besprach er diese Blitzgedanken mit seiner Familie. Denn nicht nur der Schwiegervater hatte Probleme mit der „sinkenden Qualität" seines Sohnes, auch seine Frau vermisste bereits „delikate Qualitäten". Diesem Umstand verdankte Herr Gloor die relativ schnelle Begeisterung der ganzen Familie für einen Ideenworkshop. Und tatsächlich: Nach diesem Workshop hatten sie viele „Ideenfetzen", die zum Teil absurd oder aber auch teuflisch genial waren. Mit etwas Nachbearbeitungsaufwand und strenger Selektion dank des gefürchteten Ideenfilters entstand letztendlich eine klare, makellose und konkrete Projektidee: „Wir machen eine Weltreise!"

Die ausformulierte Projektidee mit ihren grob geschätzten Auswirkungen legt Herr Gloor als Steckbrief dem Projektportfoliomanagement vor. Das Projektportfoliomanagement bzw. seine Frau findet die Idee gut und ist ebenfalls der Meinung, dass in diesem Fall (dringend) etwas getan werden muss.

5.2 Die Initialisierungsphase

Die erste (offizielle) Phase des Projekts beginnt. Die Projektidee hat vor dem Entscheidungsgremium Akzeptanz gefunden. Jetzt müssen die Wirtschaftlichkeit und der konkrete Bedarf des Vorhabens geprüft sowie die klare Problemabgrenzung (Scope) und die Zielsetzung (Systemziele) definiert werden. Dazu müssen die Werte, die in der Vorphase „Projektimpuls" formuliert und im Steckbrief aufgeführt wurden, gefestigt und konkretisiert werden. Diese Arbeit teilt sich zur Hauptsache in zwei Schritte auf: Zuerst muss der IST-Zustand eruiert werden (siehe Kapitel 5.2.1, „Scopemanagement"), um anschliessend den gewünschten SOLL-Zustand definieren zu können (siehe Kapitel 5.2.2, „Zielfindungsprozess"). Die Diskrepanz zwischen IST und SOLL ergibt das Projekt.

Der Projektimpuls muss für ein Projekt konkretisiert werden

Abb. 5.06: Der Weg von IST zu SOLL ist das Projekt.

Die Ergebnisse dieser zwei Prozesse und der anderen durchzuführenden Arbeiten werden einerseits auf der Seite der Projektdurchführung in Dokumenten wie „Business Case" und/oder „Anforderungskatalog" festgehalten. Zugleich sind die erarbeiteten Werte die Grundlage, um auf Seiten der Projektführung den Projektplan und daraus wiederum den Projektauftrag zu erstellen. Der Projektauftrag sollte insbesondere aus Sicht der Projektdurchführung folgende Fragen klären:

- Wo ist die Projektgrenze?
- Welche Schnittstellen bestehen zu den Umsystemen?
- Was soll erreicht werden?
- Wie soll allenfalls der Endzustand aussehen?
- Welche Eigenschaften soll der Endzustand haben?
- Was sind die Anforderungen (Systemziele) an das Projekt?
- Welche Risiken bedrohen das Projekt?
- Wie wird der Projekterfolg garantiert?

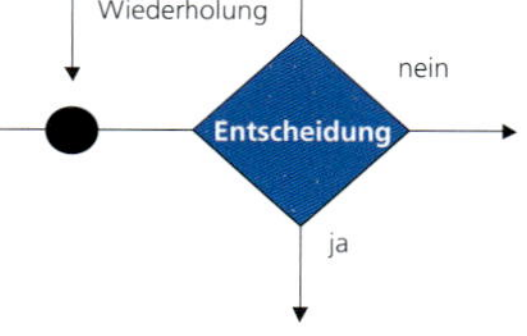

Der vom Projektleiter (allenfalls zusammen mit dem Auftraggeber) erstellte Projektauftrag wird nun vom Projektportfoliomanagement (oder einem Linienmanagement) geprüft. Entspricht er der Unternehmensstrategie bzw. hat das Projekt die nötige Priorität, so wird das Projekt aus Portfoliosicht freigegeben. Wenn nicht, wird es entweder gestoppt oder gewisse Details müssen noch einmal geklärt werden.

Im Steckbrief hat Herr Gloor dem Familienrat auf Grund seiner Überlastung vorgeschlagen, Sohn Magnus als Projektleiter zu nominieren. Dies wurde vom Familienrat bzw. vom Schwiegervater (Auftraggeber) gutgeheissen. Magnus entwirft nun in einem Workshop mit der ganzen Familie ein Grobkonzept für die Weltreise. Die konkreten Angaben hält er im Business Case, im Anforderungskatalog und im Projektplan fest. Basierend auf diesen Werten erstellt er (in Zusammenarbeit mit dem Schwiegervater) den Projektauftrag, der dann zur Genehmigung dem Projektportfoliomanagement vorlegt wird.

5.2.1 Scopemanagement (Problemabgrenzungsprozess)

Problemabgrenzungsprozess

Wurde im Ideenfindungsprozess eine Projektidee aufgegriffen und ausformuliert, so ist es in einem zweiten Schritt wichtig, einerseits die Grenze der Veränderung und andererseits die Hauptwerte innerhalb der Grenze für alle Beteiligten klar zu definieren. Für dieses Unterfangen gibt es eine sehr einfache, in allen Branchen anwendbare „Technik": das Systemdenken. Damit wird einerseits klar abgegrenzt, was in das Projekt gehört und mit welchen Umsystemen das Projekt eine Schnittstelle unterhält. Andererseits werden die Unter- und Teilsysteme innerhalb des Systems definiert, um stets eine klare Übersicht über die einzelnen Bestandteile des Systems zu erhalten.

Systemdenken bedeutet zunächst, sich die Methoden und Mechanismen des Denkens bewusst zu machen. Es unterstützt die stufenweise Systemauflösung und ermöglicht damit, einen Sachverhalt vom Groben zum Detail (Top-down-Prinzip) in übersichtliche Teile zu gliedern und danach den Zusammenhang zwischen den Teilen zu suchen.

SEUSAG – eine Technik des Systemdenkens

In den folgenden Abschnitten wird gemäss den Ausführungen von Schmidt [Sch 2000b] auf die sechs Einzelaspekte des Systemdenkens (SEUSAG-Analyse) eingegangen. Werden diese Arbeitsschritte sequenziell abgearbeitet, so können, je nach Analysetiefe, das ganze System oder einzelne Elemente davon vollständig transparent visualisiert werden.

5

Abbildung 5.07 zeigt ein neutrales, vereinfacht dargestelltes Lebenssystem des Herrn Gloor. Es wurde auf der zweitobersten Betrachtungsebene mithilfe des Systemdenkens zerlegt.

R. Heini:

„Eine grafische Darstellung des Scopes hilft dem Auftraggeber und dem Projektleiter, das gegenseitige Verständnis und Commitment für den Projektumfang schnell und eindeutig zu klären, ganz nach dem Motto ‚ein Bild sagt mehr als tausend Worte'."

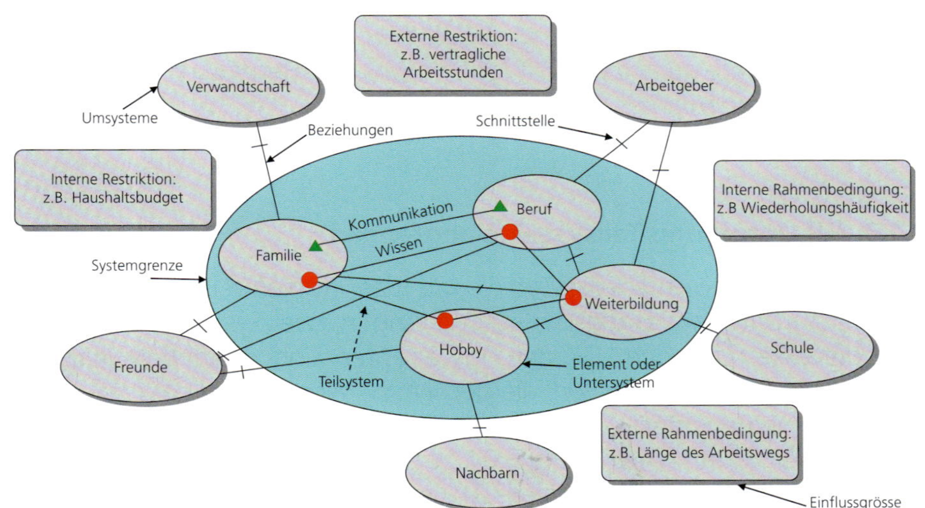

Abb. 5.07: System in seiner Komplexität

Bei dieser sehr erfolgreichen Technik ist zu beachten, dass es nicht darum geht (insbesondere beim Projektstart), alles extrem korrekt aufgeführt zu haben.

5.2.1.1 (S) Systemgrenze bilden

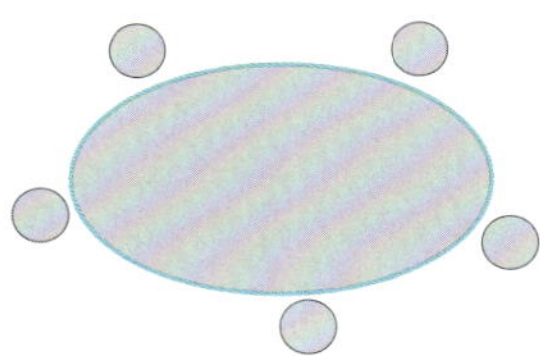

Mit der Linie „Systemgrenze" wird genau definiert, was innerhalb und was ausserhalb des Systems (Problemfelds) einzuordnen ist. Die ausserhalb des aufgeführten Systems gezeichneten Systeme werden als Umsysteme (Verwandtschaft, Arbeitgeber etc.) definiert. Diese Umsysteme stehen in direktem Bezug zu einem oder mehreren Untersystemen (Familie, Beruf etc.) respektive zu einem oder mehreren Elementen des definierten Systems. Achtung: Für eine klare Abgrenzung ist es gleich wichtig, die Systeme ausserhalb der Systemgrenze sowie innerhalb des Systems zu zeichnen. Alles, was innerhalb der Systemgrenze liegt, kann, darf oder muss verändert werden. Alles, was ausserhalb ist, gehört nicht zum Projektauftrag. Allein diese klare Abgrenzung kann als grosser Erfolg gewertet werden. Man sagt hier auch: den richtigen „Scope" (Leistungsbeschreibung) setzen.

5.2.1.2 (E) Einflussgrössen ermitteln

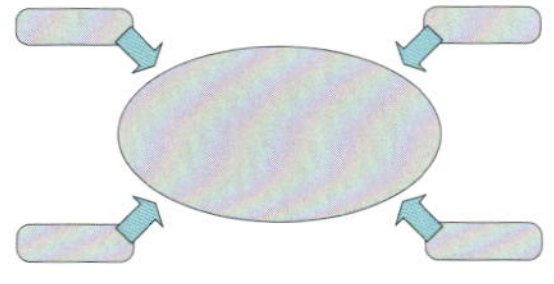

Dem Systemdenken entsprechend unterliegt jedes System mehreren Einflussgrössen (siehe Kapitel 1.3.1). Diese „zwingen" es, sich an gewisse unveränderbare Vorgaben (ausserhalb des Einflussbereichs des Systems) zu halten. Eine Einflussgrösse des Systems „Herr Gloor" kann z.B. die Vorgabe der vertraglich vereinbarten Arbeitsstunden sein, die festlegt, wie lange Herr Gloor wöchentlich mindestens arbeiten muss und wie viel Ferienanspruch im Jahr er besitzt. Im Weiteren könnte auch eine Auflage sein, wie viel Herr Gloor pro Tag für das MBA-Studium lernen muss.

5.2.1.3 (U) Unter- und Teilsysteme abgrenzen

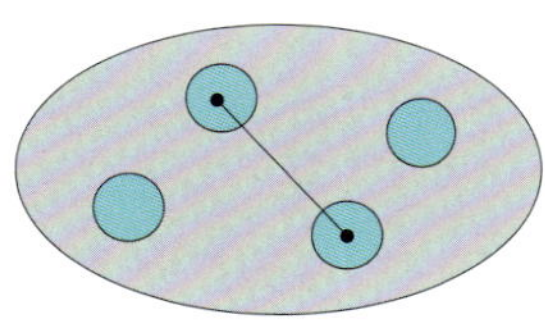

Mithilfe der Unter- und Teilsysteme wird das Problemfeld erforscht. Diese werden aufgrund der vorgegebenen Ordnung in zwei Systemarten unterteilt, wobei die eine nach dem Gliederungsverfahren und die andere nach dem Beziehungsverfahren spezifiziert werden kann. Werden Beziehungsarten (die einzelne Elemente untereinander verbinden) isoliert betrachtet, spricht man von einem Teilsystem. Abbildung 5.07 zeigt ein einfaches Lebenssystem des Herrn Gloor auf, dessen Teilsysteme „Kommunikationssystem" und „Wissen respektive Know-how" gewisse Systemelemente (Familie, Beruf etc.) miteinander verbinden. Die im System „Gloor" aufgeführten Elemente (Familie, Beruf etc.) lassen vermuten, dass sich in ihnen eine detaillierte Wirklichkeit verbirgt, die wiederum aus Elementen und Beziehungen besteht. Werden sie nach dem Top-down-Prinzip (siehe Kapitel 1.4.1) betrachtet, so kann man die Elemente der oberen Ebene als Untersysteme bezeichnen. Durch die wiederholte Gliederung in Unter- und Teilsysteme kann ein komplexes System in kleinere, leichter zu bearbeitende Problemfelder unterteilt werden.

5.2.1.4 (S) Schnittstellen definieren

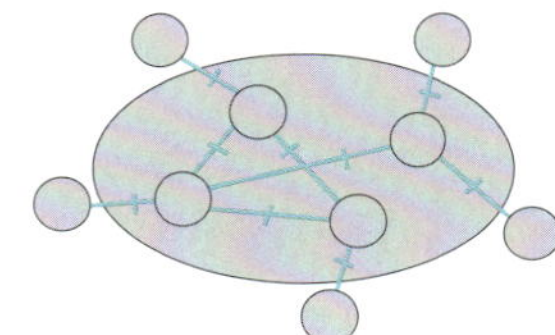

Die Definition der Schnittstellen bei einer Systemanalyse zeigt die Abhängigkeiten zwischen den einzelnen Elementen (Untersystemen) und deren Umsystemen auf. Sie verdeutlichen ebenfalls die Abhängigkeiten der einzelnen Elemente untereinander bzw. der Umsysteme untereinander. Die konsequente Definition der Schnittstellen verhindert die Bildung von Insellösungen. Schnittstellen innerhalb der Systemgrenze, also von Untersystem zu Untersystem, können, dürfen und müssen verändert werden. Schnittstellen von einem Untersystem zu einem Umsystem sind oftmals Einflussgrössen, da es sich dabei oft um genormte Werte handelt wie z.B. die Überweisung an eine Bank.

5.2.1.5 (A) Analyse der Unter- und Teilsysteme

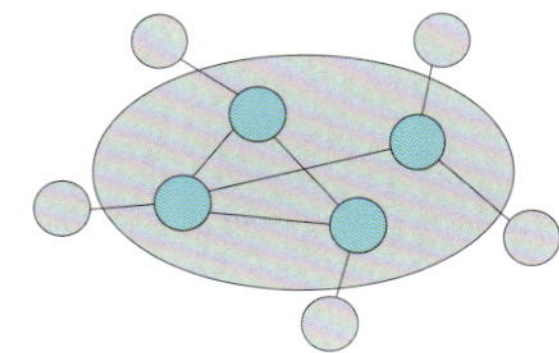

Durch das Analysieren der Unter- und Teilsysteme wird eine standardisierte Erhebung der Systembestandteile (z.B. Aufgaben, Sachmittel, Raum, Zeit, Menge etc.) erreicht. Dabei werden Fragen geklärt wie z.B. „Welche Informationen benötigt ein Aufgabenträger (im Fallbeispiel wäre dies Herr Gloor), um seine Aufgaben mit den entsprechenden Sachmitteln durchführen zu können?" oder „Wie läuft der Familienprozess organisatorisch ab?" bzw. „Wie häufig macht er etwas, wo und wie lange?" etc. Das Ergebnis ist eine der definierten Stufe gerechte IST-Aufnahme aller relevanten Elemente der Unter- und Teilsysteme.

5.2.1.6 (G) Gemeinsamkeiten ermitteln

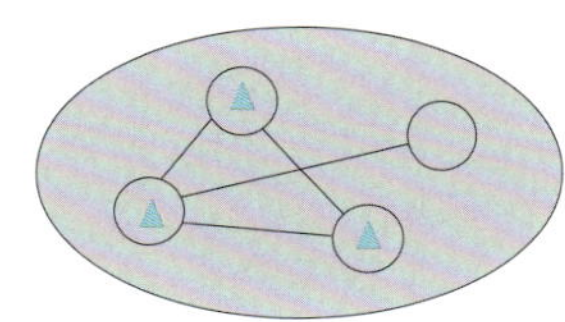

Wurde das System mithilfe des Systemdenkens methodisch zerlegt, so finden sich oft sogenannte Gemeinsamkeiten. In diesen Gemeinsamkeiten liegt vielfach ein grosses Rationalisierungspotenzial, da sie aus der Funktionssicht betrachtet nichts anderes als Redundanzen sind und somit bei einer einheitlichen, umfassenden Festlegung eine in allen Bereichen gleichlaufende Systematik bewirken. So trinkt Herr Gloor z.B. am Arbeitsplatz, zu Hause, in der Pause bei der Weiterbildung und auch beim Sporttreiben jeweils Coca-Cola. Bezogen auf das Trinken macht er in jedem Untersystem also das Gleiche. Dies gäbe dem Reorganisator die Möglichkeit, entweder Herrn Gloor zu einem gesünderen Getränk zu bewegen oder aber mit der entsprechenden Firma über „Lieferkontingente" und „Konditionen" zu verhandeln.

5.2.2 Zielfindungsprozess

Zielfindungsprozess

Im Zielfindungsprozess werden die Systemziele (siehe Kapitel 1.3.3) systematisch strukturiert, auf Vollständigkeit und Widersprüche geprüft, bereinigt und schliesslich in verbindlicher Form festgehalten. Im allgemeinsten Sinne ist ein Ziel ein Ort, ein Punkt oder ein Zustand, den man erreichen will.

R. Heini:
„Projekte ohne klar definierte Ziele haben die grosse Chance, dass sie scheitern!"

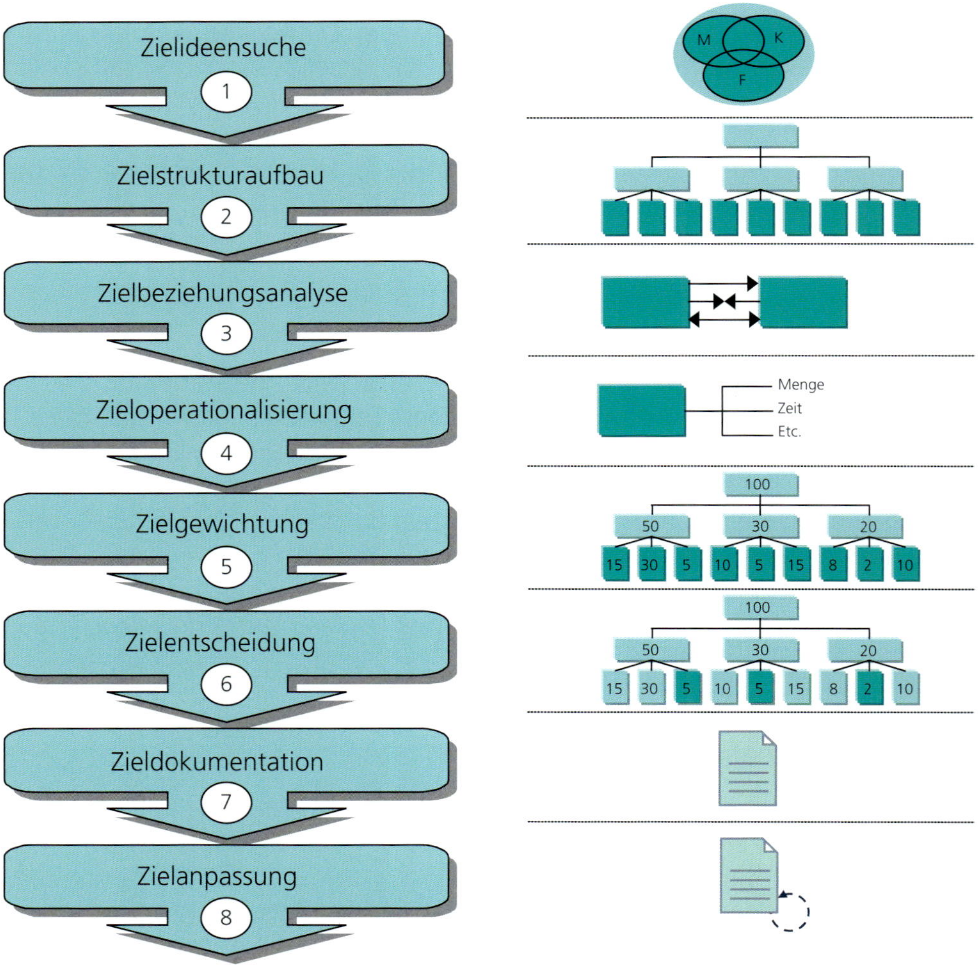

Zielideensuche 1
Zielstrukturaufbau 2
Zielbeziehungsanalyse 3
Zieloperationalisierung 4
Zielgewichtung 5
Zielentscheidung 6
Zieldokumentation 7
Zielanpassung 8

M K F

Menge
Zeit
Etc.

100
50 30 20
15 30 5 10 5 15 8 2 10

100
50 30 20
15 30 5 10 5 15 8 2 10

Abb. 5.08: Der Zielfindungsprozess

Der Zielfindungsprozess wird und muss in einem Projekt in der Initialisierungsphase durchlaufen werden. Es ist jedoch zu beachten, dass zu einem so frühen Zeitpunkt nicht alle Projektziele bis ins Detail erarbeitet werden können. Dafür bieten sich während der Projektabwicklung noch unterschiedliche Gelegenheiten, insbesondere in der Konzeptionsphase beim Problemlösungsprozess (siehe Kapitel 5.3.2.1, „Zieldefinition").

Nicht alle Ziele können bis ins Detail definiert werden

5.2.2.1 Zielideensuche

Um einen vollständigen Zielkatalog zu erstellen, ist es hilfreich, bei der Suche nach Zielideen die folgenden drei Zielkategorien zu berücksichtigen respektive zu prüfen. Dabei ist zu beachten, dass ein Ziel zu mehr als einer Kategorie gehören kann. Die Ziele müssen zwingend den Nutzen aufzeigen.

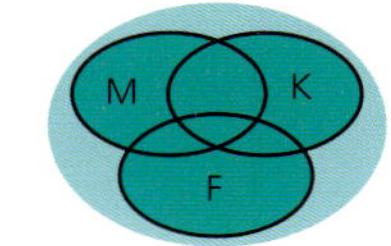

- Firmenziele (Business Value)
  wie Produktivität, Wirtschaftlichkeit, Zukunftssicherung, Ansehen, Koordination, Kontrollierbarkeit, Normengerechtheit und Transparenz etc.

> Bei der Familie Gloor wären dies z.B.: Zusammenhalt der Familie fördern, Image einer weltoffenen Familie aufbauen usw.

- Kundenziele (Customer Value)
  wie Produktqualität, niedrige Preise, schnelle Leistung, individuelle Produkte, eindeutige Ansprechpartner, erhöhter Service etc.

> Bei der Familie Gloor wären dies persönliche Ziele der einzelnen Familienmitglieder. So möchte Frau Gloor unbedingt einige Tempel der Maya besichtigen, Herr Gloor möchte endlich mal ausspannen, Jasmin ins Disneyland in Paris usw.

- Mitarbeiterziele (Business Value)
  wie Arbeitszufriedenheit, abwechslungsreiche Aufgaben, anspruchsvolle Aufgaben, Autonomie, Beteiligung, Macht, Abschirmung, Sicherheit, Aufstiegschancen, Konfliktfreiheit etc.

> Alle Familienmitglieder sollen sich auf der Reise wohlfühlen und sicher sein, dass ihr Leben nach der Weltreise geordnet weitergeht.

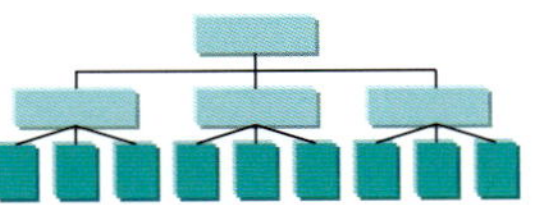

5.2.2.2 Zielstrukturaufbau

Für einen besseren Überblick über die Anforderungen, die an eine neue Lösung gestellt werden, hat sich die hierarchische Strukturierung des Zielkatalogs bewährt. Dadurch werden auch Doppelspurigkeiten und Widersprüche der Ziele entdeckt. Wurde die Strukturierung und somit die Überprüfung vorgenommen, ist grundsätzlich nur noch die unterste Ebene von entsprechender Bedeutung.

Das Hauptziel der Familie Gloor ist: Zufriedene Gesichter bei allen Reisenden. Dieses wird in die Gruppenziele Gesamtkosten der Weltreise, Projektzeit, Reiseplan, Bedürfnisse, Kommunikation, Reisegepäck und Erholung unterteilt. Die Gruppenziele werden dann wiederum in Detailziele oder dann in konkrete Anforderungen zerlegt.

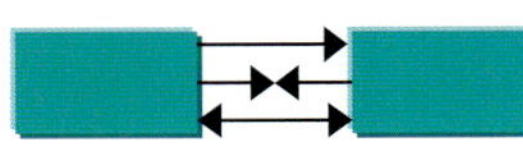

5.2.2.3 Zielbeziehungsanalyse

Jedes Ziel soll durch einen Abgleich mit den anderen Zielen auf einen möglichen Zielkonflikt (ein Ziel verhindert das Erfüllen des anderen Zieles), auf eine mögliche Zielunterstützung (ein Ziel unterstützt das andere) und auf eine mögliche Zielunabhängigkeit (keines der beiden Ziele beeinflusst das andere) überprüft werden. Wurde ein Konflikt von zwei Zielen aufgedeckt, so wird vielfach für eines der beiden eine Beschränkung eingeführt – oder eines der Detailziele muss geändert oder gar gelöscht werden.

Bei den Detailzielen der Familie Gloor gibt es unter anderem den Zielkonflikt, dass Jasmin ihren Geburtstag im Disneyland Paris feiern möchte, während Gerlinde den Hochzeitstag, der auf den gleichen Tag fällt, auf den Philippinen verbringen möchte. Dies ist ein Konflikt, der unweigerlich gelöst werden muss.

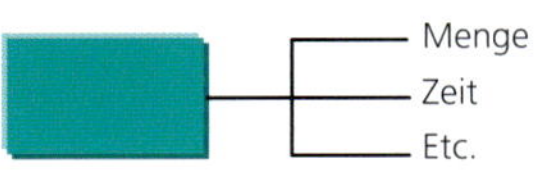

5.2.2.4 Zieloperationalisierung

Damit zwischen den verschiedenen Parteien keine Missverständnisse auftreten, müssen die Ziele operationalisiert werden. Dafür müssen die Kriterien der Ziele messbar gemacht werden. Dafür eignet sich am besten die SMART-Technik:

- Spezifisch: Ziele müssen eindeutig definiert sein (nicht vage, sondern so präzise wie möglich).
- Messbar: Ziele müssen messbar sein (Messbarkeitskriterien).
- Angemessen: Ziele müssen relativ zum Aufwand verhältnismässig sein.
- Realistisch: Ziele müssen erreichbar sein.
- Terminiert: zu jedem Ziel gehört eine klare Terminvorgabe.

Ein Ziel ist nur dann S.M.A.R.T., wenn es diese fünf Bedingungen erfüllt.Nur so kann am Schluss überprüft werden, ob die Ziele erreicht wurden. Ein Ziel wie „Der Prozess muss schneller laufen“ ist dabei nicht ideal, da das Ziel schon bei einer Verkürzung der Prozessdauer um eine Sekunde faktisch erreicht wäre.

Beim Gruppenziel „Reiseplanung“ gibt es u.a. das Detailziel, dass verschiedene Länder bereist werden sollen. Dieses Detailziel wird von Magnus wie folgt operationalisiert: Der Reiseplan führt in 20 neue Länder mit 10 fixen Übernachtungsvereinbarungen.

5.2.2.5 Zielgewichtung

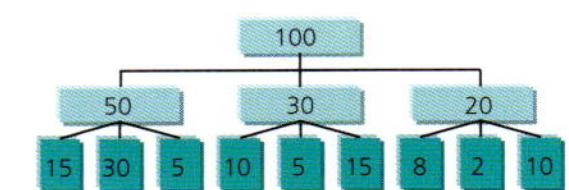

Wurden alle Ziele definiert, so sollte festgelegt werden, welche Ziele wie zu gewichten sind. Dazu werden die Ziele in die zwei Zielkriterien Muss- und Kann-Ziele aufgeteilt. Die Muss-Ziele (Erfüllung z.B. gesetzlicher Vorschriften, technischer Mindestanforderungen, bestimmter Persönlichkeits- oder Fachkriterien) müssen dabei durch die später zu definierenden Lösungsvarianten erfüllt werden, ansonsten scheiden diese Lösungen aus. Zu den Kann-Zielen gehören sowohl klar quantifizierbare als auch vage formulierte qualitative Ziele (z.B. psychologische, politische, ästhetische etc.). Sofern diese nicht quantifiziert sind, wird später „subjektiv“ beurteilt, wie weit sie durch eine Lösungsvariante erreicht werden.

5

Innerhalb der Kann-Ziele muss eine Rangliste aufgestellt werden: Welches Ziel ist wie wichtig, welches bringt am meisten Nutzen? Diese Zielgewichtung ist insbesondere dann von grossem Nutzen, wenn während der Projektabwicklung zeitliche oder finanzielle Engpässe auftreten. Ist eine Zielgewichtung vorhanden, kann man sich auf das Erreichen der wichtigsten Ziele konzentrieren.

Die dem Globalziel „Zufriedene Gesichter bei allen Reisenden“ zugeordneten 100 Punkte werden vom Familienrat auf die Gruppen- und Detailziele verteilt, wobei die Punktesumme aller Detailziele eines Gruppenziels den Punkten des Gruppenziels entspricht.

5.2.2.6 Zielentscheidung

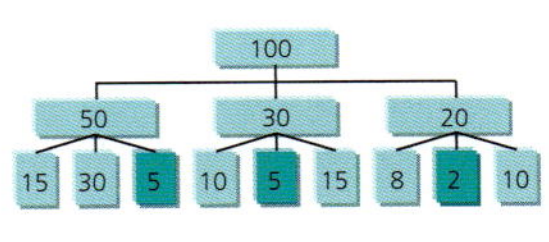

Wurde eine umfassende Operationalisierung durchgeführt, so soll mit dem Auftraggeber festgelegt werden, welche Ziele im Auftrag umgesetzt werden. Neben der rein sachlichen Gewichtung kann der Auftraggeber noch andere Werte (politische, taktische etc.) haben, nach welchen er die Ziele erreichen will. So mag es z.B. sachlich absolut richtig sein, ein qualitativ hohes Produkt zu entwickeln. Ist die Konkurrenz jedoch früher auf dem Markt, kann dies gravierendere Auswirkungen haben.

Beim Projekt der Familie Gloor ist es nicht der Schwiegervater (Auftraggeber) allein, der entscheidet, welche Ziele verfolgt werden. Bei der Zielentscheidung sind auch Herr und Frau Gloor involviert; der Entscheid wird vom gesamten Familienrat beschlossen und somit auch getragen.

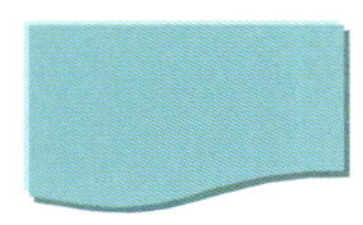

5.2.2.7 Zieldokumentation

Ein definiertes Ziel sollte wenn möglich umfassend beschrieben sein, damit erstens alle Betroffenen und Involvierten es verstehen und zweitens der Autor auch noch nach vier Wochen weiss, was mit diesem Ziel gemeint war. Nicht selten wird hier nur mit Schlagwörtern gearbeitet; diese lassen gravierende Fehlinterpretationen zu. So definierte Ziele bieten dann oftmals auch Anlass zu grundlegenden Meinungsverschiedenheiten zwischen Auftraggeber und Projektleiter.

Damit die ganze Familie Gloor die Systemziele kennt und nachlesen kann, hält Magnus die ermittelten Ziele in einem Zielkatalog fest (siehe Abb. 5.11).

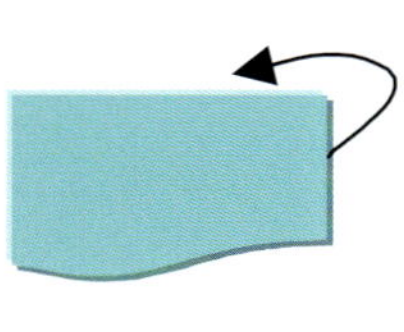

5.2.2.8 Zielanpassung

Da die Welt während eines Projekts nicht stehen bleibt, kann es gut sein, dass ein im Projektauftrag definiertes Ziel verändert werden muss. Dies sollte zwar nicht allzu oft vorkommen, aber verhindert werden kann es nicht. Daher ist es unabdingbar, dass alle Änderungen der Ziele schriftlich festgehalten und von allen betroffenen Parteien jeweils wieder unterschrieben werden (siehe „Änderungsmanagement", Kapitel 11.3).

Es könnte ja sein, dass sich das jahrelange Lottospielen von Frau Gloor auszahlt und sie den Jackpot knackt. Verständlich, dass dann neue Ansprüche (sprich Anpassungen) an die Weltreise gestellt würden. So könnte man beispielsweise die Qualität der Reise erhöhen, indem man statt Mittelklassehotels nur Fünf-Sterne-Hotels buchen würde.

5.3 Die Konzeptionsphase

Existiert ein unterschriebener Projektauftrag, so sind die Voraussetzungen für die Konzeptionsphase geschaffen. Ziel dieser Phase ist die Erstellung einer detailliert beschriebenen realisierbaren Lösung gemäss Projektauftrag. Es geht in dieser Phase also darum herauszufinden, wie der Projektauftrag anschliessend in der Realisierungsphase konkret umgesetzt werden soll.

Je nach Projektart sehr unterschiedliche Arbeit

Hierzu werden Arbeiten durchgeführt, die sich je nach Projektart sehr stark unterscheiden. Generell müssen aber bei allen Projektarten die folgenden Arbeiten erledigt werden:

- Zielsetzungen und Anforderungen detaillierter beschreiben
- IST-Zustand erheben bzw. die wesentlichen IST-Werte ermitteln
- Genaue Mengengerüste erheben
- Begründete Erkenntnisse über die Stärken, Schwächen, Chancen und Gefahren erhalten (SWOT-Analyse)
- Das SOLL konkret beschreiben
  - SOLL-Prozesse, -Elemente, -Modelle definieren
  - Durchzuführende Funktionen im Detail ausarbeiten
  - Gewünschten Output und benötigten Input im Detail beschreiben
  - Kapazitäten ausrechnen
- Konkrete Lösungsvorschläge ausarbeiten
- Lösungsvorschläge auf der Basis „Kosten/Nutzen-Analyse“ bewerten
- Umsetzungspläne erstellen und Vorbereitungsarbeiten für die Realisierung durchführen
  - Abklärungen möglicher Lieferanten machen
  - Grundlagen für die Rahmenorganisation erarbeiten
  - Personalmittelplan für die Realisierung erstellen
  - Allenfalls Offerten auswerten
  - Allenfalls Bestellungen vornehmen
  - Feinpläne wie Testplan, Schulungsplan, Einführungsplan erstellen

Damit diese Konzeptionsarbeiten qualifiziert durchgeführt werden, kann man den sogenannten Problemlösungsprozess anwenden. Dieser wird im Kapitel 5.3.2 etwas umfassender erläutert.

Realisierungsreife Detailpläne erstellen

Nach Abschluss der Konzeptionsphase liegen realisierungsreife, integrierbare Detailpläne vor. Bei Informatikentwicklungsprojekten sind dies beispielsweise Datenfluss- und Programmablaufpläne, Dateibeschreibungen, Formularentwürfe, Bildschirmlayouts etc., bei Bauprojekten Konstruktionspläne, statische Berechnungen, Schaltpläne, technische Angaben über Geräte und Maschinen etc. Diese „Detailpläne“ sind von den entscheidungsberechtigten Instanzen zu genehmigen (Vernehmlassung).

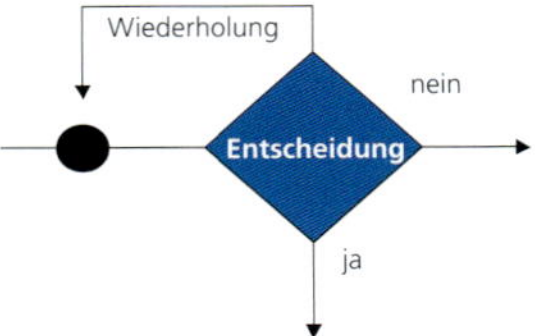

Den Projektträgern liegen nun zum ersten Mal detaillierte Lösungsansätze und konkrete, verbindliche Zahlen bezüglich Zeit und Kosten vor. Nun gilt es definitiv zu entscheiden: Wird das Projekt realisiert, wird es abgebrochen oder muss – aus welchen Gründen auch immer – die Konzeptionsphase nochmals durchlaufen werden? Korrekturen konnten bis jetzt relativ kostengünstig auf Papier angebracht werden; ab sofort haben sie weitreichendere Konsequenzen. Daher ist dieser Entscheid von entsprechender Tragweite.

Die Schwierigkeit der Konzeptionsphase bestand natürlich in der Gestaltung von realisierbaren Lösungen (einige Träume mussten platzen). Die Erkenntnisse über Stärken und Schwächen sowie Chancen und Risiken brachten aber schlussendlich Klarheit, was gemacht werden kann. So kamen fünf Lösungen zur Frage „Wie wollen wir unsere Weltreise durchführen?" in den Realisierungsantrag. Wie diese Lösungen zustande kamen, wird in den nächsten Kapiteln erläutert.

5.3.1 Anforderungsentwicklung

Möglichst allen Bedürfnissen gerecht werden

In einem Projekt werden von verschiedenen Stakeholdern (Interessengruppen) Anforderungen an das zu erstellende System (Produkt) gestellt. Um möglichst allen Bedürfnissen gerecht werden zu können, wird parallel zu Konzipierung der Anforderungsentwicklungsprozess definiert. Die Disziplin Anforderungsentwicklung (Requirement Engineering) wird wohl in Zukunft eine verstärkte Dominanz erhalten und nicht zuletzt auch zu einem wesentlichen Erfolgsfaktor in einem Projektabwicklungsprozess werden.

Anforderungsentwicklung

Unter Anforderungsentwicklung (oder Requirement Engineering) versteht man das systematische Spezifizieren, d.h. Erheben, Beschreiben, Prüfen und Priorisieren der Systemanforderungen.

Es gilt zu beachten, dass die Anforderungsentwicklung bzw. Anforderungsdokumentation im Speziellen dem Änderungsmanagement unterliegt, da jede Veränderung von abgenommenen Anforderungen meistens einen Einfluss auf den vereinbarten Scope hat.

Hinter einem professionellen Requirement Engineering steht einerseits das Ziel, genau zu wissen, was der Auftraggeber konkret will (Expectation Managements), und andererseits der Grundgedanke, die Wirtschaftlichkeit und Akzeptanz von projekt- und auftragsbezogenen Leistungen zu erhöhen bzw. zu verbessern.

5.3.1.1 Anforderungen

Eine Anforderung ist eine Aussage über eine zu erfüllende qualitative und/oder quantitative Eigenschaft eines Produktes. Oder etwas formeller:

Anforderung

> *Eine Anforderung ist eine Bedingung oder Fähigkeit, die ein Produkt erfüllen oder besitzen muss, um einen Vertrag, eine Norm oder ein anderes, formell bestimmtes Dokument zu erfüllen [in Anlehnung an IEEE 1990].*

Es wird des Öfteren auch diskutiert, was der Unterschied zwischen Anforderungen und Zielen ist. Daher folgt zum Vergleich nochmals die Definition des Begriffs Ziel:

Ziel

> *Ein Ziel ist ein angestrebter zukünftiger Zustand, der nach Inhalt, Zeit und Ausmass genau bestimmt ist.*

Restriktionen	Schränken das Lösungsfeld zwingend ein.	Keine Kompromisse, nur Reisen in sichere Länder anbieten.
Rahmen-bedingungen	Geben Leitplanken. Interne Rahmenbedingungen können allenfalls diskutiert werden.	Projektbudget: 1.5 Millionen. Produkt muss bis zum Versand des Frühjahreskatalogs erstellt sein.
	↓	↓
Bedürfnis	Beweggrund für eine mögliche Aktion in Form eines Projektes oder Auftrags.	Marktanteil in der Branche erhöhen.
Ziele	Was soll mit dem Projektprodukt erreicht werden? Ziele stellen die Rechtfertigung des Projekts dar!	Neues Produkt „Weltreise" lancieren, mit dem der Umsatz bis in 2 Jahren um 12% gesteigert werden kann.
Anforderung	Was muss das System/Produkt können? Was ist die Funktionalität des Systems/Produkts?	Modularer Aufbau der Weltreise; länderspezifische Betreuung; 24 Std. Buchungsmöglichkeit.
	↓	↓
Design	Architektonisch festlegen, wie das Projektprodukt gebaut/erstellt wird.	Produktekomposition mit bereits bestehenden, aber auch neuen Agenturen.

R. Heini:
„Jede Anforderung, die nicht klar einem Ziel zugeordnet werden kann, gehört gestrichen."

Nun existieren in einem Projekt normalerweise nicht nur eine Anforderung, sondern viele Anforderungen. Die Gesamtheit dieser Anforderungen bezeichnet man als Anforderungskatalog respektive Anforderungsspezifikation.

Element	
Bezeichnung	UC 003
Titel	Kulturelle Anlässe auswählen
Beschreibung	Als Kunde einer Weltreise will ich einen zur Reisedestination und zum Land passenden kulturellen Anlass auswählen können
Auslösendes Ereignis	Kein Spezielles; kann jederzeit erfolgen
Akteure (Rollen, Personas)	Interessent einer Weltreise (Unterhaltungsagenturen, Ticketverkäufer, Reisebüro)
Ergebnis	Aktuelle kulturelle Anlässe aufgrund der Selektionskriterien angezeigt
Vor-/Nachbedingungen	Nur Anlässe, welche sich online buchen lassen
Hauptszenario	1. Selektionskriterien erfassen 1.Anlassart (Musik-, Theaterveranstaltung) 2.Preisklassen (1. / 2. / 3. Kategorie; Sitzplatz) 3.Datum von – bis 2. Selektionskriterien validieren 1.Sitzplatzkarte des Theaters/Austragungsorts 3. Anzeige der vorhandenen Verpflegungsmöglichkeiten / Hinweise auf Spezialitäten 1. …
Alternativszenarien	1.Kulturanlässe ausserhalb der Selektionskriterien anzeigen
Ausnahmeszenarien	1.Einen Kulturfilm vorschlagen, der auf einem Endgerät angeschaut werden kann
Akzeptanzkriterien	1…….

Anforderungen systematisch erheben

Unter Anforderungsspezifikation versteht man die Zusammenstellung und detaillierte Beschreibung aller Anforderungen an ein Produkt. Mittels klar definierter Abnahmekriterien stellt man die Qualität des Anforderungskatalogs respektive der Anforderungsspezifikation sicher. Anforderungen fliegen einem nicht einfach zu; sie müssen systematisch erhoben werden, was Zeit und Geld kostet (Anforderungserhebung). Allerdings kostet es vermutlich deutlich mehr Zeit und Geld, wenn dies nicht systematisch erfolgt und deshalb die falschen Anforderungen realisiert werden. Anforderungen an das Produkt werden in funktionale und nicht funktionale Anforderungen unterteilt.

5.3.1.1.1 Funktionale Anforderungen

Funktionale Anforderungen (FA) sind eine explizite Darstellung des geforderten Produkts bzw. seiner Inhalte. Sie stellen das dar, was der Auftraggeber bzw. Benutzer des Produkts schliesslich zu „sehen" bekommt. Nachstehend einige Beispiele von funktionalen Anforderungen:

- Mit dem System müssen Balken- und Liniengrafiken erzeugt werden können.
- Das System muss Auskunft darüber erteilen können, wer welchen Artikel bis wann ausgeliehen hat.
- Der Tank muss über die Zentralverriegelung verschlossen bzw. geöffnet werden können.

5.3.1.1.2 Nicht funktionale Anforderungen

Nicht funktionale Anforderungen (NFA) beeinflussen die Art und Weise, wie das Produkt erstellt wird bzw. dessen Qualität. Eine nicht funktionale Anforderung an eine Softwareapplikation könnte beispielsweise lauten:

- Der Benutzer darf nie länger als 2 Sekunden auf die Rückmeldung des Systems warten.
- Zugriffsberechtigungen müssen pro Benutzer möglich sein.
- Zerstörte Daten müssen jederzeit wiederhergestellt werden können (Restore).

Auch das Projekt Weltreise hat natürlich Anforderungen. In einem Brainstorming sitzt die Familie zusammen, macht sich darüber Gedanken und schreibt diese auf. Sie überlässt es Magnus, das Geschriebene in funktionale und nicht funktionale Anforderungen zu gliedern. Anforderungen sind Anforderungen, wichtig ist, dass man sie erfasst hat! Aber Beat, den Vater, interessiert es natürlich schon, welche nicht funktionalen Anforderungen gestellt werden, da diese gegenüber den funktionalen Anforderungen oft eine Wirkung haben, die über die gesamte Weltreise hinausgeht (z.B. hohe Sicherheit).

	Funktionale oder nicht funktionale Anforderungen?	FA	NfA
01	Flüge dürfen nur bei einer Fluggesellschaft, die Mitglied der Allianz One World ist, gebucht werden.		
02	Auf der Weltreise sollten mindestens die Sehenswürdigkeiten Eiffelturm, Freiheitsstaue, ägyptische Pyramiden und Ayers Rock besucht werden.		
03	Es dürfen maximal drei Tage am selben Ort verbracht werden.		
04	Ein Reiseführer begleitet die Reisenden rund um den Globus.		
05	Die Benutzer (Reisenden) müssen mit der Weltreise zufrieden sein.		
06	Bei der Weltreise ist die Verpflegung nicht inbegriffen.		
07	Für die sich auf Weltreise befindenden Personen muss eine Support-Hotline jederzeit (24h/Tag) zur Verfügung stehen.		
08	Der Transport während der Weltreise muss mit öffentlichen Verkehrsmitteln geschehen.		

FA = Funktionale Anforderung
NfA = nicht funktionale Anforderung

Funktional oder nicht funktional?

R. Grau:
„Rahmenbedingungen und Anforderungen lassen ein Projekt kompliziert werden. Kommen dann die Projektbeteiligten hinzu, so ist es sofort komplex."

Im Weiteren sollen diese Anforderungen, wenn sie vollständig notiert und klassifiziert sind, von allen mit „Blut" unterschrieben werden, da Vater Beat in seiner Ehe einige Erfahrungen mit nicht ausgesprochenen Anforderungen respektive Erwartungen gemacht hat.

5.3.1.2 Anforderungsentwicklungsprozess

Drei Schritte

Die Erfahrung im Projektmanagement hat gezeigt, dass das Anforderungsmanagement respektive die Anforderungsentwicklung sinnvollerweise in zwei Teilen, bzw. wie Abbildung 5.09 aufzeigt, in drei Schritten umgesetzt werden sollte. Die zwei Teile Businessanforderungen und Produktentwicklung unterscheiden sich insofern, als der Lead der Arbeiten unterschiedlich ist. Werden die ersten beiden Schritte Businessanforderungsdefinition und Businessanforderungsspezifikation unter der Leitung des Business oder vom Business Requirement Engineer durchgeführt, so ist der Schritt der Produktanforderungsspezifikation vom Engineer oder bei einem Softwareentwicklungsprojekt vom IT-Architekten vorzunehmen. Diese Unterteilung macht daher Sinn, da so eher garantiert wird, dass die Businessanforderungen gemäss den Wünschen des Business erstellt werden.

B. Schulthess:
„Eine intensive Auseinandersetzung mit den Wertehaltungen, Interessen und Erwartungen der Beteiligten hilft, Zielkonflikte zu identifizieren und anzusprechen."

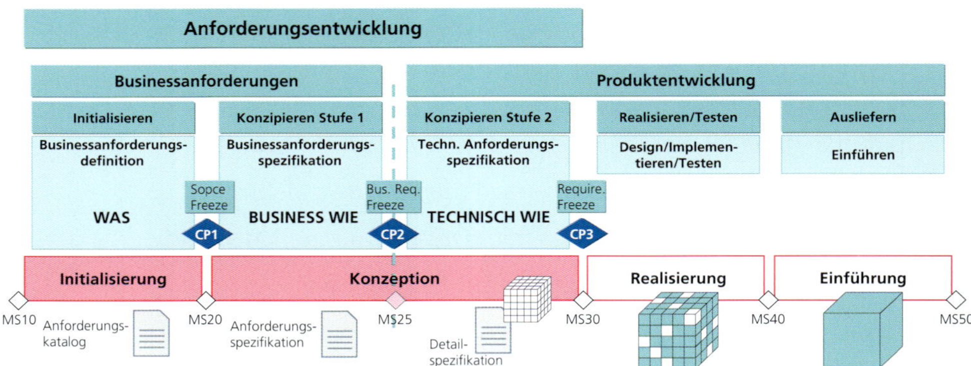

Abb. 5.09: Drei Schritte im Anforderungsentwicklungsprozess

Im Anforderungsentwicklungsprozess werden bei jedem Schritt die notwendigen Aufgaben wie „Anforderungen erheben", „Anforderungen spezifizieren", „Anforderungen prüfen" und „Anforderungen priorisieren" durchlaufen. Nach jedem Schritt gibt es einen Check Point, dem ein sogenannter „Freeze" folgt.

1. Initialisieren: WAS?

- Businessanforderungsdefinition
  Während der Projektinitialisierung (Schritt: Definition) werden Businessbedürfnisse im Anforderungskatalog oder im Business Case festgehalten. Wenn möglich, können zu diesem Zeitpunkt schon die wichtigen Anforderungen etwas konkreter umschrieben werden. Am Ende dieses Prozessschrittes sollte im Groben geklärt sein, was im Projekt funktionsbezogen und was nicht umgesetzt wird. Falls die definierten Businessanforderungen den definierten Scope abdecken, erfolgt der Scope Freeze (CP1). Es liegt auf der Hand, dass dieser Schritt sehr eng mit dem Scopemanagementprozess verbunden ist.

Da MS20 (Was wollen wir tun?) der Zeitpunkt des erstellten Projektauftrags ist, hat der Scope Freeze einen entscheidenden Einfluss auf das Projektmanagement. Alle Änderungen ab diesem Zeitpunkt, die den Scope verändern, müssen via Projektsteuerungsgremium beantragt werden.

- Businessanforderungsspezifikation
  Im ersten Teil der Konzeptionsphase werden auf Grundlage der festgehaltenen Bedürfnisse bzw. des Scope die Anforderungen durch das Projekt respektive den Requirement Engineer erhoben und weiter spezifiziert. Sobald die Anforderungsspezifikation vollständige „Breite" (Was muss alles realisiert werden?) und die notwendige Qualität aufweist, erfolgt der Business Freeze (CP2). Das heisst, zu diesem Zeitpunkt muss dem Business klar sein, was es konkret wünscht respektive umsetzen will und kann.

  2. Konzipieren Stufe 1: BUSINESS WIE?

  Mit den Interaktionen zwischen der Konzipierung und dem Arbeitsschritt Anforderungsspezifikation ergibt sich schliesslich das „BUSINESS WIE". Werden nach diesem Zeitpunkt Änderungen oder Erweiterungen gewünscht, sind diese „kostenpflichtig" und müssen über das Änderungsmanagement abgewickelt werden. Auf dem Bau nennt man dies Regiearbeiten und jeder, der schon einmal gebaut hat, weiss, was das heisst! Um der dauernd stattfindenden Evolution entgegenzutreten, sollte ab diesem Freeze die Umsetzung im höchstmöglichen Tempo vollzogen werden, da sich jede Zeitverzögerung in der Spannung definiertes SOLL – evolutionäres SOLL aufbaut.

- Technische Anforderungsspezifikation
  Aus den Arbeiten des Schritts „technische Anforderungsspezifikation" geht die Detailspezifikation hervor, welche die Businessanforderungen mit den technischen Anforderungen ergänzt und somit mit den möglichen technischen Gegebenheiten ausstattet. Falls diese die notwendige Qualität aufweisen, erfolgt der Requirement Freeze (CP3). Ab diesem Zeitpunkt können weder die Business- noch die technischen Anforderungen verändert werden, ausser das Projekt respektive der Auftraggeber hat genügend Zeit und Geld.

  3. Konzipieren Stufe 2: TECHNISCH WIE?

Diese schön sequenziell aufgeführten Prozessschritte können bei Berücksichtigung gewisser Spielregeln überlappend vorgenommen werden. Eine sehr hilfreiche Form des effizienten Requirement Management ist das Führen einer Repository-Datenbank. Da sich bei immer grösser werdenden Konzernen der Zufall häuft, dass eindeutige Anforderungen in x-facher Form umgesetzt werden, könnten über eine solche Repository-Datenbank die Anforderungen zentral hinterlegt werden.

Wie bereits angesprochen, werden in jedem dieser drei Prozessschritte Anforderungen erhoben, beschrieben, geprüft und priorisiert. Für vertiefte fachspezifische Ausführungen wird an dieser Stelle auf andere sehr gute Sachbücher (wie beispielsweise „Kontinuierliches Anforderungsmanagement" von B. Schienmann [Schi 2002]) verwiesen.

Die Anforderungsentwicklung in einem Projekt erfolgt, wie in Abbildung 5.09 aufgeführt, vom Start bis und mit dem Erreichen von MS30. Es darf daher den Leser nicht irritieren, wenn im Folgenden die Beschreibung der Konzeptionsphase erfolgt.

5.3.2 Problemlösungsprozess

Problemlösungsprozess

In der Konzeptionsphase müssen spätestens das Problem erfasst und die Lösung bis zur Umsetzungsreife erarbeitet werden. Dazu wird als Hilfe der sogenannte Problemlösungsprozess angewendet.

H. Felchlin:
„Die gründliche Abstimmung von Zielen, Scope, Liefererergebnissen und Vorgehensweise verhindern das Scheitern von Projekten."

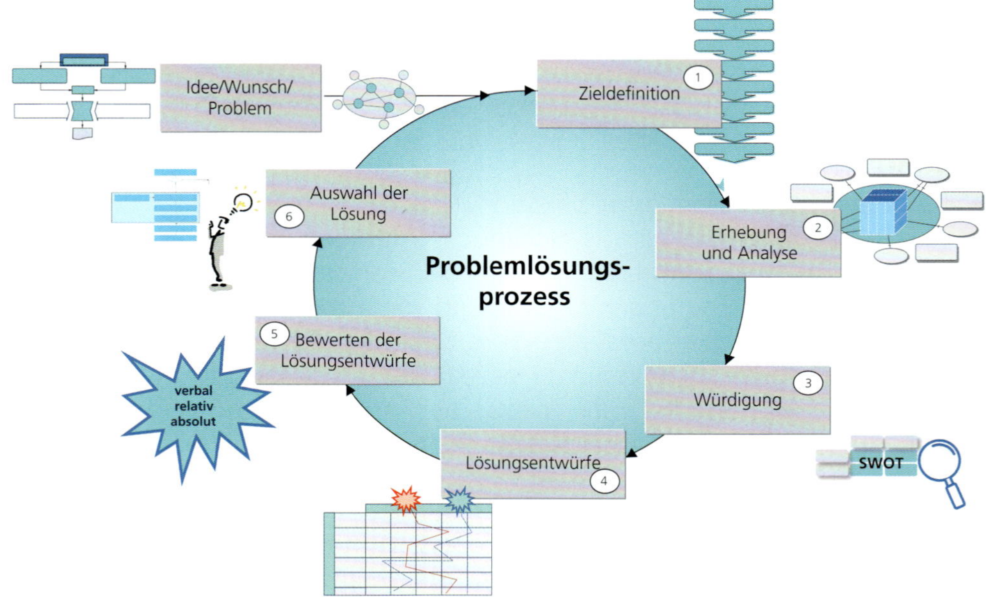

Abb.5.10: Der Problemlösungsprozess

Die Konzeptionsphase kann unterteilt werden

Weil die Konzeptionsphase je nach Projekt (Bau eines Stausees oder Planung einer Weltreise) unterschiedlich lang bis sehr lang dauern kann, wird diese Phase für grosse Projekte in mehrere Teilschritte geteilt. Wenn die Konzeptionsphase z.B. 9 Monate oder länger dauern sollte, wird diese Denkphase sinnvollerweise in drei „Unterphasen“ (Voranalyse, Spezifikation und Detailspezifikation) unterteilt und somit der Problemlösungsprozess in einem Top-down-Ansatz dreimal durchlaufen. Dabei wird in der „Unterphase“ Voranalyse zunächst das äussere Erscheinungsbild des Problems betrachtet und erst danach der Probleminhalt. Mit dem Einteilen in drei „Unterphasen“ vermindert man das Risiko, erst nach 9 Monaten entsetzt feststellen, dass das Problem falsch angegangen wurde.

Im Überblick weist der Problemlösungsprozess folgende Teilschritte auf:

1. Zieldefinition
   Zu Beginn sind die zu verfolgenden detaillierten Systemziele festzulegen, um den Projekterfolg konkret nachweisen zu können (siehe Kapitel 5.3.2.1).

2. Erhebung und Analyse
   Die Erhebung dient der Sammlung aller für das Projekt relevanten Daten. Diese werden dann für die weitere Bearbeitung analysiert, d.h. zerlegt und geordnet (siehe Kapitel 5.3.2.2).

3. Würdigung
   Bei der Würdigung werden die erhobenen Daten beurteilt. Dabei wird das Positive wie das Negative sowie deren Ursachen herausgefunden und analysiert (siehe Kapitel 5.3.2.3).

4. Lösungsentwürfe
   Der Teilschritt „Lösungsentwurf“ wird in die zwei Gruppen „Konzeptentwurf“ und „Konzeptanalyse“ gegliedert. Der Konzeptentwurf enthält die Sammlung von Lösungsmöglichkeiten. Die Konzeptanalyse wird dem Konzeptentwurf nachgeschaltet und soll helfen, Lösungen durch kritisches Hinterfragen bis ins Detail zu konkretisieren (siehe Kapitel 5.3.2.4).

5. Bewerten der Lösungsentwürfe
   Auf die Sammlung respektive das Ausarbeiten von Lösungen folgt das Aussondern eindeutig unbrauchbarer Entwürfe (siehe Kapitel 5.3.2.5).

6. Auswahl der Lösung
   Bei diesem Teilschritt geht es darum, den Auftraggeber so umfassend zu informieren, dass er die bestmögliche Variante auswählt (siehe Kapitel 5.3.2.6).

Strukturierter Denkprozess

Wie der Ideenfindungs-, der Scopemanagement-(Problemabgrenzungs-) und der Zielfindungsprozess ist auch der Problemlösungsprozess nichts anderes als ein strukturierter Denkprozess. Er wird ebenfalls systematisch dokumentiert, so dass der Auftraggeber respektive andere Beteiligte und Involvierte „einfach“ nachvollziehen können, was ausgedacht wurde.

5.3.2.1 Zieldefinition

Wie die Zielfindung genau vor sich geht, wurde bereits im Kapitel 5.2.2 anschaulich beschrieben. An dieser Stelle werden nur einige Kriterien aufgeführt, die die Projektziele aufweisen sollten:

Einige Zielkriterien

- Ziele operationalisieren (Ziele so detaillieren, dass sie „begreifbar" sind)
- Ziele sind lösungsneutral (Die Aussage „... muss mit einem Auto gelöst werden" ist falsch!)
- Ziele messbar machen (Ziele so beschreiben, dass der Erreichungsgrad gemessen werden kann)
- Ziele müssen erreichbar sein
- Ziele müssen bewertet sein (Muss- oder Kann-Ziele)
- Zielkonflikte sind bereinigt (kein Ziel schliesst das andere Ziel aus oder behindert es)
- Ziele dokumentieren
- Ziele überprüfen und revidieren (Ziele so vorbereiten, dass sie in gegenseitigem Einverständnis auch revidiert werden können)

Wurden die Ziele in der Initialisierungsphase soweit als möglich definiert, so gilt es hier, die Systemziele respektive die Projektanforderungen verbindlich festzulegen.

Jede Zieldefinition (auch jene der Familie Gloor) sollte mit der gleichzeitigen Erstellung eines Anforderungskatalogs beginnen. Bei der nachfolgenden Abbildung des Zielkataloges ist zu beachten, dass zu den Gruppenzielen jeweils nur ein Detailziel aufgeführt ist.

Nr.	Ziele	Messgrösse	Zeit	Wertung
1	**Gesamtkosten der Weltreise:** Die Projektgesamtkosten dürfen das Kostendach nicht überschreiten.	Kostendach 400'000.–	Ende August	Muss-Ziel
2	**Projektzeit:** Das Projekt muss pünktlich abgeschlossen werden.	30. August 2023	Ende August	Muss-Ziel
3	**Reiseplan:** Der Reiseplan muss 20 neue Länder mit ihren Hauptstädten berücksichtigen.	Reiseplan führt in 20 neue Länder mit 10 fixen Übernachtungsvereinbarungen.	Ende Juni	Kann-Ziel
4	**Bedürfnisse:** Pro Familienmitglied ist ein definiertes Hauptbedürfnis vor der Abreise zugesichert, dass auch abgedeckt wird.	5 Hauptbedürfnisse sind geklärt und innerhalb der geplanten Reise erfüllbar.	Mitte Juni	Kann-Ziel
5	**Kommunikation:** Es muss sichergestellt werden, dass jederzeit der Schwiegervater angerufen werden kann.	Sicherstellung von 100% Kommunikation.	Mitte August	Kann-Ziel
6	**Reisegepäck:** Es darf nicht mehr mitgenommen werden, als jeder tragen kann.	Reiseutensilien finden in 5 Rucksäcken und 5 Koffern Platz.	Mitte August	Kann-Ziel
7	**Erholung:** Die Reise soll für keines der Familienmitglieder unangenehm stressig werden.	20% der Reisezeit soll planerisch für die eigene Erholung aufgewendet werden.	Ende Juni	Kann-Ziel

Abb. 5.11: Zielkatalog der Familie Gloor

5.3.2.2 Erhebung und Analyse

In einem ersten Arbeitsgang werden durch eine Erhebung alle für das Projekt relevanten Daten gesammelt. Das betrifft nicht nur die Daten der IST-Situation, sondern auch die der möglichen SOLL-Situation (= Anforderungsspezifikation). Diese gesammelten Daten werden dann für die weitere Bearbeitung analysiert, d.h. zerlegt und geordnet. Aus der Zielvorgabe kann weitgehend abgeleitet werden, welche Daten erhoben werden sollen. Von der Genauigkeit und der Vollständigkeit der Erhebung hängt die Qualität der zukünftigen Lösung ab. Die Erfahrung hat gezeigt, dass aufgrund von Angst vor Neuem, Machtverlust, Frustration etc. der Mensch selbst eine der grössten Schwierigkeiten bei der Erhebung, aber auch bei anderen Projektabschnitten darstellt.

Zielvorgabe als Basis der Erhebung

In einem zweiten Arbeitsgang gilt es – falls nicht schon durch eine strukturierte Erhebung geschehen – die gesammelten Daten zu analysieren. Dazu werden die Daten logisch (z.B. nach Art, Abhängigkeiten etc.) gruppiert. In Verbindung zu dem in der Initialisierungsphase durchgeführten Problemabgrenzungsprozess (Scopemanagement) geht es bei diesem Schritt vielmehr in die Tiefe. Die eingesetzten Analysetechniken geben gegenüber der SEUSAG-Analyse eine viel genauere Methodik vor. Für diese Tätigkeiten können sogenannte Erhebungs- und Analysetechniken eingesetzt werden (siehe Kapitel 5.7.1 und 5.7.3).

Bezüglich des IST-Zustands ist noch zu erwähnen, dass in Projekten oftmals nach dem absoluten IST gesucht wird. Dies ist erstens sehr aufwändig, zweitens unnötig und drittens eigentlich unmöglich, da sich das IST am nächsten Tag aufgrund der laufenden Evolution bereits ein kleines bisschen verändert hat.

Es gibt keinen absoluten IST-Zustand

Die Weltreise wird das IST-System der Familie Gloor unterschiedlich stark beeinflussen. Während es z.B. das IST-System von Gerlinde kaum beeinflussen wird, könnte es bei ihrem Mann eine grössere Veränderung geben, denn Herr Gloor ist ohne weitere Abmachung mit seinem Arbeitgeber verblieben und weiss nicht, was nach seiner einjährigen Arbeitspause sein wird. So ist es also unklar, ob er nach der Rückkehr seinen alten Job wiederbekommt. Wie dem auch sei, seine allgemeinen beruflichen Aussichten sind, dank der soliden Ausbildung, gut. Zudem stellt sich ohnehin die Frage, ob Herr Gloor nach der neu gewonnenen Lebensmotivation im gleichen Stil weiterarbeiten möchte/wird.

Bei konzeptionellen Projekten wie der Vorbereitung einer Weltreise gibt es einen kleineren Erhebungs- und Analyseaufwand als bei empirischen Projekten (Optimieren eines bestehenden Produkts), da es nicht so relevant ist, den IST-Bereich bis ins Detail zu kennen. Bei konzeptionellen Projekten sind Informationen über das künftige SOLL-System daher wichtiger.

5.3.2.3 Würdigung

Stärken und Schwächen aufdecken und schriftlich festhalten

Mithilfe der sogenannten Würdigung wird der IST-Zustand bewertet. Dabei wird der vom Teilschritt „Erhebung und Analyse" aufgenommene IST-Zustand auf seine Stärken und Schwächen sowie auf seine Chancen und Gefahren hin untersucht. Die Würdigung soll somit die Stärken, aber auch Schwächen des IST-Zustands aufdecken und kleine Ad-hoc-Lösungsansätze aufzeigen, die beim Lösungsentwurf weiter verfolgt werden können. Bei der Würdigung werden immer sowohl die Chancen als auch die Gefahren des IST-Zustands aufgeführt. Diese Betrachtungsweise ist sinnvoll, da sie einerseits das Veränderungspotenzial zeigt, andererseits aber auch die Gefahren des unveränderten IST-Systems! Liegen die Informationen und Bewertungen zum IST-Zustand vor, so muss, gegebenenfalls im gegenseitigen Einverständnis, eine Zielkorrektur vorgenommen werden. Korrekturen sind möglicherweise deshalb notwendig, weil die Erhebung Detailwerte hervorbringt, die zu Beginn des Projekts noch nicht bekannt waren (siehe „Änderungsmanagement", Kapitel 11.3).

Die Wahl der Würdigungstechnik hängt von der Fragestellung des Projektauftrags ab. In der Regel wird mehr als eine Technik genutzt, um alle Stärken und Schwächen vollständig und systematisch aufzuführen. Einige dieser Techniken lassen sich im Kapitel 5.7.3 finden.

Werte, nach denen gesucht werden kann, sind:

- Stärken und Schwächen
- Probleme (Ursachen und Symptome)
- Zuverlässigkeit
- SOLL/IST-Abweichung
- Vollständigkeit
- Etc.

Die Familie Gloor wendet zur Würdigung des IST-Zustands die SWOT-Analyse an (Strenghts, Weaknesses, Opportunities, Threats).

Wie bei der Erhebung und Analyse ist es für die Familie Gloor nur bedingt notwendig, eine umfassende Würdigung vorzunehmen. Es folgt daher nur ein kleiner Ansatz einer SWOT-Analyse.

Stärken (Strenghts)	Mögliche Ursache	Lösungsidee
Die ganze Familie ist sehr sportlich.	Alle treiben ca. 6h pro Woche Sport.	Sportlich aktive Reise planen.
Herr Gloor verdient viel Geld.	Er arbeitet sehr viel.	Optimieren der persönlichen Arbeitstechnik.

Schwächen (Weaknesses)	Mögliche Ursache	Lösungsidee
Klare Qualitätseinbussen bei der Arbeit von Herrn Gloor.	Jahrelange Überbelastung im Beruf.	Mehr Freizeit und allenfalls eine Auszeit über eine längere Zeit nehmen.
Geld häuft sich auf dem Konto an.	Herr Gloor hat keine Zeit, das verdiente Geld auszugeben.	Etwas Grossartiges kaufen, investieren oder unternehmen.
Die Familie ist unzufrieden.	Das Familienoberhaupt ist nur noch auf dem Foto im Flur zu sehen.	Mehr Zeit für die Familie nehmen.
Qualitätseinbussen bezüglich der ehelichen Pflichten.	Herr Gloor ist am Abend so müde, dass er sofort einschläft.	Einsetzen von bestimmten pharmazeutischen Mitteln oder weniger arbeiten.

Chancen (Opportunities)
Die Probleme des Herrn Gloor sind so gross, dass seine Veränderungsversprechungen diesmal nicht nur Lippenbekenntnisse sein werden.
Aufgrund des positiven Kontostandes kann etwas Grösseres unternommen werden.
Aufgrund der Ausbildung des Herrn Gloor ergibt sich die hoffnungsvolle Chance, dass er auch nach einer längeren Pause einen idealen Arbeitsort findet.
Alle Familienmitglieder sind in einem Alter und in einer Situation, bei der sich eine Pause eigentlich nicht negativ auswirken würde.

Gefahren (Threats)
Übersättigung des Herrn Gloor nimmt noch weiter zu, so dass sich bei ihm plötzlich absolutes Desinteresse einschleichen könnte.
Wenn es in dieser Intensität weitergeht, könnte auch eine Scheidung ins Haus stehen.
Der Hund kennt den Meister nicht mehr und könnte ihn allenfalls eines Tages als Einbrecher taxieren und angreifen.
Freunde und Verwandte wenden sich mehr und mehr von der Familie ab, da sie schlichtweg keinen Kontakt mehr zu ihr finden.

Abb. 5.12: Die SWOT-Analyse der Familie Gloor

5.3.2.4 Lösungsentwürfe

Die drei vorangegangenen Kapitel bilden die Grundlage für einen fundierten Lösungsentwurf, denn aufgrund der Zieldefinition kennt man den gewünschten SOLL-Zustand, aufgrund der Erhebung und Analyse ist man sich der IST-Situation bewusst und aufgrund der Würdigung weiss man, was am IST-Zustand gut respektive nicht so gut ist.

Es sollten mehrere Lösungen ausgearbeitet werden

Zu einer rationalen Entscheidung gehört, dass nicht die erstbeste Lösung auf ihre Eignung untersucht wird, sondern dass Alternativen gesammelt werden. Daher ist es zu diesem Zeitpunkt sehr wichtig, mehrere Lösungen konkret auszuarbeiten. Dabei sollte immer auch die Nullvariante „wir machen nichts" in Betracht gezogen werden. Mit der Anzahl der vorliegenden Lösungsvarianten steigt auf jeden Fall die Wahrscheinlichkeit, die bestmögliche Lösung zu finden [Sch 2009a]. Dieser Schritt des Problemlösungsprozesses wird in zwei Teile unterteilt:

- Konzeptionsentwurf (Entwickeln von Lösungsvarianten)
- Konzeptionsanalyse (Analysieren der Lösungsvarianten)

Einsatz von Kreativitätstechniken

Die Entwicklung von Lösungsvarianten lässt sich nur begrenzt mit Techniken unterstützen. Zu gross ist das Spektrum organisatorischer Fragestellungen, als dass hier eine allumfassende Technik eingesetzt werden könnte. Lediglich die Kreativitätstechniken können eine gewisse Hilfe bieten (siehe Kapitel 5.7.4). Um dem Fallbeispiel besser folgen zu können, wird die dort angewendete Kreativitätstechnik „Morphologische Analyse" im Folgenden kurz beschrieben.

Morphologische Analyse, eine effiziente Technik

Die Morphologische Analyse wird heute auch als „strukturierte Forschung" bezeichnet. Diese systematische und umfassende Problemlösungsmethode beschreibt die wichtigen Parameter und deren Variablen, z.B. eines Produkts, einer Tätigkeit oder einer Dienstleistung, und ordnet diese in einem Koordinatensystem ein, um die Beziehungen der einzelnen Variablen systematisch zu untersuchen. Dabei kann eine zwei- oder mehrdimensionale Matrix entstehen.

Auf diese Weise kann schnell eine Reihe Ideen entwickelt werden. Ein zweiachsiges Ideenmodell (Morphologischer Kasten) ist die einfachste Art einer Morphologischen Analyse. Die gewünschten Parameter eines Problems werden auf der vertikalen Achse dieser Matrix festgehalten und die Variablen auf der horizontalen Achse. Die Kombination jeder Variablen in jeder Kolonne mit jeder anderen ergibt eine sehr grosse Anzahl verschiedener Lösungen. Z.B. ergeben 5 Parameter mit je 5 Variablen $5^5 = 3125$ Kombinationen. Nimmt man eine Dimension hinzu, spricht man von einem Morphologischen Würfel.

Der kreative Vorgang besteht darin, mithilfe der Morphologie alle möglichen Lösungen aufzudecken. Das verwendete System umfasst sowohl die Eingabedaten als auch die Resultate in strenger Beziehung zueinander. Die Morphologie führt immer dann zum Erfolg, wenn es gelingt, die gegebenen Grössen in ein bekanntes Aufgaben/Lösung-System zu übertragen, so dass die Lösung zwangsläufig wird. Dies geschieht in sechs Schritten:

Alle möglichen Lösungen aufdecken

1. Analyse und Umschreibung des Problems, wobei häufig eine Verallgemeinerung des Problems zweckmässig ist
2. Ermittlung der wichtigsten problem- und lösungsbestimmenden Parameter
3. Ermittlung möglicher Parameterausprägungen (= Variablen)
4. Aufstellung des vieldimensionalen morphologischen Schemas
5. Ermittlung von Lösungen (Ausprägungskombinationen), ohne Beurteilung
6. Untersuchung, Bewertung und Auswahl der brauchbaren Alternativen

Zur Entwicklung der Lösungsentwürfe bedient sich Familie Gloor des Morphologischen Kastens. So müssen einerseits die einzelnen Parameter einer Weltreise und andererseits die Ausprägungen ausgearbeitet werden. Solche Parameter sind beispielsweise Reiseart, Übernachtungen etc. Auf diese Art und Weise wird das grosse Vorhaben in seine Einzelteile zerlegt. Mittels Brainstorming pro Parameter wird anschliessend im Projektteam kreativ versucht, Ausprägungen (Variablen) für die einzelnen Parameter isoliert zu finden.

5

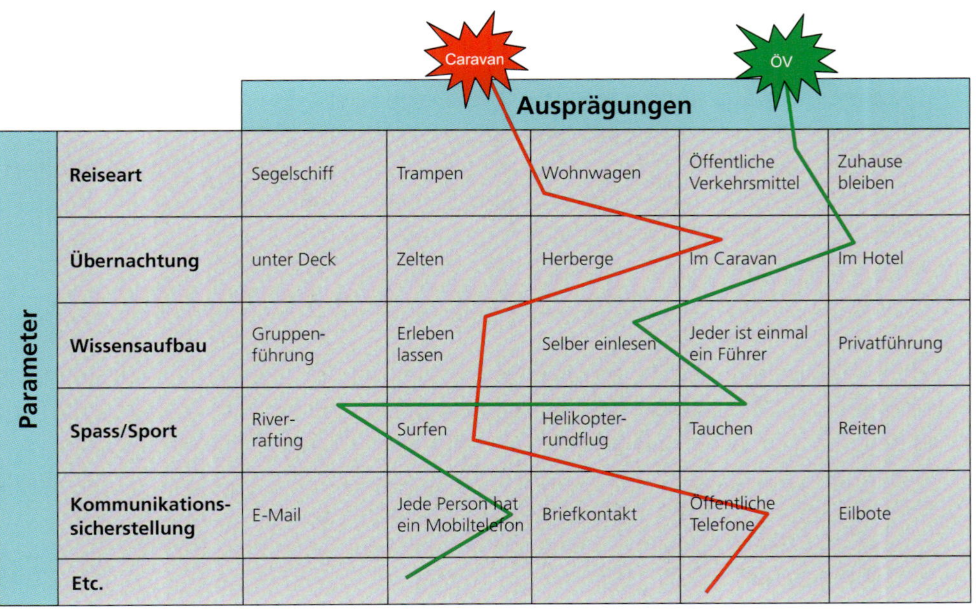

Abb. 5.13: Morphologischer Kasten

Durch dieses Vorgehen ergibt sich eine Matrix, die enorm viele Kombinationen guter Gesamtlösungen bietet. So könnten folgende fünf Lösungsvarianten mit den jeweiligen Vor- und Nachteilen respektive Konsequenzen in Bezug auf das bestehende System genauer ausgearbeitet werden:

Variante 1: Segelschiff
Variante 2: Trampen
Variante 3: Wohnwagen (Caravan)
Variante 4: Öffentliche Verkehrsmittel (ÖV)
Variante 5: Zuhause bleiben und ein Jahr lang nichts tun.

Umfassende Beschreibung der Lösung

Wurden die Lösungsvarianten entwickelt, gilt es, in einem zweiten Schritt beim Lösungsentwurf eine umfassende Beschreibung der Lösungen zu erstellen. Die Lösungen müssen natürlich auf ihre Tauglichkeit analysiert werden. Diese Verifikation muss/kann je nach Projektart unterschiedlich erfolgen.

Eine Lösungsbeschreibung könnte für das Organisationsprojekt „Vorbereitung der Weltreise" folgende Kapitel umfassen:

Allgemeines Lösungskonzept, Sachmittel, Wirtschaftlichkeit, Aufgaben/Prozesse, Mengenangaben, Zeitangaben, Reiseroute, Aufbauorganisation, Vor- und Nachteile, Zuständigkeiten, Kosten etc.

5.3.2.5 Bewerten der Lösungsentwürfe

Die Bewertung folgt dem Lösungsentwurf. Hier geht es darum, solche Lösungen auszusondern, die mit den vorgegebenen Zielen nicht in Einklang gebracht werden können oder bestimmte vorgegebene Bedingungen nicht einhalten. Die Varianten können wie folgt bewertet werden:

- Verbal (z.B. Vor- und Nachteile pro Lösungsvariante)
- Relativ (z.B. Nutzenanalyse, Punktverfahren)
- Absolut (z.B. Wirtschaftlichkeitsberechnungen, Kosten/Nutzen-Analyse)

Für das Bewerten der Lösungsentwürfe stehen somit ganz verschiedene Techniken zur Verfügung. Die wichtigsten Bewertungstechniken werden im Kapitel 5.7.5 punktuell aufgeführt. Das gebräuchlichste Hilfsmittel in der Entscheidungsfindung bildet das Punkteverfahren. Der Ablauf dieser Technik sieht, grob gesehen und isoliert betrachtet, wie folgt aus:

1. Ermittlung der Ziele
2. Gewichtung der Ziele
3. Wertigkeitsskalen für die Punktevergabe erstellen (z.B. 1–10)
4. Entscheidungsmatrix aufstellen
5. Vergabe von Punkten für die Varianten
6. Ausrechnen der Entscheidungsmatrix (Zusammenzählen der Punkte)
7. Sensibilitätsanalyse (Steht der Sieger „auf einem Bein"?)
8. Entscheidung aufgrund der vorliegenden Resultate treffen

Unter der Führung des Projektleiters Magnus werden die fünf erarbeiteten Varianten mit dem Punkteverfahren beurteilt. Da die Ermittlung und die Gewichtung der Ziele schon vorgenommen wurde, kann bereits beim dritten Schritt angesetzt werden.

Zuerst sind die Muss-Ziele zu prüfen. Werden sie bei einer Variante nicht erfüllt, hat diese Variante bereits verloren.

Nr.	Muss-Ziele	Var. 1	Var. 2	Var. 3	Var. 4	Var. 5
1	**Gesamtkosten der Weltreise**: Die Projektgesamtkosten dürfen das Kostendach nicht überschreiten.	420'000.—	300'000.—	400'000.—	400'000.—	250'000.—
2	**Projektzeit:** Das Projekt muss pünktlich abgeschlossen werden.	15. Okt	30. Aug.	30. Aug.	30. Aug.	30. Aug.

Abb. 5.14: Muss-Ziele

Wie aus der Tabelle ersichtlich, entfällt die Variante 1, da der Kauf eines Segelschiffes diese Variante zu stark verteuern würde. Auch der Verkauf des Schiffes am Ende der Reise wurde schon einkalkuliert. Trotzdem fällt diese Variante aus dem Rennen – auch wenn sie nur 1.– mehr als der Sollwert kostet. Die Gefahr eines gesprengten Budgets kann dadurch verhindert werden.

Sind die Muss-Ziele erfüllt, wird jedes Kriterium der Kann-Ziele mit Punkten zwischen 1 und 10 bewertet. Die Verteilung erfolgt pro Variante aufgrund des Erfüllungsgrades sowie der Art und Weise der Erfüllung. Die Summe aller Punkte ergibt die Gesamtbewertung der Variante.

Nr.	Kann-Ziele	Var. 1	Var. 2	Var. 3	Var. 4	Var. 5
3	**Reiseplan:** Der Reiseplan muss 20 neue Länder mit ihren Hauptstädten berücksichtigen.	–	8	7	10	2
4	**Bedürfnisse:** Pro Familienmitglied ist ein definiertes Hauptbedürfnis vor der Abreise zugesichert, das auch abgedeckt wird.	–	6	10	8	2
5	**Kommunikation:** Es muss sichergestellt werden, dass jederzeit der Schwiegervater angerufen werden kann.	–	8	9	10	10
6	**Reisegepäck:** Es darf nicht mehr mitgenommen werden, als jeder tragen kann.	–	7	10	10	0
7	**Erholung:** Die Reise soll für keines der Familienmitglieder unangenehm stressig werden.	–	7	8	9	10
	Total	**–**	**36**	**44**	**47**	**24**

Abb. 5.15: Kann-Ziele

Mit diesem einfachen Verfahren kann nun der „Sieger" des Weltreiseprojekts (Variante 4, „Öffentliche Verkehrsmittel") eruiert werden.
Wie bei allen relativen Bewertungstechniken kann auch dieser eine gewisse Subjektivität nachgesagt werden. „Was haben die drei Punkte Differenz zwischen der Variante 3 und der Variante 4 für einen Wert? Ist es nun wirklich so, dass beim Ziel ‚Reiseplan' Variante 3 nur sieben Punkte erhält?" Relative Methoden sind relativ! Sie helfen die Varianten zu bewerten, mehr nicht. Entscheiden muss in jedem Fall der Auftraggeber respektive in diesem Fall das Projektsteuerungsgremium. Die Entscheidungsinstanz kann sich sehr wohl auf die Bewertung des Projektteams abstützen, ist aber nicht gezwungen, die vorgeschlagene Variante zu wählen. So kann also auch eine andere Variante weiterverfolgt beziehungsweise in der Realisierungsphase umgesetzt werden.

5.3.2.6 Auswahl der Lösung

Umfassende Information des Auftraggebers

Jetzt beginnt für die Projektmitarbeiter ein Arbeitsschritt, in den sie nicht mehr allzu stark involviert sind. Die Arbeit ist entweder vollbracht oder nicht. Beim Teilschritt „Auswahl der Lösung" geht es um die umfassende Information des Auftraggebers.

Folgende Arbeiten sollen in diesem Arbeitsschritt erledigt werden:

- Empfehlung einer Lösung kurz beschreiben
- Entscheidungsprozess einleiten (Vernehmlassung)
- Begründeten schriftlichen Entscheid abwarten
- Weiteres Vorgehen festhalten

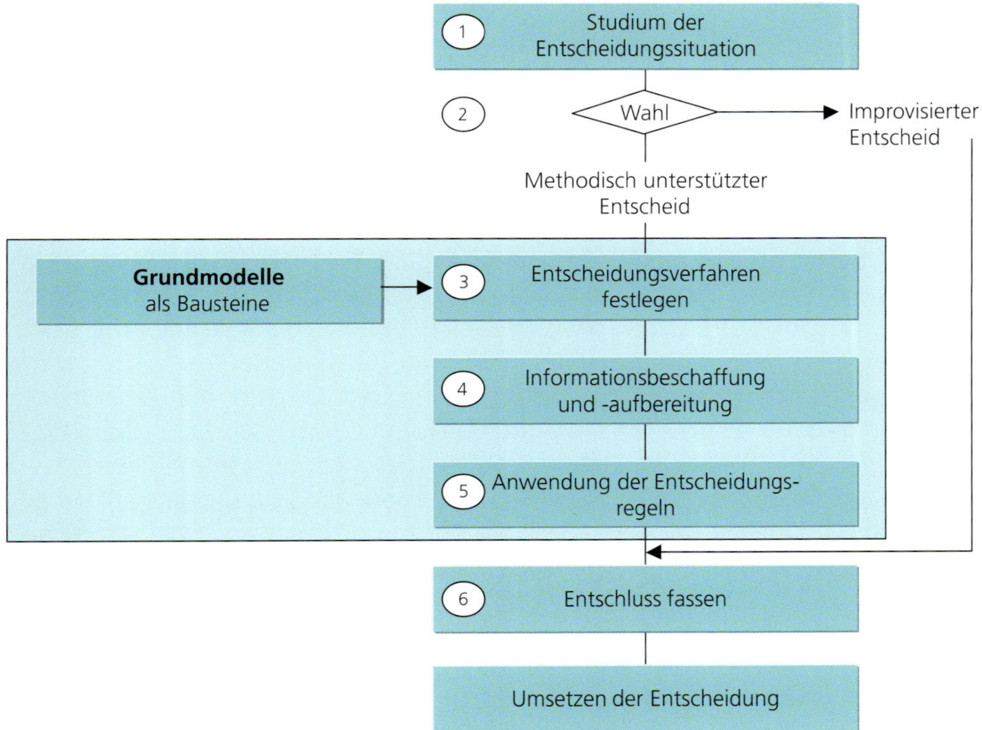

Abb. 5.16: Entscheidungsprozess

In dieser Situation gewinnt das Projektmarketing mehr und mehr an Bedeutung. Es ist Sache des Projektteams, die von ihm bevorzugte Variante sachlich so zu vermitteln, dass der Auftraggeber ebenfalls davon begeistert ist. Gelingt dies dem Team nicht, so ist nicht der Auftraggeber der „unqualifizierte Spielverderber", sondern das Projektteam hat sein Ziel nicht erreicht! Aus diesem Grund ist eine bestmögliche Transparenz der Konzeptionsphase auf der Projektdurchführungsseite anzustreben. Die Entscheider müssen erkennen können, unter welchen Prämissen die Bewerter ihre Aussage erhielten. Erst dann sind sie in der Lage, die Prämissen generell zu akzeptieren [Sch 2002].

Bestmögliche Transparenz der Konzeptionsphase

Entscheiden

> *Entscheiden heisst, aus einer Vielzahl von möglichen Verhaltensweisen/Alternativen diejenige auszuwählen, mit der ein definiertes Ziel – unter Berücksichtigung der zur Verfügung stehenden Personal- und Sachmittel sowie eventuell eingrenzender Rahmenbedingungen – optimal erreicht werden kann.*

Details ausarbeiten

Je nach Entscheid werden die entsprechenden weiteren Schritte eingeleitet. Basierend auf dem Entscheid können verschiedene Detailpläne (Schulungsplan, Detailspezifikation, Testplan etc.) ausgearbeitet werden.

Der Familienrat prüft nun die resultierende Tabelle des Punkteverfahrens etwas genauer. Insbesondere den Schwiegervater interessiert es, wieso hier acht und nicht fünf Punkte vergeben wurden. Da Magnus die Bewertung mit dem gesamten Projektteam, also auch mit den Entscheidern Vater und Mutter, durchführte, ist er sicher, dass seine vorgeschlagene Variante trotz des geringen Vorsprungs gewählt wird. Im Abstimmungsverfahren wird im Projektsteuerungsgremium entschieden, die Variante 4 („Öffentliche Verkehrsmittel") umzusetzen. Magnus bekommt somit nun auch den konkreten „Auftrag", diese Variante in der Realisierungsphase bis ins Detail auszuarbeiten bzw. umzusetzen. Weiter bekommt er auch für die nächste Phase das Budget zugesprochen, da Gerlinde aufgrund der guten Transparenz sicher ist, dass das Projektbudget eingehalten wird.

5.4 Die Realisierungsphase

Konkrete Umsetzung der ausgewählten Lösung

Bis anhin wurde (wenn kein Baumodell, Muster oder Prototyp erstellt respektive eingesetzt wurde) grundsätzlich nur auf Papier „planerisch" gearbeitet. Erst jetzt beginnt die konkrete Umsetzung. Das heisst, bei einem Organisationsprojekt wird nun umstrukturiert, bei einem Bauprojekt wird gebaut etc. Aufgrund dieser Differenzierung werden im Folgenden die kommenden Phasen recht allgemein beschrieben.

In der Realisierungsphase werden somit die in den konzeptionellen Projektdurchführungs-Lieferobjekten spezifizierten Anforderungen und Lösungen der Konzeptionsphase real umgesetzt. Je nach Projektart kann die Realisierung im Verhältnis zur Konzeptionsphase sehr lange dauern. Wurden während der Konzeption respektive Spezifikation Fehler gemacht, so wird es ab dieser Phase so richtig teuer, diese Fehler zu korrigieren. Daher macht es Sinn, alle Pläne, Konzepte und Spezifikationen gründlich durch alle Beteiligten prüfen und offiziell abnehmen zu lassen, bevor die Realisierungsphase gestartet wird.

Das realisierte Projektprodukt kann meistens nach der Erstellung einer dynamischen Kontrolle (Test) unterzogen werden. Ferner wird auch je nach Projektart eine Benutzerdokumentation erstellt und die nötige Personalschulung vorgenommen. In dieser Phase werden somit die konzeptionellen Vorbereitungsarbeiten in die Tat umgesetzt. Dabei sind in einem Realisierungsprozess folgende Aufgaben wahrzunehmen:

- Erstellen bzw. Anpassen der notwendigen Lösungskomponenten
- Schaffen der organisatorischen Voraussetzungen

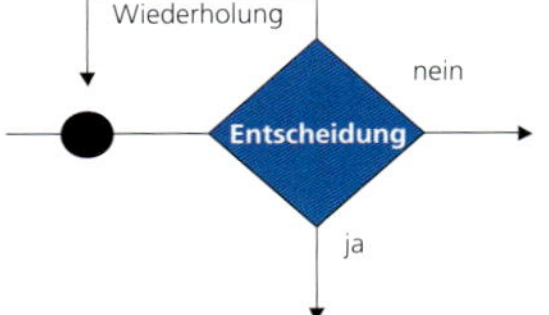

Nach der Konsultation der Test- respektive Projektstatusberichte muss der Auftraggeber entscheiden, ob das erstellte Projektprodukt eingeführt wird. Einen Abbruch in dieser Phase vorzunehmen wäre sinnvoller, als etwas Negatives mit Langzeitwirkungen zu lancieren. Eine Zurückweisung zugunsten einer besseren Lösung wäre ebenfalls vorstellbar. Dies geschieht übrigens nicht ganz so selten.

Herr Gloor ist stolz auf die Lösung, denn Magnus und sein Coach (Onkel Urs) wissen immer genau, was zu tun ist – und sogar wie. Mit ihrem Projektteam können sie das geplante Vorhaben nun konkret umsetzen.

Da die Vorbereitung der Weltreise ein Organisationsprojekt ist, macht das Projektteam alles, um sich baldmöglichst als Globetrotter auf Weltreise zu sehen. So muss sich die ganze Familie impfen lassen. Alle Buchungen und Reservationen müssen vorgenommen werden, Kurse im Off-Road-Fahren und Tauchen müssen absolviert werden etc.

5.4.1 Testen

Bei der projektorientierten Herstellung eines Produkts – von Software bis zu einer Dienstleistung – werden die Teil- und die Endprodukte (Projektprodukt) darauf geprüft, ob sie den vertraglich vereinbarten Anforderungen und Zielen entsprechen (Verifikation). Im Weiteren wird geprüft, ob das Projektprodukt die geforderte Aufgabe löst (Validation). Je nach Projektprodukt gibt es auch unterschiedliche Anforderungen an die Qualität der Lösung [Spi 2005]. Erweist sich das Produkt als fehlerhaft, so müssen gegebenenfalls Korrekturen in der Konzeption und/oder bei den Anforderungen erfolgen.

Ausführliches Testen verhindert Risiken

Das Testen ist im Projektdurchführungsprozess nicht nur mit Blick auf die Qualität ein sehr wichtiger Teil, sondern auch bezüglich der anderen Erfolgsfaktoren wie Akzeptanz, Kosten, Zeit etc. Durch das ausführliche Testen verringern sich die Risiken des in der Zukunft einzusetzenden Projektprodukts massgeblich. Testen darf nicht isoliert betrachtet werden. Es muss immer im Kontext zu den anderen Qualitätssicherungsmassnahmen in Betracht gezogen werden.

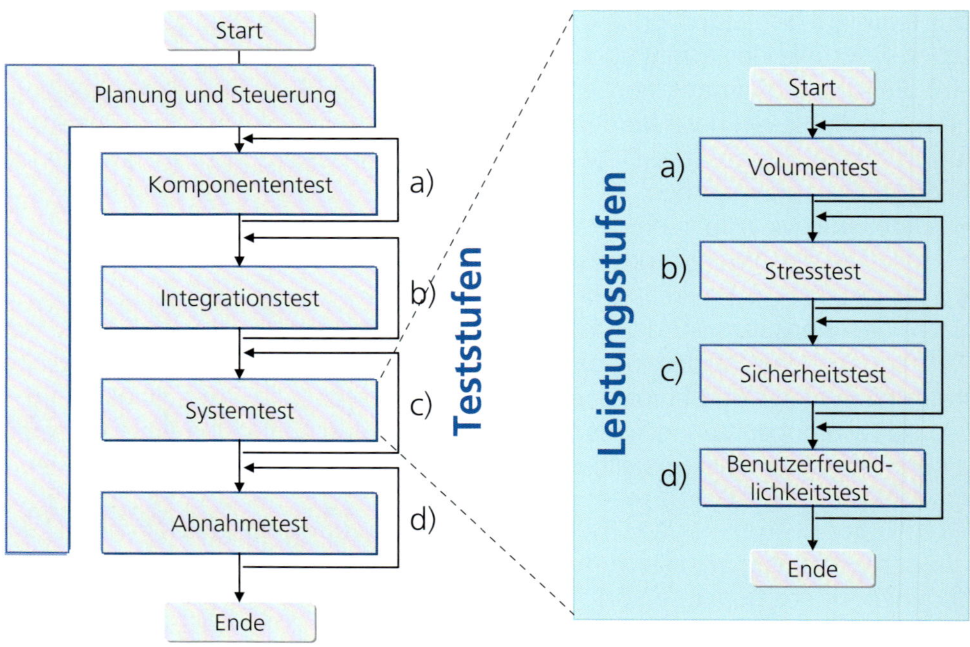

Abb. 5.17: Mögliche Test- und Leistungsstufen

Testprinzipien

Prinzipien des Testens:

- Ein Entwickler sollte nie versuchen, sein eigenes Werk abschliessend zu testen.
- Testfälle müssen für ungültige und unerwartete ebenso wie für gültige und erwartete Inputs definiert werden.
- Die Ergebnisse von Tests müssen gründlich untersucht und analysiert werden.
- Die Wahrscheinlichkeit, in einem bestimmten Segment des zu testenden Objekts in der näheren Umgebung eines bereits bekannten Fehlers weitere Fehler zu finden, ist überproportional hoch.
- Zu jedem Test gehört die Definition des erwarteten Ergebnisses vor dem Beginn des Tests.
- Testen ist definiert als die Ausführung eines Objekts mit der erklärten Absicht, Fehler zu finden.
- Es sollte nie ein Test mit der Annahme, dass keine Fehler gefunden werden, geplant werden.

Folgende Arbeiten gehören zu einem erfolgreichen Testprozess:

- Erstellen einer Testplanung
- Spezifizieren der Testfälle
- Testen
- Testergebnisse protokollieren
- Test auswerten
- Den gesamten Testprozess konsequent managen

Auch im Projekt Weltreise muss getestet werden. Da wäre einmal das Gepäck: Wie viel kann eingepackt werden, um das Notwendigste bei 20 Kilogramm Gepäck pro Person mitzunehmen? Dann: Sind die alten Schlafsäcke noch wasserdicht und isolieren sie noch genügend? Kann jeder ausreichend Englisch, um sich in Notlagen verständigen zu können? Etc. etc.

5.4.2 Agile Produkteentwicklung

Agile Produktentwicklung als kulturelle Frage

Agile Produktentwicklung ist eine kulturelle Frage. Daher gehören neben dem Prozess auch die kompetenten Mitarbeiter pro Rolle und die richtigen Instrumente dazu.

Scrum, wie in Kapitel 1.3.7 beschrieben, wurde zwischenzeitlich mit weiteren Artefakten ergänzt, um das effiziente Arbeiten in einem weiteren Wirkungskreis zu ermöglichen. Je nach Aufgabenstellung und Kontext (z.B. Entwickeln einer integralen Grossapplikation) können die Prozessschritte und insbesondere die Artefakte etwas von der Urversion abweichen.

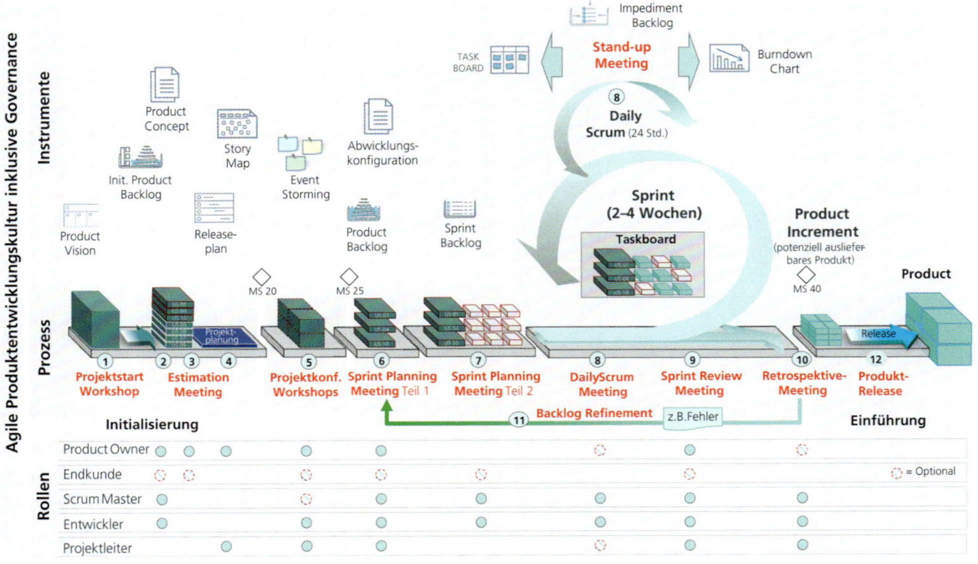

Abb. 5.18: Scrum-Entwicklungsvorgehen mit Ergänzung der agilen Kultur (Prozess, Rollen, Instrumente)

Zwölf Prozessschritte

In Anlehnung an Schwaber [Sch 2001] und Timinger [Tim 2017] können generell folgende Prozessschritte bei der agilen Entwicklung durchlaufen werden:

1. Aufgrund einer Produktvision wird in der Initialisierungsphase mittels Workshops zusammen mit dem Team und wichtigen Stakeholdern (Kunden) gemeinsam ein Project Canvas erstellt.
2. Es werden aufgrund der Produktvision entsprechende Businessthemen z.B. in Form von Epics und Anforderungen z.B. in Form von User Stories in Workshops erarbeitet und vom Product Owner (PO) sowie im Product Backlog festgehalten. Er bestimmt und priorisiert zu Projektbeginn alle bekannten Leistungsmerkmale (User Stories) im Product Backlog. Je nach Situation wird in diesem Arbeitsschritt zusätzlich ein Product Concept geschrieben.
3. Das Entwicklungsteam schätzt (ggf. auch mit dem Product Owner) an einem Estimation Meeting die schon genügend tief erarbeiteten User Stories.
4. Der Product Owner erstellt mit dem Projektleiter zusammen einen ersten groben Projektplan (Releaseplan). Daraus geht die Anzahl notwendiger Iterationen (Sprints) für den nächsten Release hervor, so dass jetzt mit der richtigen Entwicklung im Rahmen des ersten Sprints begonnen werden kann [Wir 2017].
5. In einem oder sogar mehreren Projektkonfigurationsworkshops wird festgelegt, welche Vorbedingungen (z.B. Architektur, Konfiguration etc.) vorhanden sein müssen, damit die Sprints möglichst effizient durchgeführt werden können. Allenfalls wird hier auch entschieden, dass man nicht alle Tätigkeiten agil umsetzen kann und deshalb auf ein hybrides Modell wechselt.
6. Im Sprint Planning Meeting (Teil 1) stellt der Product Owner die User Stories vor. Zusammen mit dem Team wird der Inhalt „WAS", sprich die User Stories, gemäss der vom Product Owner vorgenommenen Priorisierung des nächsten Sprints – z.B. die Arbeiten der nächsten 30 Kalendertage – besprochen und das Sprintziel definiert. In diesem Schritt wird auch über die qualitative Beschreibung der User Stories mittels DoR-Prinzip entschieden. DoR (Definition of Ready) umfasst die Forderung des Entwicklungsteams an die Qualität und die Informationen eines Product Backlog Items (typischerweise User Story). Der Product Owner sorgt dafür, dass die Qualität der Backlog Items gewahrt wird. Die Idee ist, dass „schwammige" Product Backlog Items nicht in einen Sprint gelangen können, sondern nur solche, die der DoR entsprechen. Wenn alles geklärt ist, gibt das Team das Commitment für den nächsten Sprint. Das Ergebnis bzw. die entsprechenden Product Backlog Items werden im Sprint Backlog festgehalten.

7.	Im Sprint Planning Meeting (Teil 2) erarbeitet das Team gemeinsam die für die Erreichung der Sprintziele notwendigen Tätigkeiten und koordiniert die notwendige Architektur und/oder das Design (WIE). Dabei werden die User Stories in einzelne Tasks heruntergebrochen und als Backlog Tasks festgehalten. Diese Tasks werden in der Reihenfolge der Priorisierung der User Stories abgearbeitet.
8.	Anschliessend wird während des Sprints täglich ein „Daily Scrum Meeting" in Form eines Stand-up-Meetings vom Team durchgeführt: täglicher „Kurzabgleich" im Team. An diesem Meeting wird das Kanban Board und der Burndown Chart aktualisiert und vom Scrum Master ein Impediment Backlog geführt. In diesem Backlog werden alle Hindernisse, die dem Team bei der Arbeit begegnen, festgehalten und nachgeführt.
9.	Am Ende des Sprints wird mittels Sprint Review eine Produktprüfung durch den Kunden vorgenommen. Das Team führt dem Product Owner und allen interessierten Stakeholdern das Ergebnis seiner Arbeit live am System vor und sammelt Feedback. Dieser nimmt die umgesetzten User Stories in Form des DoD-Prinzips ab. Für die Einhaltung der Definition of Done ist das Entwicklungsteam zuständig. DoD beschreibt, was erfüllt sein muss, damit ein Sprint als „fertig" akzeptiert wird. Daher sollte dies vor Beginn des Sprint Plannings beschrieben sein.
10.	Beim/nach Abschluss eines Sprints führt das Entwicklungsteam unter der Leitung des Scrum Masters eine „Retrospective" durch: Das heisst, es findet ein Lessons-learned-Meeting (pro Sprint) statt mit dem Ziel, das Gelernte sofort für die kommenden Sprints zu verwenden. Im Rahmen der Retrospektive werden diejenigen Punkte im Impediment Backlog aufgenommen, welche das Team daran hindern, maximal effizient zu sein.
11.	Das Backlog Refinement ist kein Prozessschritt, sondern ein regelmässiges Treffen des Entwicklungsteams mit dem Product Owner während und zwischen den Sprints, in welchem sie die Product Backlog Items diskutieren und das nächste Sprint Planning vorbereiten. Das heisst, es geht darum zu klären, ob das Backlog Item klar genug formuliert und tief genug aufgesplittet ist (sofern es sein Umfang zulässt), um es zu schätzen und innerhalb eines Sprints zu implementieren.
12.	Bei grösseren Vorhaben kann allenfalls aufgrund von Abhängigkeiten nicht jedes Inkrement sofort zur Nutzung freigegeben werden. Diese Inkremente der Sprints werden sozusagen „zwischengelagert", bis ein für den Kunden sinnvolles Produkt in Form eines Releases ausgeliefert werden kann. Ist ein solcher Release ausgeliefert, kann das Vorhaben respektive Projekt beendet werden, oder aber man geht zu Schritt 5 zurück und definiert den nächsten Release.

5

Ein Sprint „Entwicklungsphase" enthält immer alle Entwicklungsschritte. Das heisst: Analyse & Entwurf, die Entwicklung (z.B. Programmierung) sowie den Modul- und Integrationstest eines Releases. In der Praxis hat sich gezeigt, dass insbesondere bei grossen Entwicklungen vor dem Ausliefern eines Releases in Form eines separaten Sprints auch noch ein Integrations- und Systemtest durchgeführt werden sollte.

Spezielle Instrumente bzw. Artefakte

Bei der agilen Entwicklung werden spezielle Instrumente (Artefacts) eingesetzt. Diese haben sich in den letzten Jahren von der Urversion zum Teil stark modifiziert und erweitert. In Anlehnung an Schwaber [Sch 2001] und Wirdemann [2017] sind dies:

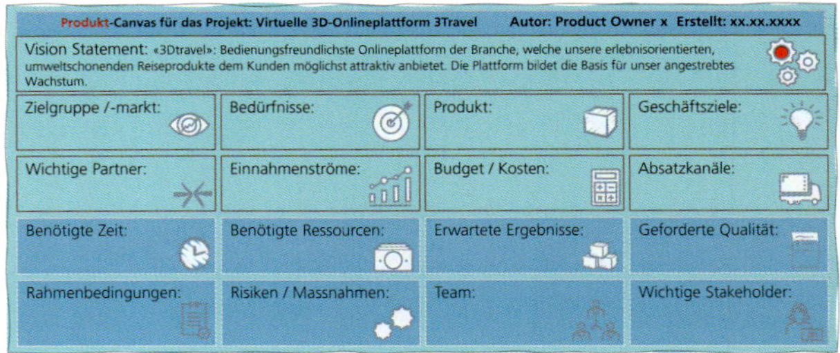

Produktvision: Eine Vision ist ein klares, deutliches, attraktives und emotionalisierendes Bild des angestrebten Produkts – zum Beispiel eine voll digitalisierte Mitgliederverwaltung. Die Produktvision kann in Form eines *Project Canvas* festgehalten werden. Ein Project Canvas ist ein vorstrukturiertes Plakat, mit dessen Hilfe Projektteams die Projektvision sowie die wichtigsten Inhalte im Sinne eines Projektsteckbriefes definieren und dokumentieren.

Epics: Epics sind eine aggregierte, grobgranulare Sicht auf neue Anforderungen eines Produkts (eine grosse oder mehrere, nicht detailliert beschriebene User Stories), z.B. der professionelle Umgang mit Mitgliederausweisen. Epics dienen zur Entwicklung eines Product Backlog. Sie sind zu gross, um geschätzt zu werden, oder auch zu gross, um innerhalb eines Sprints umgesetzt zu werden. Epics entsprechen „Grobanforderungen" in der konventionellen Vorgehensweise. Eine Epic unterscheidet sich von einer US insbesondere dadurch, dass die Epic nicht geschätzt werden kann (da noch zu unklar) oder dass sie zu gross ist, um diese in einem Sprint umzusetzen. Epics werden gleich beschrieben wie User Stories.

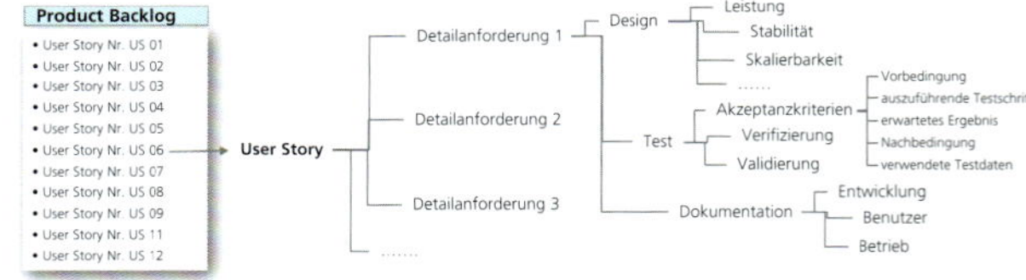

User Story: Eine User Story („Anwendererzählung") ist eine in Alltagssprache formulierte Produktanforderung (Kundensicht). User

Stories werden jeweils aus Sicht einer Persona formuliert; d.h. vorgängig müssen die betroffenen/beteiligten Rollen geklärt werden. Sie sind bewusst kurz gehalten und umfassen in der Regel nicht mehr als zwei Sätze (in Anlehnung an Wikipedia). Beispiel: Als Administrator will ich neue, digitalisierte Mitgliederausweise erstellen können. In den User Stories wird die wesentliche Konversation zwischen dem Team und dem Product Owner festgehalten [Tim 2017].

Die Ausgangslage („Hauptsatz“) ist die Basis für die Arbeit in den Iterationen zwischen den Entwicklern und den Fachbenutzern. Die User Stories werden in diesem Rahmen ergänzt um:

- wesentliche Konversation zwischen Entwicklungsteam und Fachspezialisten (Fragen/Antworten)
- Akzeptanzkriterien

User Stories sind per Definition unvollständig und veränderlich! Eine Sammlung verwandter User Stories oder/und Epics wird als Thema bezeichnet. Ein Thema oder auch „Feature“ bezeichnet eine bequeme Möglichkeit anzuzeigen, dass eine Reihe von User Stories etwas gemeinsam haben, z. B. den gleichen Funktionsbereich. Themen dienen somit der Gliederung von User Stories, z. B. einzelne Workflowschritte einer Produktfunktionalität etc. Damit können grosse Schwerpunktbereiche, die allenfalls das ganze Unternehmen betreffen, definiert werden.

User Stories sind unvollständig und veränderlich!

Persona: Um User Stories wirkungsvoll definieren zu können, werden Personas definiert. Die Persona stellt einen Prototyp für eine Gruppe von Nutzern dar, mit konkret ausgeprägten Eigenschaften und einem konkreten Nutzerverhalten. Eine Persona besitzt Merkmale wie fiktiver Vor-/Nachname und Foto (um sie noch besser darzustellen). Hinzu kommen weitere Attribute je nach Relevanz für das System, zum Beispiel Tätigkeit/Arbeitsrolle, Familienstand, Ziele, Wünsche etc.

Eine Persona respektive ihr Verhalten kann sowohl auf funktionale Anforderungen (z.B. „möchte mit Kreditkarte bezahlen“) wie auch auf nicht funktionale Anforderungen (z.B. „Systemfeedback innerhalb bzw. < 1 Sekunde“) Einfluss haben. Die Kunst besteht darin, berechtigte von „unberechtigten“ Ansprüchen zu trennen bzw. die richtigen Prioritäten zu setzen und trotzdem alle relevanten Gruppen (zufriedenstellend) abzuholen. Eine Persona ist eine spezialisierte Rolle.

Akzeptanzkriterien: Akzeptanzkriterien geben vor, wann eine User Story fertig ist und sie für den Kunden einen Mehrwert liefert. Das heisst, mit den Akzeptanzkriterien wird geprüft, ob die Erwartungen der Kunden erfüllt sind. Daher sind sie eine Art von Geschäftsregeln und können als Vorbedingung, Aktion oder Ergebnis formuliert sein. Sie unterstützen im Wesentlichen die Entwickler beim Verständnis, „was zu entwickeln ist". Akzeptanzkriterien sollten so früh wie möglich (-> Aufwandschätzung) vorliegen, werden aber auch erst während der Umsetzung finalisiert/vervollständigt.

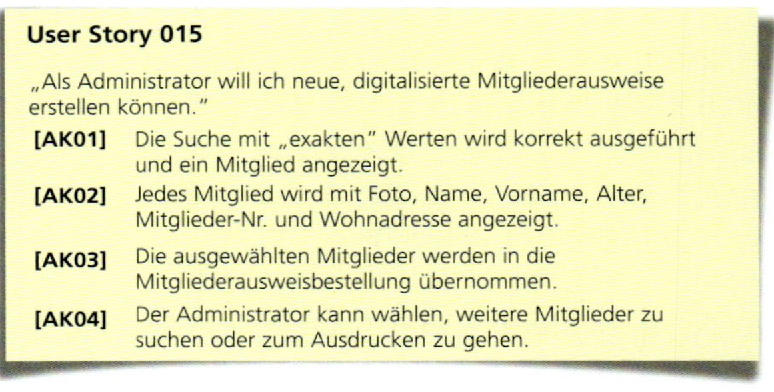

User Story 015

„Als Administrator will ich neue, digitalisierte Mitgliederausweise erstellen können."

[AK01] Die Suche mit „exakten" Werten wird korrekt ausgeführt und ein Mitglied angezeigt.

[AK02] Jedes Mitglied wird mit Foto, Name, Vorname, Alter, Mitglieder-Nr. und Wohnadresse angezeigt.

[AK03] Die ausgewählten Mitglieder werden in die Mitgliederausweisbestellung übernommen.

[AK04] Der Administrator kann wählen, weitere Mitglieder zu suchen oder zum Ausdrucken zu gehen.

Product Backlog: Priorisierte Liste sämtlicher Produktanforderungen (z.B. in Form von User Stories) mit zeitlichen Schätzwerten (Estimates) für deren Umsetzung. Die Priorisierung erfolgt primär auf dem Mehrwert, den die User Stories für das Unternehmen bringen. Das Product Backlog ist ein dynamisches Dokument. Im Laufe des Projekts verändern sich Anforderungen: Es kommen neue hinzu, Anforderungen werden verfeinert, Prioritäten ändern sich oder Anforderungen fallen ganz weg.

Nr.	ID	User Story	Story Points	PB-Priorität	Absolute Priorität	Bemerkungen
01	K4	Als Kunde will ich......	21	• Sehr hoch	1	
02	E2	Als Entscheider will ich....	15	• Hoch	6	
03	E3	Als Entscheider will ich.....	13	• Sehr hoch	2	
04	L4	Als Lieferant will ich.....	34	• Mittel	10	
05	A4	Als Anwender will ich.....	23	• Sehr hoch	4	
06	L1	Als Lieferant will ich.....	8	• Niedrig	11	
07	E8	Als Entscheider will ich....	3	• Sehr niedrig	12	
08	K3	Als Kunde will ich.....	25	• Hoch	7	
09	L2	Als Lieferant will ich.....	56	• Sehr hoch	3	
10	E5	Als Entscheider will ich....	69	• Hoch	8	
11	A7	Als Anwender will ich.....	34	• Sehr hoch	5	
12	L3	Als Lieferant will ich.....	20	• mittel	9	

Story Map: Eine Story Map ist eine Visualisierungsmethode, mit der Benutzeranforderungen berücksichtigt werden können und gleichzeitig ein Überblick über das Backlog ermöglicht wird. Die Verwendung der Methode verbessert das gegenseitige Verständnis des Gesamtprozesses innerhalb des Projektteams [Lat 2017]. Um ein solches Verständnis zu erreichen, hat Jeff Patton das Story Mapping als Best-Practice-Methode vorgeschlagen [Pat 2014]. Für ihn gibt es einen elementaren Grund, diese Technik in der agilen Softwareentwicklung

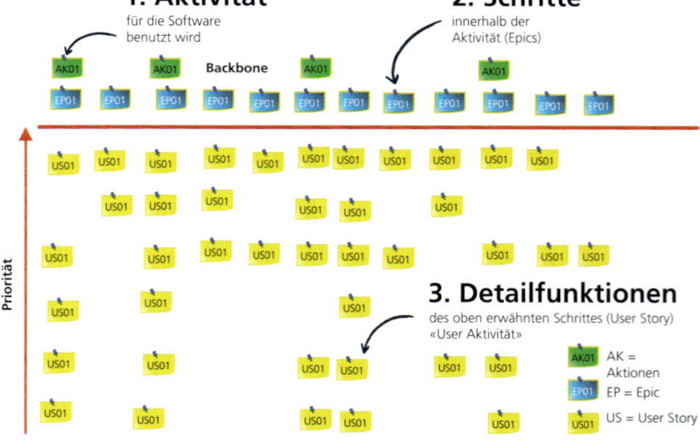

einzusetzen: „Mit Story Mapping konzentrieren wir uns auf Benutzer und ihre Erfahrungen. Das Ergebnis ist eine bessere Konversation und letztendlich ein besseres Produkt."

Drei bis fünf Sprints pro Release

Releaseplan: Er zeigt auf, welche Ziele, welcher Nutzen (Mehrwert) erreicht werden kann und allenfalls mit welchen Epics diese umgesetzt werden sollen.

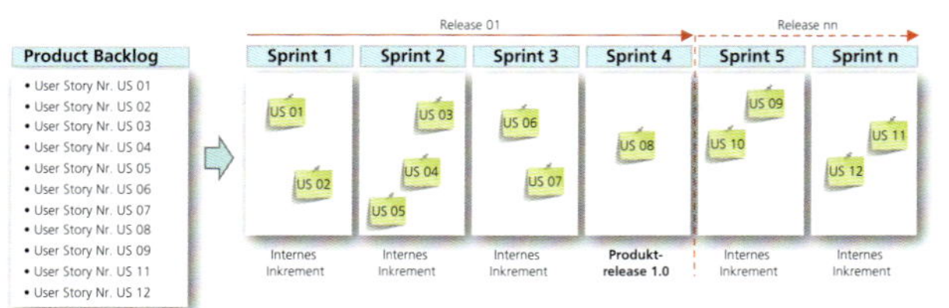

Der Product Owner benötigt eine Vorstellung davon, wie viele Sprints es dauern wird, um relevante User Stories umzusetzen. Wichtig dabei ist, dass die geschätzte Grösse, die Priorität und der Mehrwert pro User Story aufgeführt werden. Ein Release kann sich aus drei bis fünf Sprints zusammensetzen. Die Praxis hat gezeigt, dass jeweils der letzte Sprint idealerweise ein Stabilisierungssprint ist [Tim 2017]. Der Releaseplan sagt aus, wie viele Sprints für welchen Release notwendig sind, um die Sprintziele zu erreichen. Daraus abgeleitet aber auch, welche (allenfalls zusätzlichen Ressourcen) für einen Release benötigt werden.

5

Release Backlog: ist das gleiche Instrument wie das Product Backlog und hat allenfalls bereits weitere Sprints für ein geplantes Releasedatum definiert. Das Release Backlog ist die grobe Einteilung im Sinn der Priorisierung der Epics/User Stories und damit eine Verfeinerung des Product Backlogs. Es ist das Basiskonstrukt für den Releaseplan.

Release Burndown Chart: Darstellung, die sprintaktuell den Arbeitsfortschritt eines gesamten Releases aufzeigt. Zeigt auch den Aufwand für den Restwert auf. Der Chart kann mit verschiedenen Kurven wie einzelne Sprints PLAN/IST etc. ergänzt werden.

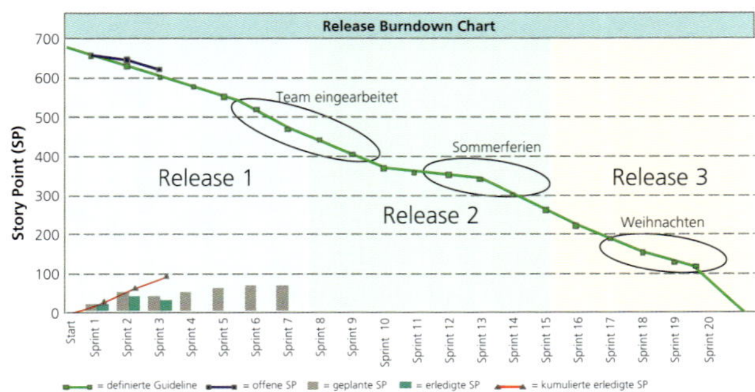

Sprint Backlog: Enthält diejenigen Anforderungen (Product Backlog Items „PBI"), welche vom Team aufgrund der Priorisierung des Product Owners als im aktuellen Sprint umsetzbar definiert (committed) worden sind. Das Sprint Backlog ist das Ergebnis der ersten Planungssitzung der Sprintplanung. Es de-

Nr.	ID	User Story	Geplante Tage Aufw.	Story Points	PB-Priorität	Bemerkungen	Committed	Status
01	K4	Als Kunde will ich……	5	21	• Sehr hoch		Team A, Sprint 1	Geplant
03	E3	Als Entscheider will ich…..	6	13	• Sehr hoch		Team A, Sprint 1	Geplant
09	L2	Als Lieferant will ich…..	12	56	• Sehr hoch		Team A, Sprint 1	Geplant
05	A4	Als Anwender will ich…..	6	23	• Sehr hoch		Team B, Sprint 4	Erledigt
11	A7	Als Anwender will ich…..	8	34	• Sehr hoch		Team B. Sprint 4	Geplant
02	E2	Als Entscheider will ich….	3	15	• Hoch		Team B, Sprint 4	In Arbeit
08	K3	Als Kunde will ich…..		25	• Hoch			Offen
10	E5	Als Entscheider will ich….		69	• Hoch			Offen
12	L3	Als Lieferant will ich…..		20	• Mittel			Offen
04	L4	Als Lieferant will ich…..	8	34	• Mittel		Team A, Sprint 2	Geplant
06	L1	Als Lieferant will ich…..		8	• Niedrig			Offen
07	E8	Als Entscheider will ich….		3	• Sehr niedrig			Offen

finiert die Menge der Arbeit des nächsten Sprints, die das Team akzeptiert hat und bleibt unverändert während des ganzen Sprints.

Backlog Tasks: vom aktuellen Sprint aus dem Sprint Backlog abgeleitete Tätigkeiten zur Umsetzung der entsprechenden Anforderungen (sie werden bei Scrum als Task bezeichnet). Die Liste präzisiert sich während des Sprints und wird täglich (normalerweise im Daily Scrum Meeting) von allen Team Members gepflegt.

Team: A		Sprint: 1		15. Jan bis 15. Feb.				optional						
Nr.	**ID**	**User Story/Task**	**Story Points**	**SOLL-Tage**	**IST-Tage**	**Status**	**Wer**	**Tag 1**	**Tag 2**	**Tag 3**	**Tag 4**	**Tag 5**	**Tag 6**	**Tag …**
01	**K4**	**Als Kunde will ich …**	**21**	**5**	**5**									
		Task 1	3	1	1		Bruno	0.5	0.5					
		Task 2	7	2	2		Kathrin	1	0.5	0.5				
		Task …					….							
03	**E3**	**Als Entscheider will ich …**	**13**	**6**	**6**									
		Task 1	6	3	3		Urs	1	1	1				
		Task 2	7	3	3		Peter			1	1	1		
09	**L2**	**Als Lieferant will ich …**	**56**	**12**	**12**									
		Task 1	6	1			Peter			1				
		Task 2	13	2			Kathrin				1	0.5	0.5	
		Task 3	9	2			Klaus	1	1					
		Task ..					…..							

Tagesaktuelle Arbeitsfortschritte

Sprint Burndown Chart: Darstellung, die tagesaktuell den Arbeitsfortschritt des Sprints aufzeigt. Zeigt auch den geschätzte Aufwand für den Restwert auf. Neben den entsprechenden Kurven macht es Sinn, auch den Erledigungsgrad pro Tag grafisch festzuhalten.

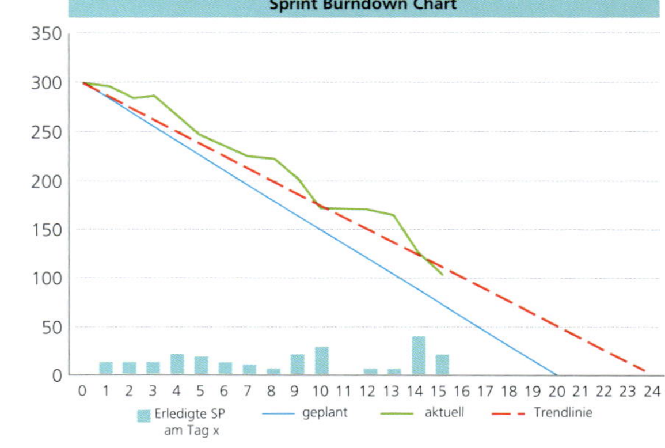

Kanban Board/Taskboard: Einfaches und übersichtliches Planungs-, Status- und Open-Task-Tool. Ideal ist, wenn das Entwicklungsteam das Board stets aktuell hält und im Daily Scrum Meeting bespricht. Dabei werden die User Stories in priorisierter Reihenfolge aufgeführt. Auf einem einzelnen Post-it-Zettel wird ein einzelner Task aufgeführt (Task kann innerhalb eines Tagesaufwandes bearbeitet werden). Die Teammitarbeiter wählen selbstständig aufgrund ihrer Skills einen Zettel respektive eine Task (Status: Task geplant) und notieren darauf ihren Namen und nehmen diesen somit „in Arbeit".

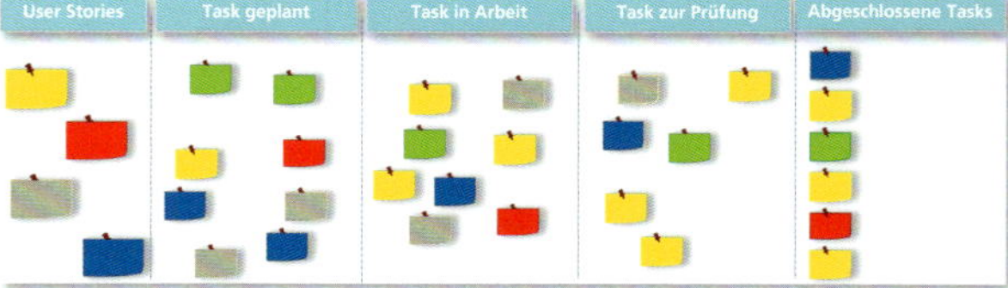

Impediment Backlog: eine Auflistung aller Hindernisse, denen das Sprint Team begegnet. Es wird in der Retrospektive und ggf. im

Eigner	Problem	Priorität	Zieldatum	Status	Verantwortlich
Huber	Teamraum zu klein	Prio. 1	14.08.20nn	Erledigt	ALS
Meier	Klimaanlage reparieren	Prio. 2	13.10.20nn	In Arbeit	ZUB
Schmidt	Testing-Umgebung fehlt	Prio. 3	10.09.20nn	Offen	ADM

Daily Scrum Meeting ergänzt. Mit gezielten Aktionen versucht der Scrum Master, diese Hindernisse während des Sprints aus dem Weg zu räumen. Das Impediment Backlog hat nicht zum Ziel, eine „Buchhaltung" über die Abarbeitung der Hindernisse zu führen. Normalerweise werden die Impediments jedes Mal in der Retrospektive frisch aufgenommen und priorisiert. Was nicht mehr aufgebracht wird, hat sich erledigt – egal weshalb.

5.5 Die Einführungsphase

Voraussetzung für die Einführung bzw. die Abnahmebereitschaft ist neben dem erstellten Projektprodukt u.a. eine „veröffentlichungsreife" Dokumentation des Projektprodukts. Dies scheint vordergründig etwas banal. Die Erfahrung hat jedoch gezeigt: Wurde alles sauber dokumentiert, so ist die Erfüllung des Auftrags sicher vollständig umgesetzt. Nun kann das erstellte Projektprodukt abgenommen und eingeführt respektive freigegeben werden.

Abnahme

Die Abnahme bezieht sich auf die unternehmerische Entscheidung des Auftraggebers, dass ein (Teil-)Ergebnis den Vereinbarungen und Erwartungen entspricht und somit als Grundlage für nachfolgende Prozesse verwendet werden kann und muss [DIN 69901].

Gekoppelt mit dem Testprozess, ist der „Produktionstest" als letzter und endgültiger Test vor der Auslieferung des Produkts ein wichtiger Prozessschritt in der Einführungsphase. Zu erwähnen ist, dass bei einigen Projektarten die endgültige Abnahme des Produkts vielfach erst nach dessen Implementierung vorgenommen werden kann.

Abnahmebereitschaft

Abnahmebereitschaft ist der Zustand, in dem alle Bedingungen vonseiten des Auftragnehmers erfüllt sind, die für die Durchführung der Abnahme erforderlich sind [DIN 69901].

Die Produktabnahme ist der Zeitpunkt, bei dem die Verantwortung des erstellten Projektprodukts in andere Hände geht, unabhängig davon, um welche Produktart es sich handelt. Das heisst, die Produktabnahme kann eine vertragliche Relevanz haben und muss daher sehr sorgfältig dokumentiert durchgeführt werden.

Arten der Einführung

Hinsichtlich des zeitlichen Ablaufs dieser Phase kommen drei Einführungsvarianten in Frage:

- Schlagartige Einführung
  Es gibt einen fixen Termin, an dem z.B. von der bestehenden Organisationsform auf die neue übergegangen wird. Oder es wird z.B. eine gesamte Werbeaktion lanciert.

- Stufenweise Einführung
  Die Umstellung erfolgt Schritt für Schritt, indem Teilbereich auf Teilbereich folgt.

- Parallele Einführung
  Das alte und das neue Produkt bestehen während einer bestimmten Zeit nebeneinander. Wenn alles gut läuft, wird das alte Produkt aus dem Betrieb genommen.

Die Einführungsform hängt von der Komplexität ab

Die gewählte Form hängt von der Komplexität des neu erstellten Produkts und der Vertrautheit mit ihm ab. Je höher das Risiko eingeschätzt wird, desto weniger wird man zu einer schlagartigen Einführung bereit sein.

Folgende Arbeiten müssen in dieser Phase erledigt werden:
- Alle Betroffenen sind zu schulen (wenn dies nicht schon in der Realisierungsphase vorgenommen wurde)
- Übergabe des realisierten Projektprodukts an den Auftraggeber
- Einsetzen einer Hotline und weiterer Betreuungsmassnahmen, insbesondere zu Beginn der „Nachphase" Nutzung
- Umstellung der Organisation von alt auf neu
- Daten- oder Dokumentationskonversionen durchführen
- Projektabschlussbericht erstellen
- Projektteam auflösen
- Altes Produkt ausser Kraft setzen
- Etc.

Viele gute Projekte wurden gerade in dieser Phase schon zerstört, da man diese Arbeiten (Integrationsprozess) nicht oder schlecht machte, die Aufmerksamkeit schon beim nächsten Projekt lag oder man aufgrund einer fehlenden Planung kein Geld respektive „keine Luft" mehr hatte.

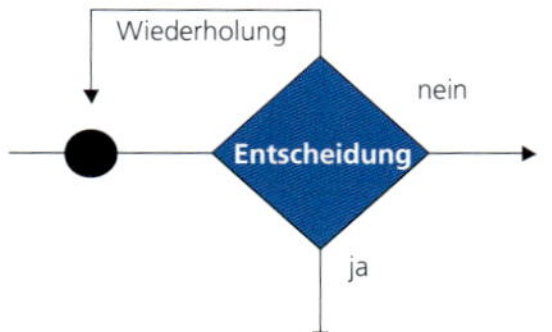

Zum Schluss wird geprüft, ob alles gemäss Projektauftrag gemacht wurde. Wenn ja, kann das Projekt abgeschlossen werden. Wenn nicht, muss entschieden werden, was noch bis wann gemacht werden muss, um das Projekt dann sauber abschliessen zu können (siehe Kapitel 4.4, „Projekt abschliessen").

Die Einführungsphase verläuft ungewohnt ruhig. Die Koffer sind gepackt und für Haus und Hund ist gesorgt. Eigentlich könnte die Reise beginnen. Aber etwas fehlt: der Schwiegervater! Er würde unheimlich gerne auch mitkommen, aber einer muss ja zu Hause die Stellung halten. Obwohl die Projektorganisation aufgelöst wurde, einigte man sich im Projektportfoliomanagement auf fortführende Betreuungsmassnahmen. Der Schwiegervater wird zum Leiter der Abteilung Hotline. Aber für das Betreiben der SOS-Station verlangt er eine Entschädigung. Dieses Problem konnte vor der Abreise nicht mehr gelöst werden. Wird das vielleicht schon die erste SOS-Meldung sein?

5.6 Die Nutzung

Die Nutzung gehört nicht mehr zum Projekt

Da das Projekt „nur" von der Initialisierungsphase bis zur Einführungsphase dauert, gehört dieser Teil nicht mehr zum Projekt. Aus Sicht eines Produktlebenszyklus ist es jedoch sinnvoll, diese je nach Situation jahrelang andauernde „Nachphase" kurz aufzuführen. Sie trägt wesentlich zum vollständigen Projekterfolg bei, da jetzt die Nachhaltigkeit des Projekts, sei es auf der wirtschaftlichen, sprich funktionalen, oder auch auf der psychologischen Seite stark beeinflusst wird respektive beeinflusst werden kann. Daher sollte nach Projektabschluss in regelmässigen Abständen überprüft werden, ob die ursprünglichen Projektziele mit einem vertretbaren Aufwand erreicht wurden und werden.

Laufende Anpassungen des Produkts oder des Systems

Das im Projekt erstellte Projektprodukt muss stets den sich verändernden Bedingungen angepasst werden. Wird das eingeführte Projektprodukt mit einem akzeptablen Aufwand „gewartet", so bleibt es länger am Leben. Häufig ist es sinnvoll, einem Spezialisten die Betreuung eines eingeführten Projektprodukts zu übertragen. Dabei kann es sich auch um Mitarbeiter aus den Fachbereichen handeln, die bereits als Mitglieder des Projektteams am Projekt beteiligt waren. Die Betreuung durch den Fachbereich hat zwei wesentliche Vorteile:

- Notwendige Änderungen können unmittelbar und qualifiziert vorgenommen werden.
- Die Planungskapazität der organisatorisch Tätigen wird nicht durch Wartungsaufgaben blockiert.

Das Ziel der Nachphase „Nutzung" ist:

- SOLL/IST-Abweichungen nach der Einführung laufend feststellen
- Verbesserungen und Erweiterungen definieren und in einen späteren Release einfliessen lassen (siehe Kapitel 11.3, „Änderungsmanagement")
- Betreuung der Benutzer bzw. Betroffenen; kleinere Anpassungen vornehmen

Je nach Projektart sind die unterschiedlichsten Arbeiten durchzuführen. Daher wird auf eine detaillierte Aufführung des Nutzungsprozesses verzichtet.

Der Schwiegervater entwickelte sich überraschend zum ausgezeichneten Änderungsmanager. An sogenannten Spezialistenabenden reiften, gemeinsam mit seinen engsten Vereinskollegen, bereits weitere Versionen eines Globetrotterdaseins. Hätte er doch noch einmal eine solche Familie bzw. die Möglichkeit, eine weitere Weltreise zu organisieren!

5.7 Die Projektdurchführungstechniken

Projektdurchführungstechniken sind Werkzeuge, die bei der täglichen Projektarbeit vom gesamten Projektteam für die Erfüllung ihrer Aufgabenstellungen eingesetzt werden. Wie die Projektführungstechniken können auch sie sachlogisch zu sogenannten „Werkzeugkästen“ gruppiert werden.

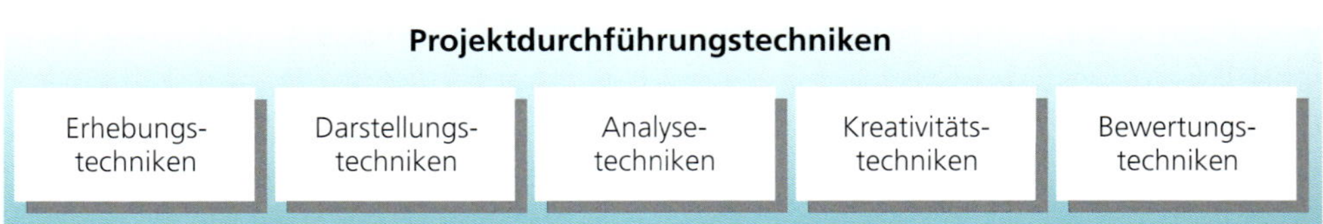

Abb. 5.19: Die Projektdurchführungstechniken

Es wird in den kommenden Kapiteln, analog zu Kapitel 4.5, nur eine punktuelle Aufzählung von möglichen Techniken gegeben. Da sich die Projektdurchführungstechniken von Projektart zu Projektart zum Teil enorm unterscheiden, werden bloss allgemeine Techniken aufgeführt.

5.7.1 Erhebungstechniken

Kriterien zur Auswahl der Erhebungstechniken

Die verschiedenen Erhebungstechniken sind unterschiedlich geeignet, um bestimmte Sachverhalte zu erfassen. Darüber hinaus sind bedeutende Kriterien zu berücksichtigen, die im konkreten Fall eine Hilfe bei der Auswahl der geeigneten Erhebungstechnik sein können:

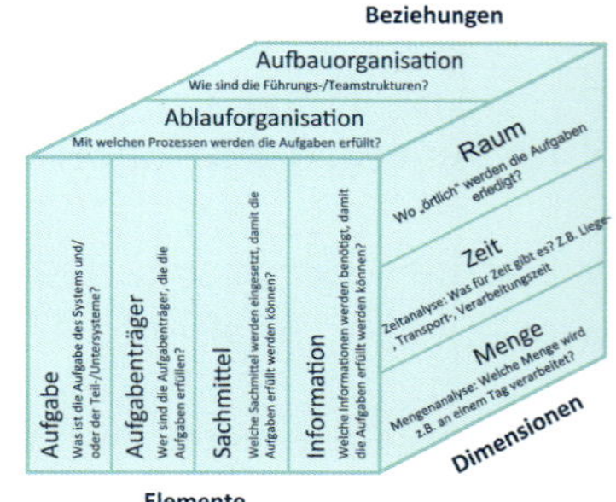

- Informationswert
  Punktuell, Prozentualwert, Mengenwert
- Raum
  Räumliche und geografische Gegebenheiten
- Mensch
  Erheber; die zu erhebende(n) Person(en)
- Kosten
  Kosten der Vorbereitung, Kosten der Durchführung, Kosten, die bei den Auskunftspersonen anfallen
- Zeitraum
  Zeitraum der Vorbereitung, Zeitraum der Durchführung, Zeitraum für das Ausarbeiten der Ergebnisse

Ebenso müssen bei der Einsetzung von Erhebungstechniken bestimmte technische Gesichtspunkte beachtet werden:

- Können die Mitarbeiter angetroffen werden?
- Anzahl Personen, die befragt werden müssen
- Qualifikation der Erheber
- Etc.

Mögliche Erhebungstechniken

Beobachtung	Laufzettelverfahren
Fragebogen	Dokumentenstudium
Schätzungen	Selbstaufschreibung
Interview	Multimomentstudie

Eine gute Hilfestellung für eine umfassende Erhebung ist der Systemwürfel von G. Schmidt [1994b]. Stimmt die Systemtheorie von G. Schmidt, so können pro Systemelement entsprechende Fragen gestellt werden.

5.7.2 Darstellungstechniken

Diese Technikgruppe beinhaltet Techniken, um Daten von Erhebungen, Synthesen etc. aufzuarbeiten und sinnvoll darzustellen. Mittels einer gekonnten Anwendung der Darstellungstechniken lässt sich zum einen die Aussagekraft der Daten erhöhen, zum anderen erleichtern gut dargestellte Daten die Kommunikation.

Gute Darstellung erhöht Aussagekraft und erleichtert Kommunikation

Die Darstellungstechniken sind sehr vielfältiger Art. Sie eignen sich sowohl für die Darstellung statistischer Sachverhalte und gedanklicher Vorstellungen als auch für die Darstellung solcher von dynamischer Natur [Dae 2012]. Bei jeder Darstellung ist jedoch darauf zu achten, dass die Schönheit der Darstellung (Grafik) nicht deren Aussagekraft mindert.

Schönheit der Grafik darf Aussagekraft nicht mindern

Mögliche Darstellungstechniken

Balkendiagramm	Kiviat-Diagramm (Polar)
Kreisdiagramm	Liniendiagramm
N2-Chart	Datenflussdiagramm
Präzedenzdiagramm	Entscheidungstabelle
Organigramm	Säulendiagramm

5.7.3 Analysetechniken

Techniken als Ordnungshilfen

Analyse- oder Synthesetechniken sind je nach Projektart unterschiedlich und somit auch sehr vielfältig. Gilt Analyse als Ordnung des erhobenen Materials und nicht als Beurteilung, so können entsprechende Techniken gemäss dem angewendeten Ordnungsprinzip eingesetzt werden. Es gibt also Aufgabenanalysetechniken, Schwachstellenanalysetechniken etc.

Es ist unabdingbar, dass bei komplexen Aufgabenstellungen ein durch Techniken unterstütztes systematisches Vorgehen von Beurteilungen (Würdigung) angewendet wird. Nur so kann sicher gestellt werden, dass [Sch 2002]

- möglichst alle Stärken/Schwächen/Chancen/Gefahren erkannt werden
- die Probleme klar beschrieben werden
- planmässig nach den Ursachen gesucht wird, um nicht nur an den Symptomen zu kurieren, sondern um Ursachenketten zu erkennen
- subjektive Einschätzungen in Grenzen gehalten werden

Mögliche Analysetechniken

SEUSAG-Analyse (Systemdenken)	Prüfmatrix
SWOT-Analyse	Kommunikationsmatrix
Stärken/Schwächen-Analyse	Präferenzmatrix
Problemanalyse	Zeit(reihen)analyse
Prüffragenkatalog	Stellenorientierte Informationsanalyse
Benchmarking	Verrichtungsanalyse (Rasterblatt)
Schwachstellenanalyse	Kommunikationsdiagramm
Mengenanalyse (ABC-Analyse)	Design Thinking

5.7.4 Kreativitätstechniken

Kreative Ideen entstehen, wenn vorhandenes Wissen und Erfahrungen in bisher unbekannter Weise kombiniert und geordnet werden. Das Ziel der Kreativitätstechniken ist es, aus vorhandenen Denkmustern oder Denkschablonen auszubrechen. Unter Kreativitätstechniken werden spezielle Regeln verstanden, die geeignet sind, die kreativen Anlagen des Menschen zum Zweck der Problemlösung zu fördern. Innerhalb der Kreativitätstechniken werden wiederum einige Verfahren unterschieden:

Aus vorhandenen Denkmustern ausbrechen

- Kontinuierliches Ideensammeln
  Beim kontinuierlichen Ideensammeln (Impuls-Auffangtrichter) geht es darum, Ideen, Lösungsvorschläge, Varianten etc., die jemandem während der normalen Zeit einfallen, aufzufangen und schriftlich festzuhalten. Darunter fallen die folgenden Techniken:
  - Betriebliches Vorschlagswesen
  - Hauszeitung
  - Personalkommission
  - Sitzungswesen
- Eigentliche Kreativitätstechniken
  Die Kreativitätstechniken lassen sich in drei Gruppen gliedern:
  - Sprache
  - Schreiben
  - Analogien (Schöpferische Ergebnisse)

5

Mögliche Kreativitätstechniken

Brainstorming	Morphologische Analyse
Methode 635	Synektik
Mindmaps	Brainwriting/Brainpool
Kärtchenmethode	Pro/Contra-Spiel
Delphi-Verfahren	Collective-Note-Book (CNB)
Design Thinking	

5.7.5 Bewertungstechniken

Spontane Entscheidungen aufgrund eines Teilaspekts sind meistens schlechte Entschlüsse. Deshalb versucht man, mit geeigneten Bewertungstechniken jedem Aspekt des Problems respektive der Lösung das nötige Gewicht zu geben, um dann aus einer Gesamtsicht heraus den Entscheid zu treffen. Die Bewertungstechniken lassen sich wie folgt unterteilen:

Entscheidung basiert auf Gesamtbetrachtung

- Deterministische und stochastische Methoden
  Aufgrund wissenschaftlicher Genauigkeit zu berechnende Modelle.

- Heuristische Methoden
  Ein Problem entzieht sich einer mathematischen Behandlung oder der Einsatz eines Optimierungsverfahrens wäre nicht wirtschaftlich.

Mögliche Bewertungstechniken

Lineare Optimierung	Rangreihenverfahren
Investitionsberechnung	Nutzwertanalyse/Punkteverfahren
Verbaler Vergleich	Pro/Contra-Analyse
Simulation	Entscheidungsbaum/Präferenzmatrix
Kosten/Nutzen-Analyse	Zielfindungstechnik
Warteschlangenmodelle	Schiedsrichterverfahren
Wirtschaftlichkeitsberechnung	

Weitere Projektmanagementelemente

Lernziele des Kapitels „Teammanagement“

Sie können ...

- vier Gründe aufführen, wieso das Teammanagement ein Bestandteil des Projektmanagementsystems ist.
- die einzelnen Schritte des Führungsfunktionsprozesses erläutern und mit Beispielen unterlegen.
- die vier Phasen des Teambildungsprozesses und je zwei Merkmale pro Phase aufzählen.
- den Unterschied zwischen den Systemelementen Projektführung und Teammanagement erläutern.
- vier Spielregeln erklären, welche bei der Teambildung sinnvoll wären, wenn sich alle daran halten würden.
- sechs Eigenschaften begründet aufführen, die ein Teammitglied haben sollte.
- vier einfache Führungsgrundsätze (Soft Facts) aufzählen, die ein Projektteam motivieren können.
- anhand eines Beispiels erläutern, weshalb die Teamauflösung professionell vor sich gehen sollte.
- drei Soft Facts aufführen, welche ein Projektleiter berücksichtigen könnte, um die Teamauflösung „human“ zu gestalten.

In diesem Kapitel werden insbesondere die ICB-Kompetenzen 1.02, 2.02, 2.04, 2.05, 2.06, 2.07 und 2.10 (siehe Anhang D) verfolgt.

Teammanagement

Aufgaben- und personenbezogene Führung

Die Führungsaufgaben des Projektleiters sind einerseits aufgabenbezogen, andererseits aber mindestens genau so stark personenbezogen. Wurde im Kapitel 4 die aufgabenorientierte Führung ausführlich erläutert, so wird in diesem Kapitel die personenbezogene Führung des Projektteams ins Zentrum gestellt.

Teammanagement

> *Teammanagement in Projekten beinhaltet die sozialen Führungsaufgaben, die von einem Projektleiter in einem Projekt wahrgenommen werden müssen.*

Die benötigte Fähigkeit der personenbezogenen Führung, die ein Projektleiter aufweisen muss, nimmt an Bedeutung zu, da in den heutigen Projekten mehr und mehr an die Grenzen des Menschenmöglichen gegangen wird.

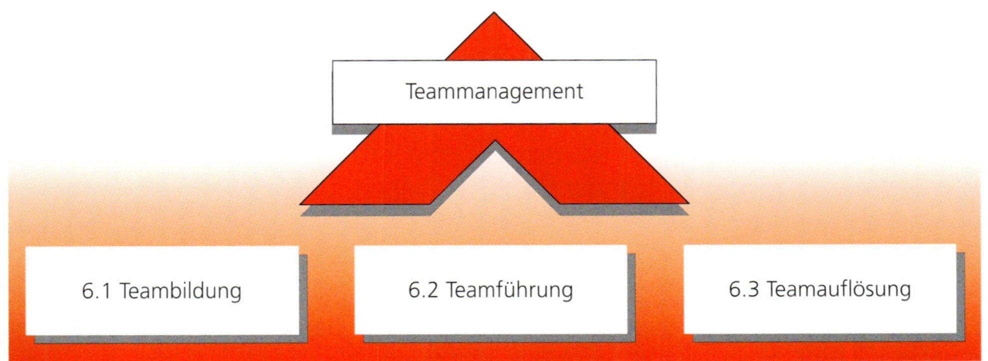

Abb. 6.01: Bereiche des Teammanagement

Unterschiedliche Führungssituation

Ein Projektleiter beansprucht in seiner Führungsrolle grundsätzlich dieselben personenbezogenen Führungsmerkmale wie andere Führungskräfte. Seine Führungssituation unterscheidet sich jedoch erheblich von derjenigen „normaler" Linienvorgesetzter, z.B. eines Buchhaltungs- oder Einkaufsabteilungsleitung. Durch die zeitliche Begrenzung, den starken Kostendruck, die von der Unternehmung weitgehend losgelöste Organisationsstruktur, die erhöhte Komplexität, die fast zu 100% nicht routinemässigen Arbeiten und speziell durch die dynamischen Veränderungen in einem Projekt steht er oftmals in einer sich stark verändernden, wechselwirkenden Führungssituation.

Kein neuer Führungsstil

Diese Situation erfordert weniger einen neuen Führungsstil als vielmehr einen bestimmten Typ Mensch, der mit solchen Situationen umgehen kann. Der Projektleiter muss fähig sein, ein entsprechendes Führungsverhalten zu entwickeln, damit er auf die dynamischen, herausfordernden Situationen, welchen ein Projektteam respektive jedes Teammitglied unterliegt, eingehen kann. So muss er ein gutes Gespür dafür haben, im richtigen Moment sehr rücksichtsvoll oder aber sehr fordernd reagieren zu können.

Art und Weise der Bekanntmachung eines Entscheids ist wichtig

Hierfür darf, kann oder muss der Projektleiter alles einsetzen, was sozial und im Sinne des Projekts verträglich und nutzbringend ist. So ist nicht die Härte respektive die Konsequenz eines Entscheids von Bedeutung, sondern die Art und Weise, wie man ihn kommuniziert und dann umsetzt.

Interdisziplinäre Teamarbeit

Die Fähigkeit, ein Projektteam so zu führen, dass alle miteinander Probleme oder Entscheide bearbeiten, ist die Kunst des Teammanagements. Teamentscheidungen weisen gegenüber Individualentscheidungen insbesondere bei Projekten eine Reihe von Vorteilen auf. So hat die interdisziplinäre Teamarbeit gegenüber der Einzelarbeit eine höhere Qualität und Quantität von Ideen und Meinungen, das grössere Wissen, die breitere Urteilsbasis, eine stärkere Motivation und somit kürzere Entwicklungszeiten zur Folge. Gute Leistungen von Teams hängen direkt davon ab, wie es dem Projektleiter gelingt

- das Interesse zu wecken (Sinn erfahren),
- Konzentration zu verlangen (Leistung fordern) und
- Enthusiasmus auszustrahlen („Mensch sein“).

Stärken und Schwächen erkennen

Um erfolgreich in und mit Teams zu arbeiten, bedarf es professionellen Handelns auf der Basis von theoretischem Wissen, praktischer Erfahrung und methodischem Können. Es gilt, Stärken und Schwächen in Teams zu erkennen, Lernprozesse für sich zu nutzen, diese aber auch zu steuern und zu begleiten. Ausdruck von Professionalität bezüglich Teammanagement ist es, die eigenen Fähigkeiten in Teams effizient und verantwortlich einzubringen, klare Kommunikationsstrukturen zu schaffen und zu nutzen, mit Konflikten konstruktiv umzugehen und dabei die gesetzten Ziele nicht aus den Augen zu verlieren.

Da Projekte zeitlich beschränkte Vorhaben sind, muss auch das projektbezogene Teammanagement in diesem Sinne aufgesetzt werden. Im Folgenden werden deshalb die Themen

- Teambildung
- Teamführung
- Teamauflösung

in der Betrachtung der Projektarbeit kompakt erläutert.

6.1 Die Teambildung

Ein Team besteht aus einer Anzahl von Individuen – eigentlich eine Zwangsgemeinschaft mit unterschiedlichen Charaktereigenschaften, vielfältigen Fähigkeiten und mehr oder weniger ausgeprägten sozialen Kompetenzen. Aufgrund dieser Einflussgrössen, der Zeitanteile und der Dynamiken muss es das oberste Ziel des Projektleiters sein, alle Beteiligten, insbesondere die Teammitglieder, ins gleiche Boot zu holen.

Unterschiedliche Charaktere mit vielfältigen Fähigkeiten

Ein Team zu bilden kann durchaus als passiver Prozess durchlebt werden. Der Projektleiter setzt die Ziele fest, rekrutiert die dafür geeigneten Mitglieder und lässt das lose Team an der vorgegebenen Aufgabe wachsen. Der vertiefte Dialog führt zu homogenem Verhalten im Team. Der Zeitdruck, die Schwierigkeit der Aufgabe und sensibles Führen durch den Projektleiter beschleunigen diesen passiv geführten Teambildungsprozess. Ob das Ergebnis zufriedenstellend ist, ist dann aber fraglich.

G. Gassmann:
„Bei einem ‚Dreamteam' sind die A/K/V geklärt und auf die Eignung und Neigung der einzelnen Person zugeschnitten!"

Ein bewusst aktiv geführter Teambildungsprozess beschleunigt demgegenüber die gute und erfolgreiche Teamentwicklung. Der Projektleiter führt dabei gezielte Aktionen durch, die es den Teammitgliedern ermöglichen, möglichst schnell mit ihren individuellen Fähigkeiten zu einem kollektiven Ganzen zu werden. So sollte z.B. beim Projektstart neben der offiziellen Kick-Off-Sitzung, bei der es darum geht, die Aufgaben, Kompetenzen und Verantwortlichkeiten aller Mitwirkenden klar aufzuzeigen, eine Sitzung (oder auch ein speziell dafür zusammengestellter Workshop) genutzt werden, um den Teamgedanken zu initiieren und zu verfolgen. Dabei geht es darum, dass man im Team miteinander klare Spielregeln definiert. Jeder soll aufzeigen können, was für ihn wichtig ist und was belastend, und jeder sollte durch eine gewisse Transparenz (gleich welcher „Hierarchiezugehörigkeit") zeigen, wie er als „normaler Mensch" ist. Dieses Erstellen von sozialen Normen, das „Einnisten" in neue Rollen und Bilden eines neuen Status sind zu Beginn eines Projekts enorm wichtige, vertrauensbildende Faktoren. Probleme im zwischenmenschlichen Bereich, die in diesem Zeitraum nicht erkannt bzw. nicht gelöst werden (nicht miteinander sprechen, nicht miteinander streiten können etc.), haben die grössten negativen Wirkungen auf die gesamte Projektabwicklung. Es ist auch nicht negativ, wenn an einem solchen Meeting gewisse menschliche Ungereimtheiten aufgedeckt werden, die allenfalls den Ausschluss eines Mitgliedes bewirken, denn die Teamzusammensetzung ist entscheidend! Es kann, ja es soll auch Reibungsflächen zwischen den Teammitgliedern geben, denn nur so lebt das Projekt. Permanente Störenfriede sind jedoch unerwünscht.

Gemäss der Theorie von Tuckmann [Tuk 1965] läuft die Bildung oder Umgestaltung eines Teams in vier Phasen ab. Während die ersten drei Phasen eine Strukturveränderung bewirken (Forming, Storming, Norming), ist die vierte

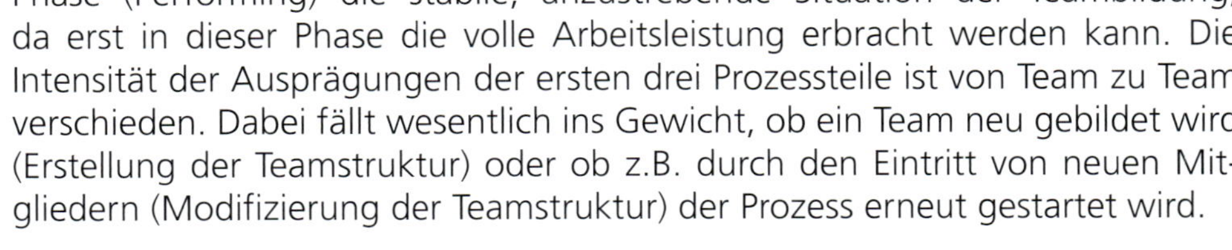

Intensität von Team zu Team verschieden

Phase (Performing) die stabile, anzustrebende Situation der Teambildung, da erst in dieser Phase die volle Arbeitsleistung erbracht werden kann. Die Intensität der Ausprägungen der ersten drei Prozessteile ist von Team zu Team verschieden. Dabei fällt wesentlich ins Gewicht, ob ein Team neu gebildet wird (Erstellung der Teamstruktur) oder ob z.B. durch den Eintritt von neuen Mitgliedern (Modifizierung der Teamstruktur) der Prozess erneut gestartet wird.

Abb. 6.02: Teambildungsprozess gemäss Tuckmann

R. Heini:
„Der Teambildungsprozess läuft im einzelnen Projekt viel häufiger ab, als dies im Linienmanagement der Fall ist – das ist Risiko und Chance zugleich."

6.1.1 Forming

Orientierung und Formierung

Am Anfang einer Teambildung müssen sich die Teilnehmer orientieren und formieren. Dabei werden aufgrund von früheren Erfahrungen Verhaltensmuster ausprobiert. Charakteristische Merkmale von Teammitgliedern in der Formierungsphase sind:

- Die Teammitglieder fühlen sich unsicher.
- Es wird bei einem anderen Teammitglied „Schutz" gesucht.
- Die Teammitglieder stellen sich häufig Fragen wie:
  - Was wissen die anderen von mir, was weiss ich über sie?
  - Welches sind die Anführer in diesem Team?
- Die Mitglieder sind eher zurückhaltend und abwartend.
- Man zeigt grundsätzlich seine freundliche Seite.
- Es wird nach Normen und Regeln gesucht.

In dieser Phase sollte für alle Mitglieder klar ersichtlich sein, wer welche Aufgaben und Kompetenzen hat. Welche Zielsetzungen müssen erfüllt werden und nach welchen Spielregeln wird zusammengearbeitet? Die Teamleitung muss die Teammitglieder motivieren, sich an Rahmenbedingungen, Aufgaben und Spielregeln zu halten, so dass sich die teamspezifischen sozialen Normen bilden können.

6.1.2 Storming

Sobald die sozialen Normen im Team gefestigt sind und die Teammitglieder mehr voneinander wissen, können sie mit ihrem Verhalten experimentieren [Vop 2000]. Die einzelnen Mitglieder weigern sich, gleich behandelt zu werden. Sie treten manchmal uniform auf, nützen aber jede Möglichkeit, eine Spur Individualität einzubringen. Verhält sich ein Mitglied bei der Teambildung nicht offen und ehrlich, wird dies schnell entlarvt und als Zeichen fehlenden Selbstvertrauens angesehen. Aufgrund der gewonnenen Sicherheit der einzelnen Teammitglieder tritt ein eher forderndes Verhalten zu Tage, das sich wie folgt bemerkbar macht:

Die Möglichkeit, Individualität einzubringen

- Macht- und Positionskämpfe brechen aus.
- Die eigene Identifikation innerhalb des Teams wird gesucht.
- Widerstände entstehen durch häufiges Kritisieren.
- Das Ich-Denken herrscht vor dem Du-Denken.
- Die Führungsart des Vorgesetzten wird in Frage gestellt.
- Es bilden sich Cliquen und Untergruppen, die sich bekämpfen.

Konkurrierendes Verhalten ist also vorherrschend. Die Teammitglieder des neu zusammengestellten Projektteams konkurrieren miteinander.

Die Stormingphase ist die schwierigste Phase für den Projektleiter, da er jetzt seinen persönlichen Führungsstil respektive sein Führungsverhalten durchsetzen muss. Gleichzeitig muss er darauf achten, dass die Teamstruktur nicht einstürzt. Es ist wichtig, dass der Projektleiter herausfindet, ob die Konflikte durch persönliche Interessen oder durch sachliche Probleme verursacht werden.

Konflikt

Konflikte sind Spannungssituationen, in denen zwei oder mehrere Parteien, die miteinander in Beziehung stehen, mit Nachdruck versuchen, scheinbar oder tatsächlich unvereinbare Handlungspläne zu verwirklichen und sich dabei ihrer Gegnerschaft bewusst sind.

Natürlich werden in dieser Situation immer sachliche Problemstellungen vorgeschoben (die Organisationsstruktur ist falsch, der Prozess läuft nicht richtig ab etc.). Deshalb muss der Projektleiter den wirklichen Auslöser des Konflikts ermitteln. Dies kann er nur mit viel Geduld, mit striktem Durchsetzen der Teamspielregeln, durch konkrete Verantwortungszuteilung und mit fundamentierten Analysen erreichen. So wird sich herausstellen, ob nicht doch persönliche Interessen die Hauptursache der Probleme sind.

Den Auslöser des Konflikts ermitteln

6.1.3 Norming

Spürbare positive Veränderungen

Sobald das Team die Spielregeln einhält und die sozialen Normen untereinander berücksichtigt, kann die Normingphase beginnen. Je enger die Teammitglieder miteinander kommunizieren, desto höher ist die Bereitschaft, miteinander gemeinsame Interessen zu verfolgen. Es tritt eine spürbare Veränderung ein, und die Empfindungen der Teammitglieder wandeln sich. Herrschten bei der Storming-Phase eher aggressive Gefühle vor, so stellt sich allmählich Harmonie ein. Das Team schafft sich in dieser Phase eine Identität, die zu einem Teamzusammenhalt (Team Spirit) führt. Die Teamnormen sind nun deutlich sichtbar und die einzelnen Mitglieder versuchen sich daran zu halten. In dieser Situation ist man darum bemüht, den Fortbestand des Teams zu gewährleisten.

H. Felchlin:
„Projektteams brauchen Gestaltungsraum und keine detaillierten Aufträge (Management by Vision statt Management by Order)."

Die Norming-Phase ist durch folgende Merkmale geprägt:

- Die Teammitglieder reden offener miteinander.
- Bei Konflikten wird ein Konsens gefunden.
- Zugunsten der Leistung werden Kompromisse geschlossen.
- Eine freundliche, zuvorkommende Stimmung verbreitet sich.
- Gemeinsame Zielsetzungen werden deutlicher und alle sind bestrebt, diese gemeinsam zu erreichen.

Am Schluss dieser Phase werden die Teammitglieder konstruktiv miteinander konkurrieren, um mit gestärkten individuellen Fähigkeiten noch besser kooperieren zu können.

6.1.4 Performing

Volle Aufmerksamkeit der zu lösenden Aufgabe widmen

Die internen Teamprobleme sind gelöst. Die Normen wurden akzeptiert und die Rollen sind verteilt. Die volle Aufmerksamkeit kann nun der zu lösenden Aufgabe gewidmet werden. Unvorhergesehene Probleme werden nicht mehr als störend empfunden, sondern eher als Herausforderung. Die Performingphase hat folgende Merkmale:

- Es herrscht eine freundliche, zuvorkommende und herausfordernde Stimmung.
- Man hilft sich gegenseitig.
- Abweichendes Verhalten wird eher toleriert.
- Das Teamleben ist harmonisch und die gesamte Energie kann für die Leistung eingesetzt werden.
- Die Aufgaben, Kompetenzen und Verantwortlichkeiten (AKV) werden so aufgeteilt, dass die bestmöglichen Leistungen erbracht werden können.

In dieser Phase ist das Team nicht nur fähig konfliktfrei zu arbeiten, sondern es kann mit der definierten Teamstruktur und den genau verteilten Rollen über eine längere Zeit eine überdurchschnittliche Leistung erbringen.

Konfliktfrei arbeiten

Auch Magnus möchte eine optimale Projektvoraussetzung haben und startet deshalb das Projekt mit einem Teamworkshop. Dazu lädt er neben allen Familienmitgliedern auch noch weitere Personen wie den Schwiegervater, Onkel Urs und Herrn Tobler (den Vertreter des Reisebüros) ein. In Kombination mit den Erfolgsfaktoren (siehe Kapitel 8.3) werden nun die Teamspielregeln erstellt, welche z.B. unterbinden, dass Mitglieder, die ihre Leistung nicht erbringen, an den Sitzungen den grössten Redeanteil erhalten. Der von allen akzeptierte Schwiegervater stellt sich auch als Friedensrichter, sprich Moderator für schwierige Situationen, zur Verfügung, falls es zwischen zwei oder mehreren Kontrahenten zu keiner Einigung kommen sollte.

6.2 Die Teamführung

6.2.1 Führungsfunktionsprozess

Betrachtet man die Führungsaufgaben als zusammenhängende, eindeutig in sich abgegrenzte, aneinander gereihte Führungsfunktionen, so spricht man von einem Führungsfunktionsprozess oder vom klassischen Führungsvorgang. Die darin enthaltenen Aufgabenelemente gelten für alle Arten der Führung, unabhängig vom angewendeten Führungsstil oder Führungsverhalten.

Für alle Arten der Führung

6

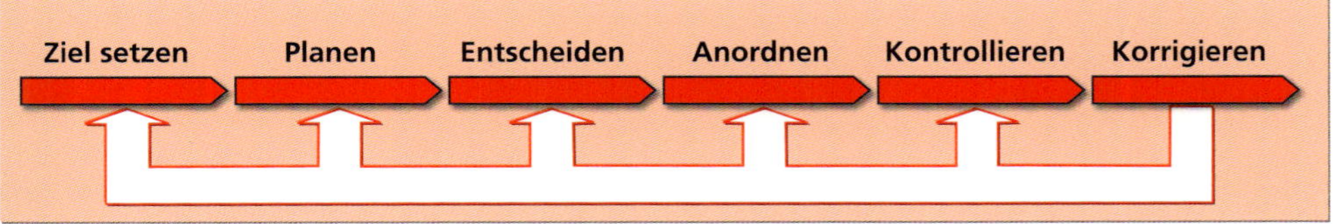

Abb. 6.03: Der Führungsfunktionsprozess

6.2.1.1 Ziel setzen

Mit der Setzung eines Ziels bestimmt man die Anforderungen an das zu erwartende Resultat, nicht aber das Vorgehen. Ein Ziel muss folgende Charakteristiken aufweisen:

Charakteristiken für Ziele

- vollständig definiert (Termin, Anzahl, Qualität, etc.),
- erreichbar,
- situationsgerecht (Zeit, Mittel, Kompetenzen, etc.),

- mitarbeitergerecht (Kenntnisse, Fähigkeiten, Fertigkeiten, etc.),
- eindeutig (Vorgesetzte und Mitarbeiter verstehen dasselbe).

Wird der Mitarbeiter in den Zielfindungsprozess mit einbezogen, so kann er sich mit dem Ziel besser identifizieren.

6.2.1.2 Planen

W-Fragen stellen

Die Planung legt den Weg fest, der mit den vorbestimmten Mitteln und Massnahmen zur Erreichung der Ziele zurückgelegt werden muss. Mit einer detaillierten Planung werden unnötige Improvisationen verhindert. Bei allen Planungsaufgaben ist das folgende „W-Fragen"-Schema ein wertvolles Instrument:

- Was will man erreichen (Ziel)?
- Wer muss das Ziel erreichen (Zuständigkeiten)?
- Wie wird das Ziel erreicht (Vorgehen)?
- Womit und mit welcher Menge wird das Ziel erreicht (Betriebsmittel, Quantum)?
- Wann wird das Ziel erreicht (Zeitdauer, Termine)?

6.2.1.3 Entscheiden

Miteinbezug der Mitarbeiter

Je genauer die Entscheidungsgrundlagen erarbeitet wurden, desto kleiner ist das Risiko eines Fehlentscheides. Aus diesem Grund ist der Miteinbezug der Mitarbeiter bei der Entscheidungsvorbereitung wichtig (Informationsbeschaffung, Erfahrungen einbringen, Auswirkungen beurteilen). Es können dabei ungezählte Einzelaspekte mit einfliessen.

Entscheiden heisst, von möglichen Alternativen diejenige auszuwählen, mit der ein definiertes Ziel – unter Berücksichtigung der zur Verfügung stehenden personellen und materiellen Mittel sowie eventuell eingrenzender Rahmenbedingungen – optimal erreicht werden kann.

6.2.1.4 Anordnen

Klare Aufgabenverteilung

Die Verrichtung einer Arbeit setzt eine klare Auftragserteilung voraus, eine grösstmögliche Ausführungsfreiheit für den Mitarbeiter (seinen Fähigkeiten entsprechend) und die Zuteilung der benötigten Mittel. Je nach Führungsverhalten muss eine mündliche oder schriftliche Anordnung auf der Basis einer Vereinbarung (Arbeitsfreigabe) die folgenden Fragen beantworten:

- WAS muss gemacht werden?
- WARUM wird es gemacht?
- WIE kann es gemacht werden?
- WANN muss es erledigt sein?
- WO wird es gemacht?
- WAS muss berücksichtigt (Vorgaben) werden?
- WER muss es machen?

6.2.1.5 Kontrollieren

Unterstützen, nicht strafen

Kontrolle ist die objektive Beurteilung (Vergleich) einer erbrachten Leistung oder des Verhaltens eines Mitarbeiters. Damit objektiv kontrolliert werden kann, ist es sinnvoll, wenn messbare oder genau beschriebene PLAN-Werte vorhanden sind.

Die Kontrolle dient grundsätzlich zur Unterstützung und nicht als Ausgangspunkt für eine Bestrafung. Folgende Kontrollarten sind möglich:
- Stichproben,
- laufende Kontrolle,
- Qualitätskontrollen,
- Ergebniskontrolle,
- Zeitkontrolle,
- Verhaltenskontrolle,
- Selbstkontrolle.

Das Grundschema einer Kontrolle läuft wie folgt ab:
- Kontrollobjekt und Messgrössen bestimmen,
- PLAN-IST-Vergleich durchführen,
- Abweichungen ermitteln und beurteilen,
- Korrekturen einleiten.

6.2.1.6 Korrigieren

Möglichst kleine Intervalle setzen

Werden die Toleranzgrenzen überschritten und bestehen noch Beeinflussungsmöglichkeiten, so können Korrekturmassnahmen getroffen werden [Rüh 1993]. Das Korrigieren, das viel mit Steuern zu tun hat, soll den täglich auftretenden Störungen sowie den Abweichungen der Arbeitsergebnisse entgegenwirken, damit die gesetzten Ziele erreicht werden können. Bei grösseren Korrekturen ist es notwendig, eventuell eine neue Zielsetzung zu definieren oder eine neue Planung bzw. eine grundlegend neue Anordnung vorzunehmen. Prinzip: zeitlich kleinere Intervalle setzen, damit die Beeinflussungsmöglichkeit optimiert wird.

Projektleiter Magnus hat seine erste Führungserfahrung im Militär gemacht. Dieser Stil behagt jedoch seinen zwei Schwestern nicht, obwohl im Militär ja nur bei den Übungen der autoritäre Stil angewendet wird. Ansonsten wird ja auch da bereits sehr kooperativ geführt. Wobei Auftrag ist Auftrag, und wenn sich die Schwestern verpflichtet haben, Aufgaben zu übernehmen, so sollen sie gefälligst die Arbeit wie vereinbart ausführen. Was dagegen viel schwieriger ist, ist die Doppelrolle der Eltern Gerlinde und Beat. Einerseits stehen sie im Projektsteuerungsgremium – also hierarchisch gesehen – über ihm, andererseits sind sie Teammitglieder. Nicht zuletzt musste er die Mutter rügen, da sie eine an sie delegierte Arbeit qualitativ schlecht ausführte. Über 20 Jahre lang war dies umgekehrt, und nun führt Magnus plötzlich eine Person, die viel älter ist als er.

6.2.2 Führungsstile

Gemäss der Darstellung von Blake und Mouton [Bla 1968] wird das Führungsverhalten eines Vorgesetzten in folgende zwei voneinander unabhängige Dimensionen unterteilt:

- Interesse für Personen/Mitarbeiter
- Interesse für Produktion/Aufgaben/Ziele

Optimales Führungsverhalten

Sie können von einem Vorgesetzten gleichzeitig mehr oder weniger stark verfolgt werden. Dieses Modell versucht, Mensch und Arbeit in die Führung zu integrieren. Das optimale Führungsverhalten eines Vorgesetzten wäre, beide Dimensionen gleichermassen zu berücksichtigen. Der Vorgesetzte soll sich dafür verantwortlich fühlen, dass Planung, Leitung und Kontrolle vernünftig gehandhabt werden. Blake und Mouton stellen in diesem Koordinatensystem die mit Ziffern bezeichneten Punkte als bestimmte Formen des Führungsverhaltens dar, die sich modellmässig in fünf Führungsstile unterscheiden lassen [Uli 1987]:

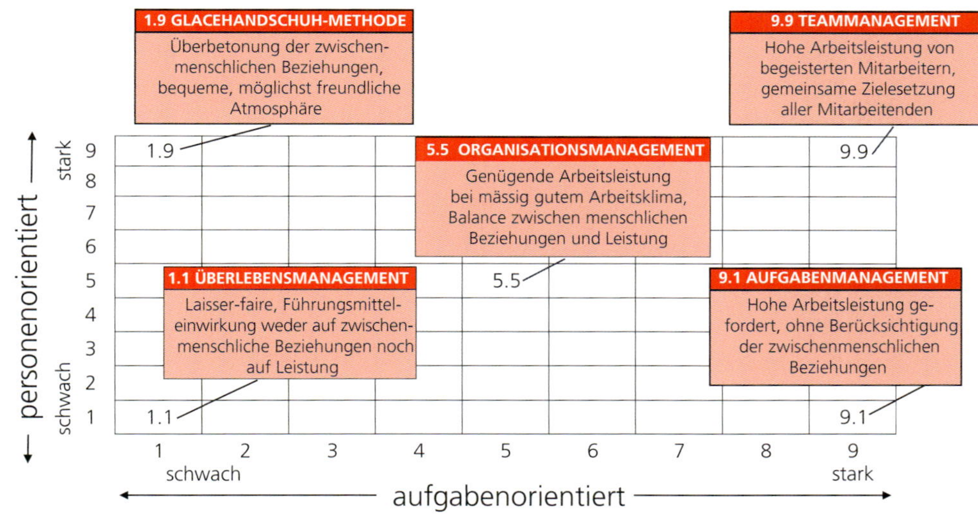

Abb. 6.04: Verhaltensgitter von Blake und Mouton [Bla 1968]

- Führungsstil 1.1
  Der Vorgesetzte fühlt sich nicht verpflichtet, bestimmte Führungsziele zu erreichen, und nimmt kaum Einfluss auf das Geschehen in seinem Verantwortungsbereich. Er beschränkt sich auf das Einhalten von Vorschriften.

- Führungsstil 1.9
  Der Vorgesetzte möchte die zwischenmenschlichen Beziehungen in seinem Verantwortungsbereich möglichst angenehm gestalten, um den persönlichen Interessen der Mitarbeiter entgegenzukommen. Die Leistungsorientierung wird weitgehend vernachlässigt.

- Führungsstil 9.1
  Das Führungsverhalten des Vorgesetzten ist einseitig an Leistungsaspekten orientiert. Die Förderung der zwischenmenschlichen Beziehungen und der individuellen Ziele der Mitarbeiter tritt praktisch gänzlich zurück zugunsten unmittelbar betriebswirtschaftlicher Kriterien.

- Führungsstil 5.5
  Der Vorgesetzte strebt mit seinem Verhalten einen Kompromiss zwischen Mitarbeiter- und Aufgabenorientierung an. In beiden Beziehungen werden jedoch keine besonderen Ansprüche gestellt, so dass von einem blossen Verwalten des Verantwortungsbereichs gesprochen werden kann.

- Führungsstil 9.9
  Der Vorgesetzte versucht, anspruchsvolle sachorientierte Ziele zu verwirklichen, indem er die Mitarbeiter in persönlicher und aufgabenbezogener Hinsicht motiviert. Dazu gewährt er ausreichende Handlungsspielräume und fördert die Kreativität, wobei stets eine klare Ausrichtung auf die Unternehmensziele besteht.

Nimmt man das Führungsverhalten von Blake und Mouton als Basis, ist eine massgebliche Grösse für die Führung durch den Projektleiter der Zeitanteil, den ein Mitarbeiter für die Arbeit am Projekt beansprucht. Sind Mitarbeiter in Projekte stark involviert (ca. 60–100%), so können sie weitgehend kooperativ geführt werden, da sie sich z.B. mit dem Ziel und der Arbeitsumgebung voll und ganz identifizieren können.

G. Gassmann:
„Sei kein zufälliger Projektleiter! ‚Leite' nicht Projekte, sondern führe als Leader und zeige Berufsstolz!"

Bei Mitarbeitern, die nur teilweise am Projekt arbeiten oder als Zulieferer auftreten, ist zu berücksichtigen, dass der Projektleiter in diesem Fall nicht immer die vollständige Führungsbefugnis besitzt. Diese Projektmitarbeiter weisen oftmals (verständlicherweise) nicht die gleiche Identifizierung und Motivation auf wie die 60–100%-Mitarbeiter. Deshalb werden „Teilzeitmitarbeiter" und „Zulieferer" eher direkt und stark aufgabenorientiert geführt, was mehr einem etwas autoritären Führungsstil entspricht.

Führungsstil

Unter Führungsstil versteht man das dauerhafte und in bestimmten Situationen gleichbleibende Verhalten von Vorgesetzten gegenüber Mitarbeitern, das auf einem bestimmten Menschenbild basiert.

6.2.3 Führungsgrundsätze

Spezielle Mitarbeiter mit entsprechenden Fähigkeiten

Weil die Einflussgrössen der Arbeitssituation in einem Projekt unterschiedlich stark anfallen, braucht man nicht nur einen bestimmten Menschen als Leiter, sondern auch spezielle Mitarbeiter, die unter solch ungewöhnlichen Bedingungen arbeiten wollen und können. So sollte ein Projektteammitglied folgende Anforderungen erfüllen:

- Hohe Bereitschaft zur Kooperation (nicht nur innerhalb des Teams, sondern auch gegenüber der Projektteam-Umwelt);
- Geistige Beweglichkeit und Flexibilität sowie hohe Lernbereitschaft und logisches Denkvermögen;
- Kommunikationsfähigkeit (nicht nur mit den sozialen Medien!)
- Integrationsfähigkeit (ein Teil des Teams werden können)
- Kreatives Arbeits- und Abstraktionsvermögen;
- Bereitschaft zu überdurchschnittlichen Leistungen;

- Identifikation mit den Projektzielen;
- Überzeugungskraft sowie didaktische Fähigkeiten;
- Selbstsicherheit/Eigenständigkeit und eine gewisse Berufserfahrung.

Teammitglieder müssen neben diesen Anforderungen die Fähigkeit besitzen, mit halbfertigen Dingen, weitgehend strukturlosen Zuständen und dem Widerstand der Betroffenen umzugehen. Können sie dies nicht, so sind sie als Projektteammitglied weniger geeignet.

Mitarbeiter, welche diesem speziellen Anforderungsprofil entsprechen, möchten auch entsprechend geführt werden. Dabei sind einfache und wenige (aber wirkungsvolle) Führungsgrundsätze anzuwenden:

Führungsgrundsätze

- Die Projektmitarbeiter sollten über Ziele geführt werden. Am Anfang eines Projekts sollten mit den Mitarbeitern persönliche Zielvereinbarungen ausgearbeitet werden. In diesen wird im gegenseitigen Einverständnis festgehalten, in welcher Periode sie welche persönlichen Ziele erfüllen müssen. Damit kann auf die Entwicklungsbedürfnisse eines Mitarbeiters sowie auf seine Fähigkeiten sehr gut eingegangen werden und diese werden in Verbindung mit dem Projekt unterstützt.

- Ein Projektleiter sollte für seine Mitarbeiter immer Zeit für ein Gespräch haben (open door). Damit dies in der Hektik der Projektabwicklung nicht untergeht, sollte alle zwei Wochen ein bilaterales Gespräch geführt werden, in dem alle Anliegen wie Ausbildung, persönlicher Entwicklungsplan, Probleme etc. besprochen werden können.

B. Schulthess:
„In einer sicheren und wertschätzenden Arbeitsatmosphäre kann sich eine Teamkultur mit hoher Projektidentifikation und -fokussierung entwickeln."

- Ein Projektleiter muss sehr darauf achten, dass die am Anfang ausgearbeiteten Teamregeln von allen eingehalten werden. Ist dies nicht der Fall, muss er sofort intervenieren. So kann in der Hektik dem einen oder anderen „die Sicherung durchbrennen". Wenn es nicht immer der gleiche Mitarbeiter ist, ist dies nicht tragisch. Der Projektleiter muss in einem bilateralen und allenfalls in einem Teamgespräch diese Situation bereinigen.

- Es ist normal, dass in Projekten oftmals nicht in 8.5-Stunden-Tagen gearbeitet werden kann. Der Zeitdruck ist aus unterschiedlichen Gründen so gross, dass ein „normales Arbeiten" erschwert bzw. zeitweise unmöglich ist. Viel schlimmer als dieser Zeitdruck ist, dass oftmals gerade Personen in Schlüsselfunktionen nicht abschalten können. Daher ist es wichtig, dass der Projektleiter darauf achtet, dass alle Teammitglieder ihre gesetzlich festgelegten Ferien innerhalb der Jahresfrist nehmen. Denn ein „ausgebrannter" Mitarbeiter dient weder dem Projekt noch sich selbst.

- Die Intensität des Zusammenarbeitens bedingt auch, dass auf der zwischenmenschlichen Ebene ausserhalb der Arbeit etwas unternommen werden muss. So sollte der Projektleiter von Zeit zu Zeit ein gemeinsames Treffen (Nachtessen, Spielabend, Ausflug etc.) planen, bei dem die Projektmitarbeiter auch die privaten und persönlichen Werte ihrer Arbeitskollegen kennenlernen. Diese Anlässe, die nicht aufwendig sein müssen, helfen, den anderen besser zu verstehen.

Werden diese Führungsgrundsätze konsequent eingehalten, ist eine sehr gute Basis vorhanden, dass sich die Projektmitarbeiter im Projektteam wohlfühlen und freiwillig die gewünschten Leistungen bringen.

Der Projektleiter Magnus ist in einer schwierigen, aber für Projekte natürlichen Situation. Er muss nun als Projektleiter nicht nur an die Schwestern, sondern auch an die Eltern Aufgaben verteilen. Bei den Schwestern ist dies für ihn kein Problem. Bei den Eltern hat er jedoch anfangs Hemmungen, ihnen einerseits klare Aufgaben zu übertragen und sie andererseits bei Nichterfüllung zu mahnen. Sowohl der Vater als auch die Mutter haben aber diesbezüglich keine Probleme. Im Gegenteil, sie freuen sich, einmal nur die Ausführenden zu sein.

Eine weitere Führungsherausforderung bildet der „externe" Mitarbeiter, Herr Tobler. Dieser hat grundsätzlich nur im Sinn, möglichst viel Geld mit möglichst geringer Leistung zu verdienen. Er kennt auch das Qualitätsdenken sowie die anderen Eigenheiten der Familie Gloor nicht. Nach einigen kleineren Misserfolgen hat Magnus diesbezüglich den Führungsstil geändert. Er definiert klare Eckwerte bezüglich gewünschter Leistung, Qualität, Zeit und Kosten. Er übergibt dies Herrn Tobler in mündlicher sowie in schriftlicher Form. Er hat auch herausgefunden, dass die geforderte Leistung ohne Probleme umgesetzt wird, wenn er einmal wöchentlich beim Reisebüro vorbeigeht und nach dem Stand der Arbeit fragt.

6.3 Die Teamauflösung

Ein Projekt hat bekanntlich ein definierten Start und ein vorbestimmtes Ende. Deshalb gibt es am Schluss, nach harter Arbeit, natürlich ein Fest. Bevor dies endgültig gefeiert werden kann, ist die wohl wichtigste Frage bei der Projektauflösung zu klären: „Wohin mit den Projektmitarbeitern?" Dies ist vielfach ein zentrales Problem, mit dem sich das Projektsteuerungsgremium und der Projektleiter schon Monate vor dem Projektabschluss auseinandersetzen sollten. Aus betriebswirtschaftlicher Sicht ist ein sukzessiver Abbau des Projektteams am vorteilhaftesten, vor allem dann, wenn die betroffenen Personen nahtlos in andere Projekte überwechseln können. Dieser projektteambezogene Auflösungsprozess ist jedoch nicht immer ganz einfach, da in den meisten Projektteams zwischenmenschliche Bindungen entstanden sind, die ungern wieder aufgelöst werden. Die aufgabenbezogenen Arbeiten, „Hard Facts", bei einem Projektabschluss oder Projektabbruch werden im Kapitel 4.4 erläutert. Hier werden noch zwei, drei Punke bezüglich der „Soft Facts", die insbesondere der Projektleiter durchführen muss, als Denkanstoss erwähnt.

Wohin mit den Projektmitarbeitern?

B. Schulthess:
„Der Wissensschatz der Projektbeteiligten ist ein flüchtiges Gut. Ein Abgang von Know-how vor Projektabschluss ist ein schwer kalkulierbares Projektrisiko mit beschränkten Massnahmeoptionen."

- Möglichst früh den Projektmitarbeitern ihre Zukunft aufzeigen respektive mit anderen Projektleitern oder Linienvorgesetzten Möglichkeiten für die Mitarbeiter ausarbeiten. Idealerweise sollte dies beim Projektstart gemacht werden.
- Den Projektmitarbeitern schriftlich ein Leistungszeugnis respektive eine Qualifikation ausstellen, so dass sie sich betriebsintern selber verkaufen können.
- Den Mitarbeitern den speziellen Status, den sie im Projekt hatten, wieder entziehen. Gespräche führen, dass sie wieder „normale" Mitarbeiter sind und keine besonderen Privilegien mehr geniessen.
- Gewährleisten, dass alle Mitarbeiter ihre Überzeiten und Ferien einziehen können.
- Sicherstellen, dass die Mitarbeiter die versäumten Ausbildungstage nachholen können.
- Durchführen eines Workshops, bei dem auf eine gute Art nochmals alles gesagt werden darf, was einem gefallen und nicht gefallen hat. Die vorhandenen Konflikte sollten an solchen Workshops bereinigt oder wenigstens geglättet werden. Damit sorgt man vor, dass nicht allfällige (unterschwellig geführte) Konflikte in den Alltag hinüberschwappen.

- Ein offizielles Dankeschön an die Beteiligten geben, um einen klaren, sauberen Projektabschluss vornehmen zu können. Dies schafft auch eine positive Basis für künftige Projekte.

Die Familie Gloor, die am Flughafen vor dem Abflug eine kleine Abschiedsparty geplant hat, muss einige abschliessende „soziale" Massnahmen treffen. So müssen der Vater und die Mutter die Familienführung wieder voll und ganz aufnehmen. Die entsprechenden Rechte des Projektleiters werden Magnus entzogen. Onkel Urs, der als Coach indirekt einen starken Einfluss auf die Familie hatte, bekommt mit einer grossen und teuren Flasche Whisky einerseits ein recht herzliches Dankeschön. Andererseits erhält er das klare Zeichen, dass das Projekt nun vorbei ist und seine Ratschläge allenfalls in einem anderen Projekt sehr gefragt sind.

Lernziele des Kapitels „Qualitätsmanagement"

Sie können ...

- den Einsatz des Qualitätsmanagements in Projekten begründen und die Elemente des Qualitätsmanagements erklären.
- den Unterschied zwischen der Produkt- und der Projektabwicklungsqualität erläutern.
- die einzelnen Elemente des Qualitätsmanagementmodells „Project-Excellence" aufzählen.
- den Unterschied zwischen Qualitätslenkung und Qualitätsprüfung anhand eines Beispiels veranschaulichen.
- mindestens fünf Qualitätsmerkmale anhand eines Beispiels erläutern.
- anhand eines Beispiels eine Qualitätsmetrik (Qualitätsmesswert) erstellen.
- in Bezug zur Qualitätskontrolle entsprechende Kontrollinstrumente aufführen.
- anhand eines Beispiels das gewünschte Qualitätsmass der zu erstellenden Lieferobjekte definieren.
- strukturierte und gezielte Massnahmen für die Qualitätslenkung definieren.
- anhand eines Beispiels einen Prüfplan für die geplanten Lieferobjekte erstellen.

In diesem Kapitel werden insbesondere die ICB-Kompetenzen 1.02, 1.03, 3.06 und 3.10 verfolgt (siehe Anhang D).

Qualitätsmanagement

7

Qualität ist die optimale Erfüllung von Kundenbedürfnissen, die Vermeidung von Fehlern, die effiziente Leistungserstellung und das Bestreben, ständig besser zu werden. Qualität bedeutet nicht übertriebenes Streben nach Perfektion. Gezielt eingesetzte Qualität respektive ein effizient eingesetztes Qualitätsmanagement ist ein wichtiger Bestandteil jedes Unternehmens.

Kein übertriebenes Streben nach Perfektion

Qualitätsmanagement

Qualitätsmanagement in Projekten beinhaltet alle Tätigkeiten der Projektführung, welche die qualitätsbezogenen Projektziele und die Verantwortlichkeiten festlegen sowie diese mittels der Qualitätsplanung, der Qualitätslenkung und der Qualitätsprüfung verwirklichen.

Wie in den vorhergehenden Kapiteln ausführlich erläutert, setzen sich Projekte aus vielen Einzelaktivitäten zusammen, welche die Projektabwicklung bilden. Da das Qualitätsmanagement alle Prozesse eines Unternehmens umfasst, unterliegt das Projekt respektive der Projektabwicklungsprozess den gleichen Einflussfaktoren und Systematiken bezüglich der Qualität wie alle anderen unternehmerischen Prozesse. Anders gesagt: Was für alle anderen Prozesse bezüglich Qualität gilt, gilt insbesondere auch für den Projektabwicklungsprozess, da aufgrund der Einzigartigkeit eines Projekts vieles gut respektive sehr vieles nicht gut gemacht werden kann.

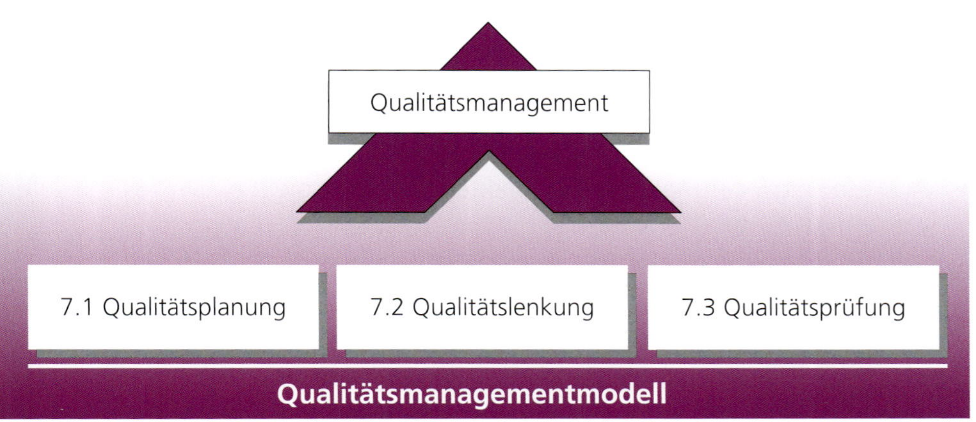

Abb. 7.01: Die vier Hauptbestandteile des Qualitätsmanagements

Prozess- und Produktqualität

Qualität bezieht sich in einem Projekt zur Hauptsache auf zwei Qualitäts- respektive Beurteilungsbereiche, welche getrennt betrachtet werden müssen. Einerseits ist dies die Qualität des Projektabwicklungsprozesses, andererseits die Qualität des Produkts, das sich aus dem Projektabwicklungsprozess ergibt. Qualitätsmanagement unterteilt sich thematisch in drei respektive vier Teile und kann, wie in diesem Kapitel beschrieben und gemäss der Abbildung 7.02 ersichtlich, als „Ganzes" gesehen werden. Im Grundsatz ist es jedoch nichts anderes als ein aggregiertes Element aus vielen Einzelheiten , die in allen Projektabwicklungstätigkeiten (insbesondere in der Projektkontrolle) vorhanden sind.

B. Schulthess:

„Qualität ist nie ein Zufallsprodukt. Sie ist das Resultat einer ausgeklügelten Projektentwicklung, einer guten Projektorganisation und eines hohen Durchsetzungsvermögens."

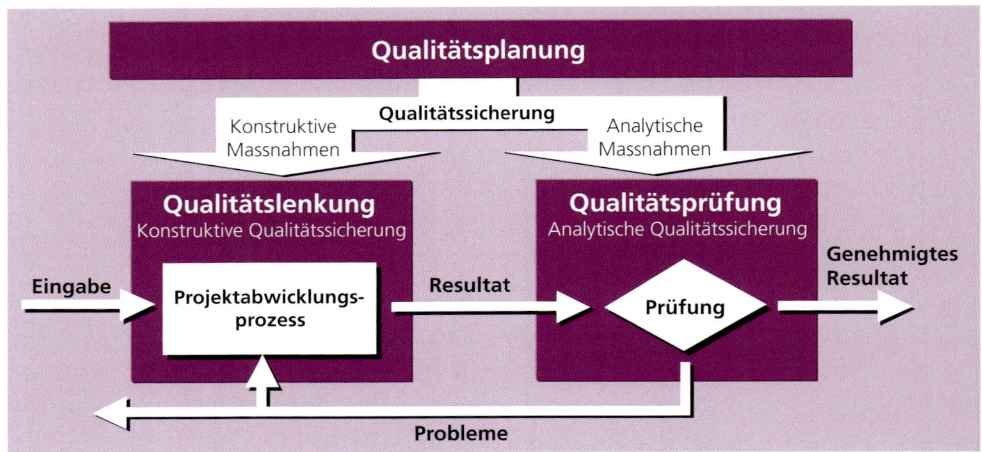

Abb. 7.02: Regelkreis des Qualitätsmanagements

Die aktive Qualitätssicherung in einem Projekt, bestehend aus Qualitätslenkung und -prüfung, umfasst alle Aufgaben um sicherzustellen, dass die geforderte Ergebnisqualität erreicht wird. Zudem werden mittels planmässiger Durchführung von Sicherungsmassnahmen die Fehlerkosten im Projekt minimiert. Jedes Projekt hat, vereinfacht gesagt, ein Prüffeld. In diesem Prüffeld werden

- Eingangsprüfungen (Lieferobjekte, die an das Projekt zugeliefert werden),
- Erstellungsprüfungen (Lieferobjekte, die vom Projekt erstellt werden) und
- Auslieferungsprüfungen (Lieferobjekte, die vom Projekt an Dritte abgeliefert werden) durchgeführt.

Durch diese Prüfungen werden die verschiedenen Lieferobjekte gemäss festgelegter Prüfaspekte verifiziert und/oder validiert.

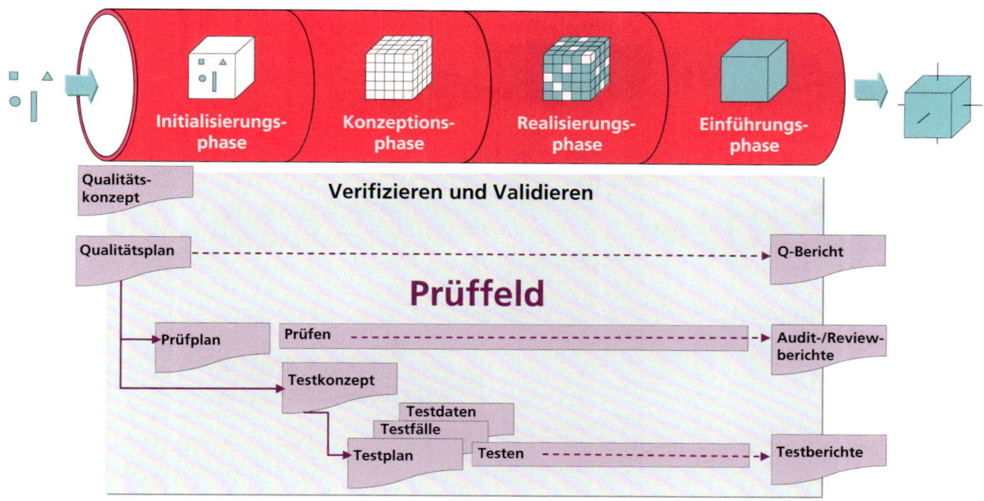

Abb. 7.03: Prüffeld und wichtige Lieferobjekte des projektbezogenen Qualitätsmanagements

7.1 Die Qualitätsplanung

Der wichtigste und oft auch der schwierigste Teil eines im Projekt integrierten Qualitätsmanagements ist die Qualitätsplanung.

Qualitätsplanung

> *Unter Qualitätsplanung in Projekten versteht man das Definieren und Planen von konstruktiven und analytischen Massnahmen sowie von Verfahren der Qualitätssicherung, um die an den Projektabwicklungsprozess und an das Produkt gestellten Anforderungen, unter Berücksichtigung ihrer Realisierungsmöglichkeiten, sicherzustellen.*

„Quick and Dirty"

Für einen Projektleiter gibt es, wie schon erläutert, zwei Qualitätssichten. Die eine Sicht ist die Qualität des zu erstellenden Produkts (Projektprodukt). Das Qualitätsmass kann hier gemäss Wunsch des Auftraggebers von tiefer bis zu hoher Qualität gehen. Also auch das „gemeinsame Einverständnis" zu „Quick and Dirty" (tiefe Qualität) ist absolut erlaubt und im Markt gang und gäbe. Die andere Sicht ist die Qualität bezüglich dem Projektabwicklungsprozess, welcher grundsätzlich sicherstellt, dass die gewünschte Produktqualität möglichst ökonomisch erreicht werden kann. Hier kann es aus professioneller Sicht nur eine gute respektive exzellente Qualität geben.

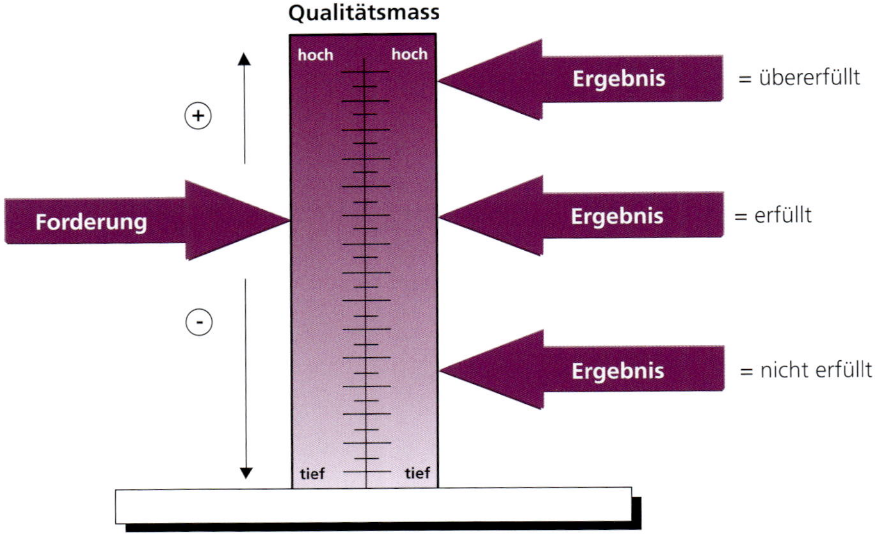

Abb. 7.04: Die geforderte und nicht die bestmögliche Qualität ist entscheidend

Qualitätsmerkmale festlegen

Als Erstes wird in der Qualitätsplanung festgelegt, welche Qualitätsanforderungen an das Projektprodukt und welche Qualitätsanforderungen an den Projektabwicklungsprozess gestellt werden sowie in welchem Umfang die Qualität realisiert werden muss. Die Qualitätsmerkmale der einzelnen Anforderungen müssen bestimmt, klassifiziert und gewichtet werden. Nur mit quantifizierbaren Qualitätsmerkmalen ist die Überprüfung der Planerfüllung möglich. Folgende Merkmale können dabei massgebend sein:

- Effizienz
- Instandsetzbarkeit
- Benutzbarkeit
- Wiederverwendbarkeit
- Geschwindigkeit
- Portabilität
- Korrektheit
- Robustheit
- Sicherheit
- Testbarkeit
- Funktionsabdeckung
- Anpassbarkeit
- Zuverlässigkeit
- Verknüpfbarkeit

Wenn man die aufgeführten Merkmale genau betrachtet, so fällt auf, dass diese Werte nichts anderes als Anforderungen bzw. Projektziele sind, die im Anforderungskatalog, im Business Case, im Projektauftrag etc. definiert wurden.

Die Ergebnisse der Qualitätsplanung werden im Qualitätsplan respektive – für kleinere Projekte – im Prüfplan festgehalten, in dem unter anderem festgelegt wird, welche Lieferobjekte wann wie von wem und in welcher Form kontrolliert werden.

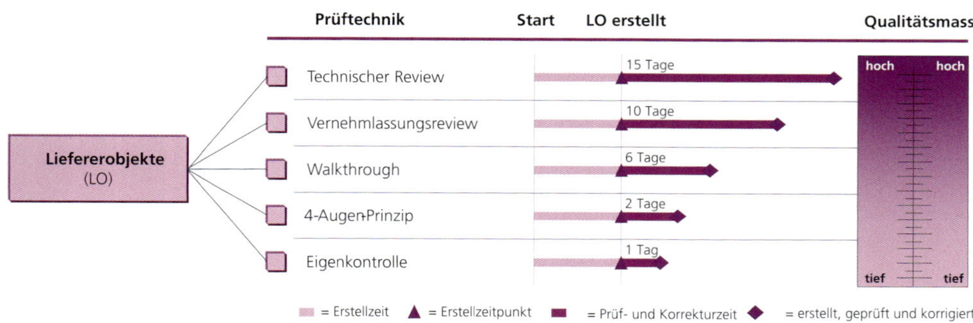

Abb. 7.05: Reviewtechniken als Mass der Qualität

Wie wird eine bestimmte Qualität erzeugt?

Oftmals wird gefragt, wie es möglich ist, durch Qualitätsplanung in einem Projekt eine ganz bestimmte Qualität zu erhalten. Dieses nicht ganz einfache Unterfangen kann etwas vereinfacht mit einer Gegenfrage beantworten werden: „Wie viel Geld wurde im Verhältnis zum Projektbudget für das Qualitätsmanagement reserviert?" Von nichts kommt nichts! Wenn also weder Prüfkosten noch Finanzmittel für Fehler verhindernde Massnahmen reserviert wurden, kann auch nicht verlangt werden, dass schlussendlich das Projektprodukt auf einem qualitativ hohen Niveau erstellt wird. Gegenüber dieser etwas pauschalen Wertung gibt es z.B. die Möglichkeit, mithilfe von Reviewtechniken die Qualität von Lieferobjekten planerisch zu bestimmen. So garantiert eine Eigenkontrolle, wie die Abbildung 7.05 zeigt, nicht die gleiche Qualität wie z.B. das Vernehmlassungsverfahren, da einer der Unterschiede der verschiedenen Reviewtechniken der Grad der formalisierten Durchführung ist.

Der Projektleiter bestimmt die Qualität der Projektabwicklung

Da der Projektleiter die Verantwortung für die Projektabwicklungs- sowie die Produktqualität trägt, kann er mittels Prüfplan grundsätzlich „selbst bestimmen", welches Lieferobjekt welche Qualität haben muss. Natürlich richtet er sich klar nach den Forderungen des Auftraggebers respektive der Stakeholder, welche er einhalten muss.

Im Qualitätsplan respektive im Prüfplan müssen neben einer Auflistung der Punkte „was" (Lieferobjekte), „wie" (Kontrolltechnik), „wann" (Kontrollzeitpunkt) und „welches Merkmal" (z.B. Vollständigkeit) auch der Qualitätsindikator festgelegt werden. Mit dem Qualitätsplan soll Folgendes erreicht werden [End 1990]:

- Die in einem Projekt notwendigen Qualitätsmanagement-Tätigkeiten sollen rechtzeitig und vollständig geplant und abgestimmt werden.
- Die SOLL-Vorgaben für die Qualitätssicherung müssen vorliegen und über deren Einhaltung muss berichtet werden.
- Die Qualitätsmanagementkosten sollen leichter abgeschätzt und überwacht werden können.

Nach der allgemeinen Normierung für Qualitätsmanagement enthält der Qualitätsplan folgende Punkte:

Inhalte des Qualitätsplans

- Ziele des Qualitätsmanagements für das Projekt
- Referenzierte Dokumente (vollständige Liste aller Dokumente, die im Qualitätsplan erwähnt werden)
- Management (Beschreibung der Organisation für QM und Verantwortlichkeiten bei den Qualitätsmanagement-Aufgaben)
- Produktdokumentation (Auflistung aller Dokumente, die den Entwicklungs- und Wartungsprozess beschreiben sowie aller Reviews und Audits, welche die Angemessenheit und die Qualität der Dokumentation feststellen)
- Festlegung von Normen, Verfahren und Konventionen
- Planung von Reviews, Audits und Tests (Prüfplan)
- Das definierte Konfigurationsmanagement
- Problemmeldewesen und Korrekturmassnahmen (Änderungsverfahren)
- Entwicklungskonzept
- Lieferantenkontrolle

QM besteht aus vielen aggregierten Werten

Beim erstmaligen Betrachten dieser Punkte könnte es einem bezüglich des Aufwands für ein gutes Qualitätsmanagement Angst und Bange werden. Auf den zweiten Blick erkennt man hier nun die aggregrierten Werte: Das heisst, vieles wird in anderen Bereichen, wie im Konfigurationsmanagement, im Phasenmodell etc., ganz automatisch erstellt. Aus der Auflistung aller „Qualitätstätigkeiten" wird im Folgenden der Prüfplan herausgearbeitet, der eine Teilmenge des Qualitätsplans ist. Er ist ein sehr wirkungsvolles, effizientes und einfaches Instrument für jeden Projektleiter und ein absolutes Muss, egal für welche Projektgrösse.

7.1.1 Prüfplan

Je komplexer ein Projekt ist, desto wichtiger ist der Prüfplan, weil auf seiner Basis alle Betroffenen und Involvierten im Voraus genau wissen, wann was wie durch wen kontrolliert wird. Ist der Prüfplan ein im Unternehmen anerkanntes Instrument, so wird durch ihn auch eine vermehrt ergebnisorientierte Arbeit der Beteiligten erreicht.

Je komplexer ein Projekt, desto wichtiger der Prüfplan

Wie Abbildung 7.06 aufzeigt, ist es relativ einfach, einen solchen Prüfplan zu erstellen. Man nimmt die im zweiten Planungsschritt erstellten Arbeitspakete respektive deren Lieferobjekte und fügt die entsprechenden Kontrolldaten sowie die Prüfinstrumente hinzu (siehe auch Kapitel 4.3.3.3). Mit dem Prüfplan kann der Projektleiter unter anderem allen entscheidungsfällenden Instanzen und interessierten Kreisen aufzeigen, wie wann welche Lieferobjekte im Projekt geprüft wurden bzw. werden. Er kann also mit diesem Instrument die Qualität der Lieferobjekte im Detail massgeblich steuern und dies transparent aufzeigen.

In der Abbildung 7.06 ist ein Teil des von Magnus aufgestellten Prüfplans abgebildet, welchen er aufgrund der gegebenen Situation und der geforderten Leistung erstellte.

🗎 = geplant ✓ = erstellt 👍 = geprüft

Phase	Nr.	Lieferobjekte	Abschluss	Status erstellt		Kontroll-datum	Kontrolltechnik	Status geprüft	
Projektimpuls	AP 04	Projektantrag	25.01.20nn	🟢	✓	28.01.20nn	Vernehmlassungs-review	🟢	👍
Initialisierungs-phase	AP 01	Projektplanung	15.02.20nn	🟢	✓	20.02.20nn	Technischer Review	🟢	👍
	AP 12	Anforderungskatalog	10.02.20nn	🟢	✓	15.02.20nn	Walkthrough	🟢	👍
	AP 11	Business Case	15.02.20nn	🔴		20.02.20nn	Technischer Review	🔴	
	AP 05	Projektauftrag	22.02.20nn	🟢	✓	28.02.20nn	Vier-Augen-Prinzip	🟡	?
Konzeptions-phase	AP 24	IST-Analyse	22.03.20nn	🟢		24.03.20nn	Eigenkontrolle		
	AP 27	Lösungsvarianten	12.04.20nn	🟢		19.04.20nn	Vernehmlassungs-verfahren		
	AP 28	Lösungsbewertung	19.04.20nn	🟡		21.04.20nn	Vier-Augen-Prinzip		

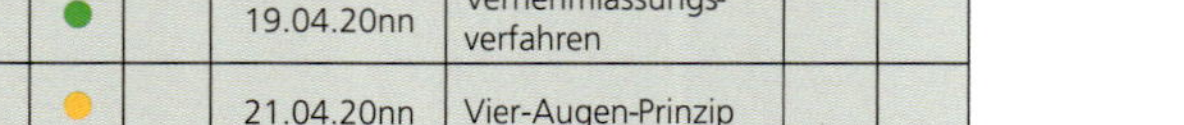

Abb. 7.06: Prüfplan

7.2 Die Qualitätslenkung

Steuerung zur Erreichung der Qualitätsziele

Unter Qualitätslenkung in Projekten wird die Steuerung verstanden, die eingesetzt wird, um die vorgegebenen projektbezogenen Qualitätsziele und -anforderungen zu erreichen. Als Voraussetzungen für eine gute Qualitätslenkung dienen eine umfassende Qualitätsplanung sowie die Ergebnisse der Qualitätsprüfung, aus welcher die Differenz zwischen geforderter und vorhandener Qualität ersichtlich ist.

Qualitätslenkung

> *Qualitätslenkung steuert, überwacht und korrigiert den Entwicklungsprozess mit dem Ziel, die vorgegebenen Qualitätsanforderungen zu erfüllen [ISO 8402].*

R. Heini:

„An ‚unausgesprochenen' (d.h. nicht definierten) Qualitätsanforderungen sind schon viele Projekte gescheitert. Definieren Sie deshalb diejenige Qualität, für welche die Sponsoren auch gewillt sind zu bezahlen."

Es werden also erstens (basierend auf den in der Qualitätsplanung definierten Werten) die Arbeitstechniken, die Ausbildungen sowie die Methoden gezielt eingeleitet. Zweitens werden aufgrund der Erkenntnisse über Qualitätsdifferenzen, die durch die Qualitätsprüfung aufgedeckt wurden, die eingesetzten Arbeitstechniken, Methoden, Checklisten für das weitere Arbeiten optimiert. Die Qualitätslenkung besteht damit grösstenteils aus sogenannten konstruktiven Massnahmen. Dies sind Werte wie Methoden, Sprachen, Werkzeuge, Richtlinien, Standards und Checklisten, die dafür sorgen, dass das entstehende Produkt bzw. der Entwicklungsprozess a priori bestimmte Eigenschaften besitzt [Bal 1998]. Angelehnt an Wallmüller [Wal 2001] heisst dies etwas ausführlicher:

- Prinzipien (Grundsätze), die dem Handeln bezüglich der Entwicklung zugrunde gelegt werden
- Methoden, welche die Entwicklungsprinzipien unterstützen und die Projektmitarbeiter zu planbaren Ergebnissen führen
- Formalismen (Notation), die auf den verschiedenen Abstraktionsebenen zur Ergebnisbeschreibung verwendet werden und die Darstellung von Zwischen- und Endergebnissen des methodischen Arbeitens ermöglichen
- Werkzeuge, welche die Anwendung von Prinzipien, Methoden und Formalismen unterstützen und sowohl dem Projektmitarbeiter als auch dem Projektleiter nützen
- Strukturierung des Entwicklungs- und Pflegeprozesses durch ein standardisiertes Vorgehen (Phasenmodell)

Die konstruktiven Massnahmen können in drei verschiedene Klassen unterteilt werden:

- Technische Qualitätsmassnahmen:
  - Konsequente Anwendung der Methoden und Techniken
  - Einsatz adäquater Werkzeuge
  - Striktes Anlegen von Dokumentationen
  - Verfahren nach dem Baukastenprinzip

- Organisatorische Qualitätsmassnahmen:
  - Einsatz von Vorgehensmodellen durchsetzen
  - Mitarbeiter ausbilden und eventuell erfahrene Mitarbeiter beiziehen
  - Qualitätssicherungskonzept institutionalisieren, beispielsweise Einsetzen von Checklisten, Richtlinien und Standards
  - Ausbilden von Mitarbeitern

- Psychologische Qualitätsmassnahmen:
  - Massnahmen zur Förderung der Kommunikation
  - Mischung des Projektteams (fachbezogen, personenbezogen)
  - Kultur aufbauen mit dem Projektteam als Erbringer einer Dienstleistung gegenüber den Benutzern

Wie zuvor ersichtlich, gehört zur Qualitätslenkung unter anderem auch die Ausbildung der Projektmitarbeiter. So sollte ein spezialisiertes Testteam nicht warten, bis man das Projektprodukt testen kann, denn dann kann man nur noch reagieren, also vorhandene Differenzen korrigieren. Dieses Vorgehen wird meistens als negativ empfunden, da ein solches Testen ja „nur" eine rechtzeitige Markteinführung verhindert.

Vorhandene Differenzen korrigieren

So könnte z.B. ein Testteam das gesamte Projektteam im Voraus schulen, wie es Testfälle, Testdaten, Testkonzepte etc. entwerfen könnte. Dadurch würden die Projektmitarbeiter diese Tätigkeiten besser durchführen und es käme beim Testen mit Sicherheit nicht zu so vielen Qualitätsdifferenzen wie ohne Schulung. Diese agierende Haltung des Testteams würde vom Projektteam mit Bestimmtheit positiv aufgenommen.

Die Qualitätslenkung ist eine wichtige Komponente im Projektmanagement. Je besser sie wirkt, je besser die Massnahmen umgesetzt werden, umso weniger muss kontrolliert werden.

Auch im Projekt der Familie Gloor wird die Qualität gelenkt. Um das Richtige im richtigen Moment zu tun, sind oftmals die vorhandenen Erfahrungen, das Talent und ein sensibles Gespür sowie das Beherrschen der Projektabwicklungstechniken massgeblich. Da der Projektleiter Magnus den Onkel als Coach bekommen hat, ist seine diesbezügliche Unerfahrenheit kompensiert, denn der Onkel hat schon viele Projekte durchgeführt und war auch schon zweimal auf einer Weltreise. Diese Kompensation der Unerfahrenheit ist eine konstruktive Steuerungsmassnahme. Dazu gehört auch der Entscheid, dass man frühmorgens eine Sitzung zur Koordination durchführt etc.

7.3 Die Qualitätsprüfung

Qualitätsprüfungen in Projekten sind Kontrollen, die aufzeigen, ob ein projektbezogenes Lieferobjekt die vorgegebenen qualitativen Anforderungen erfüllt oder nicht. Daher werden zur Hauptsache die im Rahmen der Qualitätsplanung festgelegten analytischen Massnahmen durchgeführt. Es wird jedoch auch überprüft, ob die konstruktiven Massnahmen der Qualitätslenkung umgesetzt wurden respektive ob die Wirkungen dieser Massnahmen der Planung entsprechen. Anders gesagt: In der Qualitätsprüfung wird das IST mit dem SOLL verglichen und die Differenz wird analysiert.

Qualitätsprüfung

Unter Qualitätsprüfung in Projekten wird das Feststellen verstanden, inwieweit eine Einheit respektive ein Lieferobjekt im Prüfstatus (Prüfobjekt) die vorgegebenen Anforderungen erfüllt und inwieweit die Projektabwicklungsprozesse gemäss dem definierten Vorgehen eingehalten wurden.

Die Qualitätsprüfung basiert auf zwei Grundlagen respektive Liefererobjektgruppen:

- Den Entwurfsdokumenten
- Den Realisierungsergebnissen

Die Überprüfung dieser Liefererobjekte muss sowohl die Abweichung vom Entwicklungsziel als auch die Abweichung von Normen und Verfahren aufzeigen. Daraus ergeben sich die zwei grundlegenden Fragen:

- Erstellen wir das richtige „Produkt“ im Sinne von SOLL/IST?
- Erstellen wir das „Produkt“ richtig?

Statische und dynamische Prüfungen

Die einzusetzenden Prüfungs- respektive Kontrolltechniken werden in statische und dynamische Prüfungen unterteilt. Der wesentliche Unterschied besteht darin, dass das Prüfobjekt bei der dynamischen Prüfung ausgeführt wird, was bei der statischen Prüfung nicht der Fall ist [Wal 2001]. Zu den statischen Prüfungen gehören alle Kontrolltechniken, welche die Kontrollverfahren Review und Audit aufweisen. Zu den dynamischen Prüfungen gehören mehrheitlich Kontrolltechniken, die beim Testen angewendet werden.

Gemäss Balzer [Bal 1998] ist eine weitere Art von Qualitätsprüfung die Mängel- und Fehleranalyse, die auf Mängelkatalogen und Problemberichten beruht. Sie gibt Antworten auf folgende Fragen:

- In welcher Phase kommen welche Fehlertypen am häufigsten vor?
- Wie viele noch nicht behobene Fehler existieren im Projektprodukt?

Sie sind Basis für weitere Verbesserungen des Projektabwicklungsprozesses.

Prüfung kostet etwas

Es ist darauf hinzuweisen, dass Prüfen aufwändig ist und somit auch etwas kostet. Daher sollten die Prüfungen effizient (wirtschaftlich) durchgeführt werden. Es sei jedoch nochmals erwähnt, dass die hier anfallenden Kosten innerhalb der Projektabwicklung wieder „amortisiert" werden, da frühzeitiges Erkennen und Korrigieren von Fehlern kostengünstig ist (siehe Abbildung 4.34). Die Problematik der Qualitätsprüfung und -lenkung ist die, dass ein nicht eingetretener oder rechtzeitig gefundener Fehler keinen „richtigen" Gewinn abwirft, sondern als normal und logisch empfunden wird.

Die Qualitätsprüfung spiegelt zu einem grossen Teil die Durchführung der Projektkontrolle (Kapitel 4.3.3) wieder.

Auch die Weltreise soll (wie vom Schwiegervater gefordert) seriös vorbereitet werden, um sich unangenehme Erfahrungen zu ersparen. Dazu wird eine konsequente Qualitätsprüfung benötigt, die mithilfe des Prüfplans (siehe Abbildung 7.06) vorbestimmt wird. Es wird auch in vorbestimmten Zeitabschnitten ein sogenannter Managementreview durchgeführt, der prüft, ob das Projektmanagement vom Projektleiter richtig umgesetzt wurde.

Wie im Zielkatalog aufgeführt, will man die Weltreise nicht auf der Stufe „Höchstqualität" vornehmen, da das Budget für Erster-Klasse-Flüge und Fünf-Sterne-Hotels bei weitem nicht ausreicht. Via Referenzen und Internet wird jedoch geprüft, ob die selektierten Übernachtungsorte die Preis/Leistungstests bestehen.

7.4 Das Qualitätsmanagementmodell

Business- und Projekt-Qualitätsmanagement-modell

Heutzutage wird das projektbezogene Qualitätsmanagement mehr und mehr auf den „Internationalen Standard Project-Excellence" ausgerichtet. Dieses Modell, welches von der IPMA (International Project Management Association) definiert und geführt wird, wurde analog zum Business-Excellence der „European Foundation for Quality Management (EFQM)" erstellt. Dies gibt einem Unternehmen die Möglichkeit, sich an zwei terminologisch und thematisch fast identischen Qualitätsmanagementmodellen auszurichten. Das Business QM-Modell und das Project QM-Modell sind dabei gleichartig strukturiert und haben die gleiche Bewertungsgrundlagenmethodik (siehe Abbildung 7.07). Das Miteinander und nicht Gegeneinander auf Modellebene wird in Zukunft in den Unternehmungen noch sehr viel Akzeptanz erhalten.

Qualitätsmanagement-modell

> *Unter einem Qualitätsmanagementmodell versteht man ein Hilfsmittel zur Zielsetzung, Planung, Prüfung, Lenkung und Sicherung von Qualitätsanforderungen, welches ein methodisch abgestütztes, gesamtunternehmerisches Qualitätsziel verfolgt.*

Im Gegensatz zum Business-Excellence-Modell steht bei diesem Modell nicht ein Unternehmen oder eine Organisation insgesamt im Mittelpunkt der Betrachtung, sondern ein einzelnes Projekt und seine Beteiligten. Das Modell basiert generell auf folgenden Ansprüchen, Einsichten und Forderungen [GPM 2006]:

- Kundenorientierung
- Mitarbeiterentwicklung und -beteiligung
- Partnerschaft mit Lieferanten
- Führung und Zielkonsequenz
- Gesellschaftliche Verantwortung
- Prozesse und Fakten
- Ergebnisorientierung

Das Project-Excellence-Modell gliedert die Bewertungskriterien in die zwei schon vorher kurz beschriebenen Beurteilungsbereiche:

- Projektabwicklungsprozess
  Wie verhält sich das Projekt? Wie wird es geführt? Hier wird beurteilt, inwieweit das Vorgehen (der Prozess) „exzellent" ist.

- Projektergebnisse
  Was leistet das Projekt? Was kommt dabei heraus? Hier wird beurteilt, inwieweit die Ergebnisse (Lieferobjekte) „exzellent" sind.

Das Project-Excellence-Modell umfasst alle Aspekte, die ein gutes Projekt abdecken muss (Ergebnisse, Prozesse, Mitarbeiter, Stakeholder werden berücksichtigt). Zudem steht den Projektverantwortlichen mit diesem Modell ein Managementinstrument zur Verfügung, durch das Verbesserungspotenziale aufgedeckt und genutzt werden können. Schöpft ein Projektteam diese Möglichkeiten konsequent aus, so wird die Projektabwicklungsqualität kontinuierlich steigen. Überdies erlauben der ganzheitliche Ansatz und der branchenübergreifende Charakter, notwendige Vergleiche mit anderen Projekten herzustellen und auch fremde Erfahrungen für eigene Spitzenleistungen zu nutzen.

Instrument für Verbesserungspotenziale

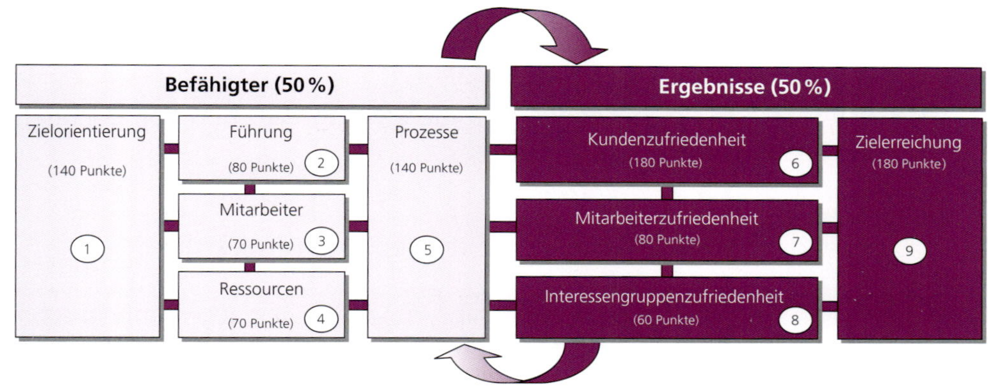

Abb. 7.07: Project-Excellence-Modell [GPM 2006]

Das Project-Excellence-Modell bewertet insgesamt neun Kriterien [GPM 2006]:

1. Zielorientierung
   Wie formuliert, entwickelt und überprüft das Projekt seine Ziele aufgrund umfassender Informationen über die Anforderungen seiner Interessengruppen und wie setzt es diese um?

2. Führung
   Wie wird das Verhalten aller Führungskräfte im „Project-Excellence" inspiriert, unterstützt und promotet?

3. Mitarbeiter
   Wie werden die Projektmitarbeiter einbezogen und ihre Potenziale erkannt und genutzt?

4. Ressourcen
   Wie wirksam und wie effizient werden die vorhandenen Ressourcen eingesetzt?

5. Prozesse
   Wie werden im Projekt wertschöpfende Prozesse identifiziert, überprüft und gegebenenfalls verändert?

6. Kundenzufriedenheit
   Was leistet das Projekt im Hinblick auf die Erwartungen und die Zufriedenheit der Kunden?

7. Mitarbeiterzufriedenheit
   Was leistet das Projekt im Hinblick auf die Erwartungen und Zufriedenheit seiner Mitarbeiter?

8. Interessengruppenzufriedenheit
   Was leistet das Projekt im Hinblick auf die Erwartungen und Zufriedenheit sonstiger Interessengruppen?

9. Zielerreichung
   Was leistet das Projekt im Hinblick auf die geplanten Projektziele?

Es ist wohl klar, dass die Familie Gloor ihr Projekt nicht nach dem Project-Excellence abwickelt. Das Projektsteuerungsgremium hat aber die Absicht, sich solche internationalen Standards mit Blick auf die Motivation und die Qualität zu Nutze zu machen. So werden die Kurse im Off-Road-Fahren und im Tauchen, welche die ganze Familie oder einzelne Mitglieder machen müssen, jeweils mit einem international anerkannten Zertifikat abgeschlossen.

Lernziele des Kapitels „Risikomanagement“

Sie können ...

- den Risikomanagementprozess anhand eines Beispiels begründet aufführen.
- vier Projektrisiken erläutern und jeweils ein Beispiel dazu formulieren.
- den Risikograd für verschiedene Projektrisiken quantitativ berechnen.
- den Unterschied zwischen der Eintrittswahrscheinlichkeit und dem Auswirkungsgrad anhand eines Beispiels erklären.
- in eigenen Worten begründen, was einen Projekterfolg ausmacht.
- die fünf Erfolgsfaktoren anhand von je zwei Beispielen aufführen.
- Erfolgsfaktoren als Gegenmassnahmen von Projektrisiken definieren.
- anhand einer Risikoursachen-Checkliste die möglichen Risiken eines Projekts eruieren.
- Risiken eines Projekts vollständig und umfassend beschreiben und einen Risikokatalog erstellen.

In diesem Kapitel werden insbesondere die ICB-Kompetenzen 2.07, 2.10, 3.01 und 3.11 verfolgt (siehe Anhang D).

Risikomanagement

Die Kunst des Risikomanagements ist es, die Risiken zwar zu erkennen, diese aber nicht übermässig zu fokussieren.

Risikomanagement

Risikomanagement als Teil der Projektabwicklung ist das bewusste Einbeziehen und Bewältigen von möglichen, projektbezogenen Störfällen in der Projektabwicklung auf der Grundlage der systematischen Erfassung, Bewertung und Verfolgung von projektbezogenen Risiken.

B. Schulthess:
„Der Grundsatz, erprobte Standardlösungen mit kalkulierbaren Risiken anzuwenden, ermöglicht – in kontrollierbaren Perimetern und Themenfeldern – innovatives, experimentelles Neuland zu betreten."

Ein bekanntes, klassisches Beispiel aus dem Alltag illustriert dies ziemlich treffend: Man fährt irgendwo auf einer Landstrasse. Plötzlich kommt das Fahrzeug ins Schleudern und von der Fahrbahn ab. Auf der Wiese, auf die man weiter gerät, steht genau ein einziger Baum – also kein Grund, um sich Sorgen zu machen. Oder etwa doch? Nun ja, das kommt nun ganz auf die Reaktion des Fahrers an: Wenn er vollständig auf den Baum fixiert ist und hofft, ja nicht gegen ihn zu fahren, dann wird er ihn mit grösster Wahrscheinlichkeit rammen. Wenn er sich aber auf die offene Wiese konzentriert, wird die Sache bestimmt besser ausgehen.

Abb. 8.01: Projekterfolg dank Risikomanagement

Negative versus positive Energien

In vielen Unternehmen wird Risikomanagement mit dem Auflisten und Verfolgen der Risiken gleichgestellt. Diese einseitige Betrachtung ist nicht nur kraft- und zeitaufwändig, sondern erzeugt auch enorme negative Energien. Wie am Beispiel erläutert, ist die Gefahr gross, das grundlegende Projektziel (das Projekt zum Erfolg zu führen) aus den Augen zu verlieren, wenn man den

Risiken mit Erfolgsfaktoren neutralisieren

Projektrisiken zuviel Aufmerksamkeit widmet. Daher ist es wichtig, genügend Projektenergie für die Schaffung von ausgereiften Erfolgswerten aufzuwenden, um so die Risiken möglichst auszuschliessen. Die Basis dieser Erfolgswerte bilden Erfolgsfaktoren, die ein Projekt bei gezieltem Einsatz zum Erfolg führen können. Somit ist es die Kunst des Projektleiters, die Risiken mit den polarisierenden Erfolgsfaktoren zu neutralisieren, sprich die Projektenergie positiv einzusetzen.

Bevor der eigentliche Risikomanagementprozess erläutert wird, werden kurz die Faktoren erläutert, die ein Projekt zum Erfolg oder zum Misserfolg führen können.

8.1 Die Projektrisiken

Projektrisiken lassen sich grundsätzlich unter vier Sichtweisen betrachten:

a) Die Risiken, die bestehen oder entstehen würden, wenn man das Projekt nicht machen würde.
b) Das Gesamtrisiko oder die Risiken, die man eingeht, wenn man das Projekt machen würde. Respektive die Risiken, welche man hat, wenn das Projektprodukt umgesetzt und „eingeführt" ist.
c) Die Risiken, die während der Projektabwicklung (Projektabwicklungsrisiken) entstehen und die massgeblich den Projekterfolg gefährden, was dann zwangsläufig Punkt b) tangieren würde.
d) Die Summe aller unter Punkt c) definierten Risiken ergibt das Projektabwicklungsrisiko. Dieses Risiko interessiert insbesondere das Projektportfoliomanagement, das diese Risikoeinstufung mit anderen Projekten vergleicht.

Projektrisiken

Projektrisiken verkörpern den potenziellen Schaden (materiell/körperlich), den Unternehmen oder Personen erleiden, wenn die Projektziele nicht erreicht werden.

Ein Problem ist ein Risiko, das eingetreten ist

Risiken respektive die darin lauernden Gefahren gefährden somit den Projekterfolg. Da prinzipiell jede wirtschaftliche Tätigkeit risikobehaftet ist, hat der Projektleiter die Aufgabe, mögliche substanzielle Risiken vorauszusehen und ebenso weitblickend zu handeln. Risiken sind somit potenzielle Probleme. Oder anders gesagt: Ein Problem ist ein Risiko, das eingetreten ist.

Die Schwierigkeit beim projektbezogenen Risikomanagement ist, die wirklichen Risiken zu finden. Um dies zu erleichtern, werden entsprechende Checklisten beigezogen, auf denen die Risikogruppen für die entsprechende Sichtweise aufgeführt sind. So kann z.B. der Projektleiter anhand einer Risiko-Checkliste, allein oder mit dem gesamten Projektteam und den Stakeholders zusammen, geistig durch das Projekt gehen. Dabei wird geprüft, ob das Projekt entsprechende Risiken hat. Mit dieser Vorgehensweise sollten ca. 90% der Risiken entdeckt werden können.

Das Auffinden von Risiken wird mit dem Einsatz von Checklisten unterstützt

Für die unter Punkt c) aufgeführten Projektabwicklungsrisiken kann z.B. die in Abbildung 8.02 aufgezeigte Struktur (Checkliste) zur Hilfe genommen werden.

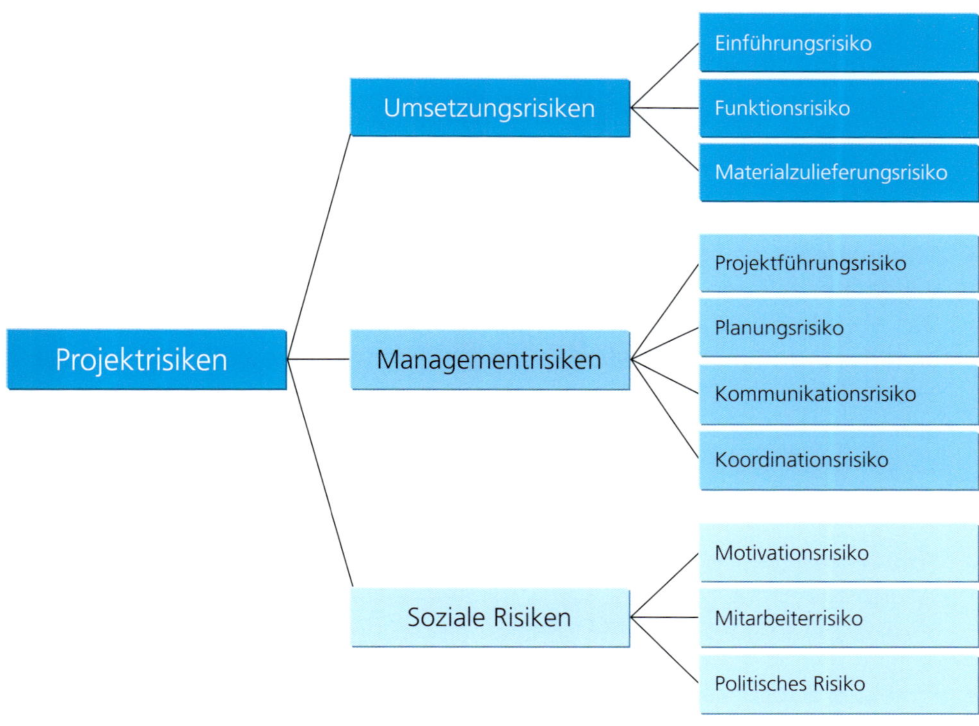

Abb. 8.02: Mögliche Gliederung der Ursachen von Projektrisiken gemäss deren Ursachen

Auf den kommenden Seiten wird punktuell auf die in der Abbildung 8.02 skizzierten Risiken eingegangen. Um diese besser differenzieren zu können, ist zu jedem Punkt ein mögliches Risiko der „Vorbereitung zur Weltreise" beschrieben.

- Einführungsrisiko
  Die Welt ist enorm komplex. Muss ein Projektprodukt in seine Umwelt eingeführt werden, ergeben sich viele Risiken. Diese Vernetztheit sollte gründlich auf mögliche Risiken untersucht werden.

> Hier bildet insbesondere Jasmin ein grosses Risiko, da sie sehr anfällig für Krankheiten ist, was einen pünktlichen Abflug gefährden könnte.

- Funktionsrisiko
  Diese Risiken entstehen, wenn Gesetze, Vorschriften und Richtlinien nicht eingehalten werden, wenn die Anforderungen unklar sind, wenn zur Projektabwicklung Techniken eingesetzt werden, deren Nutzungsmöglichkeiten nicht ausgeschöpft werden können, oder wenn neue Methoden, Techniken oder Tools zum Einsatz kommen, die nicht beherrscht werden.

> Was wäre, wenn trotz grösster Bemühung der ganzen Familie, die Weltreise gar nie „zum Laufen" käme? Was hätte dies für Auswirkungen auf das Leben der Familie?

- Materialzulieferungsrisiko
  Viele Unternehmen beschränken sich zunehmend auf ihre Kernkompetenzen. Das Verfolgen dieser Strategie führt zum so genannten Outsourcing, bei dem mehr und mehr Zulieferer ausserhalb der Firma respektive des Projekts liegen. Diese Zulieferer haben verständlicherweise im Sinn, mit möglichst geringem Aufwand möglichst viel Ertrag zu erwirtschaften. Ein Materialzulieferungsrisiko kann dann eintreten, wenn z.B. die Zulieferungsanforderungen nicht exakt definiert werden.

> Dieses Risiko generiert der externe Mitarbeiter, Herr Tobler. Was wäre, wenn Herr Tobler Informationen (Hotelangebote, Transfers etc.), die die Projektmitarbeiter bräuchten, verspätet oder gar nicht liefert?

R. Grau:
„Das Risiko in jedem Projekt ist das, von dem keiner weiss, dass wir es nicht wissen."

- Projektführungsrisiko
  Gemäss verschiedenen Analysen ist dies eines der am häufigsten eintretenden Risiken in einem Projekt. Es beruht vielfach auf der oberflächlichen fachlichen Selektion des Projektleiters und auf der fehlenden Übereinstimmung von Aufgaben, Kompetenzen und Verantwortung. Dadurch wird diese Rolle nicht mit den notwendigen Fähigkeiten ausgefüllt. Diese Situation ist meistens der Auslöser anderer Projektrisiken.

> Es liegt wohl auf der Hand, dass Magnus trotz seines grossen Willens, keine Fehler zu begehen, ein grosses Risiko darstellt. Ihm fehlen schlichtweg die (so wichtigen) projektspezifischen Erfahrungen.

- Planungsrisiko
  Ein Planungsrisiko kann aufgrund von fehlerhaften Planwerten (Ressourcenplan, Projektkostenplan etc.) eintreten. Deren Ursachen liegen oft in der unrealistischen Einschätzung der Arbeitsleistungen seitens des Projektleiters, aber auch des Auftraggebers. Auch die ständige Zunahme der Anforderungen an das Produkt kann eine Ursache für dieses Risiko sein.

  Würde eine Sitzung, die beim Schwiegervater zu Hause stattfindet, die von Magnus berechnete Zeit überschreiten, könnte es ja theoretisch sein, dass der vom Schwiegervater erwartete Besuch bereits vor der Türe steht, was zum Abbruch der Sitzung führen würde.

- Kommunikationsrisiko
  Je mehr Unternehmensbereiche in ein Projekt involviert sind, desto grösser wird der Kommunikationsaufwand. Sind die Beteiligten nicht ihrer Projektaufgabe entsprechend informiert, kann dies zu einem Kommunikationsmanko und somit zu vielen Projektrisiken führen.

  Angelika stellt in dieser Hinsicht das grösste Risiko dar, da sie in ihrem schwierigen Alter von 16 Jahren besonders Mühe bezüglich Kommunikation bekundet.

- Koordinationsrisiko
  Wie das Kommunikationsrisiko wird ein mögliches Koordinationsrisiko vom Projektumfang beeinflusst. Wird zwischen den externen und den internen Beteiligten sowie innerhalb des Projektteams nicht genügend koordiniert, so entstehen Doppelspurigkeiten und Insellösungen, die den Projekterfolg stark gefährden können.

  Auch beim Projekt der Familie Gloor ist es von grosser Wichtigkeit, dass die einzelnen Teammitglieder ihre Ideen untereinander austauschen. Ansonsten werden Reiserouten erarbeitet, die entweder nicht implementierbar oder bereits vorhanden sind.

- Motivationsrisiko
  Menschliche Leistung wird gemäss Führungslehre grösstenteils aufgrund von Motivation erbracht. Sind die Projektmitarbeiter demotiviert, so fallen ihre Leistungen ab. Dies kann für ein Projekt verheerende Folgen haben.

  Das Projekt der Familie Gloor, die Vorbereitung der Weltreise, erstreckt sich über einen Zeitraum von 8 Monaten. Dies ist eine lange Durststrecke, während der man eigentlich keine Resultate sieht, was die Motivation der Mitarbeiter „Familienmitglieder" erheblich senken kann.

- Mitarbeiterrisiko
  Der Mitarbeiter stellt mit seiner Fähigkeit, Fertigkeit und Einsatzbereitschaft ein Risiko dar, da er mit bewussten oder unbewussten Handlungen (Auslassen der Dokumentation, Kündigung, fehlendes Fachwissen etc.) eine negative Projektwirkung erzeugen kann.

  Ein Mitarbeiterrisiko der Weltreise stellt beispielsweise das Schulunterbruchsjahr von Jasmin dar. Denn es könnte sein, dass dieses Absenzjahr negative Auswirkungen auf ihre schulischen Leistungen am Gymnasium hat.

- Politisches Risiko
  Projekte können dadurch bedroht werden, dass durch die Bildung von Interessengruppen nicht mehr die Projektziele, sondern nur noch persönliche Ziele verfolgt werden (soziale Bedingungen oder politische Unternehmensmachtkämpfe).

  Es besteht die Möglichkeit, dass sich diesmal die Frauen der Familie zusammenschliessen, um ihre Anliegen gegenüber den Männern durchzusetzen.

8.2 Der Risikomanagementprozess

Zum ersten Mal bereits beim Projektstart

Wer die Projektrisiken feststellen will, sollte bereits zu Beginn des Projekts, in der Initialisierungsphase, eine Risikoanalyse durchführen. Sie hat zum Ziel, sämtliche für das Projekt relevanten Risiken zu identifizieren und deren Auswirkungsgrad sowie die Eintrittswahrscheinlichkeit abzuschätzen. Eine vollumfängliche Risikoanalyse bzw. Risikoüberprüfung ist in jeder Projektphase (ja sogar monatlich) sinnvoll.

Die Vorbereitung der Risikoanalyse beginnt mit dem Festlegen der Vorgehensmethode und dem Entwerfen eines geeigneten Rasters für die Risikoanalyse. Anschliessend erfolgt der Durchlauf durch den Risikomanagementprozess.

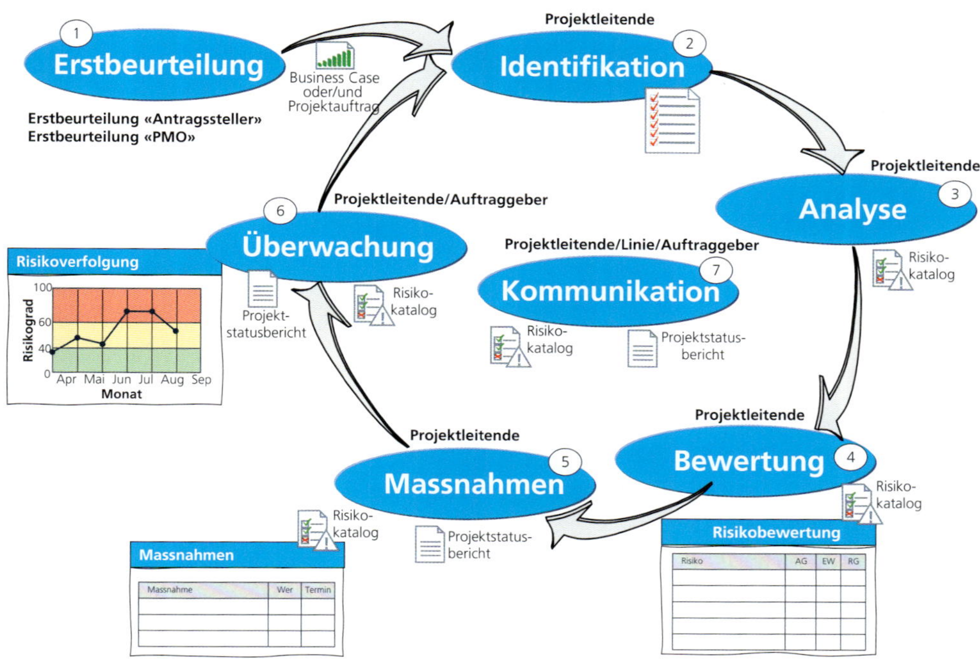

Abb. 8.03: Risikomanagementprozess

1. Erstbeurteilung
   Wie unter Kapitel 8.1 aufgeführt, gibt es verschiedene Sichtweisen einer projektbezogenen Risikobeurteilung. So sollte beim Steckbrief vom Antragsteller selbst und/oder vom Portfoliomanagement-Office eine Risikobeurteilung, vorzugsweise nach einem projektartenbasierten Standardrisikenkatalog, durchgeführt werden. Dabei soll entdeckt und beurteilt werden, welche Risiken eingegangen werden, wenn man das Projekt durchführt respektive nicht durchführt.

Risikofaktoren PMO	Eintritts-wahrschein-lichkeit (E)	Schadens-potenzial (S)	Änderungs-notwendig-keit (N)	Änderungs-aufwand (A)	Rating A*N = R	Risiko
R1. Auftraggeber Beziehung	3	2	2	1	2	
R2. Personalsituationen	1	3	3	3	9	
R3. Innovationsgrad	1	1	1	1	1	
R4. Politische Faktoren/Soft Factors	3	2	3	1	3	
R5. Umweltverträglichkeit	1	2	2	3	6	
R6. Zeit für die Umsetzung	1	2	2	1	2	
R7. Qualität	1	2	2	1	2	
R8. Kostensituation	3	2	3	3	9	
R9. Recht und Bewilligungen	1	2	2	1	2	
R10. Infrastruktur/Betrieb	2	2	2	2	4	
Total	**17**	**20**	**22**	**17**	**38**	

2. Identifikation
   Die Identifikation der Projektabwicklungsrisiken sollte stets Teamarbeit sein. Das heisst, unter der Aufsicht des Projektleiters arbeiten die Stakeholder und das Projektteam zusammen. Neben dem Einsetzen von Checklisten für eine systematische und möglichst vollständige Ermittlung der Risiken können auch Kreativitätstechniken eingesetzt werden.

   Im Weiteren können drohende Risiken wie folgt aufgedeckt werden:
   - Projektplanung in Frage stellen

- Unabhängige und erfahrene Personen das Projekt überprüfen lassen
- Erfahrungen von früheren Projekten einfliessen lassen
- Offene Ohren für Warnungen haben
- Durchführen von Audits und Reviews

Risiken werden im Risikokatalog festgehalten

Die erfassten Risiken und alle weiteren risikobezogenen Ergebnisse werden im Risikokatalog festgehalten und stetig aktualisiert.

3. Analyse
   Wurden die Risiken einmal entdeckt, geht es darum, diese fachkundig zu analysieren:
   - Beschreiben der Ursachen: Jedes Risiko hat eine oder mehrere Ursachen. Werden die wahren Ursachen ermittelt, so ist es einfacher, die adäquaten Massnahmen oder auch Erfolgsfaktoren einzusetzen.
   - Analysieren des Auswirkungsgrades (AG) eines einzutreffenden Risikos: Der Grad der Beeinträchtigung (falls das Risiko eintritt), oder auch Tragweite genannt, wird mit 4 = sehr hoch, hoch = 3, mittel = 2 oder gering = 1 angegeben.
   - Analysieren der Eintrittswahrscheinlichkeit eines Risikos:
     Die Eintrittswahrscheinlichkeit (EW) wird in Prozenten angegeben. Dabei ist eine geringe EW mit 5%–20%, eine mittlere EW mit 30%–50%, eine hohe EW mit 60%–70% und eine sehr hohe EW mit 80%–90% zu bemessen.

Risikoaspekt	Erläuterung	Ausführung	**Konkret**
Ursache	Umweltrisiko … risiko	Schlechtes Wetter	Heftiges Gewitter an einem Abend
Auswirkung	Leist / Quali / Zeit / Kost / Akze / Wirts	Weniger Umsatz	Umsatzausfall von bis zu 40% am Gewitterabend
Eintrittswahrscheinlichkeit	Sehr hoch / hoch / mittel / tief .. %	Tief	Jedes 3. Jahr an einem der zwei Hauptabende = 17% (100%/6)
Auswirkungsgrad	Sehr hoch / hoch / mittel / tief 4 – 3 – 2 – 1	Mittel	40% des Umsatzes am Gewitterabend: 60'000.–
Sichtbarkeit	Ampel EW * AW	Gelb	0,17 * 60'000.- = 10'200.–
Massnahmen:	Reduzieren des EW oder AW	Risiko akzeptieren: Risiko überwälzen:	• Risiko akzeptieren, ev. Rücklagen • Vergabe an Restaurateur: jährl. Mindereinnahmen: 15'000.–

Die Eintrittswahrscheinlichkeit mit 100% wird nicht bewertet, da mit 100% das Risiko eingetroffen ist und somit ein Problem vorliegt.

4. Bewertung
   Je höher der Auswirkungsgrad (AG) und die Eintrittswahrscheinlichkeit (EW), desto höher ist die Bewertung des Risikos. Eine einfache Art, den Risikograd (RG) festzulegen bzw. zu berechnen, ist die Multiplikation des Auswirkungsgrades mit der prozentualen Eintrittswahrscheinlichkeit. Berechnet

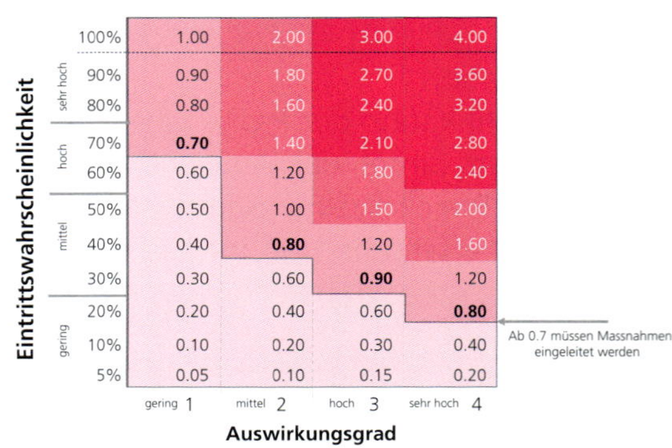

man bei allen Risiken den Risikograd, so sieht man relativ einfach, welche Risiken besonders beobachtet werden müssen.

5. Massnahmen
   Kennt man die Projektabwicklungsrisiken, so sollten einerseits dazu, wie unter Kapitel 8.3 erläutert, allgemein entsprechende Erfolgsfaktoren definiert werden. Andererseits müssen mögliche Aktivitäten für konkrete Massnahmen zur Behandlung (Minimierung, Eliminierung etc. der Risiken) erarbeitet werden. Dabei sollte nicht vergessen werden, zu jeder Massnahme eine verantwortliche Person und einen konkreten Termin anzugeben. Eine Massnahme kann immer auf die Eintrittswahrscheinlichkeit und/oder auf den Auswirkungsgrad wirken. Agieren statt reagieren!

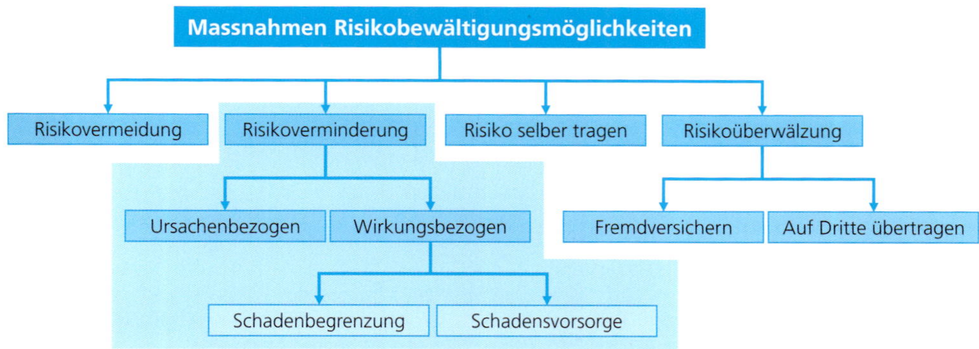

Abb. 8.04: Ursachen- und/oder wirkungsbezogene Massnahmen

6. Überwachung
   In der Praxis wird nicht selten nur eine einmalige, umfassende Risikoanalyse vorgenommen. Sind die Risiken einmal definiert und bekannt gegeben, werden sie oftmals vergessen. Es ist wichtig, Monat für Monat die Risiken und die Risikograde zu überprüfen bzw. zu verfolgen, denn nur so ist zu erkennen, ob die eingesetzten Massnahmen entsprechend wirken und ob neue Risiken auftauchen, bestehende „sich selbst eliminieren", Eintrittswahrscheinlichkeit und Auswirkungsgrad sich ändern etc. Wie in Abbildung 8.05 vereinfacht dargestellt, interessiert das Management primär, ob sich ein Risiko aufgrund der eingeleiteten Massnahmen senkt oder ob weitere Massnahmen eingeleitet werden müssen.

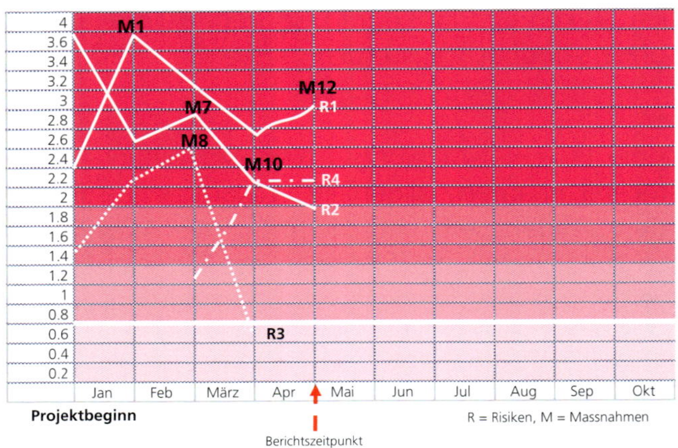

Abb. 8.05: Eingeleitete Massnahmen und deren Wirkung

Zustand	**Aktion**
Neues Risiko	Einschätzung, Mitigation (Massnahmen) und in begründeten Fällen Contingency (Eindämmung)
Risiko unverändert	Keine Aktionen, Reviewdatum anpassen, Risiko weiter überwachen
Risiko verändert	Anpassen der Gewichte; ev. Erfassen neuer oder Ändern bestehender Massnahmen, ev. Contingency-Plan
Risiko eingetreten	Risiko wird zum Problem; wenn vorhanden, wird Contingency-Plan ausgelöst
Risiko nicht mehr existent	Risiko und alle dazugehörenden Massnahmen werden abgeschlossen. Risikoerledigung als Erfolg melden.

7. Kommunikation
   Es ist ja gut und recht, wenn das Projektteam weiss, welche Risiken das Projekt bedrohen. Es ist aber ebenso wichtig, dass insbesondere die Projektträger (z.B. der Auftraggeber) Kenntnis von diesen Risiken haben. Daher sollten die Risiken sowie deren Verfolgung im monatlich erstellten Projektstatusbericht aufgeführt und bei geeigneten Präsentationen erläutert werden.

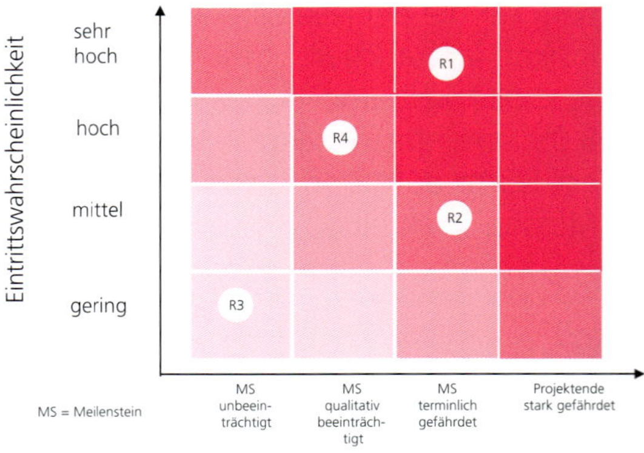

Um das Resultat aus dem Risikomanagementprozess zu veranschaulichen, erstellt Magnus zusammen mit seinem Coach einen Risikokatalog. Hier ein Auszug daraus:

Risiko:	Alle Familienmitglieder stellen sich unter einer Weltreise etwas vollkommen anderes vor. Dies kann zu grösseren Familienkonflikten führen.		
Ursache:	Die unterschiedlichen Ansichten resultieren aus mehreren Gründen: Generationenkonflikt, Medienkonsum, soziale Beziehungen, Unpässlichkeiten, etc.		
Auswirkungsgrad:	mittel = 2	Eintrittswahrscheinlichkeit:	hoch = 30%
Risikograd:	0.6 (2 × 30 = 60 / 100)		
Massnahmen:	Sicherstellen des konstruktiven Meinungsaustauschs in Kombination mit dem definierten Erfolgsfaktor (Frühstücks-Meeting zwischen 06.45 Uhr und 07.15 Uhr).		
Verantwortung:	Magnus	Termin:	Ab 29.03.20nn

Abb. 8.06: Ein erkanntes Projektrisiko der Familie Gloor (Risikokatalog)

8.3 Der Projekterfolg

Der Erfolg muss nachweisbar sein

Ziel eines jeden Projektleiters bzw. aller Beteiligten ist es, den gewünschten Projekterfolg zu erreichen und ihn auch nachzuweisen. Um den Projekterfolg belegen zu können, müssen die Projektziele eindeutig definiert sein. Falls dies nicht möglich ist, fällt es schwer, den Erfolg konkret auszuweisen.

Projekterfolg

Ein Projekterfolg liegt dann vor, wenn die vom Auftraggeber gewünschten Resultate (Leistung) mit den vorgesehenen Mitteln innerhalb der vorgegebenen Zeit in der geforderten Qualität erreicht oder gar übertroffen werden und wenn die Betroffenen das „Neue" akzeptieren und der gewünschte Nutzen (Business Value) nachweislich eingetroffen ist.

Da der Erfolg durch das Erreichen der Ziele definiert ist, ist es klar, dass der Projekterfolg genau wie die Projektziele (siehe Kapitel 1.3.3) in zwei Bereiche unterteilt werden können: Zum einen in einen erfolgreichen Projektabwicklungsprozess, zum anderen in ein erfolgreiches Projektprodukt.

Dabei gilt es zu beachten, dass es schwierig bzw. unmöglich ist, auf der Produktseite erfolgreich zu sein, wenn der Projektabwicklungsprozess nicht adäquat ist. Somit bildet ein erfolgreicher Projektabwicklungsprozess die fundamentale Voraussetzung für ein erfolgreiches Projektprodukt.

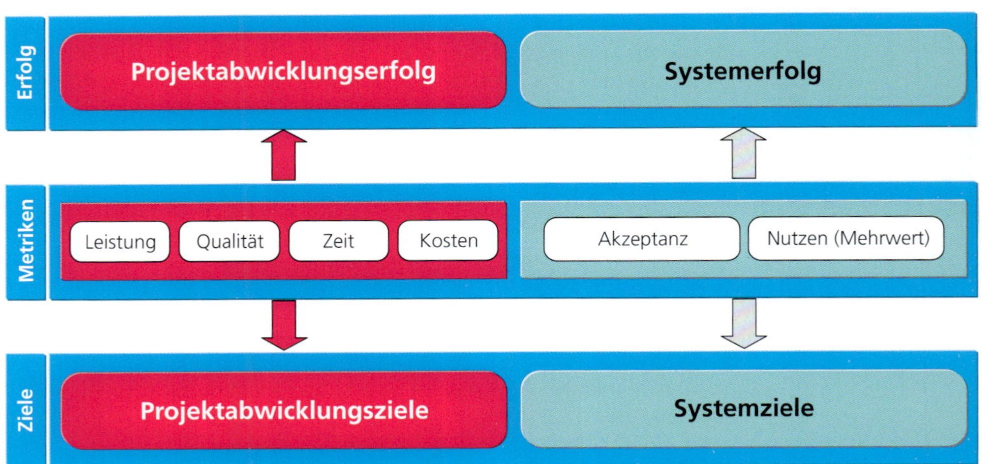

Abb. 8.07: Metriken (Messgrössen) zur Ermittlung des Projekterfolgs [Kep 1992]

Erfolgsfaktoren

Wem einmal klar ist, was überhaupt Projekterfolg ist, der kann sein Projekt zum Erfolg führen. Dies geht nur unter Berücksichtigung ganz bestimmter Faktoren, der Erfolgsfaktoren.

> *Unter Erfolgsfaktoren in einem Projekt versteht man die Voraussetzungen, die wesentlich zur Erreichung der wünschbaren Zustände gemäss Erfolgsermittlungskriterien beitragen.*

Diese Erfolgsfaktoren lassen sich gemäss Keplinger [Kep 1992] grob in fünf Gruppen unterteilen. Sie sind sowohl einzeln als auch in Kombination die Basis für ein erfolgreiches Projekt:

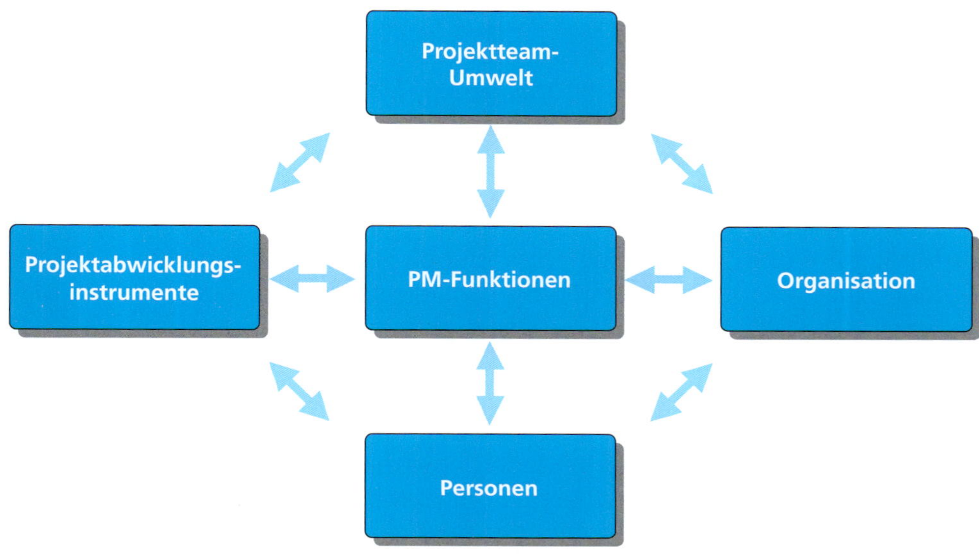

Abb. 8.08: Fünf Gruppen der Projekterfolgsfaktoren

- PM-Funktionen
  Je komplexer und umfangreicher ein Projekt ist, umso entscheidender sind die Leistungen der Projektführung. Aktives und gutes Führen (u.a. gut [richtig] starten, umfassend planen und kontrollieren, ausführlich kommunizieren) sind Schlüsselfaktoren des Erfolgs.

R. Grau:
„Ein Projekt ist genau dann erfolgreich, wenn der implementierte Kompromiss von allen aktiv mitgetragen wird."

- Projektteam-Umwelt
  Unter dem Begriff Projektteam-Umwelt werden die „direkten" Personen um das Projektteam verstanden. Dies sind (wie Abbildung 2.06 zeigt) im Allgemeinen die Projektträger sowie die Betroffenen und Involvierten. Je nach Qualität der Projektteam-Umwelt können der Projektleiter bzw. das ganze Projektteam ihre Fähigkeiten voll und ganz einsetzen. Ein Projekt ohne entsprechend kompetente Unterstützung der Projektumwelt dürfte nie gestartet werden.

- Projektabwicklungsinstrumente
  Es gilt, dem Projektteam alles zur Verfügung zu stellen, was für eine effiziente Projektarbeit benötigt wird. Nicht selten wird diese Erfolgskomponente sträflich vernachlässigt. Das fängt bei einfachen Mitteln an (wie funktionierender Locher, Hammer etc.) und geht bis zum störungsfreien Computer oder Bagger. Nicht die neuesten Sachmittel sind damit gemeint, sondern die effizientesten.

- Personen
  Nur ein qualifiziertes Projektteam respektive „mündige" Mitarbeiter können die Gewähr für den Projekterfolg bieten. Das sind Personen, welche die Projektproblematik kennen und wissen, wie die entsprechenden Durchführungstechniken anzuwenden sind. Es ist wichtig, dass der Auftraggeber bzw. der Projektleiter gut beraten ist, wenn er versucht, für sein Projekt die besten Leute zu gewinnen (sprich Personen, die über die notwendige Fach-, Methoden- und Sozialkompetenz verfügen – und nicht diejenigen, die gerade Zeit haben). Selbstverständlich sollten dann diese gewonnenen Mitarbeiter auch für das Projekt ausreichend freigestellt werden.

- Organisation
  Die Projektorganisation sollte immer dem Projektumfang angepasst sein. Unter Berücksichtigung der Veränderungsdynamik und der Besonderheiten eines Projekts gelten u.a. folgende Erfolgsfaktoren: stabile, aber unbürokratische Organisation, Organisationsstruktur mit transparenter Verteilung der Aufgaben, der Kompetenzen und der Verantwortungen (AKV) etc.

G. Gassmann:
„Erfolgreiche Projektleiter erkennen, welche Person und Fertigkeit in der Krise für eine erfolgreiche Lösung gefragt ist!"

Alle lieben Erfolg – auch Familie Gloor und erst recht der Schwiegervater. Deshalb nehmen alle Beteiligten an einem sogenannten Erfolgsworkshop teil. Am frühen Sonntagmorgen – Jasmin trägt noch immer ihren Schlafanzug – überlegen alle gemeinsam, was letztlich zum Erfolg des Projekts führt. Dazu schreibt jeder seine Vorschläge auf und klebt sie an die grosse Kühlschranktür. So definieren sie zusammen ihren entscheidenden Erfolgsfaktor: „Morgenstund hat Gold im Mund"! Es wird beschlossen, jeden Morgen miteinander zu frühstücken. Das heisst, jeden Morgen zwischen 06.45 Uhr und 07.15 Uhr wird ab sofort regelmässig diskutiert, was in Bezug auf das Projekt getan und entschieden werden muss und welche Probleme zu lösen sind. Mit diesem Erfolgsfaktor sind sich alle sicher, das Projekt gut abzuwickeln und auch die Risiken frühzeitig erkennen und bewältigen zu können.

Die konsequente Berücksichtigung dieser fünf Erfolgsfaktoren-„Gruppen" wirkt wie ein Schutzmantel um die Projektabwicklung.

Werden die Eigenschaften eines erfolgreichen und eines misslungenen Projektes verglichen, so stellt sich heraus, dass das Risiko der polarisierende Wert des Erfolgsfaktors ist. Das heisst, wenn ein Projektleiter von den möglichen Risiken Kenntnis hat, kann er die Aufmerksamkeit auf die Einhaltung des entsprechenden Erfolgsfaktors richten. Wenn beispielsweise ein grosses Zeitrisiko besteht, muss der Projektleiter speziell den Erfolgsfaktor „detaillierte und umfangreiche

Planung" einsetzen. Mit diesem Instrument kann er das Risiko bis zu dem Grad mindern, wo er die Verantwortung dafür wieder tragen muss oder kann (Einhaltung der Sorgfaltspflicht).

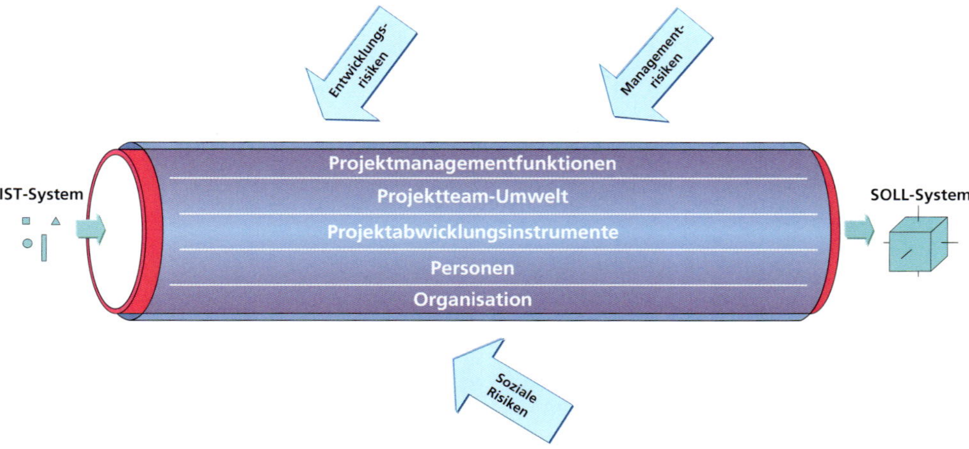

Abb. 8.09: Erfolgsfaktoren als Risikoschutzmantel um die Projektabwicklung

Wieso haben wir Erfolg?

Ein proaktiver Ansatz, den Projekterfolg sicherzustellen, ist, wenn ein Erfolgsleitsatz definiert wird, welcher die relevanten Erfolgsfaktoren beeinflusst. Ideal ist es, wenn zu Beginn eines Projektes das gesamte Team für einen Workshop (Kick-off) zusammengezogen wird. Die Frage, die bei einem solchen Workshop in den Raum gestellt wird, ist: „Wieso haben wir Erfolg?" Diese einfach wirkende und zum Teil belustigende Frage gilt es vom gesamten Team konkret zu beantworten.

Die Aufgabe des Projektleiters besteht darin, innerhalb der Projektgruppe einen Erfolgsleitsatz zu bestimmen, welcher von der Projektgruppe über die ganze Projektdauer hinweg konsequent verfolgt und eingehalten wird. Während des Projekts wird die Projektgruppe immer wieder im Hinblick auf die Einhaltung dieses „Leitsatzes" beobachtet und beurteilt. Es gilt somit den Erfolgsleitsatz so zu bestimmen, dass er ein effizientes Arbeiten ermöglicht und für alle Gruppenmitglieder erfüllbar ist.

Die Kunst des Projektleiters ist es, die Risiken mit den polarisierenden Erfolgsfaktoren und/oder mit einem gezielten Erfolgsleitsatz zu neutralisieren, sprich die Projektenergie positiv einzusetzen. Das gezielte Definieren von Erfolgsfaktoren kann natürlich je nach Gesichtspunkt auch ganz einfach als Vorsorgestrategie deklariert werden.

Lernziele des Kapitels „Ressourcenmanagement"

Sie können ...

- die gebräuchlichsten Ressourcen (Einsatzmittel), die in einem Projekt Verwendung finden, in ein Ordnungsschema einordnen (systematisieren).
- den Ressourcenmanagementprozess in eigenen Worten erläutern.
- die Hauptprozesse des Ressourcenmanagements wie Einsatzmittelmanagement und Kostenmanagement im Kontext aufzeigen.
- in einfacher Form den Teilprozess „Einsatzmittelzuteilung" aufzeichnen und erklären, wo in diesem Teilprozess die grössten allgemeinen Problematiken versteckt sind.
- die wichtigsten Teilschritte des Kostenmanagementprozesses und deren Lieferobjekte aufführen.
- das Aufgabenschema des Prozessschritts „Projektkostencontrolling" aufzeichnen.
- erläutern, wie man auf Seiten der Projektkostenrechnung das Projekt richtig abschliesst.
- die Hauptlieferobjekte des Ressourcenmanagements aufführen.

In diesem Kapitel werden insbesondere die ICB-Kompetenzen 1.02, 2.11, 3.07, 3.08, 3.09 und 3.10 verfolgt (siehe Anhang D).

Ressourcenmanagement

Übergeordnetes Ziel des Ressourcenmanagements ist aus Unternehmens- wie aus Projektsicht das zielgerichtete, kontrollierte und effiziente Einsetzen und Nutzen aller verwendeten Ressourcen, die für die Zielerreichung notwendig sind. Das heisst, mit qualifiziertem Ressourcenmanagement soll auch eine optimale Durchführung der Projektprozesse gewährleistet werden. Dabei gilt es, den Bedarf an Ressourcen im Voraus zu ermitteln und allfällige vertragliche Verpflichtungen mit externen wie auch internen Ressourcenlieferanten abzuschliessen sowie die Angemessenheit der erworbenen Ressourcen gegenüber der auszuführenden Arbeit regelmässig zu prüfen.

Projektprozesse optimal durchführen können

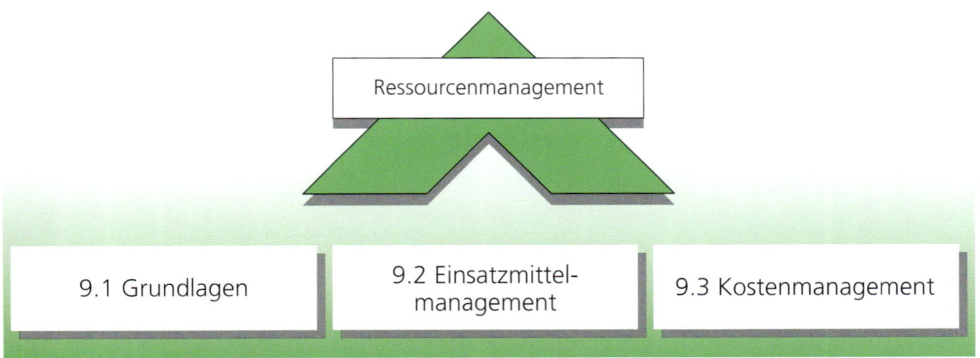

Abb. 9.01: Strukturierung des Ressourcenmanagements im Projektumfeld

> *Ressourcenmanagement in der Projektabwicklung ist das qualitative, zeitliche und räumliche Managen (Planen, Steuern, Kontrollieren) von Finanz-, Personal- und Betriebsmitteln, die für die Projektarbeit benötigt werden.*

Ressourcen-management

9.1 Grundlagen

Das Ziel des projektorientierten Ressourcenmanagements ist es zum einen, die „richtigen" Ressourcen zur „richtigen" Zeit in der „richtigen" Menge am „richtigen" Ort zu haben. Zum andern soll aus Projektportfoliosicht eine möglichst gerechte Versorgung der Projekte mit den benötigten Kapazitäten gewährleistet werden. Das heisst unter anderem: Es ist eine optimale Ressourcenallokation anzustreben.

9.1.1 Arten von Ressourcen

Unter Ressourcen in der Projektabwicklung werden Personal-, Betriebs- und Finanzmittel verstanden, die für die Durchführung von Projektvorgängen bzw. für die Erledigung von Arbeitspaketen notwendig sind.

Personal-, Betriebs- und Finanzmittel

Gemäss Abbildung 9.02 können die Personal- und Betriebsmittel als Einsatzmittel zusammengefasst werden; dies deshalb, weil sie direkt in der Projektabwicklung „eingesetzt" werden. Finanzmittel sind in diesem Sinne oftmals keine Einsatzmittel, da sie nicht direkt eingesetzt werden. Mit Finanzmitteln werden in der Regel Personal- und Betriebsmittel gekauft. Natürlich könnten Finanzmittel auch Einsatzmittel sein, wenn sie direkt (z.B. als Zins für Baukredit) eingesetzt würden.

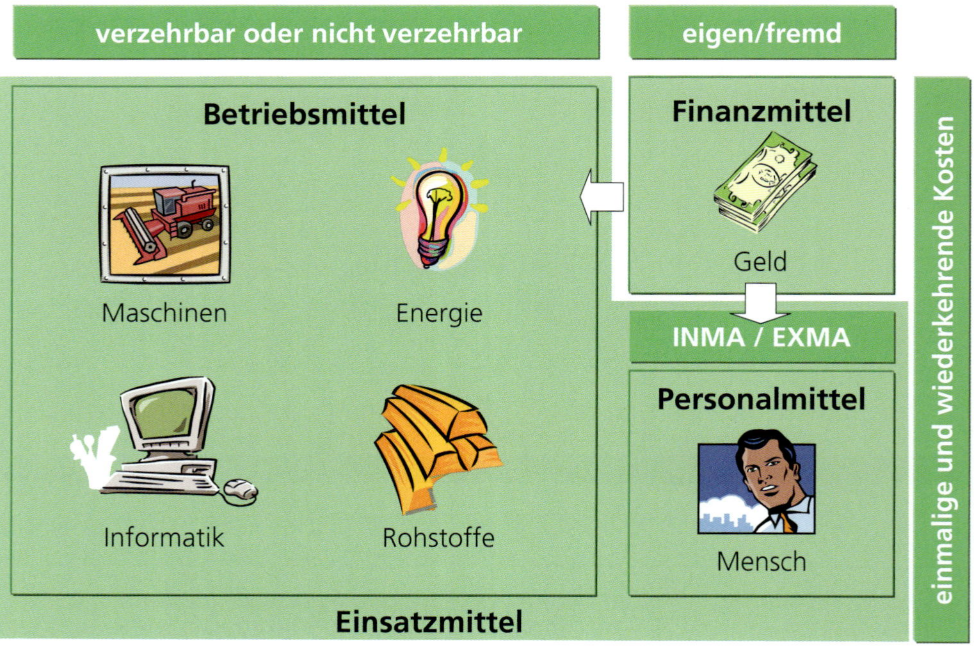

Abb. 9.02: Arten von Ressourcen

Intern/extern

- Personalmittel
  Dazu gehören alle Mitarbeiterleistungen sowie Dienstleistungen projektexterner Einheiten (andere Abteilungen oder andere Unternehmen, d.h. „Lieferanten"), die für das Projekt gebraucht werden. Personalmittel können aus Sicht des Unternehmens in interne und externe Personalmittel unterteilt werden. Alle Personen, die über einen Arbeitsvertrag, auch Anstellungsvertrag genannt, verfügen, sind als interne Personalmittel (INMA) zu be-

trachten. Alle, die über keinen Arbeitsvertrag direkt mit der Auftraggeberunternehmung verfügen, sind als externe Personalmittel (EXMA) bzw. als Lieferanten zu betrachten.

- Betriebsmittel
  Dazu zählen nach den Gesichtspunkten der Projektplanung alle nicht monetären und nicht personalbezogenen Einsatzmittel, die sich ihrerseits wie folgt unterteilen lassen:

  Gebrauchsgüter/ Verbrauchsgüter

  - Gebrauchsgüter (nicht verzehrbar)
    Damit sind Betriebsmittel gemeint, die nicht durch das Projekt verzehrt werden; das heisst, sie sind nach deren Nutzung immer noch verwendbar. Viele Gebrauchsgüter stehen dem Projekt zeitlich begrenzt zur Verfügung. Beispiele sind Produktionshallen, ein Rechenzentrum, Testanlagen, Entwicklungsarbeitsplätze, Schulungs- und Entwicklungsräumlichkeiten.
  - Verbrauchsgüter (verzehrbar)
    Umfasst Betriebsmittel, die durch das Projekt verzehrt werden; demzufolge stehen sie nach deren Nutzung nicht mehr zur Verfügung. Beispiele für solche Betriebsmittel sind Strom, Papier, Wasser, Büromaterial, Datenträger, Konvertierungssoftware etc.
- Finanzmittel
  Das sind buchhalterisch oder bilanztechnisch erfassbare Geldmengen, die zur Kostendeckung von Vorgängen, Arbeitspaketen oder Projekten benötigt werden. Finanzmittel werden stets in Währungseinheiten beschrieben und können für einen Zeitpunkt oder einen Zeitraum disponiert werden [Glo 2006]. Die für ein Projekt freigegebenen Finanzmittel werden im Projektumfeld mittels Kostenmanagement verwaltet.

  Stets in Währungseinheiten beschrieben

Oftmals wird unter Ressourcenmanagement im Projektumfeld auch nur die Einsatzplanung von Mitarbeitern (Personal) respektive Arbeitskräften für die Projektarbeit verstanden. Diese Ressource wird im Folgenden als Personalmittel bezeichnet.

9.2 Einsatzmittelmanagement

Nachfolgende Abbildung gibt einen Überblick über die Schritte des Einsatzmittelmanagementprozesses.

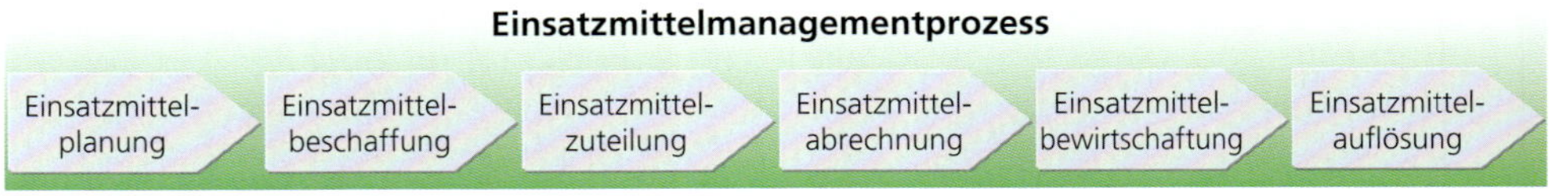

Einsatzmittelmanagementprozess

Einsatzmittel-planung → Einsatzmittel-beschaffung → Einsatzmittel-zuteilung → Einsatzmittel-abrechnung → Einsatzmittel-bewirtschaftung → Einsatzmittel-auflösung

Abb. 9.03: Bestandteile des Einsatzmittelmanagementprozesses

Die einzelnen Schritte werden in den kommenden Kapiteln beschrieben.

9.2.1 Einsatzmittelplanung

Bei der Einsatzmittelplanung, auch Einsatzmittelbedarfsplanung genannt, geht es um den Prozessschritt, der feststellt, welche Einsatzmittel (Personal- und Betriebsmittel) im Projekt wann benötigt werden. Dieser Prozessschritt entspricht dem Planungselement 4 des Projektplanungsablaufs (Kapitel 4.2 „Projekt planen"). Basierend auf dem Projektstrukturplan respektive der Arbeitspaketliste, werden die benötigten Einsatzmittel mit einer geeigneten Aufwandschätz- und Berechnungstechnik (Einsatzmittelbedarfsschätzung) ermittelt bzw. anhand von Erfahrungswerten errechnet. Dabei kann gedanklich zwischen einer Personalmittel- und einer Betriebsmittelplanung unterschieden werden, die anschliessend zu konsolidieren sind.

Herzstück des Ressourcenmanagements

Da die Einsatzmittelplanung grundsätzlich das Herzstück des projektbezogenen Ressourcenmanagements ist und sich gegenüber den anderen Schritten des Einsatzmittelmanagementprozesses umfangmässig stark unterscheidet, wird diese Thematik zwecks besserer Lesbarkeit und „Planungslogik" im Kapitel 4.2.4 („Ressourcenplan") etwas umfassender beschrieben.

9.2.2 Einsatzmittelbeschaffung

Intern oder extern

Weiss man aufgrund der Einsatzmittelplanung, welche Personal- und Betriebsmittel in einem Projekt wann, wie und wo benötigt werden, kann man diese beschaffen. Das Ziel der Beschaffung ist es, zum richtigen Zeitpunkt die richtigen Mengen in der gewünschten Qualität zu einem optimalen Preis-/Leistungs-Verhältnis zu erhalten. Dabei können die Einsatzmittel auf verschiedene Arten beschafft werden: So können z.B. die einfachen Einkäufe im Rahmen der verfügbaren Kompetenz der Projektträgerinstanz intern wie auch extern direkt beschafft werden. Diese einfache Art geht bis zum Punkt, wo es einerseits nach dem Motto Best Price oder anderseits aufgrund der gesetzlichen internen/externen Bestimmungen angebracht ist, eine offizielle Beschaffung, sprich

Ausschreibung, vorzunehmen. Diese umfassende Tätigkeit kann mit dem Beschaffungsmanagementprozess und dem „Lieferantenauswahlprozess" unterlegt werden.

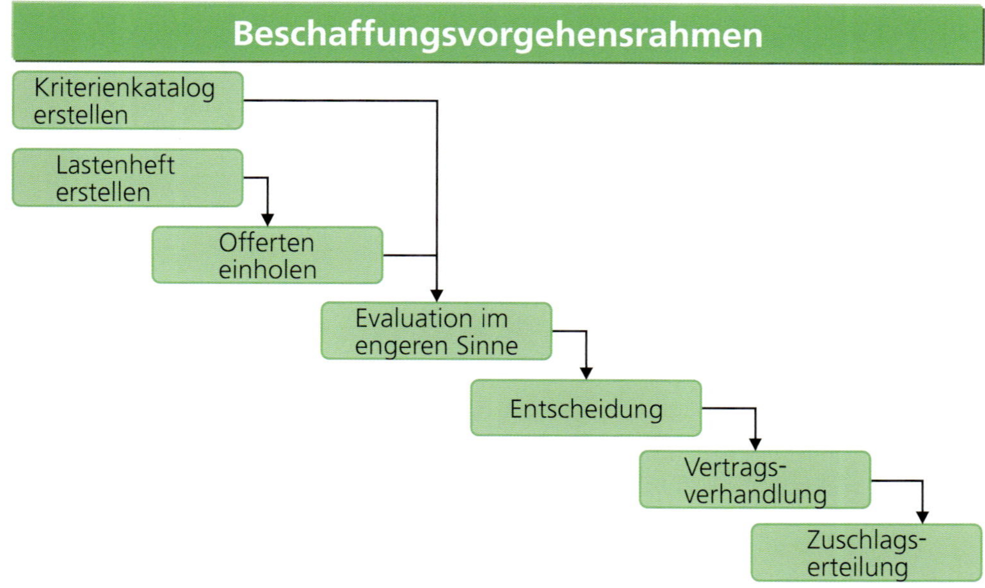

Abb. 9.04: Beschaffungsvorgehensrahmen

- Lastenheft erstellen
  Das Lastenheft (früher Pflichtenheft genannt) nimmt bei jedem Beschaffungsvorhaben eine zentrale Stellung ein. Darin werden die angestrebten Ziele, Anforderungen und Wünsche an das einzukaufende Objekt formuliert.

- Kriterienkatalog erstellen
  Der Kriterienkatalog wird parallel zur Anforderungsdefinition des Lastenheftes erstellt. Er definiert die Werte, die das neue System oder Objekt aufweisen muss.

- Offerten einholen
  Das Einholen von Offerten sollte sehr exakt, das heisst formal richtig ablaufen. Dieser Prozess sollte für den Anbieter möglichst effizient durchgeführt werden können.

- Evaluation im engeren Sinn
  Je nachdem, was beschafft wird, werden neben dem Einholen von Offerten auch noch Referenzbesuche vorgenommen, Muster erstellt, Interviews geführt etc. und geprüft, ob die Offertangaben stimmen.

- Entscheiden/Zuschlagserteilung
  Anhand von verbalen, relativen und absoluten Bewertungen können entsprechend Entscheide gefällt und der Zuschlag dem besten Anbieter gegeben werden.

- Vertragsverhandlung führen
  Die Vertragsbedingungen müssen dem Anbieter schon bei der Evaluation klar aufgezeigt werden, sodass er ein entsprechendes Angebot machen kann. Die endgültigen Vertragsinhalte sollten jedoch in entsprechenden Sitzungen oder Workshops ausgearbeitet werden.

- Vertragserstellung
  Sind alle Bedingungen auf beiden Seiten geklärt, können der Vertrag oder die Verträge erstellt werden.

Zur Einsatzmittelbeschaffung gehören insbesondere bei internen Personalmitteln auch das rechtzeitige Ausbilden wie auch ein gutes Personalmanagement, vor allem ein effizienter Rekrutierungsprozess.

9.2.3 Einsatzmittelzuteilung

Das Maximum herausholen!

Bei diesem Schritt geht es möglichst darum, die zur Verfügung stehenden Einsatzmittel zum richtigen Zeitpunkt einzusetzen, sprich sie bezüglich der Menge, der Fähigkeit und gemäss der taktischen Richtigkeit den entsprechenden Arbeitspaketen zuzuteilen. Das heisst, es ist die Aufgabe des Projektleiters, hier das Maximum herauszuholen: Es nützt nichts – zum Beispiel –, wenn man sechs fähige Baggerführer und nur einen Bagger hat.

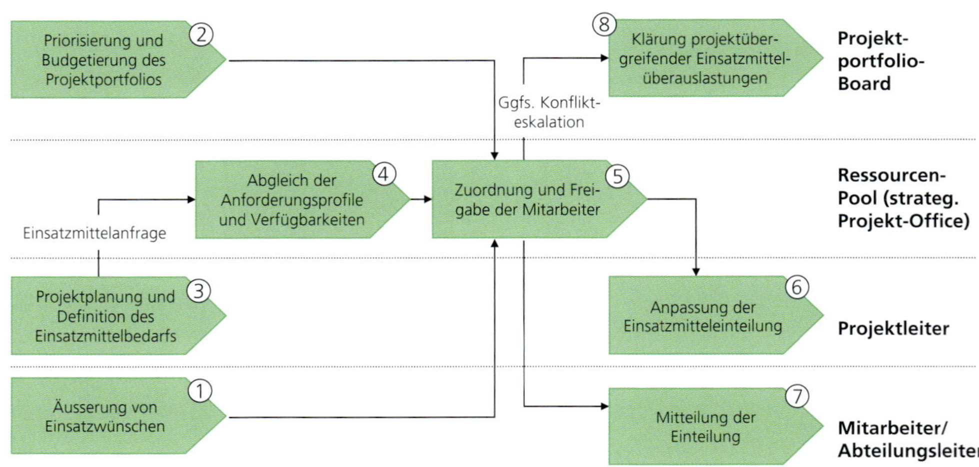

Abb. 9.05: Einsatzmittelzuteilungsprozess von zentral geführten Personalmitteln [Scho 2003]

In einem grösseren Unternehmen, bei dem die internen Personalmittel dem Linienmanagement oder einem strategischen Projektmanagement-Office (PMO) disziplinarisch zugewiesen sind, läuft ein Einsatzmittelzuteilungsprozess bezüglich der Personalmittel auf der Metaebene, wie in der Abbildung 9.05 aufgeführt, auf vier Ebenen ab [Scho 2003].

Die einzelnen Schritte werden kurz erläutert:

1. Ein Mitarbeiter oder die Mitarbeiter äussern bei den bilateralen oder beim jährlichen Zielvereinbarungsgespräch, welche Arbeit sie wünschen oder wo sie eine Möglichkeit sehen, um motivierte, aufbauende Arbeit zu erbringen.
2. Das Management priorisiert die Projekte im Projektportfolio und gibt dementsprechend projekt- oder phasenbezogen das Budget frei.
3. Der Projektleiter meldet auf Basis der Einsatzmittelplanung seinen Bedarf, d.h., er macht an das strategische Projekt-Office eine entsprechende Anfrage.
4. Das Projekt-Office oder das Linienmanagement gleicht die Verfügbarkeit und Fähigkeit (Skills) der Mitarbeiter mit dem gemeldeten Bedarf ab.
5. Das entsprechende Management weist die Mitarbeiter in offizieller Form dem Projekt zu und gibt die Mitarbeiterkapazität dem Projekt frei.
6. Bekommt der Projektleiter neue/zusätzliche Personalmittel, so passt er die bestehende Personalmitteleinteilung an die neuen Gegebenheiten an.
7. Dem Mitarbeiter wird seine Zuteilung (Dauer und Einsatzzeiten) mitgeteilt.
8. Da der Mensch das wichtigste Element in einem Projekt ist, gibt es nicht selten eine zu grosse Auslastung der Personalmittel, dies nicht zuletzt deshalb, weil die Leistungsfähigkeit der internen Ressourcen erfahrungsgemäss tendenziell oft überschätzt wird. Dieser Konflikt muss auf Portfolioebene gelöst werden.

9.2.4 Einsatzmittelabrechnung

In vielen Projekten verschlingen die externen Personalmittel den grössten Kostenanteil, der dem Unternehmen sofort belastend zu Buche schlägt. Meistens sind diese externen Personalmittel im Vergleich zu den internen erheblich teurer, da man keine Vollkostenrechnung führt. Beim Einsetzen von EXMA ist es wichtig, eine aktuelle und qualifizierte Einsatzmittelabrechnung zu führen und diese mit den erledigten und noch ausstehenden Arbeiten zu analysieren.

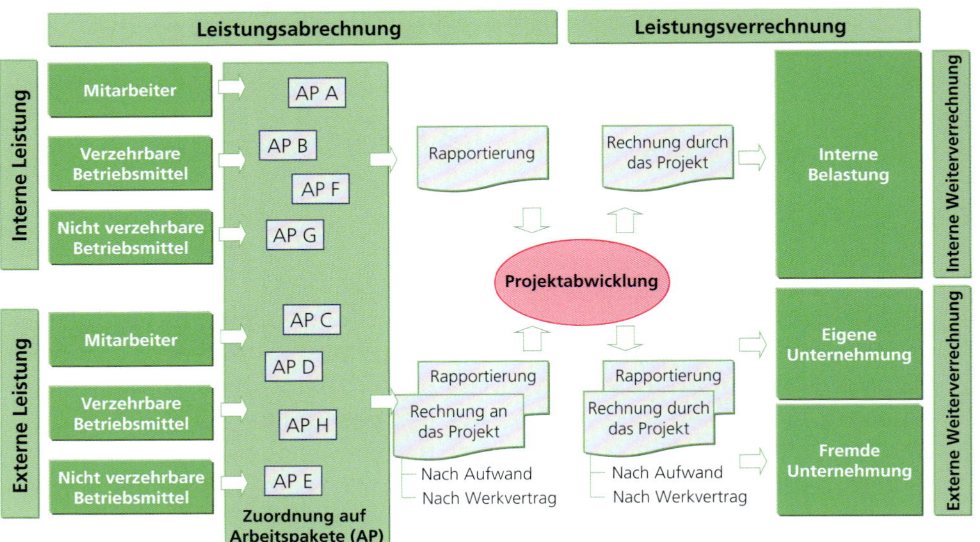

Abb. 9.06: Sichten der Einsatzmittelabrechnung

Wie Abbildung 9.06 aufzeigt, ist es bei der Einsatzmittelabrechnung entscheidend, aus welcher Sicht man diese betrachtet. Auf der einen Seite können interne Leistungen, meistens Mitarbeiterstunden oder Räume, auch verbrauchte Materialien, an das Projekt verrechnet werden. Auf der anderen Seite werden die Leistungen von externen Firmen in Form einer Rapportierung, aber natürlich auch mit beigelegter Rechnung, dem Projektleiter zugestellt.

Rapportierung genau prüfen

Der Projektleiter muss diese Rapportierung genau prüfen. Je nach organisatorischer Einbettung und internen Sponsoringregeln werden diese internen und externen Projektleistungen an „Kostenträger" weiterverrechnet.

Gemäss Burghard [Bur 2012] wird bei der Abrechnung nach Aufwand z.B. der Stundenverbrauch des Auftragnehmers, so wie er durch Stundenrapportierung der dortigen Mitarbeiter anfällt, direkt (meist monatlich) dem Auftraggeber in Rechnung gestellt. Reisekosten und die Kosten für die Nutzung und Verbrauch von Betriebsmitteln sind ebenso an den Auftraggeber zu verrechnen. Der Wert der von Auftragnehmern erbrachten Leistungen kann dabei nicht immer zu den entstandenen Kosten in Beziehung gebracht werden; jedoch ist eine relative Aussage zur Plausibilität des Sachfortschritts meist möglich.

Bei der auf Werkverträgen basierenden Abrechnungsform wird eine vorher definierte Leistung zu einem Festpreis (Fixed-Price) im Rahmen eines Werkvertrags abgerechnet.

9.2.5 Einsatzmittelbewirtschaftung

Nachhaltig bewirtschaften

Bei jedem Projekt muss man sich Gedanken zur nachhaltigen Bewirtschaftung der Einsatzmittel machen. In der Bewirtschaftung der verwendeten oder zu Verwendung stehenden Einsatzmittel ist einiges an Einsparungs- respektive Ausnützungspotenzial vorhanden. Folgende Arbeiten können unter Bewirtschaftung fallen, wobei die Bewirtschaftung der Betriebsmittel je nach Projektart unterschiedlich ist.

• Mitarbeiterbewertung durchführen	• Mitarbeiterförderung gezielt angehen
• Einzelne Bestandteile erneuern	• Führungsstil/-verhalten durchsetzen
• Unterhaltsservice durchführen	• Spezielle Abfälle entsorgen
• Klare organisatorische Mitarbeiterzuordnung	• Mitarbeitereinsatzpläne mit allen Mitarbeitern absprechen
• Miets- und Leasingverträge aktuell halten	• Teamharmonie optimieren (z.B. durch Events)
• Sicherheitstests durchführen	• Arbeitsverträge erstellen und pflegen
• Lagerplätze optimieren	• Etc.

Langfristige Nutzung als Ziel

Mit einfachen Führungsmassnahmen können im Projektmanagement Personal- und Betriebsmittel langfristig besser genutzt werden. So müssen z.B. insbesondere Mitarbeiter vor einer zu grossen Dauerbelastung geschützt werden.

In Bezug auf die Betriebsmittel hat die Projekt- und Unternehmensleitung das Ziel, den langfristigen Werterhalt und die Qualität insbesondere der nicht verzehrbaren Betriebsmittel zu sichern. Der Unterhalt dient dazu, alle nicht verzehrbaren Betriebsmittel so lange als möglich betreiben zu können und deren Erneuerungszeitpunkt möglichst hinauszuschieben.

9.2.6 Einsatzmittelauflösung

Hat das Projekt im Laufe der Zeit „eigene" Einsatzmittel angeschafft, gilt es, diese bei Projektabschluss wieder zu „veräussern". Auch die gemieteten oder ausgeliehenen Personal- und Betriebsmittel müssen wieder abgegeben respektive zurückgegeben werden.

- Personalmittelauflösung
  Bei den Personalmitteln (Kapitel 6.3 „Teamauflösung") müssen die unternehmenseigenen Mitarbeiter einem neuen Projekt oder der Linienorganisation übergeben werden. Die externen Mitarbeiter sind ihren neuen Bestimmungen abzugeben und den allfällig für das Projekt eigens in einer Festanstellung verpflichteten Mitarbeitern ist rechtzeitig zu kündigen, sofern sie nicht über andere unternehmensinterne Projekte beschäftigt werden können.

- Betriebsmittelauflösung
  Zu den projekteigenen Betriebsmitteln, die beim Projektabschluss abgegeben oder veräussert werden, gehören sowohl Gebrauchs- als auch Verbrauchsgüter. Um die Auflösung der Betriebsmittel gezielt und effizient umsetzen zu können, benötigt man eine Bestandesaufnahme.

Danach gibt es drei Wege:

1. Das Zurück- oder Freigeben von Räumen, Geräten etc., die vom Unternehmen zum Gebrauch zur Verfügung gestellt wurden.
2. Die unentgeltliche Überlassung von Betriebsmitteln und Restposten, für die man betriebsintern keine Verwendung findet und die aufgrund ihres Zustandes und Alters nicht mehr veräussert und zu Geld gemacht werden können.
3. Betriebsmittel, die noch verkauft oder weiter verwendet werden können, müssen ebenfalls in einer Inventarliste erfasst werden und über die verschiedenen offiziellen Kanäle veräussert respektive zugewiesen werden. Das durch die veräusserten Betriebsmittel eingenommene Geld wird, sofern sie über das Projektbudget gekauft wurden, dem Projekt gutgeschrieben.

9.3 Kostenmanagement

Jede Arbeit trägt ein Preisschild!

Das Kostenmanagement ist wie das Qualitätsmanagement ein aggregierter Wert, der in allen Elementen des Projektmanagementsystems enthalten ist. Da es logischerweise im betriebswirtschaftlichen Umfeld nichts mehr umsonst gibt, trägt jede Arbeit respektive tragen die ausführenden Personalmittel und jedes dabei verwendete Betriebsmittel ein Preisschild. Daher ermittelt und verwaltet das Kostenmanagement die einzelnen Kosten der Arbeiten respektive Arbeitspakete und somit des gesamten Projekts. Es ist die Grundlage der gesamten Projektfinanzierung.

Kostenmanagementprozess

Projektkosten-planung → Projekt-budgetplanung → Projektkosten-verrechnung → Projektkosten-controlling → Projektkostenab-schlussrechnung → Projektkosten-nachkalkulation

Abb. 9.07: Prozessschritte des Kostenmanagementprozesses

Im Wesentlichen wird im Kostenmanagement auf die Beeinflussung der Kosten abgezielt, und es umfasst dabei alle Methoden und Verfahren, die eine positive Einflussnahme auf die Kosten ermöglichen und unterstützen. Etwas vereinfacht dargestellt, umfasst der Kostenmanagementprozess die in Abbildung 9.07 aufgeführten Prozessschritte.

9.3.1 Projektkostenplanung

Kosten in Etappen berechnen

Wie im Kapitel 4.2.6 („Projektkostenplan") erläutert, müssen die anfallenden Kosten bei einem Projekt vom Projektleiter planerisch ermittelt werden. Um in Projekten einigermassen zufriedenstellende Kostenangaben machen zu können, ist es insbesondere bei Innovations- und Pionierprojekten angebracht, die Kosten in Etappen zu berechnen. Falls eine finanzbezogene Machbarkeitsstudie bei einem grösseren Vorhaben zum Zeitpunkt der Initialisierung fehlt (nicht machbar ist), ist zuerst eine sehr genaue Berechnung nur für die Konzeptionsphase anzustellen. Diese Phase soll anschliessend zur Durchführung freigegeben werden. Wenn man im Verlauf oder am Ende der Konzeptionsphase auf genaueren Werten und Entscheidungen aufbauen kann, soll das Budget für das gesamte Projekt aufgestellt und allenfalls freigegeben werden.

Die Projektkostenplanung beinhaltet die Ermittlung und Zuordnung der voraussichtlichen Kosten für die Arbeitspakete unter Berücksichtigung der vorhandenen Einflussgrössen und der vorgegebenen Ziele.

9.3.2 Projektbudgetplanung

Kosten nie grösser als geplante Erlöse!

Gemäss Madauss [Mad 1994] resultiert die Notwendigkeit eines Projektbudgets letztlich aus dem Grundprinzip des Wirtschaftens. Um Verluste zu vermeiden, dürfen die Kosten niemals grösser sein als die geplanten Erlöse in der gleichen Zeitperiode einer Investitions- und Nutzungsperiode.

Unter einem Budget wird in der Regel eine systematische Zusammenstellung der erwarteten Mengen- und Wertgrössen während einer gewissen Periode verstanden [Mey 1992].

Projektbudget ist nur Teil des Unternehmensbudgets

Zu dieser Definition gesellt sich die Definition des Projektbudgets, die etwas anders aussieht, da Kosten und Erlöse zum Zeitpunkt der projektbezogenen Investition einander nicht gegenübergestellt werden können. So gesehen, ist das Projektbudget nur eine Teilmenge des gesamten Unternehmensbudgets, das insbesondere die Kostenseite belastet.

Auf Basis des vom Projektleiter erstellten Projektkostenplans, der mit anderen Parteien eingegangenen Verträge, der erstellten Terminplanung, der personen- und betriebsmittelbezogenen Einsatzpläne und der Art der Finanzierung kann das Gesamtprojektbudget erstellt werden (Kapitel 4.2.8 „Projektbudgetplan"), das auf verschiedene Sichtweisen zu- und aufgeteilt werden kann:

- Geschäftsjahr
- Projektphasen
- Monate
- Arbeitspakete
- Zahlungsplan

9.3.3 Projektkostenverrechnung

Ausgehend von den durch den Projektleiter berechneten PLAN-Kosten über die Freigabe des Budgets auf die Phasen und das entsprechende Abrechnungsjahr, können während der Projektabwicklung die Kostenverrechnungen vollzogen werden. Die Projektkostenverrechnung beruht auf den Eingaben bezüglich der Aufwendungen der Personal- und Betriebsmittel.

Zur Projektkostenverrechnung braucht es folgende (Ab-)Rechnungen bzw. Aufwandsgrössen:

- Projektbudgetplan
  Der bewilligte Projektbudgetplan gibt dem Projektleiter den zeitlichen und kostenmässigen Spielraum vor.

- Zahlungseingang
  Die im Schritt Projektkostenverrechnung erstellten Zahlungsforderungen bewirken entsprechende Zahlungseingänge. Werden diese zeitlich vom Schuldner nicht getätigt, erfolgt der Mahnprozess.

- Personalmittelaufwendungen
  Durch die einfache Zuordnung der geleisteten Stunden zu Stundenarten und deren Einteilung in produktive und unproduktive Stunden fällt die Ermittlung des für die Kalkulation so wichtigen Produktivitätssatzes automatisch weg. Das heisst, die Verrechnung der geleisteten Stunden der in-

ternen Mitarbeiter erfolgt meist automatisch über ein entsprechendes Tool. Demgegenüber läuft die Verrechnung der Stunden von externen Mitarbeitern einerseits nur über die geleisteten und rapportierten Stunden, andererseits je nach Vertrag (z.B. mit Kostendach etc.) gemäss der separat an das Projekt gestellten Rechnung.

- Betriebsmittelaufwendungen
  Die anfallenden Kosten im Bereich der eingesetzten Ge- und Verbrauchsbetriebsmittel plus allfällige Beschaffungen (Investitionen) werden vom Projekt-Office bei entsprechender Rechnungsstellung dem richtigen Projektkostenträger verrechnet. Die an das Projekt gestellten Rechnungen basieren jeweils auf einem Vertrag.

9.3.4 Projektkostencontrolling

Ziel: Kosten einhalten und reduzieren

In der Regel steht – nach einem möglichst exakten PLAN-IST-Kostenvergleich – beim Projektkostencontrolling die exakte Einhaltung, aber auch die Reduzierung von Kosten im Vordergrund. Voraussetzung für ein professionelles Projektkostencontrolling ist eine gute Planung, welche die gleiche strukturelle Tiefe wie die Kostenüberwachung hat.

Die Kostenkontrolle, die während der Projektlaufzeit durchgeführt wird, besteht aus folgenden Aufgaben:
- Überwachung der Kosten jedes einzelnen Arbeitsschritts, um möglichst frühzeitig Abweichungen vom geplanten Zustand zu erkennen.
- Im Falle einer Projektänderung die Sicherstellung, dass nur im Rahmen des Budgets angemessene Projektänderungen durchgeführt werden. Darüber müssen in passender Weise die Projektbeteiligten informiert werden.
- Information der Projektbeteiligten über den aktuellen Zustand des Budgets.

Basierend auf dem Projektbudgetplan, den angefallenen IST-Kosten, den noch verbleibenden Obligokosten und bis anhin definierten Prognosekosten (Restkosten), kann ein entsprechendes Projektkostencontrolling geführt werden. Die reine IST-PLAN-SOLL-Kostengegenüberstellung sagt in den meisten Fällen nicht allzu viel aus. Um eine qualifizierte Beurteilung der Lage zu erhalten, wird der Sachfortschritt (erbrachte Leistung) und der Terminplan benötigt. Nach Überprüfung der Obligokosten, der angefallenen IST-Kosten und der Aktualisierung der Restkosten ergeben sich die SOLL-Kosten.

9.3.5 Projektkostenabschlussrechnung

Abschlussrechnung mit Schlussreview

Im Rahmen des Phasen- oder Projektabschlusses müssen die entsprechenden betriebswirtschaftlichen Arbeiten in einer sauberen Abschlussrechnung bilanziert werden. Dabei ist es einerseits wichtig, dass ein Schlussreview vorgenommen wird. Bei diesem Review wird geprüft, ob die entsprechenden Kostendaten zu den „richtigen" Perioden, zu den „richtigen" Kostenstrukturen und zu den „richtigen" Leistungen geführt wurden. Andererseits muss anhand der abgeschlossenen Verträge abschliessend geprüft werden, ob noch generelle Forderungen oder bestehende Nachforderungen ausstehend sind, ob auf Grundlage von Abnahmeprotokollen die (Rest-)Zahlungen ausgelöst wurden etc. Allfällige falsche Buchungen müssen bereinigt, Zahlungen ausgelöst und Konten geschlossen werden.

9.3.6 Projektkostennachkalkulation

Lehren für künftige Projekte

In der Projektkostennachkalkulation werden die wesentlichen kaufmännischen IST-Daten den PLAN-Daten gegenübergestellt. Die Struktur der Projektkostennachkalkulation lehnt sich an die Struktur der Vorkalkulation an, die bei der Projektplanung erstellt wurde; dies ist wichtig, damit eine Vergleichbarkeit der beiden Rechnungen gegeben ist.

Die Hauptaufgabe der Projektkostennachkalkulation ist es, die Daten für die Projektbewertung mittels PLAN-IST-Vergleich, die Daten für die Qualitätskostenauswertung und die Daten für die Messdatenermittlung zur Erfahrungssicherung sicherzustellen und aufzubereiten.

Die Projektkostennachkalkulation ist auch für die Überprüfung der wirtschaftlichen Tragfähigkeit des entwickelten Produkts wichtig. Es reicht nicht aus, einen Plan zu erstellen, weil die in der Realität auftretenden Abweichungen normalerweise zu Differenzen führen.

Nur durch die Projektkostennachkalkulation erhält man die tatsächlichen Entwicklungskosten, die die Produktwirtschaftlichkeit mitbestimmen. Aus diesen qualifizierten Entwicklungskosten können Lehren für künftige Projekte gezogen werden.

Wie unter 4.2.6 ersichtlich, hat auch Magnus als Projektleiter eine Kostenzusammenstellung erhalten. Da er noch nie 200'000.– ausgegeben hat und noch nie für weitere 200'000.– die Kompetenz erhalten hat, sie im Sinne der Reiseumsetzung zu budgetieren, hat er dies sehr vorsichtig und genau gemacht. Vater Beat war sich nicht so sicher, ob er dies kann. Mutter Gerlinde war sich der Sache schon sicherer, da Magnus bereits während der Kindheit recht sparsam mit seinem Taschengeld umgegangen ist. Nichtsdestotrotz beschliesst das Projektsteuerungsgremium Folgendes:

- Es wird pro Kostenart grösser als 30'000.– ein separates Konto geführt, sodass sich der Gesamtbetrag auf kleinere Mengen verteilt, was psychologisch sehr wichtig ist.
- Jede Rechnung, die eintrifft, wird nach genauer Prüfung umgehend bezahlt.
- Alle zwei Wochen will das Projektsteuerungsgremium über den Stand der Kosten informiert werden.
- Überzieht Magnus aufgrund einer Fahrlässigkeit die Kosten, muss er den Mehrbetrag aus eigener Tasche bezahlen. Er verdient ja schönes Geld in seinem Beruf.
- Verbraucht er nicht das ganze Budget und ist die Familie mit der gesamten Vorbereitung der Weltreise zufrieden, bekommt er das nicht verbrauchte Budget zur freien Verfügung, um sich und dem Rest der Familie auf der Weltreise gewisse Annehmlichkeiten zu gönnen.

Lernziele des Kapitels „Changemanagement"

Sie können ...

- den Unterschied zwischen einer funktionalen und einer sozialen Veränderung anhand eines Beispiels erklären.
- die drei Phasen des Changemanagements aufführen und begründen, warum diese Phasen wichtig sind.
- pro Phase des Changemanagements drei Tätigkeiten aufführen und erklären, welche jeweils warum durchzuführen sind.
- zwei grundsätzliche Aufgaben des psychologischen Changemanagements aufführen.
- die wichtigsten Instrumente im projektorientierten Changemanagement erläutern.
- anhand eines Beispiels die betroffenen Stakeholder eines Projekts aufführen.
- gezielt in einem Projekt das Informations- und Kommunikationsmanagement einsetzen.
- konkrete projektbezogene Marketingideen formulieren, damit in allen Wirkungsfeldern eine positive Entwicklung vor sich geht.
- ein konkretes Projekt bezüglich notwendiger Marketingaktivität einschätzen.

In diesem Kapitel werden insbesondere die ICB-Kompetenzen 1.02, 1.04, 2.03, 2.04, 2.09, 3.05, 3.10 3.12 und 3.13 (siehe Anhang D) verfolgt.

Changemanagement

10

Bei jeder Verrichtung von Projektaufträgen treten neben den funktionalen auch psychologische Veränderungen ein, die bei den Betroffenen oft Spannungen verursachen. Obwohl z.B. eine Reform erwünscht und bekannt ist, bekunden die betroffenen Personen nicht selten Mühe, sich den Neuerungen anzupassen. Jede Veränderung, mag sie noch so positiv sein, ruft bei den direkt Betroffenen oder in der direkten Projektumwelt psychologische Probleme (wie Angst vor Unbekanntem, Bequemlichkeit, Nicht-loslassen-Können etc.) hervor. Rechnet man von Anfang an mit solchen „menschlichen" Schwierigkeiten, so können unterstützende Verfahren eingeplant werden, um diesen effizient und professionell begegnen zu können. Diese Verfahren, welche die Veränderungsnotwendigkeiten und -potenziale erkennen sowie zweckmässige Strategien und Vorgehensweisen definieren können, werden Changemanagement oder Veränderungsmanagement genannt.

Changemanagement

Changemanagement als Teil der Projektabwicklung ist die Summe aller Massnahmen, die notwendig sind, um die betroffenen Organisationen zu befähigen, die durch das Projekt bewirkten Veränderungen in kürzester Zeit zu adaptieren und zu leben.

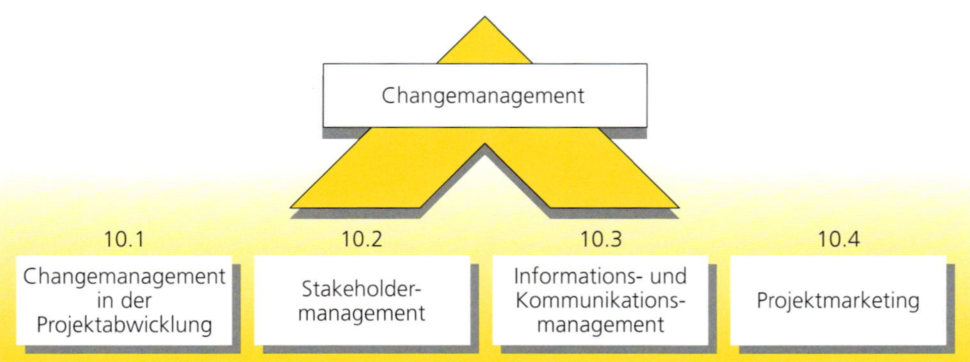

Abb. 10.01: Komponenten des Changemanagements

10

10.1 Changemanagement in der Projektabwicklung

Soziale Veränderungen in Organisationen folgen nicht den gleichen Gesetzmässigkeiten wie technologische respektive funktionale Veränderungen, aber sie bedingen sich gegenseitig. In vielen Projekten wird leider der Phasenablauf nur nach ökonomischen oder technologischen Gesichtspunkten konzipiert, um daraus den neuen organisatorischen Ablauf zu entwickeln. Dabei wird die Technologie als Sachzwang gesehen und die Organisation der Technologie untergeordnet.

Soziotechnische Systemgestaltung

In der Organisationsentwicklung versucht man hingegen, die Organisation und die Technologie gemeinsam mit einer soziotechnischen Systemgestaltung zu optimieren. Dabei lässt sich die Organisationsentwicklung nach Lewin [Lew 1947] in die Hauptphasen „Unfreezing", „Moving" und „Freezing" unterteilen und den ökonomischen oder technologischen Phasenmodellen hierarchisch gleichwertig zuordnen.

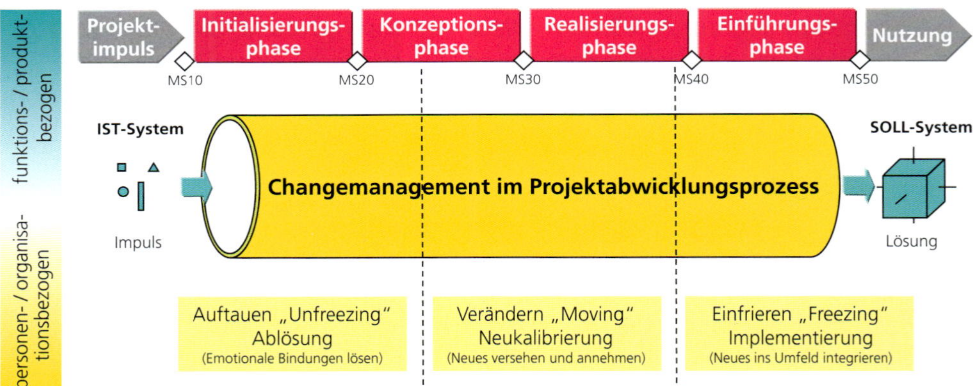

Abb. 10.02: Drei-Phasen-Modell von Lewin [Lew 1947]

In der Organisationsentwicklung werden einzelne psychologische Überlegungen in den grösseren Zusammenhang einer umfassenden und ganzheitlichen Strategie von geplanten Veränderungen gestellt. Dabei gibt es verschiedene Ansätze, denen weniger eine einheitliche Technik als vielmehr eine gemeinsame Philosophie zugrunde liegt. In dieser Philosophie werden die folgenden beiden wichtigen Ziele verfolgt:

- Effizienz- und Effektivitätssteigerung der veränderten Organisationen
- Humanisierung der Arbeit

Die wichtigsten Grundsätze eines psychologischen Changemanagements (CM; soziologisches Veränderungsmanagement) sind:

- Der Einsatz des CM erfolgt planmässig
- Das CM muss von der Führungsebene unterstützt werden
- Probleme werden reell gelöst
- Betroffene werden zu Beteiligten
- CM ist prozessorientiert und rückgekoppelt

Die drei Hauptphasen der Organisationsentwicklung werden über das Phasenmodell der Projektabwicklung gelegt. Dabei beginnt das Unfreezing bereits während der Initialisierungsphase. Die Neukalibrierung hat sich bei der Konzeptions- und der Realisierungsphase zu bewähren. Freezing beginnt in der Realisierungsphase und dauert oftmals rund 3 bis 6 Monate über den Einführungszeitpunkt des Projektprodukts hinaus an. Eine ganz klare Abgrenzung dieser drei Phasen ist natürlich nicht möglich, da sie sich je nach Projektart zeitlich verschieben oder auch überlappen können.

Abstimmung der Phasen der Organisationsentwicklung mit den Phasen der Projektabwicklung

10.1.1 Das Unfreezing

Das Ziel der Unfreezingphase ist die Ablösung von alten Theorien und Paradigmen (Denken) und Ideologien bzw. Verhaltensmustern (wie z.B. Fühlen).

Ablösung von alten Paradigmen

Diese Phase beginnt im Allgemeinen mit einer Orientierung, in der das Projektteam einen ersten Kontakt mit den Betroffenen aufnimmt, um so die Übereinstimmung von Zielen und vom Vorgehen aller Betroffenen und der aktiv Beteiligten zu erreichen. Sodann wird eine Standortbestimmung vorgenommen und ein allgemeines Zukunftskonzept (Vision, Hauptziele und Stossrichtung) ohne verbindliche Aussagen aufgestellt. Danach wird versucht, das Vorgehen transparent zu machen, die Widerstände gegen Veränderungen abzubauen und verhärtete Normen und Strukturen aufzubrechen. Die Massnahmen vor der Veränderung sind [Bec 2002]:

- Kultur der betroffenen Umwelt erfassen und analysieren
- Betroffene über das Vorhaben informieren
- Zielvorstellungen der Betroffenen einholen (Stakeholderanalyse)
- Erfahrungen der Benutzer bzw. der Betroffenen würdigen
- Benutzerbedürfnisse anhören und akzeptieren
- Schwachstellen nur in Zusammenarbeit mit den Betroffenen analysieren
- Problemhintergründe erfassen und analysieren (Kernproblematik ermitteln)
- Im Laufe der Konzeptionsphase wiederholt: Rückkoppelung mit den Benutzervertretern

Herr Gloor hat die Unfreezingphase schon seit längerer Zeit durchlaufen, da er sich mit dem Wunsch, eine Weltreise zu machen, schon lange im Stillen auseinandergesetzt hat. Anders sieht dies bei seiner Familie aus, welche sich „plötzlich" mit dem Gedanken konfrontiert sieht, ein ganzes Jahr von Zuhause weg zu sein. Es ist ganz natürlich, dass gerade Gerlinde (trotz Würdigung der Idee) auch Bedenken im Hinblick auf die Reise hat. So fragt sie sich u.a.: „Können wir uns diese Reise überhaupt leisten? Verlieren die Kinder nicht ein Ausbildungsjahr? Findet mein Mann nach diesem Jahr wieder eine neue Anstellung?" Diese berechtigten Sorgen können nur durch ein offenes Gespräch geklärt werden, bei dem konkret über die genaue Vermögenssituation, die beruflichen Pläne von Herrn Gloor sowie die Chancen der Kinder diskutiert wird.

10.1.2 Das Moving

Umformung bestehender Konzepte und Denkmuster

Das Ziel der Movingphase ist die Neu- und/oder Umformung bestehender Konzepte und Denkmuster in die neue Gegebenheit durch eine sogenannte Neukalibrierung. Die in der Unfreezingphase konkretisierten Ziele und Vorgehen werden jetzt umgesetzt. Massnahmen während der Veränderung sind [Bec 2002]:

- So früh wie möglich Informationen abgeben, was konkret geändert wird, damit alle Betroffenen die Möglichkeit erhalten, das Alte loszulassen.
- Sofortige, stetige und angemessene Information während der gesamten Phase der Veränderung.
- Mitwirkung der Beteiligten bzw. der Benutzervertreter in allen Phasen des Aufbaus eines geregelten Kommunikationsaustausches.
- Einsatz eines Sozialpromoters (neben einem Fachpromoter) in der Funktion eines Architekten der neuen Kultur.
- Schwarzmalerei seitens der Betroffenen (Benutzer) nicht dulden (Widerstände ernstnehmen und entsprechende Massnahmen planen und umsetzen).
- Den Benutzern Anpassungszeit gewähren.
- Information und Instruktion in überschaubarer Menge parallel zum Projektabwicklungsprozess anbieten.
- Die organisatorischen Einflussgrössen frühzeitig unter Mitwirkung der Betroffenen festlegen (Führungsmittel, Arbeitsplätze, Teamzusammensetzung).
- Probleme von den Betroffenen lösen lassen. Dazu Massnahmen auf der personenbezogenen Ebene planen, vereinbaren und wenn möglich von den Betroffenen selbst umsetzen lassen.

G. Gassmann:
„Diversität macht es nicht einfacher! Unterschiedliche Ansichten und Diskussionen bringen aber breit abgestützte Ergebnisse!"

Die helle Begeisterung für die Weltreise verflacht plötzlich bei Angelika, da sie seit einigen Tagen einen Freund hat, den sie nicht für ein Jahr allein lassen will. Auch die Erkenntnis, dass sie während der Reise ein „Amt" ausführen muss, findet sie öde. Zu Hause in den gewohnten Strukturen, meint sie, wäre es viel schöner. Ferner werden auch die pessimistischen Stimmen der Verwandtschaft mütterlicherseits immer lauter.

Diese zunehmenden Widerstände der Verwandtschaft spürt der Projektleiter Magnus. Er beantragt deshalb beim Familienrat, ein grosses Familientreffen zu organisieren, bei dem aufgezeigt werden soll, was dieses Weltreisejahr der ganzen Familie für grossartige Möglichkeiten bietet.

Das mit dem neuen Freund ist schon ein grösseres Problem. Das Projektsteuerungsgremium ist nicht gewillt, die Weltreise zu verkürzen, abzublasen oder ohne Angelika umzusetzen. Eine allfällige Idee wäre in diesem Fall, dass der neue Freund zum Beispiel bei einer oder zwei zweiwöchigen Etappen mitmachen würde. Allerdings behält das Projektsteuerungsgremium diese Möglichkeit erst mal im Hinterkopf und verfolgt die Motivationsschwankungen von Angelika etwas intensiver.

10.1.3 Das Freezing

Integration der veränderten Denkansätze und Verhaltensmuster

Das Ziel in dieser Phase ist die definitive Integration der veränderten Denkansätze und Verhaltensmuster im Kontext bestehender, nicht betroffener Abläufe, Strukturen, Ziele und Menschen. In dieser Phase sollen also die bereits durchgeführten Veränderungen auf der Projektebene in den Alltag der Organisation eingeführt respektive überführt werden („Einpflanzung in die Unternehmenskultur"). Massnahmen nach der Veränderung sind [Bec 2002]:

- Einrichten einer „Klagemauer" für Notfälle.
- Regelmässiges Feedback und laufende Sachfortschrittskontrolle zwischen den Projektverantwortlichen und den Benutzern bzw. den Benutzervertretern.
- Unterstützung von „Veränderungsopfern" und deren Wiedereingliederung in eine neue Umwelt.
- Seriöse Abklärung von Abweichungen, ohne Schuldzuweisungen.
- Einsetzen eines „Wanderpredigers", der bei den Betroffenen herumgeht und ihnen bei der Arbeit zusieht. Er versucht, Probleme auf der Ebene des Bessermachens ad hoc zu lösen oder hält gravierende Probleme schriftlich fest.

Der Schwiegervater hat sich als „Friedensrichter" bewährt. Also übernimmt er auch die Rolle der Klagemauer. Dies ist insbesondere gegen Ende des Projekts notwendig, da es doch noch recht hektisch zu und her geht. Diese Dienstleistung erbringt er auch noch in den ersten Monaten während der Weltreise. Hierfür (und für die SOS-Station) hat er sich extra ein Mobiltelefon gekauft, so dass jedes Familienmitglied ihn rund um die Uhr erreichen kann. Weiter passt er auf, dass die Flugtickets jeweils rechtzeitig bestätigt werden. Diese Dienstleistung des Begleitens baut er sukzessive ab, da die Familie wieder die volle Eigenverantwortung übernehmen soll.

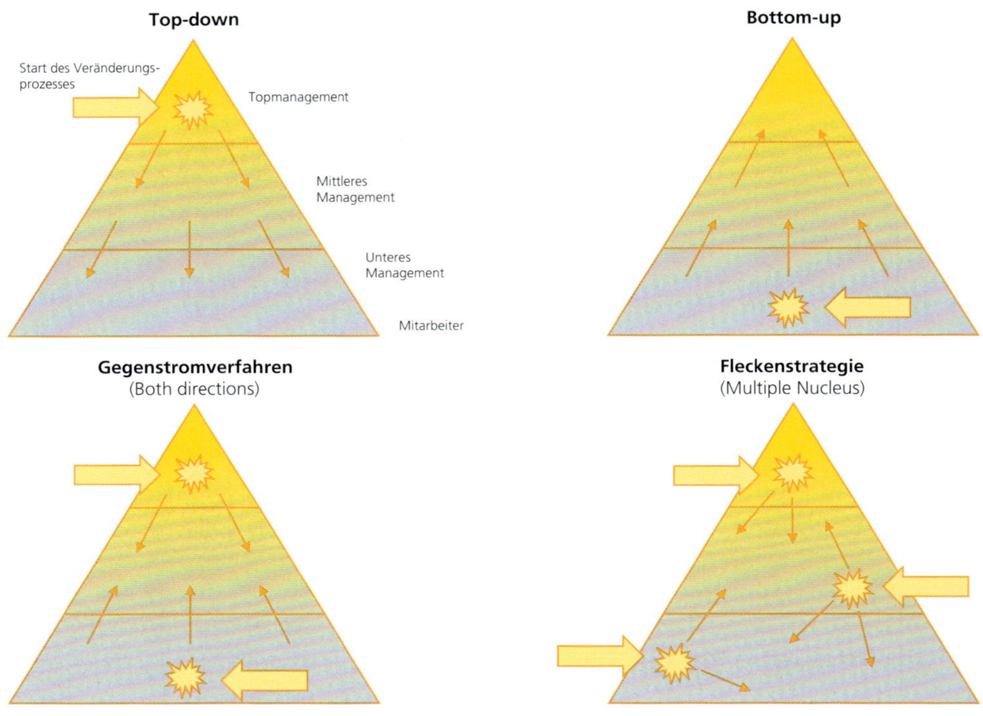

Abb. 10.03: Ausgangspunkte des organisatorischen Wandels [Vah 2012]

Ausgangspunkt des Wandels definieren

Bei Veränderungen ist es entscheidend, dass das Management den Ausgangspunkt des organisatorischen Wandels richtig ansetzt. Dieser ist je nach Unternehmensgrösse, Ansatz, Konzept und Unternehmensstruktur zu definieren. Gemäss Vahs gibt es vier grundlegende Ausgangspunkte [Vah 2012]:

- Top-down-Ansatz
  Der Veränderungsprozess wird vom Topmanagement geplant, das Visionen und Leitbilder vorlebt und als Vorbild für alle untergeordneten Hierarchieebenen fungiert. Die Mitarbeiter sollen die Veränderungspläne der Geschäftsleitung nur umsetzen und werden nicht in die Planung miteinbezogen.

- Bottom-up-Ansatz
  Beim Bottom-up-Ansatz setzt sich der Veränderungsprozess von der untersten Hierarchieebene nach oben fort. Hier werden die Veränderungen von denselben Menschen im Unternehmen geplant, die sie später umsetzen müssen. Die untersten Führungskräfte und deren Mitarbeiter wissen meist genau, was notwendig und besonders dringend ist.

- Gegenstromverfahren (Both directions)
  Das Gegenstromverfahren ist eine Kombination von Top-down- und Bottom-up-Ansatz. Es gilt als das beste Verfahren, da es die Vorzüge beider Ansätze verbindet und die Nachteile sich gegenseitig aufheben. Insbesondere bei grossen Organisationen gilt die Mittelschicht als sogenannte „Lehmschicht". Mit dem Gegenstromverfahren ist das Durchdringen in alle Unternehmensschichten am besten sichergestellt.

- Fleckenstrategie (Multiple Nucleus)
  Der Multiple-Nucleus-Ansatz eignet sich hauptsächlich für Organisationen, in denen es keine ausgeprägten oder örtlich stark verteilten Hierarchiestrukturen gibt. Veränderungen starten zeitgleich an verschiedenen Stellen im Unternehmen und werden solange fortgesetzt, bis der Veränderungsprozess die gesamte Organisation umfasst.

10.1.4 Emotionale Reaktionen – Veränderungstypen

Bei vielen Menschen sind Veränderungen, vom ersten Moment der Vorahnung oder dem Wissen über einer bevorstehenden Veränderung bis hin zur durchlebten Veränderung und gewonnenen Verhaltenssicherheit, ein Prozess emotionaler Reaktionen, die negativ oder positiv auf die Leistung einwirken. Dabei kann man die betroffenen Personen Veränderungstypen zuordnen. Diese Zuordnung ist ein etwas plakativer, aber hilfreicher Vorgang, der dem Projektleiter helfen soll, die richtigen Unterstützungsmassnahmen einzuleiten, um möglichst viele betroffene Personen vom Nutzen respektive Mehrwert des Projektes zu überzeugen.

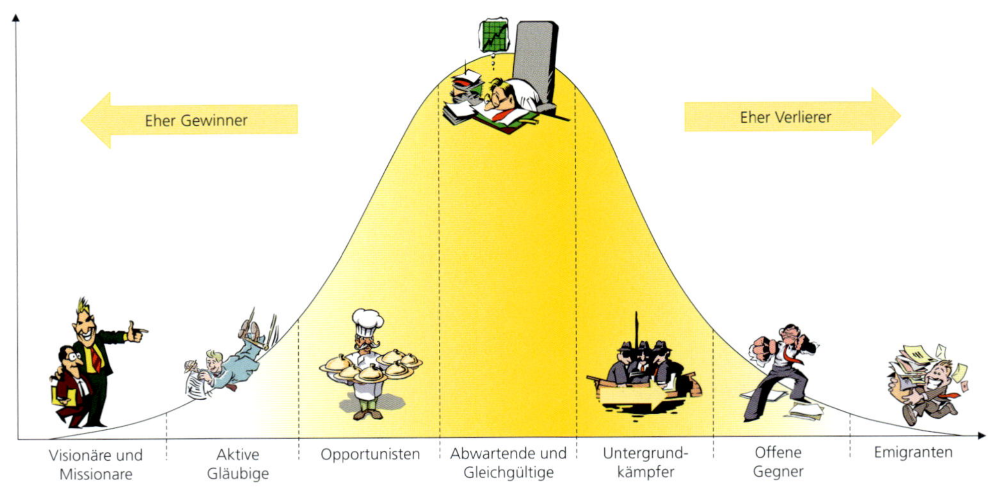

Abb. 10.04: Mitarbeiterverhalten je nach Veränderungstyp [Vah 2012]

Sieben Veränderungs-typen

Die sieben Grundtypen legen bei Veränderungen folgendes Verhalten an den Tag [Vah 2012]:

- Visionäre und Missionare
  Diese kleine Schlüsselgruppe hat die Ziele und Massnahmen des geplanten Wandels mit erarbeitet. Sie ist deshalb überzeugt, dass die Veränderungen richtig und für das Unternehmen wichtig sind.

- Aktive Gläubige
  Die „aktiven Gläubigen" sind von der Notwendigkeit und vom Erfolg des bevorstehenden Wandels überzeugt und bereit, aktiv mitzuarbeiten. Sie sind die ersten, die den Wandel für sich akzeptieren.

G. Gassmann:

„Henry Ford sagte: Das Geheimnis des Erfolges ist, den Standpunkt des anderen zu verstehen. Investiere Zeit, um Dritte einzubeziehen!"

- Opportunisten
  Ein Opportunist überlegt zuerst, welche Vor- und Nachteile er persönlich vom Wandel erwarten kann. Ihren veränderungsbereiten Vorgesetzten gegenüber äussern sich Opportunisten meist positiv über den bevorstehenden Wandel, gegenüber ihren Kollegen und Mitarbeitern verhalten sie sich dagegen eher skeptisch.

- Abwartende und Gleichgültige
  Die „Abwartenden und Gleichgültigen" bilden meist die Mehrheit im Unternehmen. Ihre Bereitschaft, sich aktiv am Wandel zu beteiligen, ist sehr gering. Diese Gruppe lässt sich erst dann zur aktiven Mitarbeit motivieren, wenn der Veränderungsprozess spürbare Erfolge zeigt.

- Untergrundkämpfer
  Die Untergrundkämpfer leisten verdeckten Widerstand gegen die Neuerungen. Sie streuen Gerüchte und machen Stimmung gegen den Wandel.

- Offene Gegner
  Diese Mitarbeiter zeigen offen, dass sie gegen die geplanten Veränderungen sind. Ihre Kritik ist jedoch meist konstruktiv und kann den Veränderungsprozess positiv beeinflussen.

- Emigranten
  Eine kleine Gruppe der Mitarbeiter entschliesst sich, den Wandel in keiner Weise mitzutragen und das Unternehmen zu verlassen.

Menschen sind alles andere als einfach

Es gilt, sehr vorsichtig mit dieser plakativen Klassifizierung umzugehen. Selbstverständlich liegt der Schlüssel des Erfolgs beim Einfachen. Aber es ist auch bewiesen, dass wir Menschen alles andere als einfach sind, insbesondere dann, wenn wir uns verändern sollten.

Dem Projektleiter stehen verschiedene Instrumente zur Verfügung, um die aufgeführten Veränderungstypen auf die erfolgreiche Projektabwicklung auszurichten. Wichtige Instrumente des Changemanagements im allgemeinen Projektumfeld sind das Stakeholdermanagement, das Informationsmanagement und das Projektmarketing. Es sind Instrumente, die einzeln einsetzbar sind. In der täglichen Projektarbeit werden sie bewusst oder unbewusst in einer kombinierenden Form angewendet. Heute ist es zwingend, dass auch bei kleineren und mittleren Projekten die ersten zwei Instrumente gezielt eingesetzt werden. Demgegenüber kommt das qualifizierte Projektmarketing (siehe Kapitel 4.3.1.3.1 und 10.4) eher für grössere Projekte effektiv zum Tragen.

10.2 Stakeholdermanagement

Das Managen der vorwiegend kommunikationsbasierten Interaktionen in einem und rund um ein Projekt wird künftig noch stärker über den Projekterfolg respektive -misserfolg entschieden als heute. Der Projektleiter muss die in dieser Interaktion involvierten Schlüsselpersonen oder -gruppen kennen und sich mit den Anliegen dieser Personen auseinandersetzen. Um diese wachsende Anforderung im Projekt meistern zu können, wird das Stakeholdermanagement mehr und mehr bewusst in der Projektabwicklung eingesetzt.

Stakeholder

> *Die Stakeholder des Projekts sind Einzelpersonen und Organisationen, die aktiv am Projekt beteiligt sind oder deren Interessen durch die Durchführung oder den Abschluss des Projekts eventuell positiv oder negativ beeinflusst werden; sie können auch Einfluss auf das Projekt oder seine Ergebnisse ausüben [PMI 2013].*

R. Heini:
„Die relevanten Stakeholder regelmässig und stufengerecht abzuholen, sollte zum Daily Business jedes Projektleiters gehören."

Kurz gesagt: Jede Person, die „something at stake" an das Projekt hat, ist ein Stakeholder. Ein Stakeholder (= Interessent oder Anspruchshalter) ist also z.B. auch das Projektteam. Das Managen des Projektteams wird aus der Perspektive des „Stake" in diesem Kapitel mit eingeschlossen. Aus der Perspektive des „Managen als Führen des Projektteams" ist es im Kapitel 6 („Teammanagement") beschrieben.

Ein gutes Stakeholdermanagement basiert auf einer qualifizierten Stakeholderanalyse. Diese stützt sich auf eine sehr gute Projekt- und Systemabgrenzung ab und beinhaltet folgende Schritte:

- Identifizieren von potenziellen Stakeholdern
- Sammeln von Informationen
- Analysieren des Verhaltens von Stakeholdern
- Stakeholder strategisch einordnen
- Massnahmen planen

Die Stakeholderanalyse bildet die Grundlage für die Projektkommunikation und das Projektmarketing.

Stakeholder können aus Sicht der von ihnen erzeugten positiven oder negativen Einflüsse Gruppen zugewiesen werden:

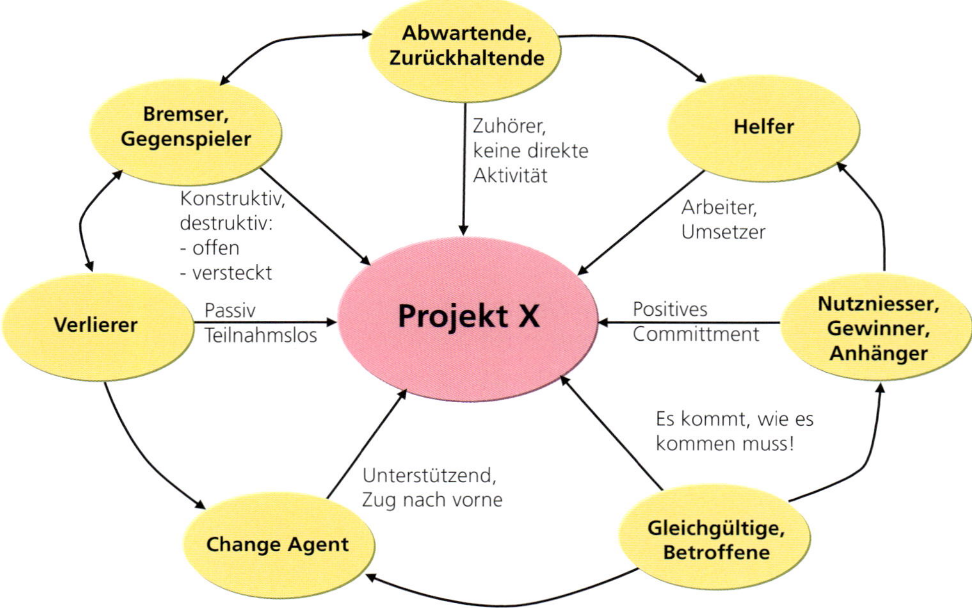

Abb. 10.05: Stakeholdermap

- Verlierer
  Er verliert aufgrund der Veränderung etwas. Das kann mit Blick auf die Veränderung etwas ganz Banales sein, für den Betroffenen ist es aber ein Verlust. Vorerst nimmt er diesen Verlust ohne Gegenwehr entgegen. Er verhält sich teilnahmslos (apathisch), wendet keine spezielle Energie auf bezüglich des Gelingens der Veränderung, tritt aber vorerst auch nicht als Bremser auf.

Negative Einflüsse

- Defensive Bremser
  Defensive Bremser haben viele Gesichter. Es sind Opportunisten, Schläfer, passive Widerständler, „Untergrundkämpfer", Bewahrer und arrogante Mitmenschen. Mit defensiven Bremsern umzugehen, ist nicht einfach, da es zum Teil lange dauert, bis man sie entlarvt.

- Proaktive Bremser
  Auch proaktive Bremser, offene Gegner, gibt es in verschiedenen Nuancen. Es gibt solche, die politische Intrigen schmieden. Sie solidarisieren sich mit Gleichgesinnten und werden so nicht selten zur absoluten Macht. Es gibt aber auch Bremser, die einfach den Kampf respektive den Konflikt suchen (siehe „Konfliktursachen"). Beide stellen eine grundsätzliche Herausforderung dar.

- Gleichgültige und zurückhaltende, abwartende Betroffene
  Diese Gruppe birgt ein grosses Potenzial, sei es im Positiven wie im Negativen. Gelingt es dem Projektleiter bzw. dem Projektteam, dass sich diese Gruppe langsam als Gewinner sieht, mit neuen Aufgaben, Herausforderungen und Kompetenzen etc., so ist ein guter Nährboden für die effektive Veränderung geschaffen.

Positive Einflüsse

- Gewinner
  Gewinner sind alle, die von der Veränderung profitieren. Die Gewinner wissen, dass sie aufgrund der Veränderung profitieren werden. Daher sind sie aus Sicht des Projektleiters sehr positiv zur Veränderung eingestellt. Ziel des Projektleiters ist es, die Gewinner zu aktivieren und zum Helfen zu bewegen, sprich die positive Energie für die erfolgreiche Umsetzung zu nutzen.

- Helfer
  Helfer sind wirkliche Helfer, welche proaktiv mithelfen, die Projektarbeit zu erledigen. Zu ihnen gehören auch jene, die sich mit ihrer Haltung positiv für die Sache einsetzen, etwa aktive Gläubige und Aktivisten, die mehr zum Gelingen beitragen, als gefordert wird.

- Change Agents
  Change Agents sind aktive Promotoren, nicht selten Visionäre und Missionare, die den Wandel zum Thema machen. Sie zeigen eine positive Grundhaltung und diskutieren kontrovers mit Betroffenen. Sie lehnen sich zum Teil für die Sache aus ideologischer Sicht „weit zum Fenster heraus", ohne entsprechende direkte Nutzenabsicht.

H. Felchlin:
„Der Erfolgsfaktor in den Projekten ist das frühe und gute Einbinden von relevanten Stakeholdern."

Das grundsätzliche Ziel des Stakeholdermanagements ist es, die vom Projekt erwarteten Effekte und Wirkungen (Ziele) mit den persönlichen Zielen der einzelnen Stakeholder möglichst in Übereinstimmung zu bringen, um so die allfälligen negativen Einflüsse und Konflikte mit den Stakeholdern zu verringern. Das heisst nichts anderes, als dass der Erfolgswert „Akzeptanz" eines jeden einzelnen wichtigen Stakeholders durch das Stakeholdermanagement im positiven Sinne beeinflusst werden soll (Kapitel 8.3, „Projekterfolg"). Negativ ausgedrückt heisst dies, dass ein zum Projekt negativ eingestellter Stakeholder meistens ein Risiko für das Projekt ist.

10.3 Informations- und Kommunikationsmanagement

Projekte stellen durch ihre zeitliche Begrenzung und die unterschiedlich involvierten Zielgruppen spezielle Anforderungen an das Thema Kommunikation. Auch aufgrund der in einem Projekt herrschenden Geschwindigkeit und Komplexität muss der Kommunikation besondere Aufmerksamkeit geschenkt werden. Gerade bei Projekten, bei denen mit Ablehnung zu rechnen ist oder die tief greifende Veränderungen nach sich ziehen, spielt die Kommunikation bezüglich des Projekterfolgs eine zentrale Rolle. Folgende wichtige Punkte sind im Hinblick auf die Projektkommunikation zu berücksichtigen:

- Projekte zeichnen sich durch ihre Einmaligkeit aus. Das heisst, es gibt nichts vor dem Projekt und nichts nach dem Projekt. Die Projektdauer ist somit das „einzige" Zeitfenster für die gezielte Kommunikation.
- Durch die projektspezifische Organisation gibt es „keine" etablierten Kommunikationsprozesse. Sie müssen erst durch das Projektmarketing individuell auf das Projektumfeld angepasst und im Projekt aufgebaut werden.
- Die projektspezifischen Vorgehensmethoden erzeugen einen eigenen projektabwicklungsbezogenen Informationsbedarf, der speziell berücksichtigt werden muss.
- Durch die zeitliche Begrenztheit eines Projekts und die vielfach engen Termine ist eine Vorausplanung der einzusetzenden Kommunikationsinstrumente und -inhalte unumgänglich.

B. Schulthess:
„Zielführendes Projektmanagement ist primär am Dialog mit den Anspruchsgruppen interessiert und nicht an einer Kommunikation, die sich an der Haltung des Sich-Absicherns orientiert."

Kommunikationsmanagement in Projekten ist das PM-Führungsinstrument, in dem Prozesse angewendet werden, die für das rechtzeitige und sachgerechte Erzeugen, Sammeln, Verteilen, Speichern, Abrufen und Verwenden von Projektinformationen notwendig sind [in Anlehnung an PMI 2013].

Kommunikations-management

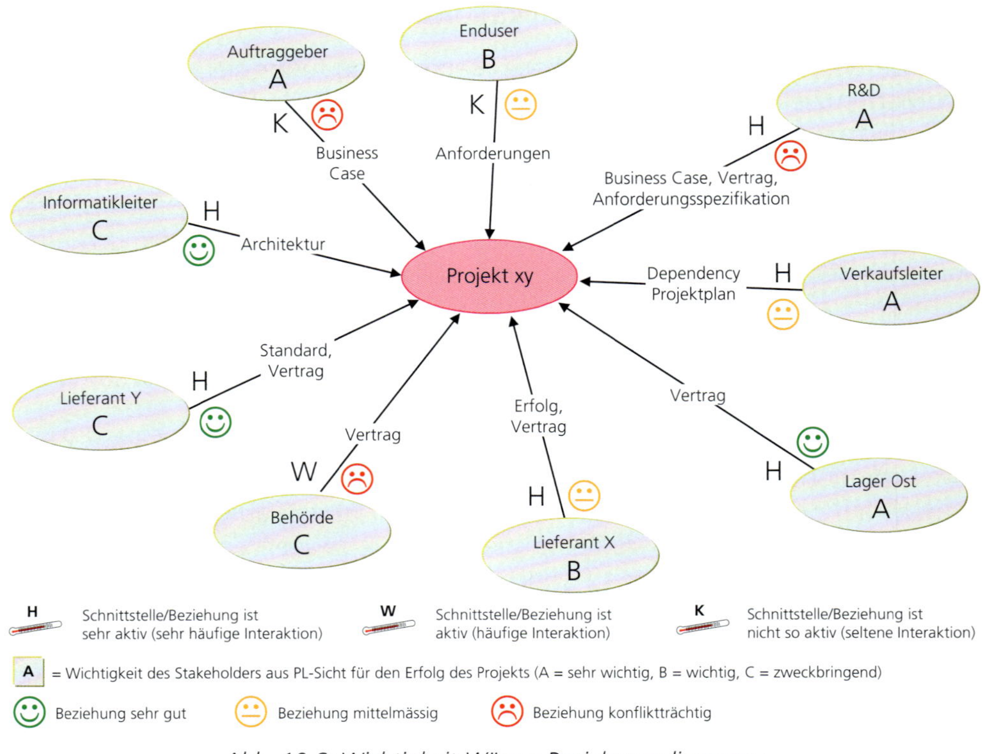

Abb. 10.6: Wichtigkeit-Wärme-Beziehungsdiagramm

Aktiv/direkt kommunizieren

Das Informations- und Kommunikationsmanagement in Projekten ist gerade wegen des zum Teil nicht immer qualifizierten Einsatzes modernster Kommunikationstechnik ganz wichtig. Dabei kann als Hilfestellung das „Wichtigkeit-Wärme-Beziehungsdiagramm" eingesetzt werden. Das Projektteam muss sich im Klaren darüber sein, dass vielfach nur eine Gegenleistung erwartet werden kann, wenn zur betreffenden Person eine aktive, auf einer direkten Kommunikation abgestützte Beziehung besteht. Wie die vorhergehende Abbildung zeigt, geht es nicht darum, daraus eine wissenschaftliche Arbeit zu machen, sondern gemäss Wichtigkeit der Stakeholder zu analysieren, wie häufig mit diesem Stakeholder kommuniziert wird (Wärme) und ob die Beziehung mit ihm noch in Ordnung ist.

10.4 Projektmarketing

Gezielt und proaktiv Meinungen beeinflussen

Die Aufgabe der Projektkommunikation ist es, den reibungslosen Ablauf des Projekts durch optimalen Informationsaustausch sicherzustellen. Der grundsätzliche Sinn der Projektkommunikation ist es auch, mithilfe der eingesetzten Kommunikationsinstrumente rechtzeitig, vollständig und sachbezogen zu informieren. Projektmarketing geht jedoch noch ein Stück weiter, indem man mit dem Marketing nicht nur informieren, sondern gezielt und proaktiv die Meinung der Stakeholder beeinflussen will. So gilt es zum Beispiel, mit dem Projektmarketing den Goodwill aller Beteiligten zu erreichen, um so das Projekt in seiner Zielerreichung zu unterstützen. Oder es geht um die Sicherung von Finanz- und Einsatzmitteln zur Projektabwicklung und um die Vorbereitung der anschliessenden Vermarktung des erzielten Ergebnisses.

B. Schulthess:
„Die zunehmende Fragmentierung der Kompetenzen und Verantwortlichkeiten erhöht die organisatorische Komplexität und damit die Anforderung an das Nahtstellenmanagement.»

Das Projektmarketing hat im Rahmen der Projektabwicklung eine Support- resp. Unterstützungs- sowie Informationsfunktion. Der Nutzen dieser Funktion liegt im Wesentlichen in den folgenden Punkten:

- Das Projekt und das Produkt an die Zielgruppen heranzuführen.
- Eine Verbesserung des Projektablaufs durch eine positive Grundeinstellung zu ermöglichen und somit das Arbeitsklima zu verbessern.
- Widerstände abzubauen und durch eine präventive Schadensbegrenzung die Schaffung einer Identifikationsgrundlage zu ermöglichen.
- Die Einführung zu unterstützen und somit, wenn immer möglich, die Akzeptanz des Projekts zu erhöhen.

Je nach Projektart und -situation ist das zeitliche Erledigen der Projektmarketingaufgaben sehr unterschiedlich. Das heisst, bei dem einen Projekt geht es darum, das Projekt selbst bekannt zu machen; somit muss das Marketing schon sehr früh im Abwicklungsprozess betrieben werden. Demgegenüber geht es beim anderen Projekt darum, erst bei der Realisierung aktiv zu werden, um das Projektergebnis gut zu verkaufen.

Ist es nicht notwendig, vor dem Projektstart mit dem Marketing zu beginnen, so wird der Projektmarketingauftrag, wie in Abbildung 10.07 aufgezeigt, während der Initialisierungsphase in einem Metamodell entworfen, begleitet durch allfällig notwendige Marketingaktivitäten. Das Marketingkonzept wird in den meisten Fällen in der Konzeptionsphase, wenn möglich bis zum Meilenstein 25, erstellt. Das ist der Zeitpunkt, an dem das Projektteam mit ziemlicher Sicherheit weiss, wie die Lösung in etwa aussehen wird. Anschliessend werden die Aktivitäten gemäss der Planung bis zum Meilenstein 50 (Projektabschluss) umgesetzt. Muss das Marketing weitergeführt werden (MS60), so wird dies nicht mehr vom Projektteam, sondern vom entsprechenden Business Owner realisiert.

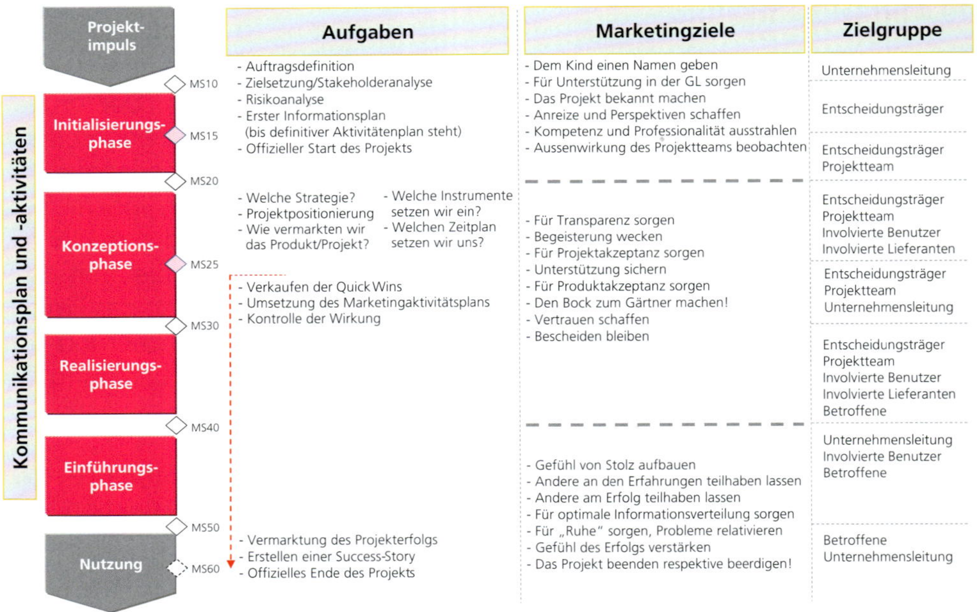

Abb. 10.07: Das Projektmarketing, in den Projektabwicklungsprozess integriert

Selbstverständlich hat Projektleiter Magnus nun nicht grosse Marketingaktionen geplant. Aber in einem Kreativmeeting mit der gesamten Familie haben sie sich schon einiges überlegt, wie sie ihre Kolleginnen und Kollegen, die gesamte Verwandtschaft und die Nachbarn auf ihr Vorhaben wohlwollend einstimmen können. Dazu sei im Folgenden ein kleiner Auszug aus dem Marketing-Aktionsplan vorgestellt:

- Wettbewerb: Bester Reisetipp. Es gibt einen Gutschein im Wert von 200.– für den nächstgelegenen Freizeitpark zu gewinnen.
- Going-away-Party: Zwei Wochen vor der Abreise soll für alle eine Party stattfinden, bei der ein Menü mit Speisen aus fünf Kontinenten aufgetischt wird.
- Räumungsgeschenk: Alle Verwandten erhalten irgendeinen Gegenstand aus dem Besitz eines Familienmitglieds geschenkt – als Symbol des Loslassens, etwas, was man ab sofort nicht mehr braucht.
- Sand im Getriebe: Eine Woche vor der Abreise streut Vater Beat jedem Arbeitskollegen morgens vor dem offiziellen Arbeitsbeginn Sand auf das Pult, dies mit dem Hinweis, dass es für sie nun ohne ihn sicher viel Sand im Getriebe geben wird.

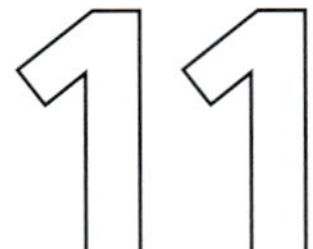

Lernziele des Kapitels „Konfigurationsmanagement"

Sie können ...

- die vier Hauptbestandteile des Konfigurationsmanagements an je einem Beispiel erläutern.
- die Auswirkungen eines gut eingesetzten Konfigurationsmanagements auf den Produktlebenszyklus beschreiben.
- die verschiedenen Zyklen eines Produktlebenszyklus aufzählen und grafisch richtig darstellen.
- die einzelnen Prozessschritte des Versionsmanagements anhand eines Dokuments aufzeigen.
- die Ergebnisse der einzelnen Prozessschritte des Versionsmanagements begründen.
- die Konfigurierung anhand eines Beispiels in einfachen Worten erklären.
- die einzelnen Prozessschritte des Änderungsmanagements anhand eines Beispiels aufzeigen.
- drei Gründe pauschal erläutern, weshalb ein Änderungsmanagement in Projekten sehr wichtig ist.
- den Unterschied von Projekt- und Produktkonfiguration anhand eines einfachen Beispiels erklären.
- zwei Gründe erläutern, wann ein Releasemanagement im Unternehmen notwendig ist.
- anhand eines Beispiels den Releasemanagementprozess erläutern.

In diesem Kapitel werden insbesondere die ICB-Kompetenzen 1.02, 1.03, 2.10, 3.03, 3.06 und 3.10 verfolgt (siehe Anhang D).

Konfigurationsmanagement 11

Mithilfe des Konfigurationsmanagements werden die definierten Anforderungen an das Projekt bzw. dessen Konfigurationseinheiten verwaltet.

Konfigurationsmanagement

> *Unter Konfigurationsmanagement wird die Gesamtheit von Methoden, Werkzeugen und Hilfsmitteln verstanden, welche die Entwicklung und Pflege eines Produkts als eine Folge von kontrollierten Änderungen (Revisionen) und Ergänzungen (Varianten) an gesicherten Prozessergebnissen unterstützt [in Anlehnung an Wal 2001].*

Es handelt sich dabei um ein aggregiertes System, das sich aus vier Hauptbestandteilen zusammensetzt, die schon an verschiedenen Stellen im Kapitel „Projektführung" aufgeführt wurden.

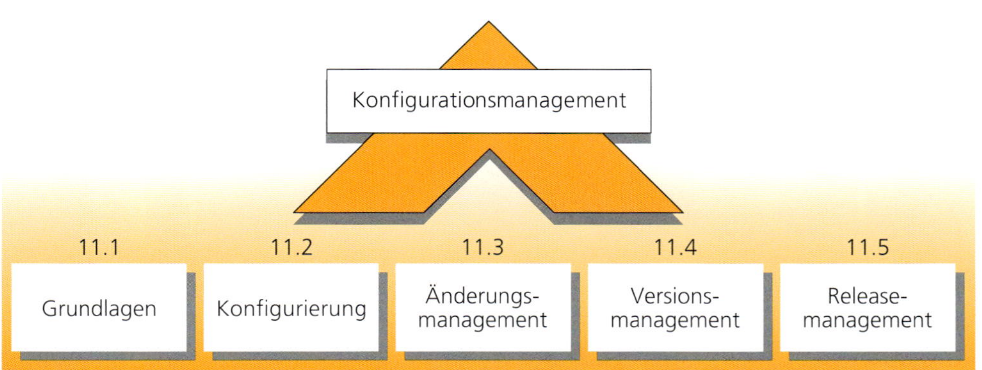

Abb. 11.01: Die vier Hauptbestandteile des Konfigurationsmanagements

Verfahren und Prozesse

Das Konfigurationsmanagement (KM) umfasst alle Verfahren und Prozesse, die:

- zur Identifikation, Steuerung und Kontrolle von Konfigurationseinheiten (Lieferobjekte respektive Komponenten) notwendig sind.
- zur Verfolgung von Änderungen an Konfigurationseinheiten Aufschluss geben.
- zur Freigabe und zur Integration von Konfigurationseinheiten in eine Konfiguration (Versionen- und Konfigurationskontrolle) notwendig sind.
- zum Berichtswesen über den aktuellen Stand von Konfigurationseinheiten und Konfigurationen benötigt werden.

Somit ist das Ziel des Konfigurationsmanagements, einerseits alle in einem Projekt benötigten und zu erstellenden Lieferobjekte zu erfassen und zu ordnen und andererseits die stete Kontrolle aller Änderungen dieser Lieferobjekte. Was bei Informatikprojekten schon in vielen Bereichen automatisiert ist, steckt bei anderen Projektarten noch in den Kinderschuhen. Dies sei am Beispiel „Entwicklungsgeschwindigkeit" erläutert: Hierbei geht es darum, ein Projekt schnellstmöglich umzusetzen – was ja nicht selten vorkommt. Vorteilhafterweise sollte der Projektleiter wissen, wo die Lieferobjekte liegen (örtlich) und in welchem Zustand sie sich befinden. Bereits bei einem Projekt mittleren Umfangs können schnell hunderte von Lieferobjekten (Dokumente, Daten, Halbprodukte etc.) vorliegen, die vom Projektteam täglich verändert werden. Dabei den Überblick nicht zu verlieren und alles unter Kontrolle zu behalten – insbesondere, wenn die Mitarbeiter auch noch räumlich verteilt sind oder wenn gar der Projektauftrag durch neue Ideen/Wünsche/Probleme geändert wird – ist anspruchsvoll und kann nur mit „eiserner" Disziplin bewerkstelligt werden.

Ort und Zustand der Liefererobjekte

11.1 Grundlagen

Bevor die einzelnen Komponenten des Konfigurationsmanagements erläutert werden, macht es Sinn, dessen Positionierung noch etwas zu verdeutlichen. Gemäss Versteegen [Ver 2003] zieht sich das Konfigurationsmanagement durch alle Unternehmensbereiche – alle Informationen, die irgendeinen Einfluss auf Sicherheit, Qualität, Planung, Kosten und/oder Umwelt haben können, sind betroffen.

Konfigurationsmanagement kann aus dieser Optik somit nicht mehr nur als ein Teilprozess des Projektmanagements oder, wie in Abbildung 11.02 aufgeführt, der Entwicklung (Vorlaufphase) gesehen werden: Abbildung 11.02 zeigt auf, dass sich das Konfigurationsmanagement über den gesamten Produktionszyklus hinwegzieht. Bei gewissen Produkten muss das Konfigurationsmanagement sogar bis ans Ende des Konsumentenzyklus geführt werden, sei dies von der Herstellungsfirma oder von einem anderen Dienstleister, z.B. bei Oldtimern. Die in der Abbildung aufgezeigte Zeitachse kann je nach Produkt vollständig anders sein: Oftmals ist die Nachlaufphase im Verhältnis zur Vorlaufphase (Projektabwicklung) wesentlich länger. Je nach Produkt können innerhalb der Konstruktion zudem weitere Weiterentwicklungsprojekte folgen.

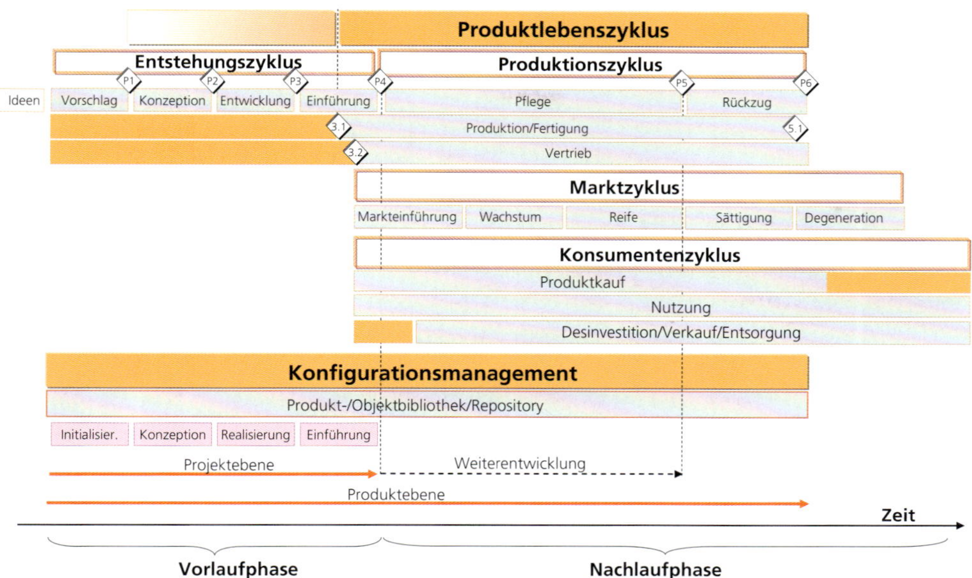

Abb. 11.02: Verschiedene Sichtweisen des Lebenszyklus

Produktlebenszyklus

> *Der Produktlebenszyklus umfasst die Zeitdauer vom Start des Produktionszyklus bis und mit seiner Beseitigung vom Markt. Ein Produkt lebt aus Sicht einer Unternehmung solange, wie es einen wirtschaftlichen Umsatz auf dem Markt erzielt und/oder, basierend auf Verpflichtungen, wie z.B. durch eine Unternehmensgarantie, bewirtschaftet werden muss.*

Das Wort „Produktlebenszyklus" wird in der Literatur unterschiedlich definiert. Grund dafür dürften die unterschiedlichen Modelle, aber auch die Produktbetrachtungen sein, wie sie in Abbildung 11.02 dargestellt sind. Diese Betrachtung lässt sich in Entstehungs-, Produktions-, Markt-, Produktlebens- und Konsumentenzyklus mit unterschiedlichen, zum Teil stark überlappenden Phasen unterteilen:

- Entstehungszyklus
  Produktvorschlag – Konzeption – Entwicklung – Einführung in die Produktion.
- Produktionszyklus
  Pflege (Produktion/Fertigung – Vertrieb) – Marktrückzug.
- Marktzyklus
  Markteinführung – Wachstum – Reife – Sättigung – Degeneration.
- Konsumentenzyklus
  Produktkauf – Nutzung – Desinvestition/Verkauf/Entsorgung.

Für das produktbezogene Konfigurationsmanagement ist insbesondere der Produktlebenszyklus von Bedeutung. Das heisst, es betrifft die zwei Zyklen Entstehung und Produktion.

11.2 Die Konfigurierung

Eine Konfigurierung im Projektbereich ist die vollständige Beschreibung (Inventarisierung) und Definition aller Elemente des zu erstellenden Produkts (Projektprodukt) sowie aller Elemente der Projektabwicklung. Wird ein Projekt gestartet, so ist eine sogenannte Konfigurationsinitiierung (Konfigurierung) zu empfehlen. Dazu wird der Konfigurationsmanagementplan (KM-Plan) in Form von zwei Listen erstellt. Die eine Liste (Projektkonfiguration) enthält die benötigten Arbeitsinstrumente, Halbprodukte, Einzelkomponenten, etc., um das Projekt abzuwickeln. Die zweite Liste (Produktkonfiguration) erfasst, welche Lieferobjekte bis zum Projektabschluss erstellt werden müssen, um das Projektprodukt vollständig auszuliefern. Bei einem Bauprojekt könnten diese Listen folgende Punkte umfassen:

KM-Plan

Projektkonfiguration:	**Produktkonfiguration**
• Bagger	• Swimmingpool
• Schaufel	• Küche
• Bauelemente	• Zentralheizung
• Etc.	• Etc.

Die Projektkonfiguration kann man sich ganz einfach vorstellen: Was würde ein Bauherr dazu meinen, wenn beim feierlichen ersten Spatenstich die ganze Baumannschaft ohne funktionstüchtigen Bagger, ohne Pickel und Schaufel auffahren würde (siehe Kapitel 2.5, 4.2.4 und 9.2)? Der Bauherr erwartet, dass diesbezüglich alles klar ist. Dies sollte bei allen anderen Projektarten ebenso zur Normalität gehören.

Lagerverwalter, der weiss, wo sich welche Produkte befinden

Unter der Produktkonfiguration kann man sich allenfalls einen Lagerverwalter vorstellen, der peinlich genau weiss, welche Halb- oder Fertigprodukte in welchem Zustand in seinem Lager sind. Das Verwalten dieser aus der Projektarbeit stammenden Ergebnisse nennt man die sogenannte „Ergebnisbibliothek führen".

Die Konfigurierung eines Projekts stellt einen wichtigen Punkt für die Effizienz der Projektarbeit dar. Aufgrund der Komplexität ist es in gewissen Projektarten sogar unabdingbar, eine solche Ergebnisbibliothek zu führen.

Man kann sich denken, dass es für den Projektleiter Magnus ganz entscheidend ist zu wissen, wie viele Reisetickets er nun wirklich hat, wo diese zur Zeit „herumliegen" und ob die ersten Tickets vom Reisebüro bestätigt wurden. Wissen muss er ebenfalls notwendigerweise, in welchem Zustand und bei welcher Behörde die beantragten Visa sind.

Zu diesem Zweck, bzw. um die Übersicht über die Lieferobjekte nicht zu verlieren, räumt er ein Bücherregal im Wohnzimmer aus, um dort alle Ordner, Dokumente und Bücher der Weltreise am gleichen Ort ablegen zu können.

11.3 Das Änderungsmanagement

Änderungen sind in Projekten natürlich

In jedem Unternehmen unterliegen Produkte einer unterschiedlichen Anzahl von Änderungsmassnahmen (Änderung, Verbesserung, Ergänzung). Dabei ist es egal, ob es sich um kleinere Ergänzungswünsche oder um neue, grössere Anforderungen handelt, welche im Rahmen der Produkt- und Unternehmensentwicklung entstehen. Sie werden stets durch das Änderungsmanagement in einem kontrollierten und rückverfolgbaren Verfahren bearbeitet und einer Lösung zugeführt. Dabei werden die Anforderungen (oder auch Probleme) über das Änderungsmanagement als sogenannte Change Request erfasst, bewertet, durchgeführt, kontrolliert und nachgewiesen.

Änderungen verursachen immer Mehrkosten

Die kontrollierte Verwaltung der neuen Anforderungen und Probleme sowie deren Auswirkungen auf die betroffenen Lieferobjekte (gemäss Inventurliste) sind von zentraler Bedeutung. Sollen Projekte bzw. dessen Lieferobjekte geändert werden oder treten Probleme auf, so dienen die Inventurlisten als Basis für eine gezielte und strukturierte Bearbeitung. So ist es in einem Projekt eine Selbstverständlichkeit, dass gewisse Optimierungserkenntnisse kommen, je tiefer respektive detaillierter die Lösung ausgearbeitet ist (Interne Evolution). In der Realisierungsphase hat man z.B. Zusammenhänge festgestellt, deren Nutzung beim Endprodukt Vorteile bringen würden – nur war dieser Lösungsansatz im Konzept nicht aufgeführt und somit auch vom Auftraggeber nicht abgenommen. Daher soll dieser Optimierungsansatz plus dessen Mehraufwand in einem Änderungsantrag festgehalten werden. Neben der Internen Evolution ist natürlich auch eine Externe Evolution möglich. So könnte z.B. am Ende der Konzeptionsphase entschieden worden sein, dass das Produkt mit dem Gerät XP-700 gemacht und installiert wird. Nun hat der Hersteller von XP überraschenderweise inzwischen ein neues Gerät XP-850 auf den Markt gebracht. Mit einem Änderungsantrag kann beim Auftraggeber der Antrag gestellt werden, dies im Projekt zu berücksichtigen. Den Auftraggeber werden diesbezüglich sicherlich die Vorteile sowie allfällige Mehrkosten, die durch die Berücksichtigung entstehen würden, interessieren. Selbst wenn der Auftraggeber eine nicht im Projektauftrag vereinbarte nachträglich definierte Änderung will, soll und muss auch er einen Änderungsantrag erstellen bzw. den Projektauftrag mit Wissen des Projektleiters abändern oder neu erstellen.

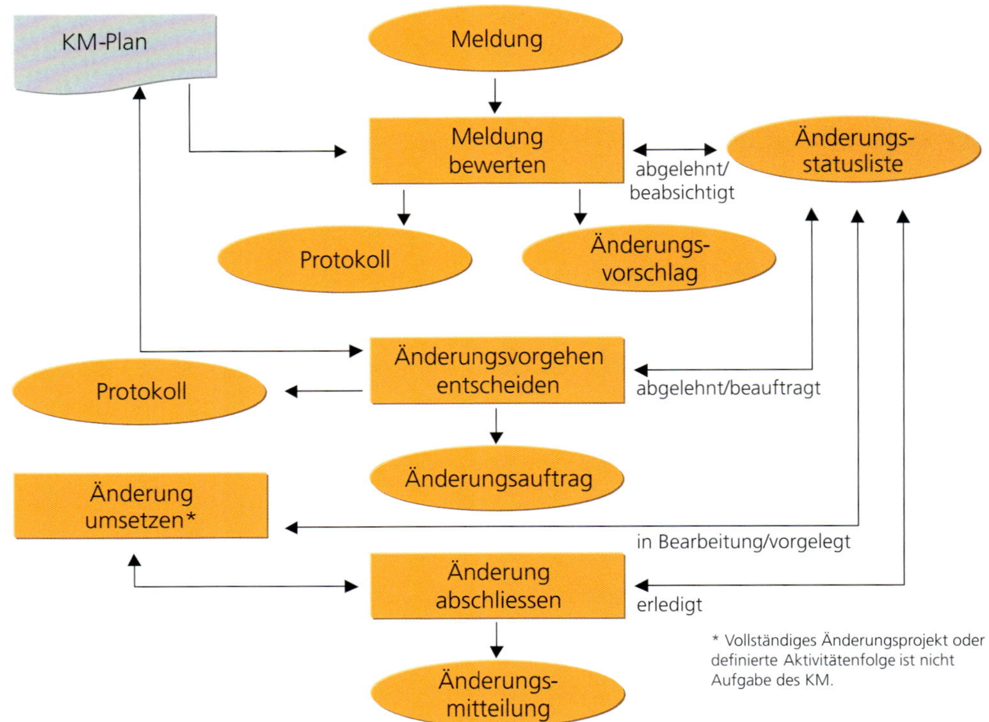

Abb. 11.03: Änderungsmanagement gemäss Hermes [Her 1995]

Zu den Aufgaben des Änderungsmanagements gehören folgende Tätigkeiten:

- Meldung bewerten
  Problem- oder Änderungsmeldungen registrieren (Prüfung der Korrektheit und der formalen Vollständigkeit der Meldung) sowie umfassend dokumentiert festhalten.

- Änderungsvorgehen entscheiden
  Eine Änderung kann die Umgestaltung einer oder mehrerer Zielgrössen erfordern. Deshalb sind die Art der Änderung (Technik, Prozess, Organisation etc.), die Verantwortlichkeiten, die Voraussetzungen sowie das Vorgehen festzulegen. Im Weiteren wird der Änderungsantrag erstellt. Der Entscheid über die Umsetzung (Priorisierung und Kompetenzzuordnung) der Änderungsanträge erfolgt durch die verantwortlichen Stellen (z.B. Auftraggeber).

Wird der Änderungsantrag freigegeben und unterschrieben, so ist er zugleich auch der Änderungsauftrag. Ebenso muss definiert werden, wer für die Änderung die Verantwortung trägt. Alle Aufgaben und Definitionen sind im KM-Plan und in der Änderungsstatusliste festzuhalten. Dieser Plan ist Bestandteil der gesamten Projektplanung.

- Änderung umsetzen
  Integration der Änderung in die entsprechende Projekt- respektive Releaseplanung und somit Umsetzung. Dieser Punkt gehört grundsätzlich nicht zum KM, sondern zur Projektdurchführung.

- Änderung abschliessen
  Abschliessen der Änderung: Der ursprüngliche Problemmelder oder Antragsteller erhält eine Nachricht über die erfolgte Änderung.

Jede Änderung muss wieder dokumentiert werden. Die Dokumentation dient dem Nachweis sowie der Kontrolle der durchgeführten Änderung. Sie ist stets zu aktualisieren. Die Dokumente des Änderungsmanagements (neben den Protokollen) sind:

- KM-Plan
  Der KM-Plan legt alle organisatorischen und technischen Details des Konfigurationsmanagements fest. Er ergänzt aus dieser Sicht den Projektplan.

- Änderungsvorschlag
  Der Änderungsvorschlag enthält die technische und die wirtschaftliche Bewertung der Meldung.

- Änderungsstatusliste
  Die Änderungsstatusliste dient der Verfolgung und Überwachung der Änderungsaufträge. Sie gibt einen Überblick über die eingegangenen Meldungen und deren Bearbeitungsstatus.

- Änderungsauftrag
  Der Änderungsauftrag enthält eine Verfeinerung des ausgewählten Lösungswegs aus dem Änderungsvorschlag. Der Änderungsauftrag hat Anforderungscharakter und spezifiziert im Detail die durchzuführende Änderung.

- Änderungsmitteilung
  Die Änderungsmitteilung beschreibt die aufgrund einer Meldung durchgeführten Änderungen.

Aufgrund des Stresses und seines Burn-outs ist es nun doch geschehen: Herr Gloor ist durch die Abschlussprüfung des MBA-Studiums gefallen. Es hat nicht nur ein wenig gefehlt, sondern überall viel. Die ganze Problematik hat er mit seinem Professor diskutiert. Nun wurde vereinbart, dass Herr Gloor die Chance erhält, die einzelnen Arbeiten pro Thema im Selbststudium zu repetieren respektive zu erarbeiten und an die Hochschule einzusenden. Um dies bewerkstelligen zu können, muss Herr Gloor mindestens einen Tag pro Woche lernen. Das bedeutet, dass er während der Weltreise einen Tag pro Woche an einem Ort stationär sein muss. Diese neue Anforderung verfasst er schriftlich und übergibt sie seinem Sohn Magnus, dem Projektleiter. Dieser prüft nun die Konsequenz in Bezug auf die Weltreise und versucht, die neu gestellte Anforderung gedanklich in die Lösung zu integrieren. Er ergänzt den Änderungsantrag mit den Mehrkosten, den Zeitverschiebungen sowie weiteren kleinen Konsequenzen und Risiken. Dieser Änderungsantrag wird im Projektsteuerungsgremium besprochen, klassifiziert und schliesslich gutgeheissen.

11.4 Das Versionsmanagement

Reproduzierbare Versionen

Änderungen oder Weiterentwicklungen eines Produkts erzeugen gleichzeitig neue Versionen. Mithilfe des Versionsmanagements sollen klar identifizierbare und reproduzierbare Versionen (Releases) erstellt werden. Das gilt für bestehende wie für entstehende Produkte. Um dies bewerkstelligen zu können, wird die Gesamtheit aller Versionen systematisch definiert und verwaltet.

Was für alle Lieferobjekte respektive Halbprodukte eines Projekts gilt, gilt auch für die Dokumente. Auf der Basis eines klar definierten Versionsmanagements muss der Dokumentationsstatus definiert werden. Aus der Veränderungssituation ergeben sich folgende Zustände:

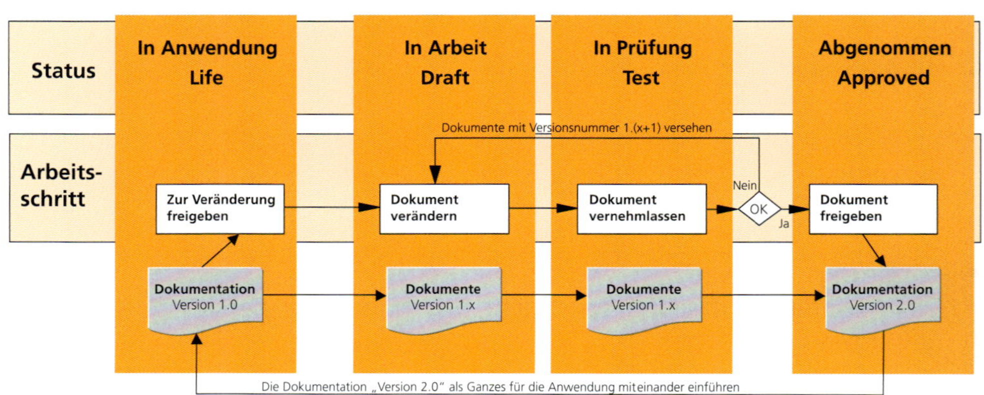

Abb. 11.04: Versionsmanagement

Werden neue Dokumentationen erstellt oder wird eine bereits genutzte Dokumentation zur Veränderung freigegeben, so werden alle darin vorkommenden Dokumente in den Zustand „in Arbeit" versetzt. An diesen Dokumenten wird solange gearbeitet, bis der Autor oder die Autorengruppe der Meinung ist, dass ein Dokument soweit vollständig bzw. fertig erstellt ist. Das Dokument wird vom Zustand „in Arbeit" in den Zustand „in Prüfung" versetzt. Nun ist dieses Dokument von einer Kontrollinstanz (Projektleiter, Aufraggeber, Benutzervertreter etc.) zu prüfen. Eventuelle Fehler, welche die Kontrollinstanz entdeckt, müssen korrigiert werden. Dazu wird das fehlerbehaftete Dokument wieder in den Zustand „in Arbeit" versetzt. Dieser Zyklus wird solange durchlaufen, bis keine Fehler mehr gefunden werden. Ist das Dokument schliesslich vollständig und fehlerfrei, wird es in den Zustand „abgenommen" versetzt und somit freigegeben, aber noch nicht eingeführt. Sind alle Dokumente in diesem Zustand, wird die ganze Dokumentation auf einmal eingeführt respektive in den Status „in Anwendung" versetzt.

Zu diesem Prozess ist noch zu ergänzen, dass elektronische Daten von Dokumenten im Status „abgenommen" oder „in Anwendung" von den Projektmitarbeitern nur gelesen werden können. Nur autorisierte Personen können ein Dokument vom Status „in Prüfung" auf „abgenommen" setzen. Dies klingt zwar etwas archaisch, ist jedoch unbedingt notwendig.

Aufgrund der Erfahrung und der Tipps seines Coaches richtet sich Magnus zu Beginn des Projekts alle notwendigen Softwaretools auf seinem PC ein. Auch das neu gekaufte Modem wird installiert, um per Internet mit Herrn Tobler einfach kommunizieren zu können. Ferner richtet er für alle Beteiligten ein entsprechendes Verzeichnis auf dem PC ein, in welches sie ihre erstellten Dokumente ablegen können, und erklärt ihnen (schliesslich hat er drei Semester Wirtschaftsinformatik an der Uni hinter sich), wie man die Dokumente am besten verwaltet.

11.5 Das Releasemanagement

Das Releasemanagement ist für die Planung, Koordination und Kontrolle der Umsetzung und Einführung eines einzelnen Release aus technischer und funktioneller Sicht verantwortlich. Es besteht idealerweise aus der inhaltlichen und zeitlichen Planung von Auslieferungsständen sowie dem Einfrieren derselben [Ver 2003].

Releasemanagement

Das Release ist die Summe aller neuen Anforderungen und Changes, die gemeinsam geplant, realisiert, getestet und in die Produktionsumgebung überführt werden. An einem Release sind in der Regel mehrere Konfigurationseinheiten beteiligt.

Das Releasemanagement ist bei vielen Unternehmungen die quer zur Linienorganisation durchgeführte Koordination eines einzelnen Release. Es beginnt mit der Übernahme der gebündelten Changes (Releasebündelung) und endet mit der Feedbackrunde nach der Produktivsetzung der Releases.

Gemäss Versteegen [Ver 2003] haben nur wenige Unternehmen wirklich erkannt, was eine verlässliche Releaseplanung ist. Die meisten bilden ein neues Release bei Bedarf; der Inhalt ist dann erst bei Auslieferung bekannt. Der Aufwand für Erstellung, Distribution und Support dieser ungeplanten Releases ist oftmals sehr gross. Wer beispielsweise pro Jahr zwei Releases plant, kann bei jeder Änderung schon definieren, in welchem Release diese enthalten sein wird. Um nachvollziehen zu können, aus welchen Komponenten und Konfigurationseinheiten ein bestimmtes Release bestanden hat, wird jedes Release eingefroren. Dieser Vorgang wird auch als Baselining oder „Erstellen von Bezugskonfigurationen" bezeichnet. Ein in einem Unternehmen eingeführtes Releasemanagement wird mit einem geeigneten Releasemanagementprozess hinterlegt.

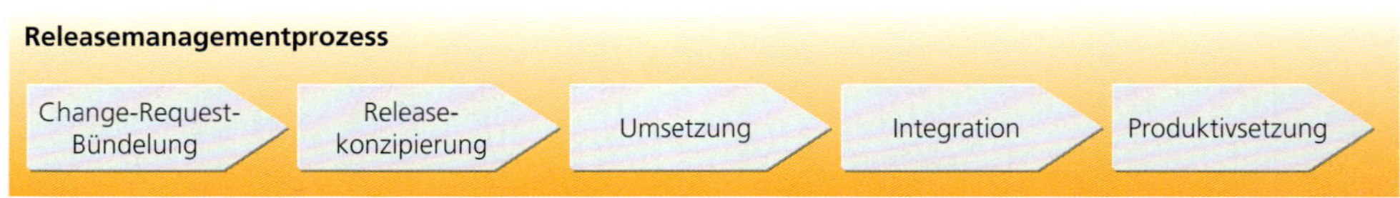

Abb. 11.05: Schritte des Releasemanagementprozesses

- Change-Request-Bündelung: Die vorhandenen projektunabhängigen Change Requests im Release-Change-„Topf" sowie vorhandene Ideen und Produktstrategien werden formal und funktional in der entsprechenden Detaillierung dokumentiert und einem neuen möglichen Release zugeordnet respektive entsprechend gebündelt. Dabei werden von den Verantwortlichen die Aufwände geschätzt.
- Releasekonzipierung: In der Releasekonzipierung werden die für dieses Release verfügbaren Ressourcen erhoben und den geschätzten Aufwänden gegenübergestellt. Anhand der Businessrelevanz und der -prioritäten entscheiden die Verantwortlichen über Umfang und Inhalt der nächsten Releases (siehe Kapitel 5.2.1 „Scopemanagement"). Das Release ist somit gebündelt und geht in die Verantwortung des Releasemanagers respektive des Projektleiters über.

- Umsetzung: Aus Sicht des Releasemanagements ist das Projekt grundsätzlich nichts anderes als die „Umsetzung" des Releasemanagementprozesses. Wenn man es ganz genau nimmt: die Phase von der Konzeption bis zum getesteten Projektprodukt. Zur Abgrenzung gegenüber der Projektabwicklung muss hier jedoch geklärt werden, dass in der Umsetzung des Releasemanagements nur der entsprechende Sachfortschritt geprüft wird und dieser mit den anderen neu zu erstellenden Produktreleases abgestimmt und koordiniert wird.
- Installation: Das Release respektive dessen Konfigurationseinheiten werden im produktiven Umfeld installiert, z.B. indem eine neue Applikation im Produktivsystem oder eine neue Maschine im Fertigungsbetrieb installiert wird. Darauf folgend werden entsprechende Integrationstest durchgeführt, die sicherstellen sollen, dass das neue Release störungsfrei in der „Live-Umgebung" funktioniert.
- Produktivsetzung: Produktivsetzung kann weitgehend dem Projektdurchführungsschritt „Auslieferung" gleichgesetzt werden. Die Produktivsetzung erfolgt je nach Projektart durch absolute Spezialisten. Diese richten sich nach einem ablaufmässig exakt ausgearbeiteten Einsatz- und Ablaufplan, um so das ganze Release für die Produktion, für den Markt freizugeben.

Das Releasemanagement kann man nicht nur in Bezug auf ein Produkt respektive einen Produktlebenszyklus sehen, sondern es läuft über alle in einem Unternehmen bestehende Produkte und Infrastrukturen. Daher ist Releasemanagement eine Aufgabe, die von hochqualifizierten Personen ausgeführt werden muss, ansonsten würde innert Kürze ein Unternehmen in sich zusammenbrechen.

Anhang

A. Kompetenzbereich Mensch

Beim Projektmanagement ist es wie in der Fahrschule. Anfangs konzentriert man sich auf Schalten, Gas geben, Bremsen etc. – beim Projektmanagement auf Planen, Steuern und Kontrollieren. Beherrscht man diese grundlegenden Tätigkeiten des Autofahrens intuitiv, so richtet sich der Blick auf die Umgebung. Man gibt dem Fussgänger das Zeichen, dass er die Strasse überqueren kann, man bremst auf der Autobahn leicht ab, weil man ein gefährliches Manöver 200 Meter weiter vorne beobachtet; sprich, man wird ein aktiver Teil eines komplexen Systems. Man antizipiert dessen Regeln und versucht aufgrund eigener Verhaltenskompetenz entsprechend zu reagieren und soweit möglich zu agieren.

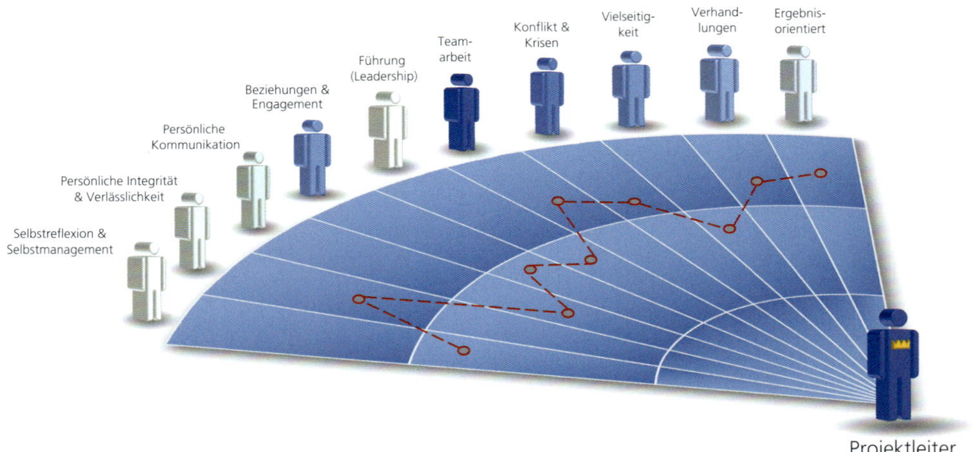

Abb. A01: Die 10 Kompetenzen des Kompetenzbereichs Mensch [ICB 2016]

Genau das Gleiche trifft im Projektumfeld zu. Stehen ganz am Anfang die „technischen" PM-Kompetenzen wie Planen, Steuern, Kontrollieren und dann die erweiterten PM-Kompetenzen wie Risikomanagement, Changemanagement, Konfigurationsmanagement etc. im Vordergrund, so rücken immer mehr die Verhaltenskompetenzen des Projektleiters ins Zentrum des Erfolgs, von denen die meisten auf der menschlichen Beziehungsebene liegen (wie Motivation, Selbstkontrolle, Offenheit etc.).

Nun könnte man fragen: Ja, wenn diese so wichtig sind, wieso wurde dann soviel über Planung, Anforderungsentwicklung, Projektstart etc. geschrieben?

Ganz einfach – wie soll ein Autofahrer den Strassenverkehr beeinflussen können, wenn er zwar eine hohe Selbstkontrolle hat, unheimlich engagiert und sehr kreativ ist, aber nicht weiss, wie er schalten, bremsen und Gas geben muss, sprich gar nicht Autofahren kann?

Die zum Teil „angeborenen", erzogenen und erlernten Verhaltenskompetenzen kommen erst dann richtig zu Geltung, wenn die Grundlagen beherrscht werden. Wie die Swiss Individual Competence Baseline [ICB 2016] beschreibt, kann der Einsatz der Verhaltenskompetenzen je nach Projektart, -grösse, -komplexität und -umfeld variieren.

Um eine gute Übersicht dieser Verhaltenskompetenzen zu erhalten, wird auf den folgenden Seiten eine Zusammenfassung der jeweiligen Verhaltenskompetenzen, die in der Individual Competence Baseline [ICB 2016] ausgezeichnet sind, aufgeführt. Sie sollen dem Lernenden ein weiteres vielseitiges und spannendes Lernfeld aufzeigen, in dem – Hand aufs Herz – jeder von uns stetig etwas dazulernen kann.

A.01 Selbstreflexion und Selbstmanagement

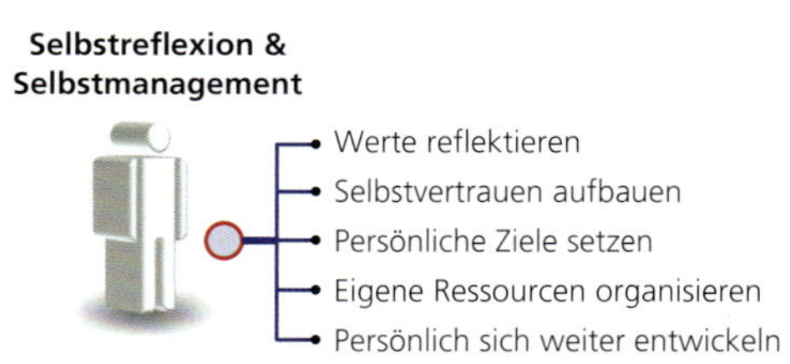

Definition: „Selbstreflexion" ist die Fähigkeit, die eigenen Emotionen, Verhaltensweisen, Präferenzen/Vorlieben und Werte sowie deren Einfluss zu erkennen, zu reflektieren und zu verstehen. „Selbstmanagement" ist die Fähigkeit, sich persönliche Ziele zu setzen, den Fortschritt zu überprüfen und anzupassen sowie die tägliche Arbeit systematisch zu erledigen. Selbstmanagement umfasst den Umgang mit sich verändernden Bedingungen und den erfolgreichen Umgang mit Stress [ICB 2016].

Zweck: Die Kompetenz „Selbstreflexion und Selbstmanagement" versetzt den Einzelnen in die Lage, sein Verhalten zu kontrollieren und zu lenken, indem der Einflusses der eigenen Emotionen, Vorlieben und Werte erkannt wird. Dies ermöglicht einen effektiven und effizienten Einsatz der eigenen Ressourcen und führt zu einer positiven Energie bei der Arbeit und einem Gleichgewicht zwischen Arbeit und Freizeit (Life Balance) [ICB 2016].

Kapitel	Kompetenzindikatoren
4.4.1.1	Einfluss der eigenen Werte und persönlichen Erfahrungen auf die Arbeit identifizieren und reflektieren
4.4.1.2	Selbstvertrauen auf der Basis von persönlichen Stärken und Schwächen aufbauen
4.4.1.3	Persönliche Motivationen identifizieren und reflektieren, um persönliche Ziele zu setzen und darauf zu fokussieren
4.4.1.4	Eigene Arbeit abhängig von der Situation und den eigenen Ressourcen organisieren
4.4.1.5	Verantwortung für das persönliche Lernen und die persönliche Weiterentwicklung übernehmen

A.02 Persönliche Integrität und Verlässlichkeit

Definition: Um die Arbeit zu erledigen und den Nutzen von Projekten zu liefern, müssen zahlreiche persönliche Verpflichtungen eingegangen werden. Der Einzelne muss persönliche Integrität und Zuverlässigkeit an den Tag legen, da ein Fehlen dieser Qualitäten das Scheitern der gewünschten Ergebnisse zur Folge haben kann. „Persönliche Integrität" bedeutet, dass der Einzelne gemäss seinen eigenen moralischen und ethischen Werten und Prinzipien handelt. „Verlässlichkeit" bedeutet, entsprechend dem Vereinbarten und den Erwartungen zu handeln [ICB 2016].

Zweck: Die Kompetenz „Persönliche Integrität und Verlässlichkeit" versetzt den Einzelnen in die Lage, konsistente Entscheidungen zu treffen und ein konsequentes Verhalten in Projekten an den Tag zu legen. Das Zeigen von persönlicher Integrität schafft ein vertrauensvolles Umfeld, in dem andere sich sicher und zuversichtlich fühlen. Es ermöglicht dem Einzelnen, andere zu unterstützen [ICB 2016].

Kapitel	Kompetenzindikatoren
4.4.2.1	Ethische Werte bei allen Entscheidungen und Handlungen anerkennen und anwenden
4.4.2.2	Die Nachhaltigkeit von Leistungen und Ergebnissen fördern
4.4.2.3	Verantwortung für die eigenen Entscheidungen und Handlungen übernehmen

4.4.2.4	Widerspruchsfrei handeln, Entscheidungen treffen und kommunizieren
4.4.2.5	Aufgaben sorgfältig erfüllen, um Vertrauen bei anderen zu schaffen

A.03 Persönliche Kommunikation

Definition: „Persönliche Kommunikation" umfasst den Austausch von sachgemässen Informationen, die präzise und konsistent an alle Beteiligten übermittelt werden [ICB 2016].

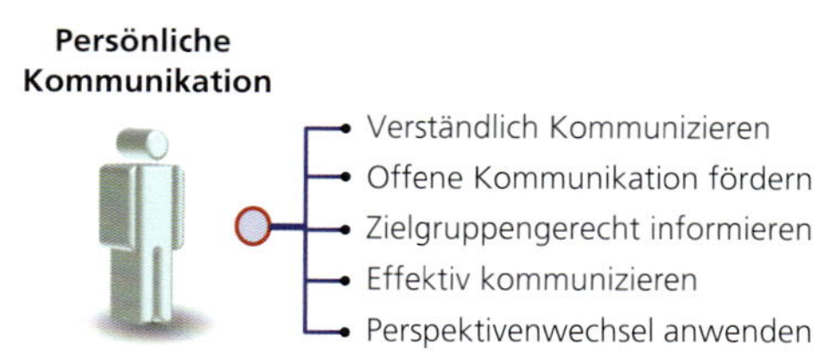

Zweck: Die Kompetenz „Persönliche Kommunikation" versetzt den Einzelnen in die Lage, in unterschiedlichen Situationen effizient und effektiv mit verschiedenen Zielgruppen und über verschiedene Kulturen hinweg zu kommunizieren.

Kapitel	Kompetenzindikatoren
4.4.3.1	Eindeutige und strukturierte Informationen an andere weitergeben und deren gleiches Verständnis sicherstellen
4.4.3.2	Offene Kommunikation ermöglichen und fördern
4.4.3.3	Kommunikationsarten und -kanäle auswählen, um die Bedürfnisse der Zielgruppe, der Situation und der Führungsebene zu erfüllen
4.4.3.4	Mit virtuellen Teams effektiv kommunizieren
4.4.3.5	Humor und Perspektivenwechsel angemessen anwenden

A.04 Beziehungen und Engagement

Definition: „Beziehungen und Engagement" bilden die Grundlage für eine produktive Zusammenarbeit, persönlichen Einsatz und das Engagement anderer. Dazu zählen Eins-zu-Eins-Beziehungen sowie die Einrichtung eines ganzen Beziehungsnetzwerks. Zeit und Aufmerksamkeit müssen in den Aufbau dauerhafter und stabiler Beziehungen mit Einzelpersonen investiert werden. Die Fähigkeit, starke Beziehungen aufzubauen, wird vor allem durch soziale Kompetenzen wie Empathie, Vertrauen, Zuversicht und Kommunikationsfähigkeiten angetrieben. Gemeinsame Visionen und Ziele motivieren, sich für Aufgaben und die gemeinsamen Ziele im Team zu engagieren [ICB 2016].

Zweck: Die Kompetenz „Beziehungen und Engagement" versetzt den Einzelnen in die Lage, persönliche Beziehungen aufzubauen und aufrecht zu erhalten sowie zu verstehen, dass die Fähigkeit, offen auf andere zuzugehen, eine Voraussetzung ist für die Zusammenarbeit, für das Engagement und letztendlich für eine erfolgreiche Arbeit [ICB 2016].

Kapitel	Kompetenzindikatoren
4.4.4.1	Persönliche und berufliche Beziehungen aufbauen und pflegen
4.4.4.2	Soziale Netzwerke aufbauen, moderieren und an ihnen teilnehmen
4.4.4.3	Durch Zuhören, Verständnis und Unterstützung Empathie zeigen
4.4.4.4	Vertrauen und Respekt zeigen, indem andere ermutigt werden, ihre Meinungen und Bedenken zu äussern
4.4.4.5	Eigene Visionen und Ziele kommunizieren, um Engagement und Commitment Dritter zu erreichen

A.05 Führung (Leadership)

Definition: „Führung" bedeutet, die Richtung vorzugeben und Einzelpersonen und Gruppen anzuleiten. Die Kompetenz umfasst die Fähigkeit, den Führungsstil an unterschiedliche Situationen anzupassen. Neben dem Zeigen von Führungskompetenz für das eigene Team muss der Einzelne auch vom Senior Management und anderen interessierten Parteien als Führungskraft für das Projekt angesehen werden [ICB 2016].

Zweck: Die Kompetenz „Führung" versetzt den Einzelnen in die Lage zu führen, eine Richtung vorzugeben und andere zu motivieren, um die individuelle und die Teamleistung zu verbessern [ICB 2016].

Kapitel	Kompetenzindikatoren
4.4.5.1	Initiative ergreifen und proaktiv mit Rat und Tat zur Seite stehen
4.4.5.2	Ownership übernehmen und Commitment zeigen
4.4.5.3	Durch Vorgeben der Richtung, durch Coaching und Mentoring die Arbeit von Einzelpersonen und Teams leiten und verbessern
4.4.5.4	Macht und Einfluss angemessen auf Dritte ausüben, um die Ziele zu erreichen
4.4.5.5	Entscheidungen treffen, durchsetzen und überprüfen

A.06 Teamarbeit

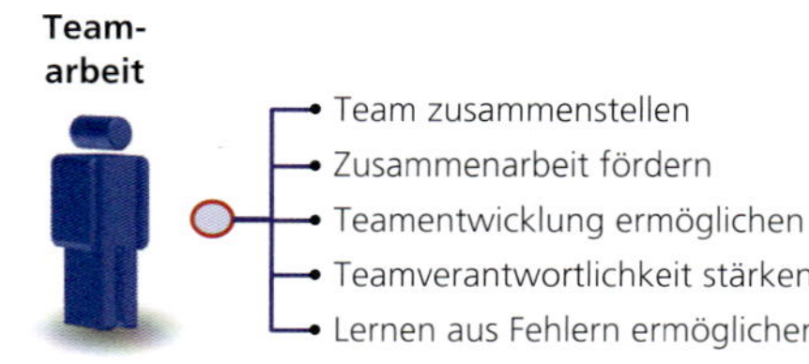

Definition: Bei der Teamarbeit geht es darum, Menschen zusammenzubringen, um ein gemeinsames Ziel zu erreichen. Teams sind Gruppen von Menschen, die gemeinsam arbeiten, um bestimmte Ziele zu erreichen. Projektteams sind meist multidisziplinär. Experten aus verschiedenen Bereichen arbeiten zusammen, um komplexe Ergebnisse zu realisieren. Bei der Teamarbeit geht es darum, durch das Formen, Unterstützen und Führen des Teams ein produktives Team aufzubauen. Die Kommunikation und die Beziehungen im Team zählen zu den wichtigsten Eigenheiten der erfolgreichen Teamarbeit [ICB 2016].

Zweck: Die Kompetenz „Teamarbeit" versetzt den Einzelnen in die Lage, die richtigen Teammitglieder auszuwählen, die Ausrichtung des Teams zu fördern und ein Team effektiv zu leiten [ICB 2016].

Kapitel	Kompetenzindikatoren
4.4.6.1	Das Team zusammenstellen und entwickeln
4.4.6.2	Zusammenarbeit und Netzwerken zwischen Teammitgliedern fördern
4.4.6.3	Die Entwicklung des Teams und der Teammitglieder ermöglichen, unterstützen und überprüfen
4.4.6.4	Teams durch das Delegieren von Aufgaben und Verantwortlichkeiten stärken
4.4.6.5	Fehler erkennen, um das Lernen aus Fehlern zu ermöglichen

A.07 Konflikte und Krise

Definition: „Konflikte und Krisen" umfasst das Erkennen, Moderieren und Lösen von Konflikten und Krisen durch eine hohe Aufmerksamkeit für das Umfeld und die Fähigkeit, Meinungsverschiedenheiten zu erkennen und Möglichkeiten für deren Auflösung anzubieten. Konflikte und Krisen können Ereignisse und Situationen, Charakterkonflikte, Stresslevels und andere potenzielle Gefahren einschliessen. Der Einzelne muss mit diesen Szenarien angemessen umgehen und einen Lernprozess für zukünftige Konflikte und Krisen anregen [ICB 2016].

Zweck: Die Kompetenz „Konflikte und Krisen“ versetzt den Einzelnen in die Lage, effektive Massnahmen zu ergreifen, wenn eine Krise oder ein Konflikt aufgrund gegensätzlicher Interessen/inkompatibler Persönlichkeiten auftritt [ICB 2016].

Kapitel	Kompetenzindikatoren
4.4.7.1	Konflikte und Krisen antizipieren und wenn möglich verhindern
4.4.7.2	Ursachen und Auswirkungen von Konflikten und Krisen analysieren und angemessene Reaktionen auswählen
4.4.7.3	Konflikte und Krisen und/oder deren Auswirkungen lösen bzw. in ihnen vermitteln
4.4.7.4	Lernergebnisse aus Konflikten und Krisen identifizieren und weitergeben, um die zukünftige Arbeit zu verbessern

A.08 Vielseitigkeit

Definition: „Vielseitigkeit“ ist die Fähigkeit, verschiedene Techniken und Denkweisen für die Definition, Analyse, Priorisierung, die Suche nach Möglichkeiten, den Umgang mit oder die Lösung von Herausforderungen und Problemen anzuwenden. Das erfordert häufig originelles und einfallsreiches Denken und Handeln und regt die Kreativität der einzelnen Teammitglieder sowie die kollektive Kreativität des Teams an. Vielseitigkeit ist nützlich, wenn Risiken, Chancen, Probleme und Schwierigkeiten auftreten [ICB 2016].

Zweck: Die Kompetenz „Vielseitigkeit“ versetzt den Einzelnen in die Lage, mit Unsicherheiten, Problemen, Veränderungen, Einschränkungen und stressigen Situationen effektiv umzugehen, indem stetig nach neuen, besseren und effektiveren Ansätzen und/oder Lösungen gesucht wird [ICB 2016].

Kapitel	Kompetenzindikatoren
4.4.8.1	Ein offenes und kreatives Umfeld schaffen und unterstützen
4.4.8.2	Konzeptionelles Denken anwenden, um Situationen zu analysieren und Lösungsstrategien zu definieren
4.4.8.3	Analytische Techniken anwenden, um Situationen, Informationen und Trends zu analysieren

4.4.8.4	Kreative Techniken fördern und anwenden, um Alternativen und Lösungen zu finden
4.4.8.5	Ganzheitliche Sicht auf das Projekt und seinen Kontext fördern, um den Entscheidungsprozess zu verbessern

A.09 Verhandlungen

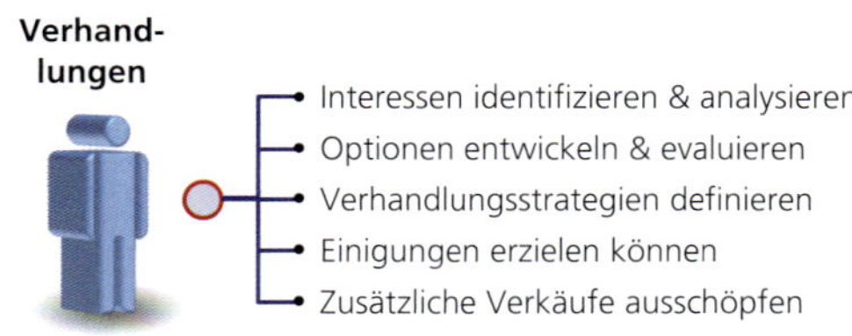

Definition: „Verhandlungen" beschreiben den Prozess zwischen zwei oder mehr Parteien, um ein Gleichgewicht zwischen verschiedenen Interessen, Bedürfnissen und Erwartungen zu schaffen, eine gemeinsame Einigung und Verpflichtung zu erzielen und gleichzeitig eine positive Arbeitsbeziehung aufrecht zu erhalten. Die Verhandlung umfasst formelle und informelle Prozesse wie kaufen, mieten oder verkaufen sowie auch solche hinsichtlich Anforderungen, Budget und Ressourcen in Projekten [ICB 2016].

Zweck: Die Kompetenz „Verhandlungen" versetzt den Einzelnen in die Lage, durch den Einsatz von Verhandlungstechniken zufriedenstellende Einigungen mit Dritten zu erzielen [ICB 2016].

Kapitel	**Kompetenzindikatoren**
4.4.9.1	Interessen aller Parteien, die an den Verhandlungen beteiligt sind, identifizieren und analysieren
4.4.9.2	Optionen und Alternativen entwickeln und evaluieren, die das Potenzial haben, die Bedürfnisse aller Beteiligten zu erfüllen
4.4.9.3	Verhandlungsstrategie definieren, die mit den eigenen Zielen übereinstimmt und für alle beteiligten Parteien akzeptabel ist
4.4.9.4	Einigungen mit anderen Parteien erzielen, die mit den eigenen Zielen übereinstimmen
4.4.9.5	Zusätzliche Verkaufs- und Akquisitionsmöglichkeiten entdecken und ausschöpfen

A.10 Ergebnisorientierung

Definition: „Ergebnisorientierung" bedeutet, dass der Einzelne jederzeit den kritischen Fokus auf die Ergebnisse des Projekts behält. Der Einzelne priorisiert die Mittel und Ressourcen, um Probleme, Herausforderungen und Hindernisse zu überwinden, damit das optimale Ergebnis für alle beteiligten Parteien sichergestellt werden kann. Die Ergebnisse werden bei Diskussionen stets in den Vordergrund gestellt und das Team strebt nach diesen Ergebnissen. Ein kritischer Aspekt der Ergebnisorientierung ist die Produktivität, die als eine Kombination von Effektivität und Effizienz gemessen wird. Der Einzelne muss Ressourcen effizient planen und einsetzen, um die vereinbarten Ergebnisse zu erreichen und effektiv zu sein [ICB 2016].

Zweck: Die Kompetenz „Ergebnisorientierung" versetzt den Einzelnen in die Lage, sich auf die vereinbarten Ergebnisse zu konzentrieren und danach zu streben, das Projekt zum Erfolg zu führen [ICB 2016].

Kapitel	Kompetenzindikatoren
4.4.10.1	Alle Entscheidungen und Handlungen hinsichtlich ihrer Auswirkung auf den Projekterfolg und die Ziele der Organisation evaluieren
4.4.10.2	Bedürfnisse und Mittel aufeinander abstimmen, um Ergebnisse und Erfolge zu optimieren
4.4.10.3	Gesunde, sichere und produktive Arbeitsumgebung schaffen und aufrecht erhalten
4.4.10.4	Das Projekt, seine Prozesse und Ergebnisse promoten und „verkaufen"
4.4.10.5	Ergebnisse liefern und Akzeptanz erhalten

B. Experten der Wirtschaft

Oftmals liest man ein Sachbuch und fragt sich anschliessend, was eigentlich das Wesentliche dieser Thematik ist und wie das Ganze in der Praxis aussieht. Um diesem Aspekt gerecht zu werden, haben bei der Erstellung dieses Buches einige Experten, respektive hoch anerkannte und erfolgreiche Praktiker, begleitend mitgearbeitet und es mit ihren Erfahrungen abgerundet und ergänzt.

Allen Experten stand zum Dank für ihre Mitarbeit eine halbe Buchseite zur Verfügung, um aus ihrer Sicht noch das zu sagen, was im Buch zu kurz gekommen ist bzw. was sie ihre Erfahrung gelehrt hat.

Rainer Grau

Rainer Grau, Head Business Development bei Digitec Galaxus AG, dem grössten E-Commerce-Anbieter der Schweiz

In seiner Führungsposition verantwortet er zusammen mit seinem Team sämtliche strategischen Projekte sowie die Gestaltung des Innovations- und des Lean-Portfolio-Managementprozesses. Zuvor war Rainer Grau Direktor und Partner der Zühlke Engineering AG Schweiz und dort für den Aufbau der Beratung und Coaching Services rund um die Themen Agilität, Lean Management, Product Management und Requirements Engineering zuständig.

Rainer Grau unterrichtet an verschiedenen Fachhochschulen in der Schweiz; er ist Mitglied des International Requirements Engineering Board IREB e.V., engagiert in der SAQ Swiss Association for Quality und einer der Gründer des Swiss Agile Leaders Circle. Ziele dieser Engagements sind für ihn der fachliche Austausch in den Communities und der Aufbau von gemeinsam getragener Kompetenz über Firmengrenzen hinweg.

Rainer Grau verbringt den Rest seiner Zeit gerne mit seiner Familie, sportlich auf allen Formen von Velos, beim Windsurfen, Sportklettern oder mit den neusten Romanen von T.C. Boyle und Haruki Murakami.

Gabriel N. Gassmann, Head of Project Management East, Swisscom IT Services, IPMA- und PMI-zertifiziert und als IPMA-Assessor aktiv

Gabriel N. Gassmann

Seit Jahren aktiv engagiert in unterschiedlichen Rollen und Funktionen im „Projektmanagement". Koordiniert bei Swisscom viele Kurse, Lehrgänge und Networks für Projektleiter/-innen und ist als Coach für alle IPMA-Zertifizierungen tätig.

Die offizielle IPMA-Zertifizierung prüft, verifiziert und zertifiziert die Anwendung von Wissen und Erfahrung anhand eines konkreten Projektes. Der Prozess integriert theoretisches Wissen mit praktischer Projekterfahrung auf Basis von Kompetenzelementen, unabhängig vom Vorgehensmodell. Das IPMA-Zertifikat dokumentiert die Handlungskompetenz im Projektmanagement der betreffenden Person. Fokussiert nun eine Unternehmung noch auf ein einheitliches Zertifizierungsmodell, so kann damit eine tragfähige Projektkultur aufgebaut werden. PS: jede Zertifizierung in „Ehren", aber vergessen Sie dabei den gesunden Menschenverstand nicht!

Jede Person verfügt über eine DNA. Im Kontext von Projekten ist damit so etwas wie emotionale und soziale Kompetenz gemeint, also Verhaltens- sowie Kontextkompetenzen wie Stakeholdermanagement oder die laufende Veränderung im Projektumfeld. Weiter bin ich überzeugt, dass jedes Projekt ebenfalls eine eigene DNA besitzt; je besser diese beiden DNA's aufeinanderpassen, umso höher ist die Wahrscheinlichkeit, das Projekt erfolgreich abzuschliessen.

Roland Heini, Geschäftsleitungsmitglied der SPOL AG, IPMA-B-zertifizierter Senior Projektmanager, Experte für komplexe Informatikprojekte und Requirement Engineering

Roland Heini

Nur mittels Projekten entwickeln sich Organisationen weiter. Der Wert eines einzelnen Projekts geht also weit über dessen direkten Nutzen hinaus. Dieser Nutzen rechtfertigt den Einsatz von Personen, Maschinen und Technologien. Trotz der eingeschränkten Ressourcenkapazität muss sich jede Unternehmung die Frage stellen, welche Projekte die Firma weiterbringen. Und insbesondere diese Projekte sollten professionell umgesetzt werden. Die Herausforderung grad in der heutigen Zeit lautet nicht, die meisten Projekte umzusetzen, sondern die richtigen!

Die Aufgabe des Projektleiters ist ein Management-Job: Er plant und koordiniert den Einsatz der notwendigen Ressourcen, behält die Ziele im Auge, stellt die Kommunikation mit den relevanten Stakeholdern sicher und hält das Team zusammen. Dies alles mit dem Ziel, der Unternehmung den versprochenen Nutzen (und nicht nur das Projekt-Endprodukt) zu erarbeiten. Die professionelle Umsetzung dieser Managementaufgabe ermöglicht erst die erfolgreiche Abwicklung von Projekten. Ein guter Projektleiter kann deshalb grundsätzlich jede Art von Projekten leiten, denn er fokussiert sich auf die – notwendigen – Führungsaufgaben!

Johannes Felchlin

Johannes Felchlin, 1968, ist seit 2022 Head Project & Process Management bei Helvetia Group Asset Management.

Von 2018 bis 2022 war er Lead Projektportfolio Manager bei Helvetia Group und zuvor 10 Jahre Leiter Projektportfolio Management bei den Basler Versicherungen Schweiz. Er verfügt über 25 Jahre PPM-Erfahrung. In seiner Ausbildung erwarb Johannes Felchlin einen Executive MBA (USA & NL) und ist zertifizierter Projektleiter (PMP/ PMI), Certified Portfolio Director (IPMA® Level A), zertifizierter LeSS Practitioner sowie zertifizierter SAFe 5 Lean Portfolio Manager. Daneben ist er Dozent für PM an der Zürcher Hochschule für Angewandte Wissenschaften (zhaw) und Co-Autor des Buches „Projektportfolio Management – Strategische Ausrichtung & Steuerung von Projektlandschaften".

Bruno Schulthess

Bruno Schulthess leitet Grossprojekte für die Baudirektion des Kantons Zürich. Der diplomierte Architekt ETH SIA war bauherrenseitiger Gesamtprojektleiter für das Bildungs- und Kulturzentrum Toni-Areal, ein in seinen Dimensionen europaweit einzigartiges Projekt. Danach übernahm er die gleiche Funktion für das neue Polizei- und Justizzentrum Zürich und leitete das Projektmanagementteam PJZ im Hochbauamt.

Das Fundament für ein erfolgreiches Projektmanagement, insbesondere bei langjährigen Grossprojekten, liegt beim Fokus und dem Umgang mit den Rahmenbedingungen, die über alle Phasen auf den Verlauf des Projektes einwirken, wie die Dynamik der Organisationsentwicklungen mit den einhergehenden Nutzungsänderungen, die technischen Fortschritte, als auch die politischen und gesellschaftlichen Veränderungen. Jedes Projekt wird von Menschen getragen. Sie stehen mit ihren Zielen und Werten, ihrer Fach- und Sozialkompetenz, ihrer Leistungsbereitschaft, ihrem Willen zur Zusammenarbeit und ihrer Fähigkeit, Wirkung zu erzielen, im Zentrum des Geschehens.

C. Inhaltsstrukturen der Lieferobjekte

Die Inhaltsstrukturen aller im Kapitel 2.4.1 erläuterten relevanten Dokumente, sprich Lieferobjekte, werden im Folgenden kurz aufgeführt. Wie im Kapitel 2.4.1 erläutert, macht die Anzahl keine Aussage über die Vollständigkeit, da in einem Unternehmen einerseits jeweils unterschiedliche „kulturelle" Reifegrade bezüglich der benötigten Lieferobjekte projiziert und andererseits je nach Projektart unterschiedliche Lieferobjekte verlangt werden.

Das zwingende Erstellen der aufgeführten Lieferobjekte hängt zur Hauptsache von der Klassifikation und vom angewendeten Vorgehensmodell ab. Dabei gilt folgender Grundsatz: Lieber weniger Lieferobjekte, aber diese auf einem qualifizierten hohen Niveau erstellen. Welche Lieferobjekte in welcher Ausführungstiefe erstellt werden müssen, kann z.B. durch ein „Tailoring" festgelegt werden (Kapitel 2.4).

1. Lieferobjekte der Projektführung

1.1 Projektantrag

Jeder, der eine Idee realisieren will, richtet den Projektantrag an seinen direkten Vorgesetzten oder an die zuständige Fachstelle wie z.B. den Projektportfolio-Controller. Mit der Genehmigung des Antrags wird der Wunsch, „eine Idee umzusetzen", für eine klärende Analyse (Business Case) und Konkretisierung (Projektplan) allenfalls mittels eines Initialauftrags freigegeben. Der Projektantrag sollte folgende Informationen enthalten:

- Projektantragskopf	- Kurze Beschreibung
- Grund des Vorhabens	- Nutzen
- Kosten	- Konsequenzen bei Nichtrealisierung
- Organisatorische Auswirkungen	- Risiken, Komplexität, Intensität
- Organisatorischer Umfang	- Nächste Schritte
- Unterschriften	- Antragsblatt

1.2 Initialauftrag

Wird der Projektantrag von einer berechtigten Entscheidungsinstanz freigegeben, bildet der Initialauftrag die Basis der Zusammenarbeit zwischen Auftraggeber und Projektleiter während der Initialisierungsphase bis und mit dem Erstellen eines Projektauftrags. Der Initialauftrag sollte folgende Informationen enthalten:

- Ausgangslage	- Projektumfang/Idee/Impuls
- Angestrebte Ziele	- Zu erstellende Lieferobjekte
- Termine/Vorgehen	- Kosten/Aufwände/Ressourcen
- Mögliche Risiken	- Restriktionen

1.3 Projektplan

Der Projektplan wird in Bezug zum Business Case vom Projektleiter erstellt und soll die planerischen Leistungswerte des Projekts transparent machen. Wird der Projektplan in einem Dokument zusammengefasst, so könnte das Dokument wie folgt strukturiert werden:

- Kurzbeschreibung der IST-Situation	- Kurzbeschreibung der SOLL-Situation
- Projektorganisation	- Planungsgrundlagen
- Projektabwicklungszielplan (Meilensteine)	- Ergebnis- und Prüfplan
- Einsatzmittelplan (Personal- und Betriebsmittel)	- Kosten- und Budgetplan
- Informationsplan	- Anhang (detaillierter Terminplan, Arbeitspakete etc.)

1.4 Projektauftrag

Synonyme für den Projektauftrag können z.B. Mandat, Planungsofferte oder Projektvertrag (Kontrakt) sein. Die in einem Projektauftrag aufgeführten Punkte können gemäss folgenden vier Gruppenkriterien gegliedert werden:

- Projektidentifikationsbereich

- Bezeichnung des Projekts gemäss offizieller Projektliste	- Projektnummer gemäss offizieller Projektliste
- Abteilungen, die in die Projektbearbeitung direkt involviert sind (offizielle Abkürzung)	- Organisationseinheiten, in denen das Projekt bearbeitet wird (offizielle Abkürzung)
- Name des Projektverantwortlichen pro Organisationseinheit	- Auftraggeber, Projektleiter, Auftragsempfänger

- System-/Produktbereich

– Ausgangslage	– Umfang, Abgrenzung des zu verändernden IST
– Kurzbeschreibung des IST	– Ursache des Auftrags (Motivation)
– Systemziele	– Muster/Modell der neuen Lösung
– Stärken/Schwächen der neuen Lösung	– Lösungsbezogene Restriktionen/Abhängigkeiten
– Chancen/Risiken der neuen Lösung	– Einsatzperiodizität (zeitmässig, ereignismässig)
– Erwartete Resultate	

- Projektmanagementbereich

– Projektprioritäten	– Besonderheiten/Abweichungen
– Abwicklungsziele	– Ablauforganisation (Phasen und/oder Meilensteine)
– Projektorganisation	– Wirtschaftlichkeit
– Budget	– Terminierung
– Dokumentations- und Informationsverfahren	

- Abschlussbereich

Der Projektauftrag besitzt einen klaren Vertragscharakter und muss daher von beiden Parteien mit rechtsgültigen Unterschriften versehen werden. Deshalb gehören auf jeden Projektauftrag:

– das Datum der Genehmigung des Projektauftrags durch die jeweilige Abteilungsleitung,
– der Name der Abteilung, durch welche der Projektauftrag genehmigt wird,
– die Unterschriften der jeweiligen Vertreter beider Parteien.

1.5 Realisierungsantrag

Der Realisierungsantrag, im Folgenden als Beispiel der generellen Phasenanträge aufgeführt, beinhaltet die wesentlichen Entscheidungsgrundlagen aus allen fachlichen Spezifikationen und Lösungsdokumenten der Konzeptionsphase. Der Realisierungsantrag sollte folgende Informationen enthalten:

- Kurzbeurteilung der abgeschlossenen Phase	- Beschreibung der Hauptlieferobjekte der Realisierung
- Planung und Organisation	- Antrag/Unterschrift
- Referenzdokumente	

1.6 Einführungsantrag

Mit der Freigabe des Antrages wird implizit der Auftrag zur Einführung gegeben. Er wird in der Praxis eher nur bei umfangreicheren Projekten eingesetzt. Der Einführungsantrag sollte folgende Informationen enthalten:

- Kurzbeurteilung der abgeschlossenen Phase	- Beschreibung der Hauptlieferobjekte der Einführung
- Planung und Organisation	- Antrag/Unterschrift
- Referenzdokumente	

1.7 Projektabschlussbericht

In diesem Bericht wird in Verantwortung vom Projektleiter ein kurzer Rückblick über die gesamte Projektabwicklung vorgenommen. Im Weiteren bildet er den Antrag auf Projektende.

- Kurze Projektbeschreibung (Problemstellung/ Ziele etc.)	- Getroffene Entscheidungen während der Projektabwicklung
- Erreichte Werte (Ziele/Anforderungen)	- Nicht erreichte Werte und Gründe
- Noch offene Punkte und Mängel (Mängelliste)	- Gegenüberstellung sämtlicher PLAN-IST-SOLL-Werte
- Neu berechnete Wirtschaftlichkeit	- Aussagen von Beteiligten und Betroffenen
- Schlussfolgerungen Lernwerte	- Konsequenzen
- Abschlussszenario	- Antrag auf Projektende

1.8 Projektstatusbericht

Projektstatusberichte (PSB) sind kurz und standardisiert (max. 2 bis 3 Seiten). Sie werden in der Regel periodisch (monatlich) vom Projektleiter erstellt. Der Projektstatusbericht sollte folgende Informationen enthalten:

- Projektidentifikation	- Zeitpunkt der Fortschritts- und Aufwandsmeldung
- Kurze Statusübersicht (Ampeln und Kurzbemerkungen)	- Aufwandmässiger Stand (Kosten, Ressourcen) des Projekts
- Wie gross ist der Restaufwand?	- Bemerkungen (verbaler PLAN/SOLL/IST-Zustand)
- Leistungen der letzten Periode	- Erfolge
- Probleme und deren Gründe	- Die Top Five der Risiken und deren Ursachen
- Massnahmen (Vorschläge und Anträge vom PL)	- Hauptaktivitäten der nächsten Berichtsperiode

2. Lieferobjekte der Projektdurchführung

2.1 Business Case

Der Business Case (BC) ist ein Grundlagendokument, das den Projektträgerinstanzen erlaubt, über die Durchführung des Projekts aus Sicht des Business zu entscheiden. Der BC beschreibt das „Was" aus Businesssicht. Der Business Case sollte folgende Informationen enthalten:

- Management Summary	- Ausgangslage
- Projektumfang	- Grober Lösungsansatz
- Projektmanagement-Werte	- Wirtschaftlichkeit und Abwicklungsrisiken
- Finanzierung	- Anträge
- Entscheide	- Anhang (Anforderungskatalog)

2.2 Pflichtenheft

Das Pflichtenheft beschreibt zur Hauptsache die Aufgabe/die Anforderungen und das erwartete Resultat für den zu vergebenden Auftrag. Das Pflichtenheft sollte folgende Informationen enthalten:

1. Ausgangslage	2. IST-Zustand (Situationsanalyse)
3. Projekt- und Beschaffungsziele	4. Funktionale Anforderungen
5. Nicht funktionale Anforderungen	6. Mengengerüst
7. Aufbau der Offerte	8. Fragekatalog (spezielle Fragen an den Bieter)
9. Projektabwicklung (Termine, Organisation etc.)	10. Administratives

A) Anhang

2.3 Anforderungskatalog

In einem Anforderungskatalog wird grundsätzlich konkret das „Was" beschrieben. Je nach Situation kann der Anforderungskatalog ein Teil des Business Case sein. Der Anforderungskatalog sollte folgende Informationen enthalten:

- Kurzbeschreibung IST-Situation	- Problemkatalog
- Einflussgrössen	- Anforderungen

2.4 Konzept

Basierend auf dem Entscheid der im Business Case aufgeführten Varianten, wird in der Phase Konzeption in einem oder mehreren Konzeptdokumenten das „Wie" erarbeitet. Ein „Haupt-"Konzeptdokument fasst alle während der Phase geleisteten Arbeiten zusammen. Auf der Basis einer projektartenunabhängigen Struktur könnte ein Konzept folgende Punkte enthalten:

- Management Summary	- Ausgangslage
- Projektumfang/Situationsanalyse	- Lösungsansätze
- Variantenbewertung	- Lösungsempfehlung
- Anträge	

2.5 Prüf-/Testbericht

Dokument, das die Test-/Prüfaktivitäten und -ergebnisse zusammenfasst und eine darauf basierende Bewertung der Test-/Prüfobjekte enthält [Spi 2005].

- Zusammenfassung	- Test-/Prüfumfang
- Einschätzung des Tests/Prüflings	- Test-/Prüfergebnisse
- Bewertung	- Abweichungen
- Empfehlung – Abgenommen/Abgelehnt	- Genehmigungen

2.6 Abnahmeprotokoll

Zusammenfassung aller Prüf- und Testprotokolle. Grundlage, um das realisierte Projektprodukt offiziell freizugeben.

- Management Summary	- Abnahmeklassifizierung
- Werte des Projektprodukts	- Wie weiter?
- Prüfelemente und -aspekte	- Unterschriften
- Mängel	

2.7 Detailspezifikation

Die Detailspezifikation, in gewissen Projektarten auch Ausführungspläne genannt, baut auf den Arbeitsergebnissen der in der Phase Konzeption erstellten Lieferobjekte auf. Darin enthalten sind:

- Die detaillierten Spezifikationen anhand der in den Konzeptionsdokumenten gewählten Variante und der Anforderungsspezifikation.
- Alle weiteren Angaben, die für die erfolgreiche Realisierung, Organisationsintegration und technische Implementierung notwendig sind.

Gegenüber der Anforderungsspezifikation, die businessmässig ausgerichtet ist, sind in diesem Lieferobjekt auch alle technischen Details (z.B. Architektur) spezifiziert. Es wird vom Auftraggeber und Auftragnehmer (Projektleiter/Lieferant) beidseitig als Grundlage für die Realisierung und die technischen Abnahme des zukünftigen Systems/Produkts eingesetzt.

- Voraussetzungen	- Implementationsmodell
- Organisatorische Lösung	- Technische Lösung
- Schnittstellen	- Lösungen für spezielle Zielgruppen
- Abnahmekriterien	- Anhang

D. ICB-Nummern

Gemäss den ICB4-Ausführungen gibt es drei Kompetenzbereiche mit entsprechenden Richtlinien:

- Kompetenzbereich Praktiken („Practice"),
- Kompetenzbereich Menschen („People") und
- Kompetenzbereich Kontext („Perspective").

Im Folgenden wird der Zweck jeder Kompetenz gemäss „Swiss Individual Competence Baseline Version 4.0 Domäne Projektmanagement" der Schweizerischen Gesellschaft für Projektmanagement (SPM) und dem Verein zur Zertifizierung im Projektmanagement (VZPM) [ICB 2016] beschrieben. Ergänzend zu den Erläuterungen wurden die jeweiligen Kompetenzindikatoren der neuen ICB4 aufgeführt. Diese legen fest, welche Fertigkeiten und Fähigkeiten entwickelt werden müssen und wie diese beobachtet und gemessen werden können [ICB 2016].

Kapitel	**Zweck und Kompetenzindikatoren des Kompetenzenbereichs Kontext („Perspective") (ICB4)**
4.3.1	**1.01 Strategie**
Zweck	Die Kompetenz „Strategie" versetzt den Einzelnen in die Lage, die Strategie und die strategischen Prozesse zu verstehen, um das Projekt im Rahmen der strategischen Aspekte und unter Einbezug von Leistungsindikatoren zu leiten.
4.3.1.1	• Das Projekt mit der Mission und der Vision der Organisation in Einklang bringen
4.3.1.2	• Chancen identifizieren und ausschöpfen, die die Strategie der Organisation beeinflussen
4.3.1.3	• Rechtfertigung für das Projekt entwickeln und sicherstellen, dass die betriebswirtschaftlichen und/oder organisationalen Gründe, die zum Projekt geführt haben, weiterhin bestehen
4.3.1.4	• Kritische Erfolgsfaktoren bestimmen, beurteilen und überprüfen
4.3.1.5	• Key Performance Indicators (KPI) bestimmen, beurteilen und überprüfen

4.3.2	1.02 Governance, Strukturen und Prozesse
Zweck	Die Kompetenz „Governance, Strukturen und Prozesse" versetzt den Einzelnen in die Lage, wirkungsvoll am Projekt teilzunehmen und den Einfluss von Governance, Strukturen und Prozessen auf dieses zu steuern.
4.3.2.1	• Die Grundlagen des Projektmanagements und dessen Einführung kennen
4.3.2.2	• Die Grundlagen des Programmmanagements und deren Einführung kennen
4.3.2.3	• Die Grundlagen des Portfoliomanagements und dessen Einführung kennen
4.3.2.4	• Das Projekt mit den Supportfunktionen in Einklang bringen
4.3.2.5	• Das Projekt mit den Entscheidungs- und Berichterstattungsstrukturen sowie den Qualitätsanforderungen der Organisation in Einklang bringen
4.3.2.6	• Das Projekt mit den Prozessen und Funktionen des HR in Einklang bringen
4.3.2.7	• Das Projekt mit den Finanz- und Controllingprozessen in Einklang bringen
4.3.3	**1.03 Compliance, Standards und Regulationen**
Zweck	Die Kompetenz „Compliance, Standards und Regulationen" versetzt den Einzelnen in die Lage, die Abstimmung relevanter Standards und Vorschriften innerhalb der Stammorganisation, die relevanten Gesetzestexte und die Standards und Normen sowohl der Organisation als auch der Gesellschaft zu verstehen, zu beeinflussen und das Projekt entsprechend zu steuern, sowie die Herangehensweise der Organisation an diese Bereiche zu verbessern.
4.3.3.1	• Die für das Projekt gültigen Rechtsvorschriften identifizieren und einhalten
4.3.3.2	• Alle für das Projekt relevanten Vorschriften für Sicherheit, Gesundheit und Umweltschutz (SGU) identifizieren und einhalten
4.3.3.3	• Alle für das Projekt relevanten Verhaltensregeln und Berufsvorschriften identifizieren und einhalten
4.3.3.4	• Für das Projekt relevante Prinzipien und Ziele der Nachhaltigkeit identifizieren und einhalten
4.3.3.5	• Für das Projekt relevante professionelle Standards und Tools bewerten, nutzen und weiterentwickeln

4.3.3.6	• Die Projektmanagementkompetenz der Organisation bewerten, vergleichen und verbessern
4.3.4	**1.04 Macht und Interessen**
Zweck	Die Kompetenz „Macht und Interessen" versetzt den Einzelnen in die Lage, Machtverhältnisse und Interessenlagen zu erkennen und Techniken zur gezielten Ausübung von Macht und Interesse anzuwenden mit dem Ziel, die Stakeholder zufriedenzustellen und die vereinbarten Ergebnisse innerhalb des vereinbarten zeitlichen und finanziellen Rahmens zu liefern.
4.3.4.1	• Persönliche Ambitionen und Interessen Dritter und deren potenzielle Auswirkungen auf das Projekt beurteilen sowie diese Kenntnisse zum Nutzen des Projekts verwenden
4.3.4.2	• Informellen Einfluss von Einzelpersonen und Personengruppen und deren potenzielle Auswirkungen auf das Projekt beurteilen sowie diese Kenntnisse zum Nutzen des Projekts verwenden
4.3.4.3	• Persönlichkeiten und Arbeitsstile Dritter beurteilen und zum Nutzen des Projekts einsetzen
4.3.5	**1.05 Kultur und Werte**
Zweck	Die Kompetenz „Kultur und Werte" versetzt den Einzelnen in die Lage, den Einfluss interner und externer kultureller Aspekte auf den Projektansatz, die Projektziele, die Projektprozesse, die Nachhaltigkeit der Arbeitsergebnisse und die vereinbarten Ergebnisse zu erkennen und zu integrieren.
4.3.5.1	• Kultur und Werte der Gesellschaft und deren Auswirkungen auf das Projekt beurteilen
4.3.5.2	• Das Projekt mit der formellen Kultur und den Werten der Organisation in Einklang bringen
4.3.5.3	• Die informelle Kultur und Werte der Organisation und deren Auswirkungen auf das Projekt beurteilen

Kapitel	Zweck und Kompetenzindikatoren des Kompetenzenbereichs Menschen („People“) ICB4
4.4.1	**2.01 Selbstreflexion und Selbstmanagement**
Zweck	Die Kompetenz „Selbstreflexion und Selbstmanagement“ versetzt den Einzelnen in die Lage, sein Verhalten durch das Erkennen des Einflusses der eigenen Emotionen, Vorlieben und Werte zu kontrollieren und zu lenken. Dies ermöglicht einen effektiven und effizienten Einsatz der eigenen Ressourcen und führt zu einer positiven Energie bei der Arbeit und einem Gleichgewicht zwischen Arbeit und Freizeit (Life Balance).
4.4.1.1	Einfluss der eigenen Werte und persönlichen Erfahrungen auf die Arbeit identifizieren und reflektieren
4.4.1.2	Selbstvertrauen auf der Basis persönlicher Stärken und Schwächen aufbauen
4.4.1.3	Persönliche Motivationen identifizieren und reflektieren, um persönliche Ziele zu setzen und darauf zu fokussieren
4.4.1.4	Eigene Arbeit abhängig von der Situation und den eigenen Ressourcen organisieren
4.4.1.5	Verantwortung für das persönliche Lernen und die persönliche Weiterentwicklung übernehmen
4.4.2	**2.02 Persönliche Integrität und Verlässlichkeit**
Zweck	Die Kompetenz „Persönliche Integrität und Verlässlichkeit“ versetzt den Einzelnen in die Lage, konsistente Entscheidungen zu treffen und ein konsequentes Verhalten in Projekten an den Tag zu legen. Das Zeigen von persönlicher Integrität schafft ein vertrauensvolles Umfeld, in dem andere sich sicher und zuversichtlich fühlen. Es ermöglicht dem Einzelnen, andere zu unterstützen.
4.4.2.1	Ethische Werte bei allen Entscheidungen und Handlungen anerkennen und anwenden
4.4.2.2	Die Nachhaltigkeit von Leistungen und Ergebnissen fördern
4.4.2.3	Verantwortung für die eigenen Entscheidungen und Handlungen übernehmen
4.4.2.4	Widerspruchsfrei handeln, Entscheidungen treffen und kommunizieren
4.4.2.5	Aufgaben sorgfältig erfüllen, um Vertrauen bei anderen zu schaffen
4.4.3	**2.03 Persönliche Kommunikation**
Zweck	Die Kompetenz „Persönliche Kommunikation“ versetzt den Einzelnen in die Lage, in unterschiedlichen Situationen effizient und effektiv mit verschiedenen Zielgruppen und über verschiedene Kulturen hinweg zu kommunizieren.

4.4.3.1	Eindeutige und strukturierte Informationen an andere weitergeben und deren gleiches Verständnis sicherstellen
4.4.3.2	Offene Kommunikation ermöglichen und fördern
4.4.3.3	Kommunikationsarten und -kanäle auswählen, um die Bedürfnisse der Zielgruppe, der Situation und der Führungsebene zu erfüllen
4.4.3.4	Mit virtuellen Teams effektiv kommunizieren
4.4.3.5	Humor und Perspektivenwechsel angemessen anwenden
4.4.4	**2.04 Beziehungen und Engagement**
Zweck	Die Kompetenz „Beziehungen und Engagement" versetzt den Einzelnen in die Lage, persönliche Beziehungen aufzubauen und aufrecht zu erhalten sowie zu verstehen, dass die Fähigkeit, offen auf andere zuzugehen, eine Voraussetzung ist für die Zusammenarbeit, für das Engagement und letztendlich für eine erfolgreiche Arbeit.
4.4.4.1	Persönliche und berufliche Beziehungen aufbauen und pflegen
4.4.4.2	Soziale Netzwerke aufbauen, moderieren und an ihnen teilnehmen
4.4.4.3	Durch Zuhören, Verständnis und Unterstützung Empathie zeigen
4.4.4.4	Vertrauen und Respekt zeigen, indem andere ermutigt werden, ihre Meinungen und Bedenken zu äussern
4.4.4.5	Eigene Visionen und Ziele kommunizieren, um Engagement und Commitment Dritter zu erreichen
4.4.5	**2.05 Führung (Leadership)**
Zweck	Die Kompetenz „Führung" versetzt den Einzelnen in die Lage zu führen, eine Richtung vorzugeben und andere zu motivieren, um die individuelle und die Teamleistung zu verbessern.
4.4.5.1	Initiative ergreifen und proaktiv mit Rat und Tat zur Seite stehen
4.4.5.2	Ownership übernehmen und Commitment zeigen
4.4.5.3	Durch Vorgeben der Richtung, durch Coaching und Mentoring die Arbeit von Einzelpersonen und Teams leiten und verbessern
4.4.5.4	Macht und Einfluss angemessen auf Dritte ausüben, um die Ziele zu erreichen
4.4.5.5	Entscheidungen treffen, durchsetzen und überprüfen
4.4.6	**2.06 Teamarbeit**
Zweck	Die Kompetenz „Teamarbeit" versetzt den Einzelnen in die Lage, die richtigen Teammitglieder auszuwählen, die Ausrichtung des Teams zu fördern und ein Team effektiv zu leiten.

4.4.6.1	Das Team zusammenstellen und entwickeln
4.4.6.2	Zusammenarbeit und Netzwerken zwischen Teammitgliedern fördern
4.4.6.3	Die Entwicklung des Teams und der Teammitglieder ermöglichen, unterstützen und überprüfen
4.4.6.4	Teams durch das Delegieren von Aufgaben und Verantwortlichkeiten stärken
4.4.6.5	Fehler erkennen, um das Lernen aus Fehlern zu ermöglichen
4.4.7	**2.07 Konflikte und Krisen**
Zweck	Die Kompetenz „Konflikte und Krisen" versetzt den Einzelnen in die Lage, effektive Massnahmen zu ergreifen, wenn eine Krise oder ein Konflikt aufgrund gegensätzlicher Interessen/inkompatibler Persönlichkeiten auftritt.
4.4.7.1	Konflikte und Krisen antizipieren und wenn möglich verhindern
4.4.7.2	Ursachen und Auswirkungen von Konflikten und Krisen analysieren und angemessene Reaktionen auswählen
4.4.7.3	Konflikte und Krisen und/oder deren Auswirkungen lösen bzw. in ihnen vermitteln
4.4.7.4	Lernergebnisse aus Konflikten und Krisen identifizieren und weitergeben, um die zukünftige Arbeit zu verbessern
4.4.8	**2.08 Vielseitigkeit**
Zweck	Die Kompetenz „Vielseitigkeit" versetzt den Einzelnen in die Lage, mit Unsicherheiten, Problemen, Veränderungen, Einschränkungen und stressigen Situationen effektiv umzugehen, indem stetig nach neuen, besseren und effektiveren Ansätzen und/oder Lösungen gesucht wird.
4.4.8.1	Ein offenes und kreatives Umfeld schaffen und unterstützen
4.4.8.2	Konzeptionelles Denken anwenden, um Situationen zu analysieren und Lösungsstrategien zu definieren
4.4.8.3	Analytische Techniken anwenden, um Situationen, Informationen und Trends zu analysieren
4.4.8.4	Kreative Techniken fördern und anwenden, um Alternativen und Lösungen zu finden
4.4.8.5	Ganzheitliche Sicht auf das Projekt und seinen Kontext fördern, um den Entscheidungsprozess zu verbessern

4.4.9	2.09 Verhandlungen
Zweck	Die Kompetenz „Verhandlungen" versetzt den Einzelnen in die Lage, durch den Einsatz von Verhandlungstechniken zufriedenstellende Einigungen mit Dritten zu erzielen.
4.4.9.1	Interessen aller Parteien, die an den Verhandlungen beteiligt sind, identifizieren und analysieren
4.4.9.2	Optionen und Alternativen entwickeln und evaluieren, die das Potenzial haben, die Bedürfnisse aller Beteiligten zu erfüllen
4.4.9.3	Verhandlungsstrategie definieren, die mit den eigenen Zielen übereinstimmt und für alle beteiligten Parteien akzeptabel ist
4.4.9.4	Einigungen mit anderen Parteien erzielen, die mit den eigenen Zielen übereinstimmen
4.4.9.5	Zusätzliche Verkaufs- und Akquisitionsmöglichkeiten entdecken und ausschöpfen
4.4.10	**2.10 Ergebnisorientierung**
Zweck	Die Kompetenz „Ergebnisorientierung" versetzt den Einzelnen in die Lage, sich auf die vereinbarten Ergebnisse zu konzentrieren und danach zu streben, das Projekt zum Erfolg zu führen
4.4.10.1	Alle Entscheidungen und Handlungen hinsichtlich ihrer Auswirkung auf den Projekterfolg und die Ziele der Organisation evaluieren
4.4.10.2	Bedürfnisse und Mittel aufeinander abstimmen, um Ergebnisse und Erfolge zu optimieren
4.4.10.3	Gesunde, sichere und produktive Arbeitsumgebung schaffen und aufrecht erhalten
4.4.10.4	Das Projekt, seine Prozesse und Ergebnisse promoten und „verkaufen"
4.4.10.5	Ergebnisse liefern und Akzeptanz erhalten

Kapitel	Zweck und Kompetenzindikatoren des Kompetenzenbereichs Praktiken („Practice") (ICB4)
4.5.1	**3.01 Projektdesign**
Zweck	Die Kompetenz „Projektdesign" versetzt den Einzelnen in die Lage, alle kontextuellen und menschlichen Aspekte erfolgreich zu integrieren und daraus das Vorgehen abzuleiten, das am meisten Vorteile für das Projekt bringt, um Engagement und Erfolg sicherzustellen.
4.5.1.1	Erfolgskriterien anerkennen, priorisieren und überprüfen

4.5.1.2	Lessons Learned aus und mit anderen Projekten überprüfen, anwenden und austauschen
4.5.1.3	Projektkomplexität und ihre Konsequenzen für den Projektmanagementansatz bestimmen
4.5.1.4	Generellen Projektmanagementansatz auswählen und anpassen
4.5.1.5	Konzept für die Projektdurchführung entwerfen, überwachen und anpassen
4.5.2	**3.02 Anforderungen und Ziele**
Zweck	Die Kompetenz „Anforderungen und Ziele" versetzt den Einzelnen in die Lage, die Beziehung zwischen den Elementen zu erkennen, die die Stakeholder erreichen wollen, und denen, die das Projekt erfüllen wird.
4.5.2.1	Hierarchie der Projektziele definieren und entwickeln
4.5.2.2	Bedürfnisse und Anforderungen der Projekt-Stakeholder identifizieren und analysieren
4.5.2.3	Anforderungen und Abnahmekriterien priorisieren und entscheiden
4.5.3	**3.03 Leistungsumfang und Lieferobjekte**
Zweck	Die Kompetenz „Leistungsumfang und Lieferobjekte" versetzt den Einzelnen in die Lage, Einblicke in Inhalt und Umfang des Projekts sowie dessen Grenzen zu erhalten, den definierten Leistungsumfang zu steuern sowie zu verstehen, wie der Leistungsumfang Entscheidungen bezüglich des Managements und der Durchführung des Projekts beeinflusst (und davon beeinflusst wird).
4.5.3.1	Lieferobjekte definieren
4.5.3.2	Leistungsumfang strukturieren
4.5.3.3	Arbeitspakete definieren
4.5.3.4	Konfiguration des Leistungsumfangs erstellen und aufrechterhalten
4.5.4	**3.04 Ablauf und Termine**
Zweck	Die Kompetenz „Ablauf und Termine " versetzt den Einzelnen in die Lage, alle Aktivitäten, die für die Lieferung der vereinbarten Ergebnisse des Projekts notwendig sind, in eine zeitliche Abfolge zu bringen, zu optimieren, zu überwachen und zu steuern.
4.5.4.1	Aktivitäten definieren, die nötig sind, um das Projekt (ab)liefern zu können
4.5.4.2	Arbeitsaufwand und Dauer von Aktivitäten festlegen
4.5.4.3	Vorgehensweise für Termine und Phasen respektive Sprints festlegen

4.5.4.4	Abfolge der Projektaktivitäten bestimmen und einen Ablauf- und Terminplan erstellen
4.5.4.5	Fortschritt anhand des Terminplans überwachen und notwendige Anpassungen vornehmen
4.5.5	**3.05 Organisation, Information und Dokumentation**
Zweck	Die Kompetenz „Organisation, Information und Dokumentation" versetzt den Einzelnen in die Lage, eine leistungsfähige temporäre Organisation aufzubauen, inklusive Organisationsstruktur, Kommunikationsprozesse und Dokumentationsstrukturen.
4.5.5.1	Bedürfnisse der Stakeholder bezüglich Information und Dokumentation beurteilen und bestimmen
4.5.5.2	Struktur, Rollen und Verantwortlichkeiten im Projekt definieren
4.5.5.3	Infrastruktur, Prozesse und Informationssysteme aufbauen
4.5.5.4	Organisation des Projekts implementieren, überwachen und ggf. anpassen
4.5.6	**3.06 Qualität**
Zweck	Die Kompetenz „Qualität" versetzt den Einzelnen in die Lage, die Qualität der zu erbringenden Ergebnisse sowie des zu organisierenden Lieferprozesses festzulegen und zu steuern. Die Qualität stellt ein unerlässliches Instrument für das Management der Nutzenrealisierung dar.
4.5.6.1	Qualitätsmanagementplan für das Projekt entwickeln, die Implementierung überwachen und gegebenenfalls überarbeiten
4.5.6.2	Projekt mit seinen Lieferobjekten überprüfen um sicherzustellen, dass sie die Anforderungen des Qualitätsmanagementplans weiterhin erfüllen
4.5.6.3	Erreichung der Qualitätsziele des Projekts verifizieren und erforderliche korrektive und/oder präventive Massnahmen empfehlen
4.5.6.4	Validierung von Projektergebnissen planen und organisieren
4.5.6.5	Qualität im Verlauf des Projekts sicherstellen
4.5.7	**3.07 Kosten und Finanzierung**
Zweck	Die Kompetenz „Kosten und Finanzierung" versetzt den Einzelnen in die Lage sicherzustellen, dass das Projekt jederzeit über ausreichende finanzielle Ressourcen verfügt, so dass die finanziellen Ziele des Projekts erfüllt werden können, und dass der Finanzierungsstatus überwacht, in einem Bericht festgehalten und so angemessen bewirtschaftet werden kann.
4.5.7.1	Projektkosten abschätzen
4.5.7.2	Projektbudget erstellen

4.5.7.3	Projektfinanzierung sichern
4.5.7.4	Finanzmanagement- und Berichtssystem für das Projekt entwickeln, einrichten und aufrechterhalten
4.5.7.5	Finanzen überwachen, um Abweichungen vom Projektplan zu identifizieren und zu korrigieren
4.5.8	**3.08 Ressourcen**
Zweck	Die Kompetenz „Ressourcen" versetzt den Einzelnen in die Lage sicherzustellen, dass die benötigten Ressourcen verfügbar sind und nach Bedarf zugewiesen werden, um die Ziele zu erreichen.
4.5.8.1	Strategische Ressourcenplanung entwickeln, um die Projektergebnisse liefern zu können
4.5.8.2	Qualität und Menge der benötigten Ressourcen definieren
4.5.8.3	Potenzielle Ressourcenquellen identifizieren und ihre Beschaffung verhandeln
4.5.8.4	Ressourcen gemäss dem festgelegten Bedarf zuweisen und verteilen
4.5.8.5	Ressourcenverbrauch evaluieren und erforderliche Korrekturmassnahmen ergreifen
4.5.9	**3.09 Beschaffung und Partnerschaften**
Zweck	Die Kompetenz „Beschaffung" versetzt den Einzelnen in die Lage, von den ausgewählten Lieferanten oder Partnern einen möglichst hohen Nutzen zu erhalten und somit einen möglichst hohen Mehrwert für den Käufer und die Organisation zu erbringen.
4.5.9.1	Beschaffungsbedarf, Optionen und Prozesse vereinbaren
4.5.9.2	Zu Evaluation und Auswahl von Lieferanten und Partnern beitragen
4.5.9.3	Zu Verhandlungen und Vereinbarungen von Vertragsbestimmungen beitragen, um diese in Einklang mit den Projektzielen zu bringen
4.5.9.4	Vertragsausführung überwachen, Probleme ansprechen und falls notwendig Entschädigungen verlangen
4.5.10	**3.10 Planung und Steuerung**
Zweck	Die Kompetenz „Planung und Steuerung" versetzt den Einzelnen in die Lage, sich einen ausgewogenen und ganzheitlichen Überblick über das Management eines Projekts zu verschaffen und aufrechtzuerhalten. Die Aufrechterhaltung von Gleichgewicht, Einheitlichkeit und Leistung ist von grundlegender Bedeutung für das Erreichen der vereinbarten Ergebnisse.
4.5.10.1	Projekt starten, Projektmanagementplan entwickeln und Zustimmung einholen

4.5.10.2	Übergang in eine neue Projektphase einleiten und managen
4.5.10.3	Projektleistung mit dem Projektplan abgleichen und gegebenenfalls Korrekturmassnahmen treffen
4.5.10.4	Bericht über den Projektfortschritt erstatten
4.5.10.5	Projektänderungen beurteilen, Zustimmung für diese einholen und implementieren
4.5.10.6	Eine Phase oder das Projekt abschliessen und evaluieren
4.5.11	**3.11 Chancen und Risiken**
Zweck	Die Kompetenz „Chancen und Risiken" versetzt den Einzelnen in die Lage, Chancen und Risiken zu identifizieren, zu verstehen und diese im Rahmen einer Chancen- und Risikostrategie effektiv zu managen.
4.5.11.1	Chancen- und Risikomanagementstruktur entwickeln und implementieren
4.5.11.2	Chancen und Risiken identifizieren
4.5.11.3	Wahrscheinlichkeit und Auswirkungen von Chancen und Risiken analysieren
4.5.11.4	Strategien auswählen und Massnahmen implementieren, um Chancen und Risiken zu adressieren
4.5.11.5	Chancen, Risiken und implementierte Massnahmen evaluieren und überwachen
4.5.12	**3.12 Stakeholder**
Zweck	Die Kompetenz „Stakeholder" versetzt den Einzelnen in die Lage, die Interessen, den Einfluss und die Erwartungen der Stakeholder zu verstehen, sowie die Stakeholder einzubeziehen und ihre Erwartungen effektiv zu managen.
4.5.12.1	Stakeholder identifizieren und ihre Interessen und ihren Einfluss analysieren
4.5.12.2	Stakeholderstrategie und Kommunikationsplan entwickeln und aufrechterhalten
4.5.12.3	Geschäftsleitung, Auftraggeber und höheres Management einbinden, um Commitment zu erreichen und um Interessen und Erwartungen zu managen
4.5.12.4	Benutzer, Partner und Lieferanten einbinden, um Kooperation und Commitment zu erreichen
4.5.12.5	Netzwerke und Allianzen aufbauen, aufrechterhalten und beenden

4.5.13	**3.13 Change und Transformation**
Zweck	Die Kompetenz „Change und Transformation" versetzt den Einzelnen in die Lage, Gesellschaften, Organisationen und Menschen dabei zu helfen, ihre Organisation derart zu ändern oder umzugestalten, dass sie die erwarteten Vorteile und Ziele erreichen.
4.5.13.1	Adaptationsfähigkeit der Organisation(en) zu Veränderung beurteilen
4.5.13.2	Veränderungsanforderungen und Transformationschancen identifizieren
4.5.13.3	Veränderungs- oder Transformationsstrategie entwickeln
4.5.13.4	Veränderungs- oder Transformationsmanagement implementieren
4.5.14	**Projektselektion und Portfoliobalance (wird auf Projektstufe nicht verlangt)**

E. Definitionsverzeichnis

Abnahme	Die Abnahme bezieht sich auf die unternehmerische Entscheidung des Auftraggebers, dass ein (Teil-)Ergebnis den Vereinbarungen und Erwartungen entspricht und somit als Grundlage für nachfolgende Prozesse verwendet werden kann und muss [DIN 69901].
Abnahmebereitschaft	Abnahmebereitschaft ist der Zustand, in dem alle Bedingungen vonseiten des Auftragnehmers erfüllt sind, die für die Durchführung der Abnahme erforderlich sind [DIN 69901].
Anforderung	Eine Anforderung ist eine Bedingung oder Fähigkeit, die ein Produkt erfüllen oder besitzen muss, um einen Vertrag, eine Norm oder ein anderes, formell bestimmtes Dokument zu erfüllen [in Anlehnung an IEEE 1990].
Anforderungsentwicklung	Unter Anforderungsentwicklung (oder Requirement Engineering) versteht man das systematische Spezifizieren, d.h. Erheben, Beschreiben, Prüfen und Priorisieren der Systemanforderungen.
Arbeitspaket	Ein Arbeitspaket ist eine in sich geschlossene Aufgabenstellung innerhalb eines Projekts, die bis zu einem festgelegten Zeitpunkt mit definiertem Ergebnis und Aufwand vollbracht werden kann. DIN 69901-5:2007].
Audit	Ein Audit ist eine Aktivität, bei der Angemessenheit und Einhaltung vorgegebener Vorgehensweisen, Anweisungen und Standards, aber auch deren Wirksamkeit und Sinnhaltigkeit geprüft werden [Wal 2001].
Changemanagement	Changemanagement als Teil der Projektabwicklung ist die Summe aller Massnahmen, die notwendig sind, um die betroffenen Organisationen zu befähigen, die durch das Projekt bewirkten Veränderungen in kürzester Zeit zu adaptieren und zu leben.

Einsatzmittel

Unter Einsatzmittelart wird die Gesamtheit von Einsatzmitteln verstanden, die nach bestimmten, gemeinsamen Merkmalen zusammengefasst sind, wie stoffliche Merkmale, technische Merkmale, funktionale Merkmale und berufliche Qualifikation [DIN 69902].

Entscheiden

Entscheiden heisst, aus einer Vielzahl von möglichen Verhaltensweisen/Alternativen diejenige auszuwählen, mit der ein definiertes Ziel – unter Berücksichtigung der zur Verfügung stehenden Personal- und Sachmittel sowie eventuell eingrenzender Rahmenbedingungen – optimal erreicht werden kann.

Erfolgsfaktoren

Unter Erfolgsfaktoren in einem Projekt versteht man die Voraussetzungen, die wesentlich zur Erreichung der wünschbaren Zustände gemäss Erfolgsermittlungskriterien beitragen.

Führungsstil

Unter Führungsstil versteht man das dauerhafte und in bestimmten Situationen gleichbleibende Verhalten von Vorgesetzten gegenüber Mitarbeitern, das auf einem bestimmten Menschenbild basiert.

Gestaltungsprinzipien

Gestaltungsprinzipien sind Denkansätze, mit deren Hilfe komplexe Aufgaben auf eine systematische Art und Weise angegangen und umgesetzt werden können.

Informationssystem

Unter Projektinformationssystem wird das richtige Verhältnis zwischen vorhandenen, notwendigen und nachgefragten Informationen in einem Projekt verstanden und deren Zusammenwirken bei der Erfassung, Be- und Verarbeitung, Auswertung und Weiterleitung.

Kommunikationsmanagement

Kommunikationsmanagement in Projekten ist das PM-Führungsinstrument, in dem Prozesse angewendet werden, die für das rechtzeitige und sachgerechte Erzeugen, Sammeln, Verteilen, Speichern, Abrufen und Verwenden von Projektinformationen notwendig sind [in Anlehnung an PMI 2013].

Konfigurationsmanagement

Unter Konfigurationsmanagement wird die Gesamtheit von Methoden, Werkzeugen und Hilfsmitteln verstanden, welche die Entwicklung und Pflege eines Produkts als eine Folge von kontrollierten Änderungen (Revisionen) und Ergänzungen (Varianten) an gesicherten Prozessergebnissen unterstützt [in Anlehnung an Wal 2001].

Konflikt

Konflikte sind Spannungssituationen, in denen zwei oder mehrere Parteien, die miteinander in Beziehung stehen, mit Nachdruck versuchen, scheinbar oder tatsächlich unvereinbare Handlungspläne zu verwirklichen und sich dabei ihrer Gegnerschaft bewusst sind.

Lieferobjekt

Als Lieferobjekt werden alle Ergebnisse bezeichnet, die im Verlauf der Projektabwicklung entstehen.

Meilenstein

Ein Meilenstein beschreibt einen Zustand einer Leistung bzw. ein oder mehrere entscheidende Lieferobjekte, die bis zu einem bestimmten Zeitpunkt in der definierten Qualität mit den entsprechenden Kosten erstellt werden müssen.

Phasenmodell

Ein Phasenmodell ist ein Modell, das den Projektablauf in eine sequenzielle Reihenfolge von Phasen und Entscheidungen einteilt, welche die Führungs- und Entscheidungsprozesse synchronisieren [Her 2013].

Präsentation

Präsentation ist eine spezielle Form der Kommunikation, die es ermöglicht, Wort, Schrift, Bild und die ganze Vielfalt menschlicher Ausdrucksfähigkeit einzusetzen, um den Teilnehmern die eigenen Ideen nahe zu bringen oder andere beabsichtigte Wirkungen zu erzielen.

Produktlebenszyklus

Der Produktlebenszyklus umfasst die Zeitdauer vom Start des Produktionszyklus bis und mit seiner Beseitigung vom Markt. Ein Produkt lebt aus Sicht einer Unternehmung solange, wie es einen wirtschaftlichen Umsatz auf dem Markt erzielt und/oder, basierend auf Verpflichtungen, wie z.B. einer Unternehmensgarantie, bewirtschaftet werden muss.

Programm

Ein Programm ist ein grosses, zeitlich begrenztes Vorhaben, um eine strategische Aufgabe zu erfüllen. Diese wird erfüllt, indem mehrere Projekte, die durch gemeinsame Hauptziele eng miteinander gekoppelt sind, ins Leben gerufen und durch eine vernetzte Planung, organisatorische Regeln, eine gemeinsame Kultur und eine abgestimmte Kommunikation koordiniert werden.

Projekt

Projekte sind in sich abgegrenzte, komplexe und/oder komplizierte Vorhaben, deren Erfüllung eine Organisation bedingt, die für die Umsetzung der Tätigkeiten eine Projektmethode anwendet, mit der alle anfallenden Arbeiten geplant, gesteuert, durchgeführt und kontrolliert werden können.

Projektabwicklung

Mit Projektabwicklung wird das prozessorientierte Projektvorhaben bezeichnet, das in Projektdurchführung und Projektführung unterteilt ist. Es bezieht sich auf den gesamten Aufgabenbereich vom Start bis zum Abschluss eines Projekts.

Projektdokumentation

Als Projektdokumentation gilt die Zusammenstellung von ausgewählten, wesentlichen Daten über Konfiguration, Organisation, Mitteleinsatz, Lösungswege, Ablauf und erreichte Ziele innerhalb eines Projekts [DIN 69901].

Projektdurchführung

Die Projektdurchführung beinhaltet alle Projektaufgaben, die vom Projektteam unmittelbar für eine effiziente Erstellung der Lieferobjekte (respektive für die Erfüllung der Systemziele) durchgeführt werden müssen.

Projekterfolg

Ein Projekterfolg liegt dann vor, wenn die vom Auftraggeber gewünschten Resultate (Leistung) mit den vorgesehenen Mitteln innerhalb der vorgegebenen Zeit in der geforderten Qualität erreicht oder gar übertroffen werden und wenn die Betroffenen das „Neue" akzeptieren und der gewünschte Nutzen (Business Value) nachweislich eingetroffen ist.

Projektführung

Die Projektführung beinhaltet alle leitenden Führungsaufgaben, die von einem Projektleiter in einem Projekt wahrgenommen werden müssen, um die Abwicklungsziele zu erreichen.

Projektinfrastruktur

Projektinfrastruktur sind alle materiellen und immateriellen Einrichtungen und Hilfsmittel, die zur Durchführung eines Projekts notwendig sind [DIN 69905].

Projektinstitution

Die Projektinstitution definiert das institutionelle Projektmanagement, welches alle aufbauorganisatorischen Bereiche beinhaltet, die für ein Projektmanagementsystem notwendig sind.

Projektkontrolle

Die Projektkontrolle umfasst alle Aktivitäten, um projektbezogene Abweichungen zwischen dem Plan- und dem IST-Zustand aufzudecken.

Projektkostenplan

Der Projektkostenplan beinhaltet die Berechnung und Zuordnung der voraussichtlichen Kosten für die Arbeitspakete unter Berücksichtigung der vorhandenen Einflussgrössen und der vorgegebenen Ziele.

Projektleitung

Mit dem Begriff Projektleitung wird die für die Dauer eines Projekts geschaffene Stelle, die für das Leiten dieses Projekts verantwortlich ist, umschrieben.

Projektmanagementsystem

Das Projektmanagementsystem (PMS) ist ein System von Richtlinien, organisatorischen Strukturen, Prozessen und Methoden zur Planung, Überwachung und Steuerung von Projekten [DIN 69901-5:2007].

Projektmanagement-Systemelemente

Projektmanagement-Systemelemente sind einzelne Disziplinen, die in einem Projekt von den jeweiligen Rollen berücksichtigt und beherrscht werden müssen.

Projektorganisation

Die Projektorganisation beinhaltet die Aufbau- und Ablauforganisation zur Abwicklung eines bestimmten Projekts [DIN 69901-5:2007].

Projektphase

Eine Projektphase ist ein zeitlicher Abschnitt in einem Projektablauf, der sachlich von anderen Abschnitten getrennt abläuft. Die Projektphase wird durch eine Vernehmlassung (Stellungnahme) offiziell abgeschlossen [DIN 69901].

Projektplanung

Projektplanung ist die geistige Vorwegnahme der zukünftigen möglichen Realitäten.

Projektportfoliomanagement

Im Projektportfolio (bzw. Multiprojekting) werden alle eigenständigen Projekte einer Führungseinheit gemanagt. Dazu gehören alle Aufgaben, die für das Priorisieren, das Koordinieren, das Kontrollieren und das Unterstützen der anstehenden und laufenden Projekte und der notwendigen Ressourcen aus Projektportfoliosicht notwendig sind.

Projektprodukt

Ein Projektprodukt ist ein in sich abgeschlossenes, für den Auftraggeber bestimmtes Ergebnis (Haus, Informatiksystem, neue Unternehmensorganisation, Marketingaktion etc.) eines erfolgreich durchgeführten Projekts.

Projektrisiken

Projektrisiken verkörpern den potenziellen Schaden (materiell/körperlich), den Unternehmen oder Personen erleiden, wenn die Projektziele nicht erreicht werden.

Projekt steuern

Die Projektsteuerung umfasst alle projektinternen Aktivitäten des Projektleiters, die notwendig sind, um das geplante Projekt innerhalb der Planungswerte abzuwickeln und erfolgreich durchzuführen [Men 1988].

Projektziele

Die Projektziele sind die Gesamtheit von Einzelzielen, die durch das Projekt erreicht werden sollen, bezogen auf Projektgegenstand (Ergebnis) und Projektablauf (Abwicklung) [DIN 69905].

Qualitätslenkung

Qualitätslenkung steuert, überwacht und korrigiert den Entwicklungsprozess mit dem Ziel, die vorgegebenen Qualitätsanforderungen zu erfüllen [ISO 8402].

Qualitätsmanagement

Qualitätsmanagement in Projekten beinhaltet alle Tätigkeiten der Projektführung, welche die qualitätsbezogenen Projektziele und die Verantwortlichkeiten festlegen sowie diese mittels der Qualitätsplanung, der Qualitätslenkung und der Qualitätsprüfung verwirklichen.

Qualitätsmanagementmodell

Unter einem Qualitätsmanagementmodell versteht man ein Hilfsmittel zur Zielsetzung, Planung, Prüfung, Lenkung und Sicherung von Qualitätsanforderungen, welches ein methodisch abgestütztes, gesamtunternehmerisches Qualitätsziel verfolgt.

Qualitätsplanung

Unter Qualitätsplanung in Projekten versteht man das Definieren und Planen von konstruktiven und analytischen Massnahmen und Verfahren der Qualitätssicherung, um die an den Projektabwicklungsprozess und an das Produkt gestellten Anforderungen, unter Berücksichtigung ihrer Realisierungsmöglichkeiten, sicherzustellen.

Qualitätsprüfung

Unter Qualitätsprüfung in Projekten wird das Feststellen darüber verstanden, inwieweit eine Einheit respektive ein Lieferobjekt im Prüfstatus (Prüfobjekt) die vorgegebenen Anforderungen erfüllt und inwieweit die Projektabwicklungsprozesse gemäss dem definierten Vorgehen eingehalten wurden.

Rahmenbedingungen

Rahmenbedingungen sind für das Projekt relevante Sachverhalte, die durch das Projekt nicht unmittelbar verändert werden können [Sch 2009a].

Releasemanagement

Das Release ist die Summe aller neuen Anforderungen und Changes, die gemeinsam geplant, realisiert, getestet und in die Produktionsumgebung überführt werden. An einem Release sind in der Regel mehrere Konfigurationseinheiten beteiligt.

Ressourcenmanagement

Ressourcenmanagement in der Projektabwicklung ist das qualitative, zeitliche und räumliche Managen (Planen, Steuern, Kontrollieren) von Finanz-, Personal- und Betriebsmitteln, die für die Projektarbeit benötigt werden.

Restriktionen

Restriktionen sind verbindliche Vorgaben, die zwingend eingehalten werden müssen [Sch 2009a].

Review

Ein Review ist ein mehr oder weniger formal geplanter und strukturierter Analyse- und Bewertungsprozess, in dem Lieferobjekte einer Gruppe von Gutachtern präsentiert werden. Diese Gruppe kommentiert oder genehmigt die präsentierten Lieferobjekte [Wal 2001].

Risikomanagement

Risikomanagement als Teil der Projektabwicklung ist das bewusste Einbeziehen und Bewältigen von möglichen, projektbezogenen Störfällen in der Projektabwicklung auf der Grundlage der systematischen Erfassung, Bewertung und Verfolgung von projektbezogenen Risiken.

Stakeholder

Die Stakeholder des Projekts sind Einzelpersonen und Organisationen, die aktiv am Projekt beteiligt sind, oder deren Interessen durch die Durchführung oder den Abschluss des Projekts eventuell positiv oder negativ beeinflusst werden; sie können auch Einfluss auf das Projekt oder seine Ergebnisse ausüben [PMI 2013].

Tailoring

Mit dem Tailoring werden die nicht relevanten Tätigkeiten, die im Projekthandbuch aufgeführt sind, gestrichen. Damit wird gewährleistet, dass der eingesetzte Aufwand für jedes Projekt situationsgerecht ist.

Teammanagement

Teammanagement in Projekten beinhaltet die sozialen Führungsaufgaben, die von einem Projektleiter in einem Projekt wahrgenommen werden müssen.

Testen

Testen ist der Prozess, ein Produkt durch manuelle oder automatisierte Hilfsmittel zu bewerten, um damit die Erfüllung der spezifizierten Anforderungen nachzuweisen [IEEE 1983].

Vorgehensmodell

Unter Vorgehensmodell wird eine projektübergreifende Vorgehensmethode oder Regelung verstanden, wie die Aktivitäten und Ergebnisse eines Vorhabens aus Sicht des gesamten Lebenszyklus umgesetzt respektive bearbeitet werden können.

Ziel

Ein Ziel ist ein angestrebter zukünftiger Zustand, der nach Inhalt, Zeit und Ausmass genau bestimmt ist.

F. Literaturnachweis

Auf verwendete Textpassagen aus dem Buch „Projektmanagement – Das Wissen für den Profi" von B. Jenny wird nicht an Ort und Stelle verwiesen.

Alt 1996 **Alteneder** A., Der erfolgreiche Fachvortrag, Siemens Verlag, Berlin und München

Bal 1998 **Balzert** H., Lehrbuch der Software-Technik, Spektrum Akademischer Verlag, Berlin

Bec 2000 **Beck** K., Extreme Programming Explained. Embrace Change, 1st Edition, Addison Wesley

Bec 2002 **Becker** M., Haberfellner R., Liebetrau G., EDV-Wissen für Anwender, 12. Auflage, Verlag Industrielle Organisation, Zürich

Ber 1973 **Berg** R., Meyer A., Müller M., Zogg A., Netzplantechnik, Verlag Industrielle Organisation, Zürich

Bla 1968 **Blake** R., Mounton J. S., Verhaltenspsychologie im Betrieb, Econ Verlag, Düsseldorf

Bur 2012 **Burghardt** M., Projektmanagement, Leitfaden für die Planung, Überwachung und Steuerung von Entwicklungsprojekten, 9. Auflage, Siemens Verlag, Berlin und München

Cat 1965 **Catell** R.B., The scientific analysis of personality, Benguin, Baltimore

Coh 2005 **Cohen** M., Agile Estimating and Planning, Prentice Hall, New Jersey

Col 1998 **Coleman** G., Verbruggen R., A Quality Software Process for Rapid Application Development, Software Quality Journal 7, p. 107–1222

Coc 2004 **Cockburn** A., Crystal Clear, A Human-Powered Methodology for Small Teams, Including the Seven Properties of Effective Software Projects, Alistair Cockburn, Humans and Technology 1998–2004, Addison Wesley

Dae 2012 **Daenzer** W., Systems Engineering, 12. Auflage, Verlag Industrielle Organisation, Zürich

DIN 69901 **DIN-Normen** für Projektwirtschaft und Projektmanagement, 1989, Beuth Verlag, Berlin

DIN 69903 **DIN-Normen** für Projektwirtschaft, Kosten und Leistung, Finanzmittel, Begriffe, 1987, Beuth Verlag, Berlin

DIN 69901-5 **DIN-Normen** Projektmanagement – Projektmanagementsysteme – Teil 5, Begriffe, 2007-10, Beuth Verlag, Berlin (Status: Entwurf)

End 1990 **End** W., Gotthardt H., Winkelmann R., Softwareentwicklung, Siemens Verlag, Berlin und München

Glo 1985 **Gloor** B., Die Berücksichtigung der Revisionsanforderungen in der EDV-Systementwicklung, Schriftenreihe der Schweizerischen Treuhand und Revisionskammer, Band 69, Schweizerische Treuhand, Zürich

Glo 2006 **Glossar,** Angermeier G., Projektmanagement-Glossar, ProjektMagazin, München, www.projektmagazin.de/glossar

GPM 2006 **Deutsche Gesellschaft für Projektmanagement e.V.**, The International German Project Management Award, Application Brochure, Nürnberg

Her 1995 **Hermes** Schweizerische Bundesverwaltung; Führung und Abwicklung von Informatikprojekten, Informatikstrategieorgan Bund (ISB), Bern

Her 2013 **Hermes** Schweizerische Bundesverwaltung; Hermes Terminologie, Informatikstrategieorgan Bund (ISB), Bern

Heu 2007 **Heussen** B., Handbuch Vertragsverhandlung und Vertragsmanagement, Dr. Otto Schmidt Verlag, Köln

ICB 2016 **Redaktionsteam swiss.ICB4,** Swiss Individual Competence Baseline für Projektmanagement, Version 4.0, Eigenverlag SPM, VZPM, Glattbrugg

IEEE 1983 **IEEE,** Glossary of Software Engineering Terminology, IEEE Std. 729–1983, A Guide to Software Requirements Specifications, Institute of Electrical and Electronics Engineers, New York

IEEE 1990 **IEEE** 610.12-1990 Standard Glossary of Software Engineering Terminology, Institute of Electrical and Electronics Engineers, New York

ISO 8402 **DIN ISO 8402** (DIN8402, ISO8402) Qualitätsmanagement und Qualitätssicherung – Begriffe – Identisch mit ISO/DIS 8402:1991, Beuth Verlag, Berlin

Jen 2014 **Jenny** B., Projektmanagement. Das Wissen für den Profi, 3. Auflage, vdf Hochschulverlag AG an der ETH Zürich, Zürich

Kep 1992 **Keplinger** W., Erfolgsmerkmale im Projektmanagement, Zeitschrift ZFO Nr. 2, S. 99–109

Koc 1997 **Koch** R., Das 80/20 Prinzip, Mehr Erfolg mit weniger Aufwand, Campus Verlag, New York

Lat 2017 **Lattenkamp** K., How I Use User Story Mapping in Release Planning, https://blogs.itemis.com/en/how-i-use-user-story-mapping-in-release-planning, 2017

Lew	1947	**Lewin** K., Frontiers in Group Dynamics: I. Concept of Group Life, Social Planning and Action Research, Human Relation, Nr. 1, pp. 149–157
Mad	1994	**Madauss** B.J., Projektmanagement, Schäffer-Poeschel Verlag, Stuttgart
Men	1988	**Mentor-10,** Das EDV-Projektmanagement, Planung und Überwachung von Entwicklungs- und Wartungsarbeiten, Tübingen
Mey	1992	**Meyer** C., Betriebswirtschaftliches Rechnungswesen, Schulthess Polygraphischer Verlag, Zürich
Pal	2002	**Palmer** S., Felsing J. M., A Practical Guide to Feature-Driven Development, 1st Edition, Prentice Hall, New Jersey
Pat	2014	**Patton** J., User Story Mapping – Discover the Whole Story, Build the Right Product, O`Reilly, 2014
Pic	2008	**Pichler** R., Scrum – Agiles Projektmanagement erfolgreich einsetzen, dpunkt Verlag GmbH, Heidelberg
PMI	2013	**Project Management Institute** (Hrsg.), A Guide to the Project Management Body of Knowledge (PMBOK Guide), Pennsylvania
Rüh	1993	**Rühli** E., Unternehmungsführung und Unternehmungspolitik 3, Paul Haupt Verlag , Bern
Sch	1994b	**Schmidt** G., Organisatorische Grundbegriffe, Verlag Dr. Götz Schmidt, Giessen
Sch	2009a	**Schmidt** G., Methoden und Techniken der Organisation, Band 1, 14. Auflage, Verlag Dr. Götz Schmidt, Giessen
Sch	2000b	**Schmidt** G., Grundlagen der Aufbauorganisation, Band 5, Verlag Dr. Götz Schmidt, Giessen
Sch	2001	**Schwaber** K., Beedle M., Agile Software Development with Scrum, Prentice Hall, Upper Saddle River
Sch	2007	**Schwaber** K., The Enterprise and Scrum, Microsoft Press, Redmond
Schi	2002	**Schienmann** B., Kontinuierliches Anforderungsmanagement, Pearson Education Deutschland, München
Scho	2003	**Schott** E., Campana C., Von Steinbüchel A., Dammer H., Ressourcenmanagement – Ergebnisse einer qualitativen Fallstudienauswertung, Campana & Schott Realisierungsmanagement, Frankfurt
Spi	2005	**Spillner** A., Linz T., Basiswissen Softwaretest, dpunkt.verlag, Heidelberg
Tim	2017	**Timinger** H., Modernes Projektmanagement, M.P. Media-Print Informationstechnologie GmbH, Paderborn
Tho	2013	**Thommen** J.P., Betriebswirtschaftslehre, 9. Auflage, Versus Verlag, Zürich

Tuk 1965 **Tuckmann** B. W., Development secquence small companies, Group and Organizational Studies, 2, pp. 419–427

UBS 2003 **UBS AG,** Projektmanagement, Guidebook für die UBS Schweiz sowie für das Corporate Center

Vah 2012 **Vahs** D., Organisation, Schäffer-Poeschel Verlag, Stuttgart

Ver 2003 **Versteegen** G., Konfigurationsmanagement, Springer Verlag, Berlin, Heidelberg

Vig 2015 **Vigenschow** U., APM – Agiles Projektmanagement, 1. Auflage, dpunkt Verlag GmbH, Heidelberg

Vop 2000 **Vopel** K. W., Handbuch für Gruppenleiter/innen, 9. Auflage, Iskopress Verlag, Salzhausen

Wal 2001 **Wallmüller** E., Software-Qualitätsmanagement in der Praxis, Software-Qualität durch Führung und Verbesserung von Software-Prozessen, 2. Auflage, Carl Hanser Verlag, München und Wien

Wir 2017 **Wirdemann** R., Scrum mit User Stories, Carl Hansler Verlag GmbH, München

G. Stichwortverzeichnis

L

M

Q

R

S

T

U

H. Zum Autor

Bruno Jenny

Als Gründer der SPOL AG für Projekt- und Projektportfoliomanagement, Schweiz, begleitet Bruno Jenny auf unterschiedlichen Hierarchiestufen agile und konventionelle Projekte bei international tätigen Versicherungen, Banken, Industriekonzernen sowie öffentlichen Ämtern. Als Dozent und Prüfungsexperte ist der Autor Kenner der aktuellen Ausbildungsszene. In Vorträgen an öffentlichen und betriebsinternen Managementseminaren sowie in verschiedenen Publikationen vermittelt er das professionelle Projektmanagement als zukunftsweisendes Managementsystem.

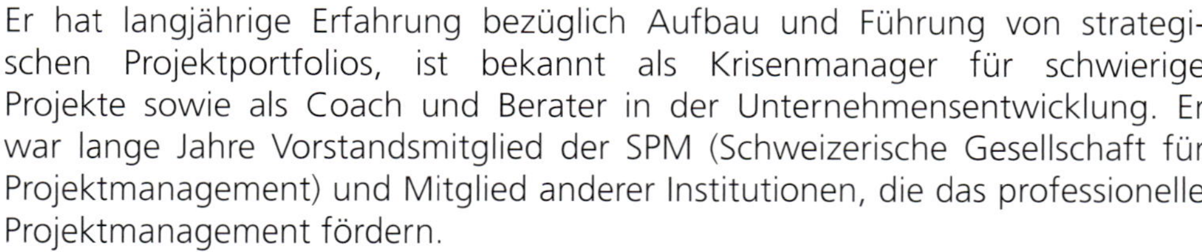

Er hat langjährige Erfahrung bezüglich Aufbau und Führung von strategischen Projektportfolios, ist bekannt als Krisenmanager für schwierige Projekte sowie als Coach und Berater in der Unternehmensentwicklung. Er war lange Jahre Vorstandsmitglied der SPM (Schweizerische Gesellschaft für Projektmanagement) und Mitglied anderer Institutionen, die das professionelle Projektmanagement fördern.

Mit der modularen Methode profi.pm® definierte er ein erfolgreiches strategisches Werkzeug, welches dem Management ermöglicht, ein professionelles Projektmanagement innert kürzester Zeit im Unternehmen zu etablieren.

Mehr Infos: https://www.brunojenny.ch/

I. profi.pm®

profi.pm® ist eine ganzheitliche PM-Vorgehensmethode. Sie unterstützt das Unternehmensmanagement, die definierte Innovation und geforderte Wandlung einer Unternehmung unabhängig von der Art und Grösse des Vorhabens in Form von Projekten effektiv und effizient.

Durch die Klarheit, Einfachheit und Durchgängigkeit der drei sich aufeinander abstützenden Ebenen (Management – Projektmanagement – Engineering) wird eine hohe Umsetzungseffizienz der Strategie erreicht.

Der profi.pm®-Methode liegt ein ergebnisorientierter Ansatz zugrunde, was dem Management, den Projektleitern und dem gesamten Projektteam ein zielorientiertes, effizientes und somit erfolgreiches Arbeiten ermöglicht. Zur hohen Akzeptanz und Praxisnähe trägt insbesondere bei, dass profi.pm® Themen, Prozesse, Ergebnisse sowie die einzusetzenden Instrumente zu einem ganzheitlichen, verständlichen Ansatz verbindet. profi.pm® ist mit allen bekannten Modellen kompatibel und ergänzt diese bezüglich der Branchenkompatibilität und der direkten Managementleistung.

profi.pm® ist branchenneutral und kann für kleine und grosse Projekte gleichermassen eingesetzt werden. Es hat seine Stärken in der Einfachheit und somit Verständlichkeit. Mit den gewonnenen Kenntnissen aus jahrelanger praxisbezogener Anwendung in Unternehmen jeder Grösse und Branche ist die PM-Vorgehensmethode entstanden, bei der das Ergebnis und somit der Erfolg im Mittelpunkt steht.

profi.pm® gibt es „in Papierform" wie auch online. Das strategische Instrument ist modular konzipiert, sodass es von Unternehmen innerhalb von zwei Monaten auf die Firmenbedürfnisse angepasst und im gesamten Unternehmen integriert werden kann.

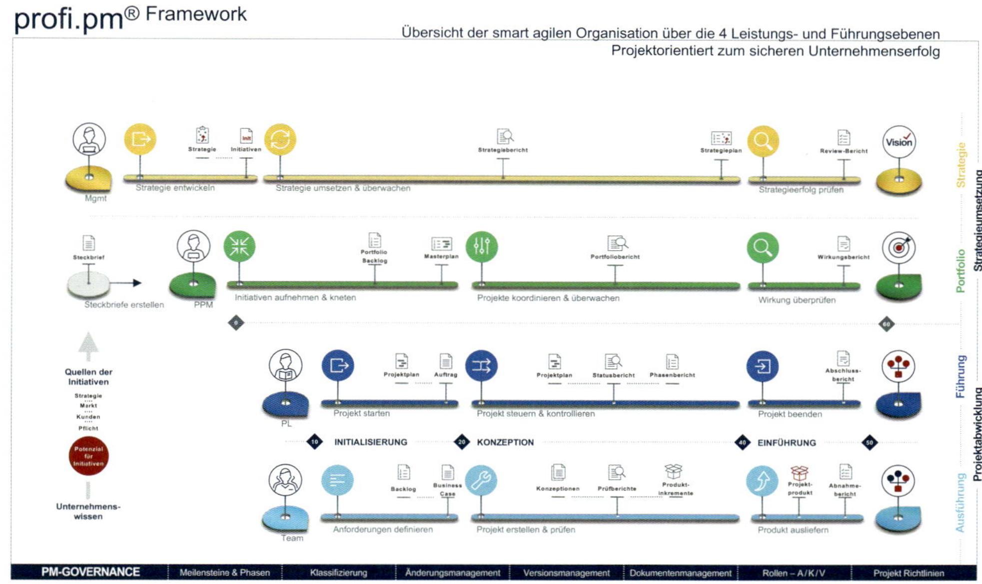

Abb. H.01: profi.pm® – eine effiziente PM-Vorgehensmethode (www.profipm.ch)

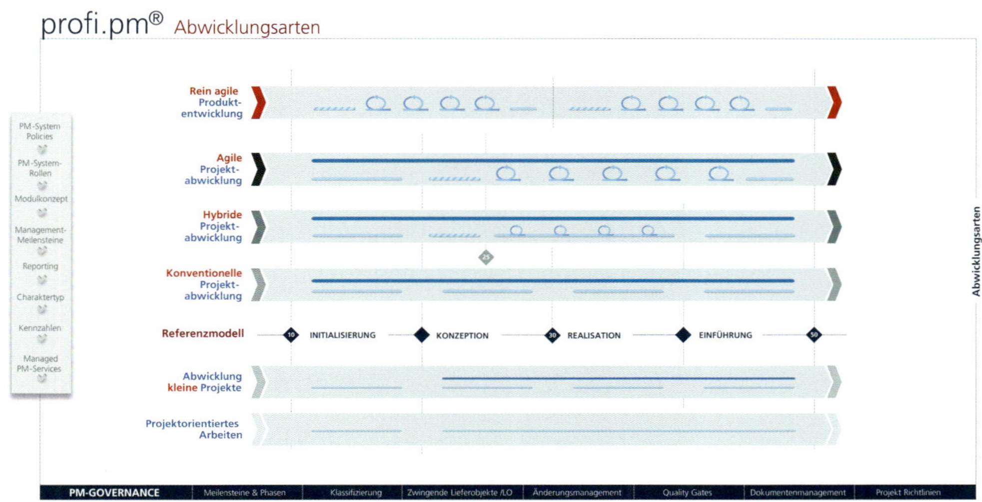

Abb. H.02: profi.pm® – Abwicklungsarten, die in einer Unternehmung vorkommen können

J. Weitere Publikationen von Bruno Jenny

Bruno Jenny
Strategien agil umsetzen mit adaptivem Projektmanagement
Das Wissen für agile Leader und ihre Teams
Erfolgreich unterwegs mit Two Speed Management
2023, 736 Seiten, über 450 Abbildungen, Grafiken und Tabellen, durchgehend farbig, Format 26,5 x 21,5cm, gebunden
ISBN: 978-3-7281-4107-1
auch als E-Book erhältlich (vdf-App): https://vdf.ch

Agiles Vorgehen ermöglicht den Unternehmen einen viel direkteren und somit schnelleren Weg von der Strategie zur operativen, wertsteigernden Umsetzung. Viele Unternehmen arbeiten im Projektalltag bereits erfolgreich agil, nutzen aber noch nicht das gesamte Potenzial, vor allem in Bezug auf die engmaschige und direkte Zusammenarbeit der Entwicklungsteams mit dem oberen Management. Im vorliegenden Buch werden Optimierungsmöglichkeiten aufgezeigt, um die Unternehmensstrategie agil noch wirkungsvoller umzusetzen.

In den letzten Jahren wurden zahlreiche agile Praktiken entwickelt. Dabei wurden gewisse alte Methoden „frisch angestrichen", andere erlebten eine Renaissance oder sind neu in den Entwicklungsalltag eingetreten. Dieses Buch zeigt eine grosse Anzahl agiler Praktiken und Methoden, wie man sie konkret auch bei hybriden und konventionell geführten Projekten einsetzen kann.

Nach wie vor gibt es auch eine Vielzahl nicht agiler Projekte. Diesbezüglich zeigt das Konzept Two Speed Management, wie sich ein „Projektmanagement der zwei Geschwindigkeiten" dieser Realität annehmen und wie das Management damit umgehen kann.

Unternehmen brauchen kompetente agile Leader. Es werden Personen benötigt, die in der Lage sind, andere zu inspirieren und die agile Denkweise in die Praxis umzusetzen. Das persönliche Ziel des Autors war es, für solche dringend benötigten Personen ein Fachbuch als Unterstützung der täglichen (Projekt-) Arbeit zu schreiben.

Das Buch bietet eine Art „Übersetzungshilfe" in die agile Welt und richtet sich insbesondere an Manager und professionelle Projektleitende. Es unterstützt zudem alle, die sich im Bereich agiles Projektmanagement und Leadership nach IPMA oder PMI zertifizieren möchten.

- mit über 70 agilen Praktiken und Methoden
- durchgängiges Praxisbeispiel
- über 100 Begriffsdefinitionen aus dem agilen Projektumfeld
- mit Zusatzmaterial zum freien Download: Lernziele, Rollenkonzept und Fallbeispiel

Bruno Jenny
Projektmanagement – das Wissen für den Profi
4., vollständig überarbeitete und aktualisierte Auflage
2019, 1116 Seiten, Format 20 x 24 cm, gebunden,
über 800 Abbildungen, Tabellen und Grafiken,
durchgehend farbig, Zusatzkapitel online
ISBN 978-3-7281-3967-2
auch als E-Book erhältlich (vdf-App): https://vdf.ch

Misserfolge im Projektumfeld können sich Unternehmen heute nicht mehr erlauben und morgen nicht mehr verkraften.

Dieses Buch umfasst das notwendige Wissen, das ein PM-Profi braucht, um in seinem Projekt erfolgreich zu agieren. Es beschreibt die Gesamtheit des professionellen Projektmanagements in seiner vollen Intensität und zeigt in einfacher Form das Zusammenspiel der verschiedenen Elemente auf. Aktuelle Themen wie Projektportfolio-Management, PM-Governance, Diversity Management, Stakeholdermanagement, standortunabhängiges Projektmanagement, agile Produktentwicklung sowie agiles Lieferantenmanagement sind so aufbereitet, dass man im Projektalltag die notwendige Unterstützung findet.

Der Band richtet sich an alle, die professionelles Projektmanagementwissen entwickeln oder ihr Know-how vertiefen möchten. Aufgrund seines Umfangs und der thematischen Tiefe eignet sich das Buch auch hervorragend als Nachschlagewerk.

- auf alle Arten von Projekten anwendbar
- mit klar definiertem Farbcode
- Lernziele zu jedem Hauptkapitel
- modularer Aufbau
- starker Fokus auf Visualisierung der Inhalte mit über 800 Abbildungen
- mit allen PM-Modellen kompatibel, inkl. Korrelationslisten mit den ICBKompetenzen (ICB4) sowie den PMI-Prozessgruppen und -Wissensgebieten
- Fachwörterbuch Deutsch–Englisch
- umfassendes Stichwortverzeichnis
- Verzeichnis agiler Methoden und Techniken

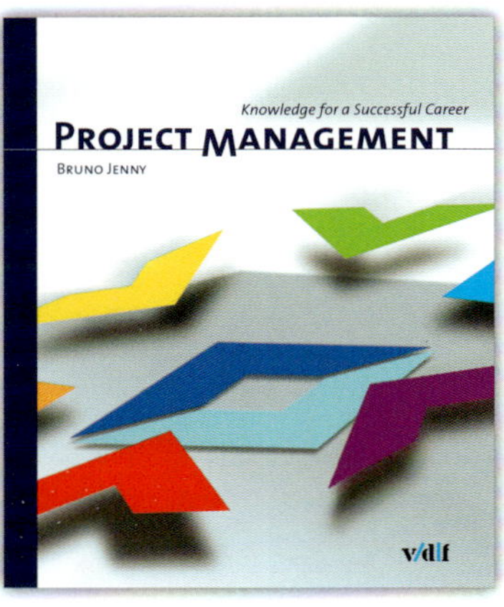

Bruno Jenny
Project Management
Knowledge for a Successful Career
2007, 288 pages, format 20 x 24 cm,
various pictures, hardcover,
ISBN 978-3-7281-3084-6
vdf Hochschulverlag AG an der ETH Zürich

This book highlights the fact that project management is far more than merely trendy. With the aid of numerous diagrams, it delivers a real knowledge of project management independent of field of specialisation and level of hierarchy. Thanks to clear and reader-friendly language, concise learning aids such as learning objectives and an instructive case study, this book allows the complex subject of modern project management to be studied independently in an interesting way.

Bruno Jenny
Prüfungsvorbereitung – aber richtig!
Tipps vom Prüfer
2. Auflage 2015, zahlreiche Abbildungen,
inkl. Tabellen, Plänen und Logik-Trainer,
ISBN 978-3-7281-3656-5
e-Book (ePub)

Das Buch versucht mithilfe von 17 einfachen Regeln, die Lernmethodik von Prüflingen zu verbessern und zu hinterfragen. Zudem wird darauf hingewiesen, auf welche Punkte man während der Prüfung achten sollte. Das heisst, es wird aufgezeigt, wie sich Kandidaten taktisch verhalten sollen, um eine Prüfung erfolgreich bestehen zu können. Dies ist besonders wichtig, da die meisten Kandidaten nicht infolge fehlenden Fachwissens scheitern, sondern daran, dass sie speziell bei der schriftlichen Prüfung nicht wissen, mit welchen Methodiken/Verhaltensweisen sie am besten zum Ziel kommen. Werden die aufgeführten Regeln befolgt, so garantiert der Autor eine Steigerung der Abschlussnoten bis zu zwei Zehnteln oder mehr.